Tobias Teetz
Experimentelle Elektrochemie

Weitere empfehlenswerte Titel

Einführung in die Physikalische Chemie
Springborg; 2016
ISBN 978-3-11-040550-7, e-ISBN 978-3-11-040551-4

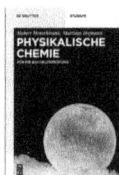

Physikalische Chemie
Für die Bachelorprüfung
Motschmann, Hofmann; 2014
ISBN 978-3-11-034877-4, e-ISBN 978-3-11-034878-1

Electrochemical Storage Materials
From Crystallography to Manufacturing Technology
Meyer, Leisegang (Eds.); 2017
ISBN 978-3-11-049137-1, e-ISBN 978-3-11-049398-6

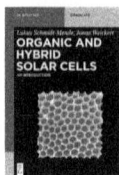

Organic and Hybrid Solar Cells
An Introduction
Schmidt-Mende, Weickert; 2016
ISBN 978-3-11-028318-1, e-ISBN 978-3-11-028320-4

Tobias Teetz

Experimentelle Elektrochemie

—

DE GRUYTER

Autor
Dr. Tobias Teetz
Düppelstr. 21
14163 Berlin
Deutschland
tobiasteetzdr@gmail.com

ISBN 978-3-11-043824-6
e-ISBN (PDF) 978-3-11-042566-6
e-ISBN (EPUB) 978-3-11-043176-6

Library of Congress Cataloging-in-Publication Data
A CIP catalog record for this book has been applied for at the Library of Congress.

Bibliografische Information der Deutschen Nationalbibliothek
Die Deutsche Nationalbibliothek verzeichnet diese Publikation in der Deutschen
Nationalbibliografie; detaillierte bibliografische Daten sind im Internet über
http://dnb.dnb.de abrufbar.

© 2017 Walter de Gruyter GmbH, Berlin/Boston
Umschlaggestaltung: DragonImages/iStock/Getty Images
Satz: le-tex publishing services GmbH, Leipzig
Druck und Bindung: CPI books GmbH, Leck
♾ Gedruckt auf säurefreiem Papier
Printed in Germany

www.degruyter.com

Vorwort

Die Elektrochemie war bis in die 80er-Jahre des letzten Jahrhunderts ein sehr schwer verständliches Gebiet für Chemiker. Bestimmte Geräte, beispielsweise die Glaselektrode oder das Konduktometer, waren nur für wenige Chemiker in der Ausbildung zugänglich. Auch der Gebrauch dieser Geräte war mit viel zeitlichem Aufwand verknüpft. Konduktometer hatten in früherer Zeit noch keine oder eine mangelhafte elektronische Kompensation, sodass Messungen nur bei exakter Temperaturkontrolle und viel zeitlichem Aufwand möglich waren. Tabellenkalkulationsprogramme gab es damals noch nicht. Bis in die 80er-Jahre des letzten Jahrhunderts waren pH-Meter und Konduktometer aufgrund der hohen Preise für Chemiestudenten kaum zugänglich. Einfache pH-Meter kosteten zwischen 300–1000 DM, dies war zu damaliger Zeit sehr viel Geld im Vergleich zum Lebensstandard eines Studenten. Erst durch das wirtschaftliche Wachstum ab 1990 gingen die Preise für diese Laborgeräte zurück.

Für das Entstehen des Buches sind einige Experimente mit einem Konduktometer ausschlaggebend gewesen. Für die Bestimmung des Gehaltes von Kohlendioxid in der Raumluft waren nur wenige zusätzliche Materialien erforderlich. Etwas später wurde die Löslichkeit eines Salzes bei veränderter Temperatur untersucht. Auch in diesem Fall leistete das Konduktometer gute Dienste. Eine dritte Untersuchung diente der Aufklärung von Diffusionsprozessen in einer Lösung. Wieder war es das Konduktometer, das mir bei der Klärung der Zusammenhänge half.

Die Konduktometrie ist daher ein besonderer Schwerpunkt dieses Buches. Da ich mit möglichst einfachen Methoden und Darstellungsweisen bestimmte Gesetze aus der Elektrochemie im Experiment aufzeigen wollte, entwickelte sich aus den gesammelten Experimenten bald eine erste Vorlage für ein kleines Buch. Die Ergänzung der Theorie durch praktische Experimente ließ mich ein wenig an den *Gattermann* in der organischen Chemie denken. Der Zufall fügte es, dass Verlagsmitarbeiter des de Gruyter-Verlages meine ersten Entwürfe mit Interesse gelesen hatten. Nach Vertragsunterzeichnung lag es an mir, ein brauchbares Manuskript für ein Buch abzuliefern. Leider sind die Experimente zunächst mit einem Konduktometer unternommen worden, welches im Bereich von 20 mS kleine Ungenauigkeiten aufwies. Einige Versuchsbeschreibungen enthalten daher leichte Fehlmessungen. Ich bitte den sehr korrekten Anwender daher um Nachsicht.

Bei der Zusammenstellung der Inhalte habe ich mich bemüht, die wichtigsten Gesetzmäßigkeiten der Elektrochemie in den Experimenten und Beispielen anzuwenden. Im ersten Kapitel werden die wesentlichen Grundlagen der Elektrolyse und der Elektrolyte dargestellt. Dabei wird auf eine Ableitung der Gesetze weitgehend verzichtet. Wichtig schien es mir, Gesetze in ihrer Anwendung für Experimente zu nutzen. Durch den häufigen Gebrauch von durchgerechneten Beispielen bleiben die Gesetzmäßigkeiten für den Leser besser haften.

https://doi.org/10.1515/9783110425666-201

Die Bildung von gedanklichen Modellen und Hypothesen ist im Bereich der Elektrochemie unverzichtbar. Mit dem gedanklichen Modell von 1 V Spannung und der Strommenge von 1 F lässt sich gedanklich eine Menge anstellen. Die Berechnungen der Elementarladung, der atomaren Masseneinheit, die Wanderungsgeschwindigkeit von Ionen, der Reibungskräfte von Ionen sind möglich. Die eigenständige Bildung von Modellen und Hypothesen lässt sich nicht unbedingt erlernen. Trotzdem wird in den Kapiteln versucht, mit einigen praktischen Beispielen die Grundlagen von Modellbildungen in der Chemie zu schulen.

Ein weiterer Schwerpunkt des Buches ist die Elektrolyse. Besonders ausführlich habe ich den Nachweis von Stoffumsetzungen, die Diffusion an Elektroden, die Gasbildung, die Reaktionen an den Elektroden behandelt. Im letzten Kapitel werden auch die wichtigsten Elektrolyseverfahren in der praktischen Anwendung aufgezeigt. Da die Darstellung und der Nachweis von wichtigen Gasen (Wasserstoff, Sauerstoff, Chlor) untrennbar mit elektrolytischen Verfahren verknüpft sind, enthalten viele Kapitel des Buches auch Experimente zur Gasentwicklung und zum Nachweis von Gasen.

Das zweite Kapitel behandelt die benötigten Materialien für elektrochemische Experimente. Der kundige Leser wird viele Geräte der modernen Elektrochemie vermissen. Voltametrie, Polarografie, Pulspolarografie, Wechselstrompolarografie, Chronopotenziometrie, elektrochemische Sensoren werden im Buch gar nicht behandelt. Leser, die sich für diese Bereiche interessieren, sind auf weiterführende Bücher angewiesen. Die Auswahl habe ich beschränkt, um einfache Verfahren und Nachweismethoden für elektrolytische Stoffumsetzungen ausführlicher zu beschreiben. Dies hilft Chemikern, die bisher begrenzte Anknüpfungspunkte zur physikalischen Chemie hatten, das Gebiet in seiner Bedeutung verständlicher zu machen.

In den Einzelkapiteln habe ich versucht, viele elektrochemische Grundlagen in den Experimenten anzuwenden. Wichtige Formeln der physikalischen Chemie erscheinen mitunter erst in den Versuchen und werden aus der Anwendung zur Praxis leichter verstanden.

Schon bei fast trivialen Experimenten tauchen mitunter Fragen auf, die große Bedeutung haben. Wie weist man nach, was an den Elektroden passiert? Daher wurde die elektrogravimetrische Abscheidung von Metallen und Gasen an den Elektroden recht ausführlich behandelt. Auch der Untersuchung von Reaktionen an Anoden wurde ein eigenes Kapitel gewidmet. Jeder Chemiker, der elektrochemische Experimente ausführt, möchte wissen, welche Reaktionen an Elektroden möglich sind. Für ein einführendes Buch in den Sektor Elektrochemie, Elektrolyse ist die Vermittlung dieses Wissens notwendig.

Das Buch stellt eine Einführung in elektrochemische Experimente dar, und ich hoffe, dass es das Fundament und das Verständnis zur Elektrochemie für Chemiker festigt.

Berlin, im Juni 2016   Tobias Teetz

Inhalt

Vorwort —— V

Formelzeichen —— XIII

Einleitung —— 1

1	**Elektrolyse und Elektrolyte** —— 3	
1.1	Einführung —— 4	
1.2	Das Faradaysche Gesetz —— 8	
1.3	Die Nernstsche Gleichung —— 9	
1.3.1	Wasserelektrolyse —— 10	
1.4	Die Überspannung —— 12	
1.5	Kathodische Metallabscheidung und Wasserstoffentwicklung —— 14	
1.6	Anodische Oxidation —— 18	
1.7	Passivierung —— 19	
1.8	Elektrodenmaterialien —— 20	
1.9	Der Zellwiderstand —— 20	
1.10	Temperaturabhängigkeit der Leitfähigkeit —— 21	
1.11	Die Leitfähigkeit —— 22	
1.12	Leitfähigkeitsberechnung —— 25	
1.12.1	Starke Elektrolyte —— 25	
1.12.2	Schwache Elektrolyte —— 27	
1.13	Der Aktivitätskoeffizient —— 29	
1.14	Löslichkeit von Salzen in Wasser —— 30	
1.15	Wanderungsgeschwindigkeiten —— 30	
1.16	Überführungszahlen von Ionen —— 33	
1.17	Die Dielektrizitätskonstante —— 34	

2	**Geräte für die Elektrochemie** —— 40	
2.1	Benötigte Geräte und Materialien für elektrochemische Experimente —— 41	
2.2	Messung von Redoxpotenzial und pH-Wert —— 42	
2.3	Konduktometer —— 43	
2.3.1	Spezifische Leitfähigkeiten von KCl-Lösungen in Abhängigkeit von Temperatur, Gerät und Konzentration —— 45	
2.4	Dichtebestimmungen von Lösungen —— 49	
2.5	Ionaustauscherharze zur Gehaltsbestimmung —— 51	
2.6	Herstellung von Elektroden —— 52	
2.7	Grundaufbau bei einer Elektrolyse —— 53	

2.8	Geräte für die Elektrogravimetrie —— **56**	
2.9	Möglichkeiten der Gasbestimmung bei Elektrolysen —— **58**	
2.10	Gasbestimmungen von Kleinstmengen —— **59**	
2.11	Fotometer zur Gehaltsbestimmung —— **60**	

3	**Elektrogravimetrie, Diffusionsschicht —— 64**	
3.1	Grundlagen der Elektrogravimetrie —— **65**	
3.2	Experimente zur Elektrogravimetrie —— **67**	
3.2.1	Benötigte Materialien und Geräte —— **67**	
3.2.2	Ausführung der Experimente —— **67**	
3.2.3	Auswertungen der Experimente —— **68**	
3.2.4	Zusammenfassung der Ergebnisse aus den Experimenten —— **72**	
3.3	Diffusion in der Elektrogravimetrie —— **72**	
3.3.1	Gerührte und ungerührte Elektrolyse —— **73**	
3.3.2	Diffusion an einer kleinen Elektrode —— **73**	
3.4	Gravimetrische Abscheidung an einer Wood-Elektrode —— **79**	

4	**Kontrolle der Reaktionen an Elektroden —— 84**	
4.1	Benötigte Geräte und Materialien —— **85**	
4.2	Vorbereitungen der Lösungen —— **85**	
4.3	Elektrolyse der 0,1-M-KCl-Lösung —— **86**	
4.3.1	Platinanode und Platinkathode mit einer Vierkammernelektrolysezelle —— **86**	
4.3.2	Platinanode und Platinkathode mit einer Zweikammernelektrolysezelle —— **89**	
4.3.3	Grafitanode und Platinkathode mit einer Zweikammernelektrolysezelle —— **89**	
4.4	Elektrolyse der 0,2-M-1/2-Na_2SO_4-Lösung —— **90**	
4.4.1	Platinanode und Platinkathode mit einer Vierkammernelektrolysezelle —— **90**	
4.4.2	Platinanode und Platinkathode mit einer Zweikammernelektrolysezelle —— **91**	
4.5	Schlussfolgerungen zu den Versuchen —— **91**	

5	**Bestimmung des Kohlendioxidgehaltes der Luft —— 93**	
5.1	Vorbemerkungen —— **94**	
5.2	Benötigte Geräte und Materialien —— **94**	
5.3	Die Einflüsse der Pumpe und des Sprudelsteins —— **95**	
5.4	Bestimmung des Luftdurchsatzes der Pumpe —— **95**	
5.5	Konduktometrische Eichung in Abhängigkeit von der Temperatur —— **97**	
5.6	Herstellung einer 0,02-M-NaOH-Lösung —— **97**	
5.7	Überlegungen zur Berechnung des Kohlendioxidgehaltes der Luft —— **97**	

5.8 Berechnung der Hydroxidkonzentration in Abhängigkeit
von der Karbonatkonzentration — 98
5.9 Einfluss der Diffusion über die Oberfläche — 101
5.9.1 Berechnung der Diffusion von Kohlendioxid der Luft
in die Flüssigkeit — 102
5.9.2 Berechnungen für den Versuch — 103
5.10 Auswertung der Messergebnisse mit einem
Tabellenkalkulationsprogramm — 105
5.11 Bestimmung des Kohlendioxidgehaltes
mit der Berechnungsvorschrift — 107

6 Diffusion von Elektrolytlösungen — 110
6.1 Zellkammern für Diffusionsexperimente,
Versuchsvorbereitungen — 112
6.2 Mathematische Grundlagen zur Diffusion — 113
6.3 Versuche zur Diffusion — 116
6.3.1 Versuche mit einer Vierkammern-Zelle — 116
6.3.2 Versuche mit einer Zweikammernzelle, kleines Loch — 117
6.3.3 Versuche mit einer Zweikammernzelle, eingesetztes Rohr — 118
6.4 Bestimmung der Diffusionskoeffizienten — 118
6.5 Strömung durch ein Rohr — 122
6.6 Schlussfolgerungen — 123

7 Bestimmung der Gasvolumina an Elektroden — 125
7.1 Einleitung — 126
7.2 Benötigte Geräte und Materialien — 126
7.3 Versuchsvorbereitung und Versuchsdurchführung — 126
7.4 Versuchsauswertung — 128
7.5 Ergänzende Auswertungen zur Abhängigkeit der Stromstärke
von der Elektrodenfläche der Anode — 130

8 Messung des Zellwiderstandes mit einer Wheatstoneschen
Brückenschaltung — 136
8.1 Wheatstonesche Brückenschaltung — 137
8.2 Widerstand einer 1-M-KCl-Lösung — 141
8.3 Simulationssoftware — 144

9 Bestimmung von Gasen bei einer Elektrolyse — 146
9.1 Ermittlung von Gasvolumina und Gasdichten — 147
9.2 Modell mit Berechnungsvorschriften zur Gasdichtemessung — 148
9.3 Der Einfluss der Stromstärke und der Gastemperatur — 153
9.4 Überprüfung des Modells durch Messungen — 153

10   Prüfungen von Gasen, Stoffumsetzungen an Anoden —— 156
10.1   Prüfung von Gasen —— 157
10.2   Stoffumsetzungen an der Nickelanode —— 161
10.2.1   Grundlegende Eigenschaften der passivierten Nickelanode —— 162
10.2.2   Elektrolysen mit Nickelanoden —— 163
10.3   Weitere Anodenmaterialien —— 167

11   Die elektrolytische Oxidation von Natriumacetat —— 172
11.1   Zur Geschichte der elektrolytischen Oxidation
            von Karbonsäuresalzen —— 173
11.2   Versuche zur Oxidation von Natriumacetat —— 174
11.2.1   Oxidation von Natriumacetat unter stark basischen Bedingungen,
            hohe Stromdichte —— 174
11.2.2   Oxidation von Natriumacetat bei hoher Stromdichte, schwach
            basisch —— 175
11.3   Zusammenfassung —— 177

12   Leitfähigkeitstitration von Salzen zur Gehaltsbestimmung —— 178
12.1   Die Hydroxidfällung —— 179
12.2   Berechnungen zur konduktometrischen Titration —— 180
12.3   Ionenstärke, Aktivitätskoeffizient —— 184

13   Oxidationen mit Kaliumpermanganat —— 188
13.1   Die Oxidation von Oxalsäure —— 189
13.1.1   Versuch zur Oxidation von Oxalsäure —— 189
13.1.2   Auswertung der Versuchsergebnisse —— 191
13.1.3   Über die Kinetik der Oxalsäureoxidation —— 192
13.1.4   Über die Kinetik von Reaktionen zweiter Ordnung —— 193
13.1.5   Aktivierungsenergie der Oxidation mit Kaliumpermanganat —— 194
13.2   Die Oxidation von Ameisensäure mit Kaliumpermanganat —— 196
13.3   Die Oxidation von Methanol und Ethanol durch
            Kaliumpermanganat —— 199
13.4   Kaliumpermanganat auf Anionenaustauscherharz —— 200
13.5   Die Wirkung von Kaliumpermanganat auf Gase —— 201

14   Löslichkeiten von Salzen bei unterschiedlichen Temperaturen —— 203
14.1   Bestimmung der Löslichkeit durch die Konduktometrie am Beispiel
            einer gesättigten Natriumhydrogenkarbonatlösung —— 204
14.2   Bestimmung der Löslichkeiten von Salzen durch Berechnungen —— 208
14.3   Vorteile der Konduktometrie zur Bestimmung der Löslichkeiten
            von Salzen —— 210

15   Messung der EMK — 211
15.1   Einleitende Vorbemerkungen — 212
15.2   Herstellung einer Haber-Luggin-Kapillare — 212
15.3   Bestimmung von Elektrodenpotenzialen — 220
15.4   Zusammenhang von chemischer Arbeit und EMK — 221

16   Die Druckelektrolyse — 225
16.1   Vorteile der Druckelektrolyse — 226
16.2   Besonderheiten von Druckelektrolysezellen — 226
16.3   Versuch zur Druckelektrolyse mit Schwefelsäure — 229
16.3.1   Versuchsvorbereitung und Durchführung — 229
16.3.2   Auswertung der Messergebnisse — 230
16.4   Versuch zur Druckelektrolyse von Essigsäure — 231
16.4.1   Versuchsvorbereitung und Durchführung — 231
16.4.2   Auswertung der Druckelektrolyse — 232
16.5   Druckelektrolyse mit Kohlendioxid — 233
16.5.1   Versuchsvorbereitung und Durchführung — 233
16.5.2   Ergebnisse und Deutungen — 235
16.6   Ausblick — 237

17   Redoxspeicher — 239
17.1   Das Chrom-Eisen-Redoxsystem — 240
17.2   Versuch mit dem Chrom-Eisen-Redoxsystem — 242
17.3   Versuchsauswertungen — 243
17.4   Bestimmung des Sauerstoffgehaltes einer Gasprobe — 245
17.5   Schlussfolgerungen — 246

18   Der Hochspannungsfunke — 247
18.1   Versuchsmaterialien für die Experimente — 248
18.2   Hochspannungsfunken auf Gase — 250
18.2.1   Versuchsdurchführung — 250
18.2.2   Versuchsergebnis — 251
18.3   Die Gasanalyse mit einem Eudiometer — 252

19   Elektrochemische Synthesen — 257
19.1   Literatur für elektrolytische Synthesen — 258
19.2   Elektrochemische Präparate — 259
19.2.1   Kaliumperoxodisulfat — 259
19.2.2   Peroxokarbonat — 260
19.2.3   Kaliumchlorat — 261
19.2.4   Kaliumperchlorat — 262
19.2.5   Titan(III)-sulfat — 263

19.2.6   Nitratbestimmung durch eine Elektrolyse —— **265**
19.2.7   Benzylakohol —— **266**
19.2.8   Anilin —— **266**
19.2.9   Piperidin —— **267**
19.3   Die Schmelzflusselektrolyse —— **267**
19.3.1   Hinweise für die Durchführung von Experimenten —— **267**
19.3.2   Über Metallsalze —— **269**
19.3.3   Wichtige Metalle der Schmelzflusselektrolyse —— **270**
19.4   Elektrosynthese von anorganischen Stoffen —— **271**
19.5   Organische Elektrosynthesen —— **275**
19.6   Nachtrag: Vertrauen zur Wissenschaft —— **281**

A 1   **Tabellen zur Berechnung der Äquivalentleitfähigkeiten —— 287**

A 2   **Ausgewählte Normalpotenziale —— 294**

A 3   **Physikalische Einheiten, Konstanten —— 296**

A 4   **Tabellen für die Elektrolyse und Konduktometrie —— 298**

A 5   **Materialien und Computerprogramme —— 300**

Sachregister —— 301

Formelzeichen

Im Buch sind die folgenden Formelzeichen angegeben worden.

Formelsymbol	Bezeichnung	Einheit	Formel/Kapitel,K
A	Fläche	cm^2	1.11, 5.18
A_L	Lösungstension	J	15.1
a	Elektrodenabhängige Überspannung	V	1.9
a	Radius einer Drahtelektrode	cm	7.4
AeG	Äquivalentgewicht eines Ions	g	1.36
a_L	Dekadischer Absorptionskoeffizient		2.2
α	Durchtrittsfaktor		1.10
α	Dissoziationsgrad		1.16, 1.21
a_i	Aktivität	mol/L	1.26, 12.8
Abb.	Abkürzung für Abbildung		
b	Gasabhängiger Faktor(Überspannung)	V	1.9
b_L	Faktor zur Berechnung von Λ_t		1.12
c^{eq}	Äquivalentkonzentration	mol/L	1.13
c_i	Molare Konzentration	mol/L	1.26, 1.28
ΔC_D	Konzentrationsdifferenz in Diffusionsschicht	mol/cm^3	3.2
C_{DE}	Konstante der Druckelektrolyse		16.1
C1	Konzentration in Halbkammer 1	mol/L	K 6.2
C2	Konzentration in Halbkammer 2	mol/L	K 6.2
CF	Faktor der Stromänderung zu A		
CI	Lösung mit geringer Konzentration	mol/L	6.2
CII	Lösung mit höherer Konzentration	mol/L	6.2
CP	Absolute Viskosität, Centi Poise	$0{,}01 \cdot g/(cm \cdot s)$	1.26, 6.6
d	Elektrodenabstand	cm	1.11
D	Diffusionskoeffizient	cm^2/s	3.2, 5.18, 6.4
DO	Drahtoberfläche	cm^2	3.2, K 3.3.2
δ	Breite der Diffusionsschicht	cm	3.2
e	Elementarladung ($1{,}6 \cdot 10^{-19}$ A s)	A s	
E^0	Standardnormalpotenzial	V	1.5, K 3.2, K 15.2
E	Redoxpotenzial,	V	1.5, K 3.2, K 15.2, K 15.3
EMK, ΔE	elektromotorische Kraft (zwischen zwei Redoxpotenzialen)	V	K 1.1, K 1.5, K 13, K 15
ε	Extinktionskoeffizient	cm^2/mol	2.3
ε_r	Dielektrizitätskonstante		1.34
f_i	Aktivitätskoeffizient		1.26, 1.27, K 12.3, K 15
f_L	Leitfähigkeitskoeffizient		5.20, 1.25, 1.26
F	Faradaykonstante (96.486 As/mol)	A s/mol	1.4, 1.5
F	Querschnitt einer Bohrung in einer Diffusionskammer	cm^2	6.1
FE	Faraday-Umsatz	%	1.2

https://doi.org/10.1515/9783110425666-202

Formelsymbol	Bezeichnung	Einheit	Formel/Kapitel,K
ΔG^0	Freie Standardreaktionsenthalphie	J/mol	1.1, 14.3
ΔG_r	Freie Reaktionsenthalphie	J/mol	14.3
Gl.	Abkürzung für Gleichung		
h	Eintauchtiefe einer Drahtelektrode	cm	
I	Stromstärke	A	1.4
I_F	Stromdichte	A/cm^2	1.9
I_0	Extrapolierte Stromdichte	A/cm^2	1.10
I_z	Stromstärke der Zelle	A	1.2
I_g	Diffusionsgrenzstrom	A	3.2
I	Ionenstärke		1.27, 1.28, 12.9
I_L	Intensität eines Lichtstrahls		2.1, 2.3
J	Innere Reibung	kg·m·s^{-2}	1.26
k	Konstante im Kohlrauschen Quadratwurzelgesetz, Lambert-Beer		1.17, 1.18, 2.1
k	Geschwindigkeitskonstante	s^{-1}	3.1
k_D	Konstante der Diffusion, kleines Loch	s·L/mol	6.2
k_{D2}	Konstante der Diffusion, großes Loch	L/mol	6.3
K	Gleichgewichtskonstante		1.25
K_s	Säurekonstante		1.19, 1.21
K_{s1}	Erste Säurekonstante		5.5
K_b	Basenkonstante		1.24, 5.12
K_w	Ionenprodukt des Wassers	mol^2/L^2	5.6, K 12.2
l	Rohrlänge	cm	6.6
L	Induktivität an Elektrode	Ω·s	7.9
Lp	Löslichkeitsprodukt	mol^n/L^n	12.7, 14.5, 14.6
η	Überspannung	V	1.2, 1.9
η_D	Durchtrittsüberspannung	V	1.10
η_V	Viskosität	g/(cm/s) P	6.6
$\Lambda_c(\Lambda^{eq})$	Äquivalentleitfähigkeit	S·cm^2/mol	1.13, 14.1, 14.4
Λ_m	Molare Leitfähigkeit	S·cm^2/mol	1.14
$\Lambda_0^{+(-)}$	Grenzleitfähigkeit bei unendlicher Verdünnung	S·cm^2/mol	1.15, 1.31, 1.32
Λ_t	Äquivalentleitfähigkeit bei T (°C)	S·cm^2/mol	1.12
m	Abgeschiedene Stoffmenge	g	1.4
M	Atom-, Molekülmasse	g/mol	1.4
n	Stoffmenge, Molzahl	mol	1.4
n_i	Stoffmenge nach i Minuten Elektrolyse	mol	
n^{eq}	Äquivalentmenge	mol	12.1
N_A	Loschmidtsche Konstante ($6{,}023 \cdot 10^{23}$)		5.17
SCE	Ag/AgCl-Redoxelektrode		1.3
O	Oberfläche	cm^2	K 5.9
Ox	Konzentration der oxidierten Komponente eines Redoxpaares	mol/L	1.5
p^0	Standarddruck (101.325 N/m^2)	Pa (N/m^2)	
pH	Logarithmische Konzentration [H$^+$]-Ionen multipliziert mit -1 (pH $= -\log[H^+]$)		1.7, 1.8, 1.23
p_i	Druck der Ionen bei Elektrolysen	kg·m·s^{-2}	1.36

Formelsymbol	Bezeichnung	Einheit	Formel/Kapitel,K
P	Lösungstension (galvanischer Druck) eines Redoxpaares bei 25 °C		
Q	Ladungsmenge ($I \cdot t$)	$A \cdot s$	K 3.3.2
ΔQ	Wärmemenge	J/mol	
r	Radius eines Rohres	cm	6.6
R_z	Zell-Widerstand	Ω	1.11
Red	Konzentration der reduzierten Komponente eines Redoxpaares	mol/L	1.5
R_{ox}	Radius eines Drahtes mit Schicht aus Wassermolekülen die pro Sekunde oxidiert werden.	cm	7.4
R	Gaskonstante (8,31 J/(K · mol))	J/(K · mol)	1.5, 7.1
R_B	Spezifische Refraktion		1.34
SF	Schwächungsfaktor		12.10
t^+, t^-	Überführungszahlen (Kationen, Anionen)		1.32, 1.33, 15.1
t	Zeit	s	1.4
t_0	Startzeit im Experiment, meist $t_0 = 0$ s	s	3.2
t_v	Volumenmenge Titrant	cm^3	12.1
T	Temperatur in Kelvin	K	7.1
T_G	Temperatur in Grad Celsius	°C	1.12
u_+, u_-	Wanderungsgeschwindigkeit	cm/s	1.31
Tab.	Abkürzung für Tabelle		
$\Delta U, U$	Spannung einer Elektrolysezelle	V	1.2, K 1.5, K 3.2.3
U_z	Zellspannung	V	1.2, K 1.4
U_{EL}	Teilspannung durch Leitfähigkeit	V	7.8, 7.9
U_I	Teilspannung durch Induktivität	V	7.8
Δu_{Diff}	Diffusionsspannung	V	1.2, 15.1
$\bar{u}$	Mittlere Geschwindigkeit von Teilchen	cm/s	5.16
u	Strömungsgeschwindigkeit im Rohr	cm/s	
upm	Umdrehungen (Elektrode) pro Minute		K 3.3.1, K 6
v	Stöchiometrischer Faktor		1.15
ΔV_D	Hypothetischer Raumkörper der Diffusion	cm^3	K 3.3.2
$V1$	Volumenmenge bei Titrationsbeginn	cm^3	12.2
V_{mol}	Molvolumen eines Gases	L	5.17
V_{El}	Gasvolumen bei Elektrolyse	cm^3	7.3
χ	Spezifische Leitfähigkeit	S/cm	1.11
z_i	Ladungszahl des Ions (Redoxprozesses)		1.1, 1.4, 1.27, 1.28, 1.29, 1.37, 1.38
Z_W	Zahl der Stöße auf Oberfläche	$1/(s \cdot cm^2)$	5.17
$Z1$	Oxidierte Wassermoleküle /s	s^{-1}	7.5
$Z2$	Zahl der Wassermoleküle		7.5

Einleitung

Vom 19. Jahrhundert bis zum Beginn des 20. Jahrhunderts wurden viele bahnbrechende Erfindungen im Bereich der Elektrochemie gemacht. Die Inhalte dieser Entdeckungen bestimmen auch heute noch die inhaltliche Ausrichtung des Chemiestudiums. W. Nicholson und A. Carlisle führten um 1800 die erste Wasserelektrolyse mit einer Voltaschen Säule aus. Sie fanden, dass sich die Gase Wasserstoff und Sauerstoff im Verhältnis 2 : 1 bilden. Die Elektrolyse war eine wichtige Brücke zur Atom- und Molekültheorie und erweiterte das Verständnis über Säuren, Basen. Humphrey Davy entdeckte im Jahr 1807 mit der Voltaschen Säule die Elemente Kalium und Natrium. Michael Faraday hatte die Proportionalität zwischen Strommenge und abgeschiedener Stoffmenge erkannt. Die Faradayschen Gesetze bildeten die Grundlage für eine exakte Atomgewichtsbestimmung und für alle weiteren elektrochemischen Untersuchungen. Faraday prägte auch die Begriffe Elektrolyse, Elektrode, Kathode, Anode, Ion, Elektrolyt. Im Jahr 1843 entwickelte Bunsen eine einfache Batterie aus Zink und Kohle. Mit dieser Batterie isolierte er die Elemente Aluminium, Chrom, Magnesium, Lithium.

Mit der Konduktometrie wurde die Dissoziation des Wassers durch Kohlrausch und die elektrolytische Dissoziation von Salzen in Lösung als Ionen durch Arrhenius und Ostwald gedeutet. Aus den Untersuchungen folgte, dass Ausgangsstoffe mit den Reaktionsprodukten durch das Massenwirkungsgesetz mathematisch verknüpft sind. Für Säuren und Basen konnten die Gleichgewichtslagen mit Farbstoffindikatoren bestimmt werden. Haber und Klemensiewicz entwickelten um 1909 die Glaselektrode, die eine noch genauere Bestimmung des pH-Wertes ermöglichte.

Aufgrund von elektrochemischen Untersuchungen stellte Helmholtz den Energieerhaltungssatz über die Umwandlung von elektrischer Energie in chemische Energie und Wärme auf. Die Gibbs-Helmholtz-Gleichung ermöglichte die Berechnungen von Gleichgewichtslagen durch das Massenwirkungsgesetz und Bestimmungen der Energieinhalte für Stoffumwandlungen. Die Umwandlung der chemischen Energie aus Batterien in elektrische Energie und die Umwandlung von elektrischer Energie in chemische Energie durch Elektrolyse wurden zunehmend genutzt.

Durch die kinetische Energie der Wasserkraft und durch die Wärme bei der Verbrennung von Kohle konnten Generatoren zur Stromgewinnung nach den Entdeckungen des Drehstromprinzips von W. Siemens gebaut werden. Die elektrische Energie wurde zur Herstellung von chemischen Stoffen durch die Elektrolyse genutzt.

Die Chloralkalielektrolyse ermöglichte die Herstellung von Kalium- und Natriumhydroxid, Chlor, Wasserstoff. Heute werden in Deutschland jährlich 3,9 Mio. t Chlor, 3,5 Mio. t Natriumhydroxid durch Elektrolyse erzeugt.

Aus Salzschmelzen werden Metalle wie Natrium, Kalium, Magnesium, Aluminium gewonnen. Aluminium hat durch sein geringes Gewicht, seinen niedrigen Schmelzpunkt und seine sehr inerte Oberfläche einen hohen Stellenwert als Gebrauchsmetall.

https://doi.org/10.1515/9783110425666-001

Durch Elektrolysen in wässrigen Salzlösungen werden viele Kationen in Metalle umgewandelt. Gold, Silber, Kupfer, Zink, Zinn, Nickel, Kobalt, Cadmium sind wichtige Metalle, die auf dieser Basis gewonnen werden können. Durch die Spannungsabhängigkeit der Abscheidung lassen sich viele Metalle getrennt gewinnen. Im analytischen Bereich wird die Elektrogravimetrie auch heute noch für die quantitative Bestimmung von Metallkationen in Lösung genutzt.

Ein weiteres Verfahren, das ebenfalls auf den wissenschaftlichen Grundlagen der gravimetrischen Stoffabscheidung beruht, ist die Herstellung von sehr reinen Metallen durch die Raffination. Dabei wird das Rohmetall als Anode eingesetzt. Während der Raffination lösen sich die Metallkationen von der Oberfläche der Anode. Die gewünschten Kationen können sich auf der Kathode als Metalle niederschlagen, die anderen Kationen bleiben in Lösung, wenn der Spannungsbereich exakt eingehalten wird. Große Bedeutung hatte und hat die Kupferraffination. Kupfer wurde für Stromleitungen sehr wichtig.

Neben der Metallgewinnung ist die Veredelung von Metallgegenständen bedeutungsvoll. Metalle erhalten ein glänzendes Aussehen und korrodieren weniger leicht. Dieser Bereich wird durch die galvanische Industrie abgedeckt.

Die Herstellung von Kaliumpermanganat, Wasserstoffperoxid, Chlorat, Hypochlorit, Peroxydisulfat gelingt ebenfalls mit elektrolytischen Methoden. Es können anorganische Salze mit besonderen Oxidationsstufen auf elektrolytischem Wege hergestellt werden.

Auch in der organischen Chemie findet die Elektrochemie Verwendung. Adipinsäuredinitril, das Vorprodukt zur Nylonherstellung, wird durch Dimerisierung von Acrylnitril elektrolytisch gewonnen. Benzochinon wird aus der elektrolytischen Oxidation von Benzol, Anilin aus der elektrolytischen Reduktion von Nitrobenzol gewonnen.

1 Elektrolyse und Elektrolyte

1.1   Einführung —— **4**

1.2   Das Faradaysche Gesetz —— **8**

1.3   Die Nernstsche Gleichung —— **9**
        1.3.1   Wasserelektrolyse —— **10**

1.4   Die Überspannung —— **12**

1.5   Kathodische Metallabscheidung und Wasserstoffentwicklung —— **14**

1.6   Anodische Oxidation —— **18**

1.7   Passivierung —— **19**

1.8   Elektrodenmaterialien —— **20**

1.9   Der Zellwiderstand —— **20**

1.10   Temperaturabhängigkeit der Leitfähigkeit —— **21**

1.11   Die Leitfähigkeit —— **22**

1.12   Leitfähigkeitsberechnung —— **25**
        1.12.1 Starke Elektrolyte —— **25**
        1.12.2 Schwache Elektrolyte —— **27**

1.13   Der Aktivitätskoeffizient —— **29**

1.14   Löslichkeit von Salzen in Wasser —— **30**

1.15   Wanderungsgeschwindigkeiten —— **30**

1.16   Überführungszahlen von Ionen —— **33**

1.17   Die Dielektrizitätskonstante —— **34**

https://doi.org/10.1515/9783110425666-002

1.1 Einführung

Was versteht man unter Elektrolyse?

Eine Elektrolyse ist eine stoffliche Umwandlung einer Lösung unter dem Einfluss einer äußeren Spannung. Die Spannung kann im einfachsten Falle mit einer Batterie erzeugt werden, deren beide Pole mit Elektroden verbunden sind, die in eine Elektrolytlösung eintauchen. Die Elektrolytlösung enthält Ladungsträger in Form von Salzen, Säuren oder Basen, die die Leitfähigkeit von Strom in einer Lösung erhöhen. Bei ausreichender Spannung können geladene Teilchen, die Ionen, Elektronen aufnehmen oder abgeben, d. h., reduziert oder oxidiert werden.

Die Ladungsträger in der Lösung wandern zu den Elektroden, die sie aufgrund der gegensätzlichen Ladung anziehen. Auch Neutralteilchen wie das Wasser oder viele organische Stoffe können elektrolytisch verändert werden. Durch Diffusion geraten sie in die Nähe der Elektrode und werden dort elektrochemisch umgewandelt. Der positive Pol, die Anode, entzieht den Stoffen die Elektronen, sie werden dadurch oxidiert. Der negative Pol, die Kathode, gibt Elektronen ab, die Stoffe werden dadurch reduziert. Die Summe der abgegebenen Elektronen ist gleich der Summe der aufgenommenen Elektronen.

Nach Anlegen einer Mindestspannung an die Elektroden einer Elektrolysezelle fließt ein Strom, der sich mit einem Amperemeter zwischen Anode und dem Pluspol einer Batterie messen lässt. Die Stromstärke ist proportional zur elektrolytischen Stoffumsetzung.

Elektrolyte in einer Elektrolysezelle verhalten sich ähnlich wie ein Ohmscher Widerstand in einer elektrischen Schaltung (Abb. 1.1, Kurve 1).

Nach dem Ohmschen Gesetz wird der Spannungsabfall (Zellspannung) durch einen Widerstand nach der Beziehung $U = R_z \cdot I_z$ bestimmt. Je geringer der Widerstand der Elektrolysezelle, desto steiler ist die Kurve und desto höher ist die Stromstärke. In sehr stark konzentrierten Säuren, Basen und Salzlösungen sind das Leitvermögen hoch und der Widerstand gering.

Der Zellwiderstand (R_z) einer Elektrolysezelle ist eine wichtige Kenngröße für jede elektrolytische Stoffumsetzung. Abhängig von der Elektrodengröße, des Abstandes zwischen den Elektroden, der Leitfähigkeit der Elektrolytlösung, der Temperatur und dem Rührprozess kann der Zellwiderstand sehr unterschiedliche Werte annehmen. Der Zellwiderstand wird durch das Anlegen einer Wechselspannung von 10–100 kHz mittels einer Wheatstoneschen Brückenschaltung bestimmt. Durch die hochfrequente Wechselspannung werden chemische Stoffumwandlungen an den Elektroden vermieden, sodass nur der Zellwiderstand gemessen wird.

Bei Elektrolysezellen, die mit Gleichstrom betrieben werden, finden chemische Stoffumsetzungen statt. Die angelegte Spannung ist eine Summe aus mehreren Teilspannungen, die sich hauptsächlich aus dem Zellwiderstand und der chemischen Energie der entstehenden Atome und Moleküle zusammensetzt (Abb. 1.1, Kurve 2).

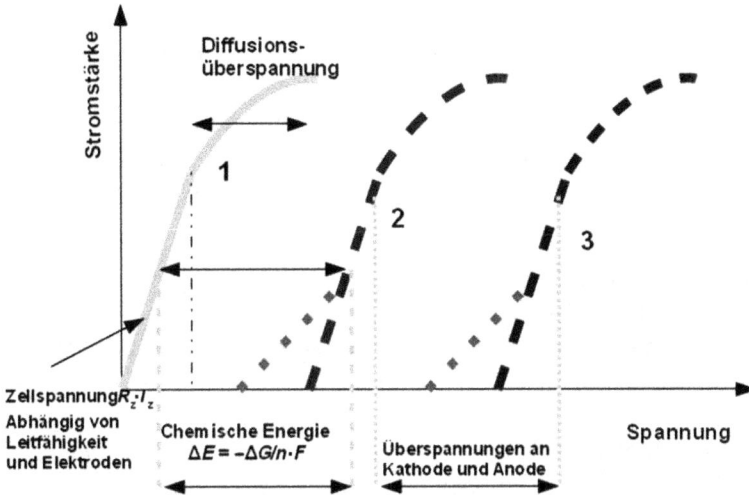

Abb. 1.1: Strom-Spannungs-Kurven einer Elektrolysezelle.

Die chemische Energie, die in den erzeugten Elektronenbindungen von Molekülen und Atomen steckt, muss bei einem elektrolytischen Prozess durch einen Teilbereich der angelegten Spannung (EMK = ΔE) aufgebracht werden.

Es gibt jedoch weitere Effekte, die zu einer Spannungserhöhung während der Elektrolyse führen. Sehr wichtig sind der An- und Abtransport von Teilchen in die Nähe der Elektroden. Den Transport von Teilchen bezeichnet man als Diffusion. Bei sehr starker Erhöhung der Spannung steigt die Stromstärke in der Elektrolysezelle kaum noch an. Der Effekt kann derart gedeutet werden, dass bei dieser Spannung in der Nähe der Elektrode(n) nahezu alle elektrolysierbaren Teilchen verschwunden sind – bzw. sich an der Elektrode umgesetzt haben.

Der Nachschub von Teilchen erfolgt durch Diffusion, bei mangelhafter Diffusion sind nicht mehr genügend elektrolysierbare Teilchen vor der Elektrode. Normalerweise steigt durch Erhöhung der Spannung auch die Stromstärke proportional über den Faktor des Zellwiderstandes an. Ab einer bestimmten Spannung steigt die Stromstärke nicht mehr weiter an, die Strom-Spannungs-Kurve geht in eine waagerechte Kurve über. Im Bereich des Diffusionsgrenzstroms – die Stromstärke in Abb. 1.1, bei der die Kurve 1 in eine Waagerechte übergeht – sind alle elektrolysierbaren Teilchen vor der Elektrode aufgebraucht, und nur durch Diffusion gelangen neue Teilchen zur Elektrode. Eine derartige Strom-Spannungs-Kurve wird häufig an sehr kleinen Elektroden und bei sehr hohen Stromdichten gemessen.

Durch gutes Rühren der Lösung kann die Diffusionsüberspannung gesenkt werden.

Eine Elektrolysezelle wandelt die elektrische Energie in chemische Energie um (beispielsweise Wasser in Wasserstoff und Sauerstoff oder Kohlendioxid in Ameisensäure).

Damit in einer Elektrolysezelle chemische Umsetzungen stattfinden können, muss eine Mindestspannung, die elektromotorische Kraft (EMK = ΔE), angelegt werden.

$$\Delta E = -\Delta G^0 / z \cdot F \,. \tag{1.1}$$

z: die Zahl der bei der Reaktion beteiligten Elektronen (Äquivalente);
F: die Faraday-Konstante (96.485 A $\cdot$ s/mol(A $\cdot$ s = C = J/V));
ΔG^0: die freie Standardreaktionsenthalpie bei der Umsetzung bezogen auf 1 mol der Reaktanden bei 25 °C.

Die elektromotorische Kraft setzt sich zusammen aus der Summe der Umwandlungen an den beiden Elektroden. Wenn von außen eine ausreichende Spannung angelegt wird, entstehen Stoffe mit einem höheren Energieinhalt in der Elektrolysezelle. Im umgekehrten Fall bei Brennstoffzellen oder Batterien wandeln sich die Stoffe in energetisch niederwertige Stoffe um. Sie geben bei diesem Prozess die chemische Energie als Spannung bzw. elektrische Energie ab. Aus den EMK-Messungen von Elektrolyse- oder Brennstoffzellen konnten sehr genaue Bestimmungen der freien Reaktionsenthalpien von Stoff- und Redoxpaaren vorgenommen werden.

Nach Abb. 1.1, Kurve 2 kann die Mindestenergie bzw. die Zersetzungsspannung (U_z) aus der Verlängerung der Strom-Spannungs-Kurve im linearen Bereich auf die Abszisse der Spannungsachse ermittelt werden.

Die angelegte Spannung bei einer elektrolytischen Stoffumwandlung ist immer höher als die nach der freien Standardreaktionsenthalpie ermittelte. Die Spannungsdifferenz, d. h. die gemessene Spannung abzüglich des Wertes der freien Reaktionsstandardenthalpie, ist die Überspannung. Besonders bei Gasbildungen während einer Elektrolyse treten mitunter hohe Überspannungen auf. Kurve 3 veranschaulicht die real gemessene Strom-Spannungs-Kurve einer Elektrolysezelle.

Im Falle einer Wasserelektrolyse entsteht an der Kathode (Minuspol) Wasserstoff und an der Anode (Pluspol) Sauerstoff.

Platinanoden weisen besonders hohe Überspannungen bei der Sauerstoffbildung auf. Platinkathoden haben für die Wasserstoffbildung eine ganz geringe Überspannung.

Viele Metalle lösen sich unter Säureeinfluss auf. Nicht inerte Metallelektroden, mit einem negativeren Normalpotenzial als der Wasserstoffbildung (pH = 0; E = 0, s. Redoxreihe im Anhang 2) können sich bei einer Elektrolyse auflösen, falls die Elektrolyse im sauren Milieu durchgeführt wird. Nur Metalle mit positivem Normalpotenzial lösen sich nicht in sauren Lösungen auf (z. B. Gold, Silber, Platin).

Durch die pH-Änderung verschiebt sich nach der Nernst-Gleichung (s. Abschnitt 1.3 Nernstsche Gleichung) das Elektrodenpotenzial und damit die Auflösbarkeit der Metalle.

An der Kathode können sich Metalle abscheiden oder Reduktionen von anorganischen Ionen oder organischen Verbindungen auftreten. Die Wasserstoffbildung wird zur Hauptreaktion, wenn das Redoxpotenzial der Lösung dies ermöglicht.

Anodenmetalle können sich bei einer Elektrolyse auflösen ($M \rightarrow M^+ + e^-$) oder Oxidationsreaktionen auslösen. Nur recht inerte Metalle wie Platin, Gold (Bildung einer Oxidschicht ist bei Gold möglich) lösen sich nicht auf. Da durch den Oxidationsprozess von Wasser zu Sauerstoff immer auch Säure entsteht, ist die Mehrzahl der Metalle als Anodenmaterial schlecht geeignet.

Manchmal wird auch Grafit als Anode genutzt.

Wenn sich die Anode bei der Elektrolyse nicht auflöst, kann beispielsweise eine Sauerstoffentwicklung einsetzen. Möglich sind auch Oxidationsreaktionen von anorganischen oder organischen Stoffen in der Lösung.

Um die Stoffumsätze an Anode und Kathode genau zu bestimmen oder um einheitliche Stoffe zu gewinnen, teilt man den Kathoden- und Anodenraum durch ein sogenanntes Diaphragma (z. B. eine Tonschicht oder eine Ionenaustauschermembran wie Nafion).

Ein Diaphragma erhöht jedoch den Widerstand und damit die anzulegende Spannung. An der Diaphragmamembran entsteht ein konzentrationsabhängiges Diffusionspotenzial. Je dicker das Diaphragma, desto höher der Diffusionswiderstand.

Trennt man die Halbzellen nicht durch ein Diaphragma, besteht die Möglichkeit, dass an der Kathode ein Ion reduziert wird und das reduzierte Ion an der Anode wieder oxidiert wird. Beispiele: NO_3^-/NO_2^-, Fe^{3+}/Fe^{2+}.

Durch Bestimmung der Gasmenge, der Gasart, der Gewichtszunahme am Kathodenmaterial (bei Metallabscheidungen) sowie durch Messung der Leitfähigkeit lässt sich der Stoffumsatz einer elektrolytischen Reaktion ermitteln.

Mit einem Strommessgerät zwischen Metallanode und dem Netzgerät (Pluspol) (oder einer Batterie) kann die Stromstärke ermittelt werden. Die tatsächlich messbare Spannung (mit einem Voltmeter) bei einer Elektrolyse setzt sich aus der elektromotorischen Kraft der bestimmten Reaktion, den Überspannungen an Kathode und Anode und der Zellspannung zusammen. Auch ein Amperemeter stellt einen Widerstand für die Spannung dar. Erst nach Überschreitung der Mindestspannung setzt eine Stoffabscheidung mit Gasentwicklung oder eine elektrochemische Umsetzung ein. Die angelegte Spannung ist für den Stoffumsatz verantwortlich. Je geringer der Zellwiderstand ist, desto höher sind die Stromstärke und der Stoffumsatz.

Die Zellspannung wird hauptsächlich von der Leitfähigkeit des Elektrolyten beeinflusst. Die Leitfähigkeit hat die Dimension eines Kehrwertes des Widerstandes, d. h., je höher die Leitfähigkeit, desto geringer der Zellwiderstand.

Nach dem Ohmschen Gesetz ist die Spannung gleich dem Produkt aus Stromstärke und Zellwiderstand.

Die folgende Spannung muss bei einer Elektrolyse aufgebracht werden:

$$\Delta U = \Delta E^0 + \eta_{\text{Kathode}} + \eta_{\text{Anode}} + R_z \cdot I_z + R_A \cdot I_z + \Delta u_{\text{Diff}} + \Delta U_s \,. \tag{1.2}$$

η: Überspannung (V);

R_z: Zellwiderstand (Ω);

R_A: Widerstand des Amperemeters;

I_z: Zellenstrom (A);

ΔE^0: Normalpotenzial der elektrochemischen Umsetzung (für Wasser z. B. 1,23 V);

Δu_{Diff}: Diffusionsspannung;

ΔU_s: sonstige Spannungserhöhungen, beispielsweise ein Coulometer.

Die Stromarbeit, die nicht zum Stoffumsatz genutzt wird, erwärmt die Elektrolytlösung. Überschlägig und unter Vernachlässigung der anderen Spannungen ist die Wärmeenergie:

$$\Delta Q = (\Delta \eta_{\text{Kathode}} + \eta_{\text{Anode}} + R_z \cdot I_z) \cdot I_z \cdot t \tag{1.3}$$

Für technische Elektrolysen müssen Überspannung und Zellwiderstand möglichst gering bleiben, damit nicht zu viel Energie als Wärme verloren geht. Durch höhere Temperaturen in der Elektrolytlösung können andererseits auch Zellwiderstand und Überspannung sinken.

1.2 Das Faradaysche Gesetz

Das erste und zweite Faradaysche Gesetz ermöglichen, den Stoffumsatz während einer Elektrolyse zu berechnen. Die gebildeten Stoffe (z. B. Gase wie Sauerstoff und Wasserstoff, die abgeschiedenen Metalle, oxidierte und reduzierte anorganische und organische Stoffe) müssen quantitativ bestimmt werden, um verlässliche Schlussfolgerungen über die chemischen Prozesse in den Elektrodenräumen der beiden Halbzellen gewinnen zu können.

Die Stromstärke multipliziert mit der Zeit (in Sekunden) ergibt die Strommenge (Q, Einheit: A $\cdot$ s). Die gebildeten Stoffe an den Elektroden sind direkt proportional zur Strommenge. Die Proportionalitätskonstante ist die inverse Faraday-Konstante ($1/F \cdot z$):

$$n_i = \frac{m}{M} = I \cdot \frac{t}{z \cdot F} \,. \tag{1.4}$$

n_i: Stoffmenge an Äquivalenten;

m: abgeschiedene Stoffmenge in Gramm;

M: Atom- oder Molekulargewicht des abgeschiedenen Stoffes (g/mol);

I: Stromstärke in Ampere (A);

t: Zeit in Sekunden;

z: Äquivalenzzahl der benötigten Elektronen je Redoxgleichung;

F: Faraday-Konstante (96.485 A $\cdot$ s/mol).

Bei allen Reaktionen entspricht die Oxidationszahl der Ionen (bei kohlenstoffhaltigen Molekülen der Oxidationszahl des betreffenden Kohlenstoffatoms) den aufgenommenen oder abgegebenen Zahlen von Elektronen der Äquivalenzzahl im Faradayschen Gesetz.

Etwas komplizierter ist es für Gase. Die Gasvolumina lassen sich über das allgemeine Gasgesetz bestimmen. Die Äquivalenzzahl der Elektronen bei Gasen bezieht sich nur auf einatomige Gase. In der Realität liegen mehratomige Moleküle vor, sodass die nach Faraday berechnete Stoffmenge (Molzahl) geringer ist. Entsprechend der Redoxgleichung für zweiatomige Gase wie Wasserstoff (Sauerstoff) muss in der rechten Seite der Gleichung noch ein Faktor von 0,5 (0,25) eingeführt werden, wenn nach der Redoxgleichung ein halbes Mol (ein viertel Mol) Gas auf ein Mol Elektron entsteht. Bei der Acetatelektrolyse entstehen auf 1 mol Elektronen an der Anode sogar 1,5 mol Gas (1/2 mol Ethan, 1 mol Kohlendioxid). Die Redoxgleichung ist immer der Ausgangspunkt zur Ermittlung des Gasvolumens nach dem Faradayschen Gesetz.

Zur exakten Bestimmung der Strommenge bei einer Elektrolyse kann ein Coulometer eingesetzt werden. Obgleich digitale Multimeter vielfach recht genaue Stromstärken anzeigen, ist die Berechnung bei wechselnder Stromstärke trotz mathematischer Integration zeitraubend.

Der gebildete Stoff aus Gas, Metall oder gelöster Substanz wird nach Beendigung der Elektrolyse quantitativ bestimmt. Die so bestimmte Molzahl wird durch die maximal mögliche Stoffumsetzung nach dem Faradayschen Gesetz entsprechend der Redoxgleichung dividiert. Das Verhältnis wird als Faraday-Umsatz (Faraday efficiency, FE) in Prozent angegeben.

1.3 Die Nernstsche Gleichung

Die Nernstsche Gleichung ist wichtig für die Berechnung von elektrochemischen Gleichgewichtsreaktionen für verschiedene Konzentrationen und für die theoretische Berechnung von Spannungswerten (ohne die zusätzliche Überspannung an Elektroden) für Elektrolysereaktionen.

$$E = E_0 + \left(\frac{R \cdot T}{z \cdot F} \right) \cdot \ln \left(\frac{\mathrm{Ox}}{\mathrm{Red}} \right) \tag{1.5}$$

Bei 25 °C in vereinfachter Form:

$$E = E_0 + \left(\frac{0,059}{z} \right) \cdot \log \left(\frac{\mathrm{Ox}}{\mathrm{Red}} \right) \tag{1.6}$$

E_0: das Standardnormalpotenzial der Reaktion;
z: Elektronenzahl, die nach der Redoxgleichung zur Oxidation oder Reduktion benötigt wird;
Ox: die Konzentration (mol/L) der oxidierten Komponente;
Red: die Konzentration (mol/L) der reduzierten Komponente.

Wird das unedle Metall Zink mit schwacher Salzsäure versetzt wird, so bilden sich neben Wasserstoff auch Zinkionen. Wenn die Säure sehr verdünnt vorliegt, kommt die Auflösung von Zink bald zum Stehen. Nun liegen Zink und Zinkionen in der Lösung vor. Das Metall Zink und die Zinkionen sind ein Redoxpaar, und dieses Redoxpaar besitzt ein Normalpotenzial, das sich mit einer Redoxelektrode messen lässt. Da die Konzentration des Metalls in der Lösung konstant bleibt, ist deren Konzentration gleich eins. Je nach Konzentration der Zinkionen in Lösung werden unterschiedliche Redoxpotenziale gemessen. Bei einer Konzentration (genauer Aktivität) von 1 mol/L entspricht das gemessene Redoxpotenzial genau dem Normalpotenzial.

Zur Bestimmung des Normalpotenzials wurde früher die Wasserstoffnormalelektrode verwendet. Heute werden Elektroden zweiter Art, beispielsweise die Ag/AgCl-Elektrode (SCE-Elektrode), verwendet. Diese Elektrode besteht aus Silber mit einer Schicht aus Silberchlorid in einer 1-M-Kaliumchloridlösung.

Die Standardnormalpotenziale müssen bei genau eingehaltenen Temperaturen (25 °C) und einheitlichen Konzentrationen (1 mol/L, bzw. Aktivitäten) bestimmt werden.

Weicht das gemessene Potenzial von dem Standardnormalpotenzial ab, so lässt sich die Konzentration der Zinkionen in der Lösung anhand der Nernstschen Gleichung abschätzen.

Da Elektrolysen häufig in getrennten Halbzellen durchgeführt werden, die mittels eines Ionenaustauschers den Durchtritt von Kationen oder Anionen erschweren, lassen sich Stoffumsetzungen in den beiden Halbzellen durch Messung der Redoxpotenziale verfolgen. Dies ermöglicht, die Art der stofflichen Umsetzung jeder Halbzelle zu erkennen. Für Elektrolysereaktionen formuliert man für Kathoden- und Anodenraum die Einzelpotenziale nach der Nernstschen Gleichung.

Sehr wichtig sind die Redoxpotenziale von Säuren und Basen bei Elektrolysen. Neben der Konzentrationsbestimmung mit einem pH-Meter sind auch Potenzialbestimmungen mit einer Redoxelektrode möglich. Für beide Fälle ist die Kenntnis des Nernstschen Gesetzes nötig.

1.3.1 Wasserelektrolyse

Kathode
- An der Kathode entsteht Wasserstoff.
- Die Redoxgleichung ist:
  $H^+ + e^- \rightarrow 1/2\, H_2$.
- Oxidierte Komponente: $H^+ + e^-$.
- Reduzierte Komponente: $1/2\, H_2$.

Die Lösung wird durch das entstehende Wasserstoffgas schnell gesättigt; diese Konzentration ist sehr gering. Die Wasserstoffkonzentration der Lösung ist dann 1 und bleibt während der Elektrolyse konstant. Die Konzentrationsänderung findet nur bei den Wasserstoffionen (H^+) statt. Die Konzentration der Wasserstoffionen entspricht dem pH-Wert.

Die frei werdenden Elektronen werden als $n = 1$ in der Nernstschen Gleichung berücksichtigt.

Das Standardnormalpotenzial einer starken 1-M-Säure (Salzsäure oder Schwefelsäure) für die Wasserstoffbildung bei 25 °C ist nach der Definition $E^0 = 0$.

Dies ist der Bezugspunkt, an dem alle anderen EMK-Werte festgelegt wurden.

Die Nernstsche Gleichung vereinfacht sich zu:

$$E = 0 + (0{,}059/1) \cdot \left(\log\left([H^+]\right) - 0\right) .$$

Das Kathodenpotenzial bei 25 °C ist:

$$E = -0{,}059 \cdot \text{pH} \tag{1.7}$$

Anode:
- An der Anode entsteht Sauerstoff.
- Für die Sauerstoffbildung im sauren Bereich ergibt sich:
  $1/2\, H_2O \rightarrow 1/4\, O_2 + H^+ + e^-$.
- Reduzierte Komponenten: H_2O.
- Oxidierte Komponenten: $1/4\, O_2 + H^+ + e^-$.

Das Standardnormalpotenzial an der Anode wurde zu $E^0 = +1{,}229$ V berechnet. Für die Sauerstoffbildung aus Wasser[1] gilt:

$$E = 1{,}229\,\text{V} + \left(\frac{0{,}059}{n}\right) \cdot \log\left(\frac{\text{Ox}}{\text{Red}}\right) ,$$
$$E = 1{,}229\,\text{V} + 0{,}059 \cdot \log\left([H^+]\right) - 0 , \tag{1.8}$$
$$E = 1{,}229\,\text{V} - 0{,}059 \cdot \text{pH} .$$

Nach Messungen wurde eine EMK für die Wasserstoff- und Sauerstoffbildung im Gleichgewicht mit Wasser von 1,237 V bei 17 °C bzw. 1,229 V bei 25 °C errechnet.

Die Sauerstoffkonzentration kann ebenfalls – analog der Wasserstoffkonzentration an der Kathode – vernachlässigt werden.

---

1 Bei sehr frühen Messungen wurde die EMK der Wasserstoff-Sauerstoff-Kette zu 1,08–1,14 V bestimmt. Die EMK blieb über sehr lange Zeit nicht konstant. Sollte auch die Konzentration von Wasser nach der Nernst-Gleichung in die EMK einfließen ergäbe sich die Konzentration von Wasser: 1000 g Wasser/(18 g/mol) = 55 mol Wasser. In der Gleichung wird das Wasser nicht berücksichtigt, da die Konzentration sich nicht ändert und daher als konstant betrachtet werden kann. Haber untersuchte das thermodynamische Gleichgewicht von Sauerstoff, Wasserstoff und Wasserdampf bei sehr hohen Temperaturen und extrapolierte die Daten auf Raumtemperatur. Daher gilt heute der Wert der Wasserstoff-Sauerstoff-Kette von $E^0 = 1{,}23$ V (25 °C) als korrekt. Siehe Fritz Förster, Elektrochemie in wässrigen Lösungen, Verlag Johann Ambrosius Barth, Leipzig 1915, S. 165–171.

1.4 Die Überspannung

Die Überspannungen sind besonders bei Gasbildungen (Wasserstoff-, Sauerstoffbildung) beträchtlich. Die Überspannung ist abhängig von der Metallart der Elektroden und von der Stromstärke. Ein mathematischer Zusammenhang in Abhängigkeit von der Stromstärke wurde von Tafel entwickelt [2].

Vereinfacht gilt für die Tafel-Überspannung:

$$\eta = a + b \cdot \log\left(I_F\right) \tag{1.9}$$

η: Überspannung (V);
a: abhängig von der Elektrode;
b: abhängig von der Natur des entstehenden Gases;
I_F: Stromdichte (A/cm^2).

Die Überspannung lässt sich in die Durchtrittsüberspannung und die Diffusionsüberspannung unterteilen. Mit der Butler-Volmer-Gleichung [1, 2] kann die Durchtrittsüberspannung bestimmt werden. Diese Berechnungen stützen sich auf Zusammenhänge mit der Geschwindigkeitskonstante in der Kinetik. Teilchen müssen zu einem aktivierten Zustand mit einem höheren Energieniveau gelangen, damit eine Stoffumwandlung möglich wird. Auch bei Elektrolysen ist eine Aktivierungsenergie nötig. Metallionen in einer Lösung müssen bei einer elektrolytischen Abscheidung zunächst von der Hydrathülle befreit werden. Dann müssen Elektronen vom Metallgitter zum Kation gelangen und das neue Metallatom im Metallverband aufgenommen werden.

Die Butler-Volmer-Gleichung hat die Form:

$$\ln I = \ln\left(I_0\right) + \frac{\alpha \cdot z \cdot F}{R \cdot T} \cdot \eta D \tag{1.10}$$

Der Durchtrittsfaktor α, die Austauschstromdichte I_0 sind wichtige Kenngrößen einer Elektrodenreaktion. Die Durchtrittsüberspannung ηD (V) ist die Überspannung, die mit einer Haber-Luggin-Kapillare gemessen wird.

Die Ermittlung dieser Größen erfolgt ganz analog auf Basis der Tafel-Beziehung.

Zunächst werden die Überspannungen und Stromdichten einer Elektrodenreaktion ermittelt, dann wird I_0 aus dem Schnittpunkt der logarithmierten Stromdichte (Ordinatenachse) errechnet. Für $z = 1$ und 17 °C ist der Faktor $F/(RT) \approx 40\,(1/V)$, danach lässt sich leicht der Durchtrittsfaktor α bestimmen.

Wassermoleküle sind am Sauerstoffatom negativ polarisiert. Den Wassermolekülen im Bereich der Anode werden die Elektronen entzogen, und es bildet sich Sauerstoff (Tab. 1.1). An einigen Anoden findet gar keine Sauerstoffbildung statt, beispielsweise an Niob oder Aluminium. Diese Elektroden sind passiv. Interessanterweise haben diese Metalle ein recht hohes magnetisches Moment oder eine positive magnetische Suszeptibilität.

Tab. 1.1: Anodische Überspannung in Abhängigkeit zur Stromstärke. Die Potenzialmessung erfolgte in ungerührter Lösung [3].

Anodenmetall	Stromdichte (A/cm^2)	0,0001	0,001	0,01	0,1	1
Kupfer	Überspannung (V)	0,32	0,42	0,66	0,73	0,77
Silber	Überspannung (V)	0,20	0,60	0,71	0,94	1,06
Gold	Überspannung (V)	0,73	0,96	1,05	1,53	1,63
Eisen	Überspannung (V)	0,35	0,41	0,48	0,56	0,63
Grafit	Überspannung (V)	0,31	0,50	0,96	1,12	2,20
Nickel	Überspannung (V)	0,32	0,60	0,75	0,91	1,04
Palladium	Überspannung (V)	0,39	0,89	1,01	1,12	1,28
Platin	Überspannung (V)	0,52	1,11	1,32	1,50	1,55
Blei	Überspannung (V)	–	0,80	0,97	1,02	1,04

Tab. 1.2: Kathodische Überspannung in Abhängigkeit zur Stromstärke. Potenzialmessungen erfolgten in ungerührter Lösung [4].

Metallart	Stromdichte (A/cm^2)	0,001	0,01	0,1	1
Kupfer	Überspannung (V)	0,60	0,75	0,82	0,84
Silber	Überspannung (V)	0,46	0,66	0,76	–
Gold	Überspannung (V)	0,17	0,25	0,32	0,42
Eisen	Überspannung (V)	0,40	0,53	0,64	0,77
Grafit	Überspannung (V)	0,47	0,76	0,99	1,03
Nickel	Überspannung (V)	0,33	0,42	0,51	0,59
Platin	Überspannung (V)	0,25	0,35	0,40	0,40
Platin (platiniert)	Überspannung (V)	0,01	0,03	0,05	0,07
Blei	Überspannung (V)	0,91	1,24	1,26	1,24
Quecksilber	Überspannung (V)	1,04	1,15	1,21	1,24
Zinn	Überspannung (V)	0,85	0,98	0,99	0,98
Wismut	Überspannung (V)	0,69	0,83	0,91	1,01
Wolfram	Überspannung (V)	0,27	0,35	0,47	0,54

Jeder stromdurchflossene Leiter erzeugt ein Magnetfeld, das von der Stromstärke abhängig ist. Je nach magnetischem Moment des Metalls kann das Magnetfeld kräftiger oder schwächer sein. Das bei einer Elektrolyse entstehende Sauerstoffmolekül ist paramagnetisch. Bei einer Elektrolyse mit Sauerstoffentwicklung könnte eine zusätzliche Kraft benötigt werden, um die Abstoßungskräfte des magnetischen Moments im Metall zu überwinden. Aus der Tab. 1.2 wird ersichtlich, dass die Wasserstoffüberspannung deutlich geringer als beim Sauerstoff ist. Die Metalle weisen stark unterschiedliche Überspannungen für die Sauerstoffbildung auf.

Eine sehr geringe Wasserstoffüberspannung besitzen Platin, Gold, Wolfram, Nickel. Eine sehr hohe Wasserstoffüberspannung besitzen Blei und Quecksilber.

1.5 Kathodische Metallabscheidung und Wasserstoffentwicklung

Ob sich ein Metall an der Kathode abscheidet oder Wasserstoff entwickelt, hängt vom Normalpotenzial der Reaktion $Me^{z+} + ze^- \rightarrow Me$, von der Überspannung am Kathodenmetall und schließlich vom pH-Wert ab.

Metallkationen mit einem positiven Normalpotenzial können sich aus einer Lösung auf andere Metalle niederschlagen. Nach dem Einführen eines Stahlnagels in eine Kupfersulfatlösung zeigt der Nagel bald einen Kupferüberzug.

Zur Berechnung der EMK aus den einzelnen Redoxpaaren wird immer das positivere Redoxpaar vorangestellt. Von diesem wird das schwächer positive Redoxpaar subtrahiert.

Es ist überschlägig:

$$\Delta E = E\left(Cu/Cu^{2+}\right) - E\left(Fe/Fe^{2+}\right) = +0,35 - (-0,44) = +0,79\,V\,.$$

Eisen gibt leichter Elektronen ab als Kupfer, daher hat Kupfer in der Redoxtabelle ein positiveres Normalpotenzial.

Gold (Au/Au(+I), $E^0 = +1,70\,V$), Silber (Ag/Ag(+I), $E^0 = +0,81\,V$) und Kupfer (Cu/Cu(+II), $E^0 = +0,35\,V$) besitzen positive Normalpotenziale. Sie lösen sich unter dem Einfluss von nicht oxidierenden Säuren (z. B. Schwefelsäure, Phosphorsäure) nicht auf. Das Normalpotenzial von Kupfer ist nur schwach positiv, unter dem Einfluss von Luftsauerstoff, stark konzentrierten Säuren, Wärme kann sich auch Kupfer zu Metallsalzen auflösen.

Bei Silber ist die Auflösung nur noch unter sehr drastischen Bedingungen (sehr starke Säuren, Hitze, Luft) möglich und Gold löst sich nur in sehr stark oxidierendem Königswasser.

In schwach saurer Lösung können die letztgenannten Metalle gut als Elektroden für Elektrolyseprozesse verwendet werden. Vorzugsweise werden diese Metalle als Kathoden eingesetzt. Wird Silber als Anode in schwefelsaurer Lösung genutzt, löst sich ein kleiner Teil des Silbers. Durch Messung des Redoxpotenzials ist dies leicht nachweisbar. Gold wird nur zu einem sehr geringen Anteil in Schwefelsäure anodisch oxidiert, es bildet sich dabei ein leicht bräunlich-violetter Überzug (AuOH) an der Elektrode.

Aus den entsprechenden Salzlösungen lassen sich Kupfer, Silber oder Gold kathodisch unter sauren Bedingungen abscheiden. Auch für Palladium und alle Metalle der Platingruppe sind die Normalpotenziale positiv. Die Salzionen werden im sauren Medium als Metalle abgeschieden.

Zur Berechnung der benötigten Spannung einer Elektrolysezelle müssen die Teilspannungen an der Anode und Kathode bestimmt werden. Die Zersetzungsspannung einer Metallabscheidung an Platinelektroden berechnet sich zu:

$$\Delta U = U_{Anode} - U_{Kathode} + U_z\,.$$

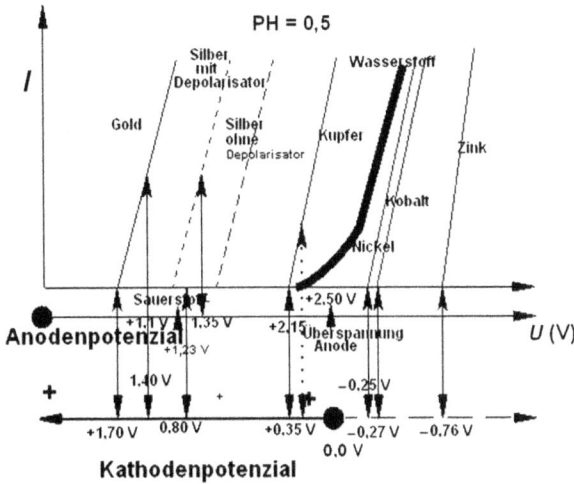

Abb. 1.2: Strom-Spannungs-Kurven verschiedener Metallabscheidungen, sauer.

ΔU: Gesamtpotenzial;

U_{Anode}: Anodenpotenzial + Überspannung Sauerstoffbildung (meist erheblich);

U_{Kathode}: Kathodenpotenzial + Überspannung Metallabscheidung (häufig gering);

U_z: Zellspannung.

In stark saurer Lösung (pH = 0) und bei geringer Stromstärke wird U_z vernachlässigt, da bei hoher Leitfähigkeit die Zellspannung sehr gering ist. Ferner ist die Überspannung der Metallabscheidung ebenfalls gering und kann vernachlässigt werden.

Anodenpotenzial:

$$E_{(H_2O/O_2)} = E^0_{(H_2O/O_2)} - 0,059 \cdot \text{pH} + \eta(O_2) = 1,23\,\text{V} - 0 + 0,47\,\text{V} = 1,70\,\text{V} .$$

Kathodenpotenzial:

$$E_{(M/M^+)} = E^0_{(M/M^+)} + (0,059/n) \cdot \log[(c_{M^+})/(c_M)] .$$

Die Metallkonzentration ($c_M = 1$) auf der Kathode bleibt konstant und ist bereits in $E^0_{(M)}$ enthalten.

Während der Elektrolyse sinkt die Konzentration der Metallionen (c_{M^+}) immer weiter, sodass die notwendige Spannung bei der Elektrolyse ansteigt.

Werden Platinelektroden in 1-M-Schwefelsäure als Anoden für eine Elektrolyse eingesetzt, so entwickelt sich an der Anode häufig Sauerstoff. Das Anodenpotenzial zur Sauerstoffbildung beträgt bei pH = 0 $E_{(O_2/H_2O)}$ = +1,23 V. Die Überspannung für die Sauerstoffbildung an der Platinanode liegt bei sehr geringer Stromstärke bei etwa 0,47 V. Häufig wird jedoch bei etwas höherer Stromstärke elektrolysiert, sodass die Überspannung der Sauerstoffbildung an der Anode etwas höher ist. Bei 10 mA liegt die Überspannung in ungerührter Lösung an der Platinanode bei 1,3 V, bei 100 mA sind es 1,55 V. In gerührter Lösung ist die Überspannung jedoch geringer, die anodische Überspannung liegt häufig zwischen $\eta = 0,7-0,9$ V. Die Teilspannung an der Anode beträgt im stark sauren Bereich und bei höherer Stromstärke daher in der Regel zwischen 2,0–2,2 V.

Für die Berechnung der Elektrolysespannung einer elektrogravimetrischen Abscheidung von Gold aus einer Säurelösung subtrahiert man von der Anodenteilspannung das Normalpotenzial von Gold:

$$\Delta U = U_{\text{Anode}} - U_{\text{Kathode}} = 2,1\,\text{V} - (1,70\,\text{V} - 0,3\,\text{V}) = 0,7\,\text{V}.$$

Wenn die Konzentration von Goldionen in der Lösung sehr gering ist, muss nach der Nernstschen Gleichung noch ein Spannungsanteil von 0,2–0,3 V vom Normalpotenzial der Kathode abgezogen werden.

Nach der Abb. 1.2 benötigen Goldionen bei einer elektrochemischen Abscheidung eine sehr geringe Elektrolysespannung in saurer Lösung.

In der Praxis liegt die angelegte Elektrolysespannung bei U = 1,0–1,3 V (100 mA) [5].

Für Silber beträgt die benötigte Elektrolysespannung nach analoger Berechnung etwa:

$$\Delta U = U_{\text{Anode}} - U_{\text{Kathode}} = 2,1\,\text{V} - (0,81\,\text{V} - 0,10\,\text{V}) = +1,4\,\text{V}.$$

In der Praxis liegt die angelegte Elektrolysespannung bei 1,2–1,3 V [6]. Bei diesen Experimenten wurden recht hohe Silbermengen benutzt, sodass nach der Nernstschen Gleichung nur 0,1 V vom Normalpotenzial abgezogen werden müssen.

Zur Senkung der hohen anodischen Teilspannung für die Sauerstoffbildung wird häufig Ammoniaklösung zugegeben. Auch Ethanol wird häufig genutzt. Die Teilspannung für die Oxidation des Depolarisators, beispielsweise von Ammoniumionen zu Nitrat ($E^0_{(\text{NH}_4^+/\text{NO}_3^-)} = +0,87$) ist geringer als die Sauerstoffbildung. Unter diesen Bedingungen sind elektrolytische Abscheidungen von Silber bei etwa 1,0 V möglich, da die Ammoniumionen das Anodenpotenzial um etwa 0,3 V absenken.

Silber haftet unter normalen Elektrolysebedingungen in der Regel nicht als glänzender Überzug auf der Elektrode, die Abscheidung erfolgt in Form von verästelten Kristallen.

Für eine möglichst gute Silberbedeckung der Elektrode werden Ionen zugesetzt, die als Komplexbildner wirken. Das Verfahren wird eingesetzt, um Metallgegenstände mit einem Silberüberzug zu versehen. Silbersalze wurden in früherer Zeit häufig als Silbercyanid komplexiert und dann elektrolytisch abgeschieden. Die Elektrolysespannung liegt mit 3,7 V sehr viel höher als berechnet. Durch die Komplexierung der Silberionen ändert sich das Redoxpotenzial erheblich.

Die gravimetrische Abscheidung von Kupfer sollte bei einer Elektrolysespannung von 1,85 V in saurer Lösung ablaufen:

$$\Delta U = U_{\text{Anode}} - U_{\text{Kathode}} = 2,1\,\text{V} - (0,35\,\text{V} - 0,10\,\text{V}) = +1,85\,\text{V}.$$

Praktisch gelingt die Abscheidung bei etwa 2,0 V in schwefelsaurer Lösung. Auch in diesem Falle wurden die Versuche mit hohen Kupferkonzentrationen ausgeführt.

Kupfer lässt sich sehr gut auf vielen Metallen gravimetrisch abscheiden. Verkupferte Elektroden werden auch genutzt, um ein Elektrodenmaterial zu vergolden. Gold haftet bei der elektrolytischen Abscheidung nur auf Metallen mit positivem Normalpotenzial.

Verkupferte Elektroden werden auch genutzt, um Kobalt, Nickel und Zink im schwach sauren Bereich gravimetrisch aufzutragen. An Platinelektroden versagt die Abscheidung; die Wasserstoffbildung wird aufgrund der geringen Überspannung an Platin bevorzugt. An Kupferelektroden beträgt die Wasserstoffüberspannung etwa 0,6–0,7 V, sodass die genannten Metalle auch im schwach sauren Bereich kathodisch abgeschieden werden können.

Bei der Nutzung einer Elektrode mit hoher Wasserstoffüberspannung wird die Strom-Spannungs-Kurve der Wasserstoffbildung nach Abb. 1.2 weiter nach rechts in Richtung negativer Potenzialwerte verschoben, und Abscheidungen von Metallen mit leicht negativen Normalpotenzialen können möglich werden.

Viele andere Metalle lassen sich aufgrund ihres negativen Normalpotenzials nicht mehr kathodisch im sauren Bereich abscheiden. Erstens löst die Säure die Metalle vom Kathodenmaterial wieder auf, zweitens gewinnt die Wasserstoffbildung deutlich an Einfluss.

Die Abscheidung muss daher im basischen Milieu erfolgen. Das Anodenpotenzial wird im basischen Bereich – entsprechend der Nernstschen Gleichung – stark abgesenkt.

Es ist:

$$U_{\text{Anode}} = E^0_{(O_2/H_2O)} - 0,059 \cdot \text{pH} + \eta(O_2) = 1,23\,\text{V} - (0,059 \cdot 14) + 0,8\,\text{V} \approx 1,20\,\text{V}.$$

Da im Gegenzug das Kathodenpotenzial der Wasserstoffbildung um 0,8 V negativer wird, lassen sich viele Metalle mit schwach negativem Normalpotenzial auf der Kathode abscheiden. Abb. 1.3 verdeutlicht den Zusammenhang.

Die Nickelabscheidung ($E^0_{\text{Ni}^{2+}/\text{Ni}} = -0,25\,\text{V}$) erfordert nach diesen Ausführungen im basischen Milieu die folgende Mindestspannung:

$$\Delta U = U_{\text{Anode}} - U_{\text{Kathode}} = 1,20\,\text{V} - (-0,25\,\text{V}) = 1,45\,\text{V}.$$

Für die elektrolytische Abscheidung von Zink ($E^0_{\text{Zn}^{2+}/\text{Zn}} = -0,76\,\text{V}$) ist die Mindestspannung:

$$\Delta U = U_{\text{Anode}} - U_{\text{Kathode}} = 1,20\,\text{V} - (-0,76\,\text{V}) = 1,96\,\text{V}.$$

Da die abgeschiedenen Metalle zusätzlich eine höhere Überspannung zur Wasserstoffbildung aufweisen, wird die Wasserstoffbildung erst bei einer noch höheren Spannung möglich.

Bei der Nutzung einer Elektrode mit hoher Wasserstoffüberspannung kann die Strom-Spannungs-Kurve der Wasserstoffbildung nach Abb. 1.3 noch weiter nach

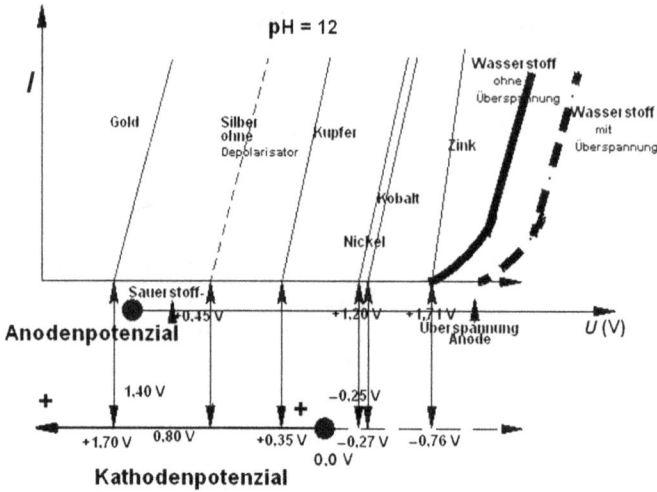

Abb. 1.3: Strom-Spannungs-Kurven von Metallabscheidungen, basisch.

rechts in Richtung negativer Potenzialwerte verschoben werden. Die Abscheidungen von Metallen mit negativem Normalpotenzial können dadurch möglich werden.

Liegen mehrere verschiedene Metallkationen vor, so können diese durch eine elektrogravimetrische Trennung – unter Einhaltung einer exakt eingestellten Spannung – einzeln abgeschieden werden. Bei diesen Trennungen werden die Stromstärke, die Elektrolysezeit und die Gewichtszunahme der Kathode bestimmt. Aus der Gewichtszunahme, dem Spannungsintervall können Schlussfolgerungen auf die Art der Metallionen und die Konzentrationen der Metallionen in der Lösung gemacht werden.

1.6 Anodische Oxidation

Bei Elektrolysen im sauren Bereich wird vornehmlich Platin als Anodenmetall verwendet, da fast alle anderen Metalle aufgelöst werden. Nach längeren Elektrolysen in stärker konzentrierter Schwefelsäure löst sich auch ein wenig Platin. In Ammoniak- und Salzsäurelösungen wurden noch stärkere Auflösungserscheinungen beobachtet, besonders bei einer angelegten Wechselspannung [7]. Es können auch Bleche oder Drähte aus Titan, die mit Platin elektrolytisch beschichtet wurden, als Anoden eingesetzt werden. In Schwefelsäurelösungen können auch Bleioxidanoden eingesetzt werden. Bleioxid und Bleisulfat sind in wässrigen Lösungen fast unlöslich. Sind kleinere Mengen an Chlorid oder Nitrat in Lösung vorhanden, gehen Bleiionen aber in Lösung [8].

Bei Elektrolysen im basischen Bereich gibt es mehrere gute Alternativen zu Platin. Die Überspannung der Sauerstoffbildung ist an Platinanoden sehr hoch. Eine ganze Reihe von Metallen weist nur eine geringe Sauerstoffüberspannung auf, beispielsweise Silber, Kupfer, Eisen und Nickel.

Mitunter lassen sich diese Metalle auch in verdünnter Schwefelsäure einsetzen; es wird aber immer ein kleiner Teil der Stromarbeit genutzt, um die Anode aufzulösen [9].

Neben den Metallen kann auch Grafit im basischen Bereich als Anode eingesetzt werden. Bestimmte Grafitsorten sind in basischer Lösung lange stabil und zeigen auch keine Tendenz organische Stoffe an die Lösung abzugeben [10]. Bei sehr hohen Stromstärken und langer Elektrolysezeit werden durch die Säurebildung auch diese Elektroden zerstört. Grafit wird unter drastischen Bedingungen zu Kohlendioxid, Kohlenmonoxid und Mellitsäure oxidiert.

An der Anode kann die Oxidation

$$2\,OH^- \rightarrow H_2O_2 + 2\,e^-$$

zu unerwünschten Nebenreaktionen führen; dies ist insbesondere bei hohen Säurekonzentrationen zu beachten. Mit Platinanoden wird das Wasserstoffperoxid im basischen Medium meist zerstört.

An Bleidioxidanoden [1] entsteht, bedingt durch die hohe Sauerstoffüberspannung, auch Ozon:

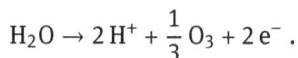

$$H_2O \rightarrow 2\,H^+ + \frac{1}{3}O_3 + 2\,e^- \,.$$

1.7 Passivierung

Einige Metalle (z. B. Eisen, Nickel) können passive Deckschichten bilden, sodass diese Metalle trotz negativem Normalpotenzial nicht auflösbar sind.

Werden in einer Natriumhydroxidlösung ein Nickeldraht als Anode eingesetzt und eine ausreichende Spannung angelegt, so ist die Stromstärke für wenige Minuten nur minimal. In dieser ersten Phase sind nur ganz wenig Gasblasen an der Anode sichtbar. Ganz plötzlich steigt dann die Stromstärke um den Faktor 8–9 (Abb. 1.4). Nun setzt eine deutliche Gasentwicklung ein, die Stromstärke bleibt im weiteren Elektrolyseverlauf nahezu konstant. Passivierungen von Anoden wie Nickel und Eisen zur Sauerstoffentwicklung sind sowohl im sauren wie auch im basischen Bereich möglich. Nur in Natronlauge löst sich Nickel nicht auf. Schon in Natriumhydrogenkarbonatlösung ist eine deutliche Auflösung des Nickels messbar. In schwach saurer Lösung (pH = 2–3) steigt die Auflösung bereits auf ca. 15 % der Stromarbeit. In allen Lösungen bleibt die Stromstärke im Anfangsbereich minimal, nach wenigen Minuten springt sie plötzlich auf eine deutlich höhere Stromstärke. Im Anfangsbereich der sehr geringen Stromstärke bildet sich eine oxidische Deckschicht aus, die den Stromdurchgang erleichtert und einen Schutz (Passivierung) gegen die anodische Auflösung darstellt.

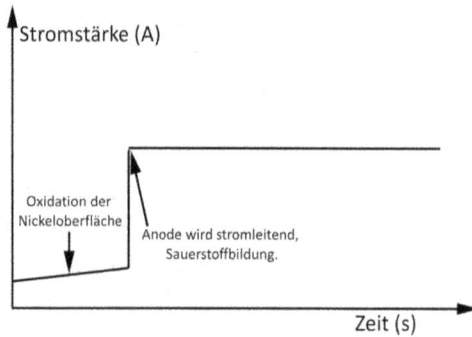

Abb. 1.4: Zeitliche Veränderung der Stromstärke an einer Nickelanode. Im Anfangsbereich bildet sich eine oxidische Deckschicht, die für einen verbesserten Stromfluss sorgt.

Die Passivität von Eisen und Nickel wird bei Anwesenheit von Chlorid, Bromid, Iodid geschwächt, bei der Anwesenheit von Nitrat, Chromat gestärkt [11].

1.8 Elektrodenmaterialien

Bezüglich Preis und Anwendungsgebiet haben sich einige Elektroden in der Technik durchgesetzt (Tab. 1.3).

1.9 Der Zellwiderstand

Der elektrische Widerstand (R_z) einer Elektrolysezelle bestimmt den Stromverbrauch und muss dementsprechend minimiert werden:

$$R_z = (d/A) \cdot \chi - 1 \,.$$ (1.11)

R_z: Zellwiderstand (Ω);
d: Abstand der Elektroden in Zentimeter;
χ: spezifische Leitfähigkeit ($1/(\Omega \cdot cm)$);
A: Elektrodenfläche (cm^2).

Die angegebene Formel gilt nur für große Elektroden und einen nicht zu großen Abstand. Für kleine Elektroden und größere Entfernungen können deutliche Abweichungen auftreten.

Je höher die spezifische Leitfähigkeit ist, desto geringer ist der Zellwiderstand (Tab. 1.4).

Soweit es die Elektrolysebedingungen zulassen, müssen Elektrodenabstand vermindert und die spezifische Leitfähigkeit erhöht werden, damit der elektrolytische Stoffumsatz maximal wird.

Tab. 1.3: Wichtige Elektrodenmaterialien für Elektrolysen [12–14].

Material	Anode	Kathode	Einsatzgebiet
Stahl		++	Schmelzflusselektrolyse Na, K, Li, Ca, Mg
Grafit	++		Schmelzflusselektrolyse Na, K, Li, Ca, Mg
Grafit	++		Nur für alkalische Elektrolysen. Peroxidbildung mit Karbonat! Bei der Aluminiumherstellung, Elektroden werden zu Kohlendioxid und Kohlenmonoxid oxidiert
Grafit	+		Fluorherstellung, amorpher Kohlenstoff
(Grafit)	+/−		Chloralkalielektrolyse, Elektroden unbeständig, nicht mehr zeitgemäß
Platiniertes Titan	+		Chloralkalielektrolyse
DSA (TiO_2/RuO_2)	++		Chloralkalielektrolyse, Chlorat
Pb-Ag-Legierung	+		Sauerstoffabscheidung, wenig Überspannung, Gewinnung von Zink, Cadmium
Magnetitanoden	+		Chloratherstellung
Pb/PbO_2	++		Perchlorsäure, sehr wichtige Anode für organische Umsetzungen in Schwefelsäure
Pb		++	Adipinsäuredinitril aus Acrylnitril, sehr wichtige Kathode für organische Elektrolysen
Platin	+		Peroxodischwefelsäure, Kolbe-Reaktion
Nickel	+	+	Kaliumpermanganat, anodisch in NaOH-Lösung sehr gut beständig. Karbonsäuren werden in Peroxosäuren umgewandelt
Fe, Ni	+		Organische Halogenierung
Cu, Sn		+	*p*-Aminophenol aus Nitrobenzol

+: Gut geeignet   ++: Sehr gut geeignet, in der Praxis sehr wichtig

1.10 Temperaturabhängigkeit der Leitfähigkeit

Die Leitfähigkeit einer Elektrolytlösung nimmt mit einer Temperaturerhöhung zu (Tab. 1.5). Durch Temperaturerhöhung kann der Zellwiderstand vermindert werden. Für wässrige Lösungen gilt die folgende temperaturabhängige Gleichung [15] als gute Näherung für die Leitfähigkeit:

$$\Lambda_t = \Lambda_{18\,°C} \cdot (1 + b_L \cdot (T_G - 18)) \ . \tag{1.12}$$

Λ_t: Leitfähigkeit einer Lösung bei der Temperatur t;
b_L: Faktor ~ 0,02–0,025 für Salzlösungen; 0,01–0,016 für Säurelösungen;
T_G: Temperatur der Lösung in °C.

Tab. 1.4: Leitfähigkeiten von Elektrolytlösungen.

Lösungsmittel	Temperatur (°C)	$\chi(1/(\Omega \cdot cm))$	Quelle
Destilliertes Wasser	20	$1,2 \cdot 10^{-6}$	Eigene Messung
1-M-KCl	20	0,1029	Eigene Messung
0,1-M-KCl	20	0,0129	[15]
0,01-M-KCl	20	0,00142	[15]
0,1-M-HCl	20	0,0395	Eigene Messung
0,5-M-HCl	20	0,179	Eigene Messung
1-M-NaOH	20	0,172	Eigene Messung
3,5-M-H_2SO_4	18	0,739	[16]

Tab. 1.5: Die Temperaturabhängigkeit der Leitfähigkeit von Ionen [16].

Ion	0 °C	18 °C	25 °C	50 °C	75 °C	100 °C	128 °C
K^+	40,4	64,6	74,5	115	159	206	263
Na^+	26	43,5	50,9	82	116	155	203
NH_4^+	40,2	64,5	74,5	115	159	207	264
H^+	240	314	350	465	565	644	722
Cl^-	41,1	65,5	75,5	116	160	207	264
$1/2\,SO_4^{2-}$	41	68	79	125	177	234	303
OH^-	105	172	192	284	360	439	525

1.11 Die Leitfähigkeit

Für die spezifische Leitfähigkeit gilt:

$$\chi = c^{eq} \cdot \Lambda^{eq}/1000 \tag{1.13}$$

χ: die spezifische Leitfähigkeit $(1/(\Omega \cdot cm))$;
c^{eq}: die Konzentration der Teilchen (mol/L);
Λ^{eq}: die Äquivalentleitfähigkeit $(cm^2/(\Omega \cdot mol))$.

Die Konzentration c^{eq} bezieht sich nicht auf die Molmenge eines Stoffes nach dem Molekulargewicht, sondern auf ein Mol Ladungsträger.

Das Problem bei elektrolytischen Messungen liegt in der Tatsache, dass Ionen mehrere Ladungen besitzen können. Ein Natriumkation hat nur eine positive Ladung, ein Zinkkation zwei positive Ladungen, ein Chloridanion eine negative Ladung, ein Sulfatanion zwei negative Ladungen.

Um Leitfähigkeiten zwischen einzelnen Ionen in Lösungen wie Natriumsulfat, Natriumchlorid, Zinksulfat, Zinkchlorid vergleichbar zu machen, wird die Leitfähigkeit auf das Ladungsäquivalent eines Ions bezogen.

In alten Tabellenwerken ist noch als Konzentrationsangabe die Einheit Val aufge-führt. Diese Einheit bezog sich auf das Molekulargewicht des Salzes dividiert durch die Zahl der Ladungen des Anions oder Kations mit der höchsten Ladungszahl.

1 val/L Na_2SO_4 entsprach der Konzentration von 0,5 mol Na_2SO_4 pro Liter wäss-riger Lösung.

Da das Sulfat zwei negative Ladungen enthält, ist eine Äquivalentkonzentration von Sulfat 0,5 mol/L ausreichend. Die Natriumionen haben in dieser Lösung genau ei-ne Konzentration von 1 mol Kationenladungsträger/L, und die Leitfähigkeit kann da-her gut mit einer Natriumchloridlösung verglichen werden.

Zur Bezeichnung der Äquivalentkonzentration einer Lösung muss entweder das Kürzel „eq" über c angebracht werden oder der Bruch des Ladungsfaktors muss vor die Formel gestellt werden:

$$c^{eq}(Na_2SO_4) = c(1/2\, Na_2SO_4) = 1\, mol/L\,.$$

In der Regel wird die Schreibweise mit dem Bruch des Ladungsfaktors verwendet, da diese Bezeichnung eindeutiger ist. Durch diese Bezeichnung wird deutlich, dass sich 1 mol/L auf die Äquivalentkonzentration bezieht.

Erfolgt die Konzentrationsangabe als $c(Na_2SO_4) = 1\, mol/L$, so deutet der Leser, dass die molare Konzentration gemeint ist, die der doppelten Äquivalentkonzentrati-on entspricht, d. h., $c(1/2\, Na_2SO_4) = 2\, mol/L$.

Die Äquivalentkonzentration $c(1/2Na_2SO_4)$ gilt für alle anderen verwendeten Konzentrationen, z. B. 0,5 mol/L, 0,25 mol/L, 0,1 mol/L, 0,075 mol/L usw. Bei der Kon-zentrationsangabe $c(1/2Na_2SO_4) = 0,05$ mol/L werden folglich 0,025 mol Na_2SO_4 in 1 L gelöst.

Auch die Bezeichnung der Äquivalentleitfähigkeit sollte in der folgenden Weise deutlich gekennzeichnet werden:

$$\Lambda^{eq}(Na_2SO_4) = \Lambda_c(1/2\, Na_2SO_4)\,.$$

Beide Alternativen sind möglich, eindeutig ist immer der Faktor mit dem Bruch aus der Ladungszahl. Jede Äquivalentleitfähigkeit gilt nur für eine ganz bestimmte Konzentration.

Bei allen elektrochemischen Konzentrationsangaben sollte die Äquivalentleitfä-higkeit angegeben werden. In allen wichtigen Tabellenwerken wird die Äquivalent-leitfähigkeit in dieser Weise angegeben.

Wird in einem Artikel die molare Leitfähigkeit angegeben, so gilt:

$$\Lambda_m = \Lambda_c \cdot n_e \qquad (1.14)$$

Dabei sind n_e die Absolutzahl der positiven oder negativen Ladungen pro Ion, z. B. für Sulfationen in Natriumsulfat $n_e = 2$, und Λ_m die molare Leitfähigkeit.

Die Äquivalentleitfähigkeit stellt eine relativ konzentrationsbeständige Größe dar.

Sie ist aber nicht konstant. Wird eine einheitliche Lösung verdünnt, so nimmt die Äquivalentleitfähigkeit zu. Schließlich erreicht die Leitfähigkeit bei starker Verdünnung einen Grenzwert, dieser wird als die Äquivalentleitfähigkeit bei unendlicher Verdünnung (Λ_0) (Grenzleitfähigkeit) bezeichnet. Diese Äquivalentleitfähigkeit ist für jedes Ion spezifisch (Tab. 1.6). Die Äquivalentleitfähigkeit in unendlicher Verdünnung hat beispielsweise für das Natriumion in Natriumchlorid, Natriumsulfat, Natriumhydrogenkarbonat den gleichen Wert. Aus den Leitfähigkeitsmessungen wird nur die Summe der Leitfähigkeiten beider Salzionen erhalten. Durch Addition der Grenzleitfähigkeiten von CH_3CO_2Na, HCl abzüglich der Grenzleitfähigkeit von NaCl lässt sich die Grenzleitfähigkeit von CH_3CO_2H bestimmen.

Die äquivalenten Grenzleitfähigkeiten von Ionen in Wasser (oder alkoholischen Lösungen) setzen sich aus der Summe der Äquivalentleitfähigkeiten von Kationen und Anionen – ergänzt durch stöchiometrische Faktoren – zusammen.

$$\Lambda_0 = v \cdot \Lambda_0^+ + v \cdot \Lambda_0^- \,. \tag{1.15}$$

Für Natriumsulfat ergibt sich:

$$\Lambda_{(1/2\,Na_2SO_4)} = 1 \cdot \Lambda_{Na+} + 0,5 \cdot \Lambda_{SO_4^-} \,;$$

$$\Lambda_{(1/2\,Na_2SO_4)} = 50,1 + 80 = 130,1 \,.$$

Aus der Kenntnis der Grenzleitfähigkeiten der Einzelionen aus Tabellenwerken können Leitfähigkeitsmesswerte auch für höhere Konzentrationen berechnet werden.

Λ_0^+, Λ_0^- sind die Grenzleitfähigkeiten (bei sehr großer Verdünnung) der Einzelionen.

Die Koeffizienten (v) sind bereits in den Tabellenwerken für Grenzleitfähigkeiten enthalten.

Aus den Grenzleitfähigkeiten können die Äquivalentleitfähigkeiten (Λ_c) von Lösungen für schwach konzentrierte Lösungen nach der Debye-Hückel-Onsager-Theorie berechnet werden.

Für die Berechnung von Äquivalentleitfähigkeiten von starken Elektrolyten (NaCl, HCl, Na_2SO_4) wird das Kohlrauschsche Gesetz und für schwache Elektrolyte (z. B. Essigsäure, Kohlensäure) wird das Ostwaldsche Verdünnungsgesetz angewendet.

Die Äquivalent- und Grenzleitfähigkeiten dienten und dienen zur Berechnung des Dissoziationsgrades (α) von Salzen, Säuren und Basen in Lösungen.

Es ist:

$$\Lambda_C/\Lambda_0 = \alpha \tag{1.16}$$

Tab. 1.6: Die äquivalenten Grenzleitfähigkeiten (Λ_0) von Ionen bei 25 °C [18]

Kation	Λ_0^+ (cm²/(Ω mol))	Anion	Λ_0^- (cm²/(Ω · val))
H^+	349,8	OH^-	197,6
Li^+	38,7	Cl^-	76,3
Na^+	50,1	Br^-	78,3
K^+	73,5	I^-	76,8
NH_4^+	73,4	NO_3^-	71,4
Ag^+	61,9	HCO_3^-	44,5
$1/2\,Mg^{2+}$	53,1	HCO_2^-	54,6
$1/2\,Cu^{2+}$	54	$CH_3CO_2^-$	40,1
$1/2\,Zn^{2+}$	53	$1/2\,C_2O_4^{2-}$	74,2
$1/2\,Ca^{2+}$	59,5	$1/2\,SO_4^{2-}$	80

1.12 Leitfähigkeitsberechnung

1.12.1 Starke Elektrolyte

Für die Konzentrationsabhängigkeit der Äquivalentleitfähigkeit bezüglich starker Elektrolyte, die auch bei höherer Konzentration fast vollständig dissoziiert vorliegen, gilt das von Kohlrausch gefundene Quadratwurzelgesetz:

$$\Lambda_c = \Lambda_0 - k \cdot \sqrt{c} \tag{1.17}$$

Dabei ist Λ_c die Äquivalentleitfähigkeit bei einer bestimmten Konzentration. c ist die Konzentration der Lösung (Äquivalente pro Liter), k ist eine Konstante.

Für Salzsäure und Natronlauge ist das Gesetz über einen sehr weiten Konzentrationsbereich gültig.

Im Bereich bis 0,01 mol/L kann die Äquivalentleitfähigkeit von Salzen in Wasser nach der Debye-Hückel-Onsager-Theorie berechnet werden [19]. Nach dieser Theorie berechnet sich der Koeffizient k für 1,1-Elektrolyten zu:

$$k = ((0{,}230 \cdot \Lambda_0) + 60{,}68) \tag{1.18}$$

Für andere Elektrolyte zeigen die Berechnungen leichte Abweichungen, es können aber mit leichten Einschränkungen die folgenden Koeffizienten genutzt werden:
a) 2,1-Elektrolyte (z. B. Na_2SO_4): $k = ((0{,}77 \cdot \Lambda_0) + 80)$;
b) 1,2-Elektrolyte (z. B. $CaCl_2$): $k = ((0{,}70 \cdot \Lambda_0) + 60)$;
c) 2,2-Elektrolyte (z. B. $CuSO_4$): $k = ((1{,}85 \cdot \Lambda_0) + 243)$;
d) 3,1-Elektrolyte (z. B. $LaCl_3$): $k = ((1{,}05 \cdot \Lambda_0) + 100)$.

Beispiel 1
– Gesucht wird die Leitfähigkeit einer 0,01-M-KCl-Lösung.
– Eine 0,01-molare/äquivalente KCl-Lösung enthält

- $m = ((39,1\,\mathrm{g} + 35,4\,\mathrm{g}) \cdot 0,01) = 0,745\,\mathrm{g\,KCl}$
- auf 1 L destilliertes Wasser.
- Die Leitfähigkeit der Lösung wird mit einem Konduktometer geprüft.

Berechnung der Leitfähigkeit
Die erwartete Äquivalentleitfähigkeit berechnet sich für den 1,1-Elektrolyten zu:

$$\Lambda_c = \Lambda_0 - k \cdot (c)^{0,5} \,,$$
$$\Lambda_0 = 73,5 + 76,3 = 149,8\,(\mathrm{cm}^2/(\Omega \cdot \mathrm{mol}))\,,$$
$$k = (0,23 \cdot 149,8) + 60,7 = 95,1\,,$$
$$\Lambda_c = \Lambda_0 - k \cdot (c)^{0,5} = 149,8 - (95,1) \cdot (0,01)^{0,5} = 149,8 - 9,5$$
$$= 140,3\,\mathrm{cm}^2/(\Omega \cdot \mathrm{mol})\,.$$

Die Leitfähigkeit ist somit:

$$\chi = c \cdot \Lambda_c/1000\,,$$
$$\chi = 0,01\,\mathrm{mol/l} \cdot 140,3\,\mathrm{cm}^2/(\Omega \cdot \mathrm{mol})/1000 = 0,000140\,\mathrm{S/cm} = 140,3\,\mathrm{\mu S/cm}\,.$$

Beispiel 2

- Für eine Lösung mit $c(1/2\,CuSO_4) = 0,01\,\mathrm{mol/L}$ soll die Leitfähigkeit berechnet werden.
- Das Cu^{2+} und das SO_4^{2-} besitzen jeweils zwei Ladungen, folglich entsprechen 0,005 mol Kupfersulfat gelöst in 1 L einer Konzentration von $c(1/2CuSO_4) = 0,01\,\mathrm{mol/L}$.
- Blaues Kupfersulfat enthält pro Mol fünf Moleküle Kristallwasser. Kupfersulfat hat die Formel $CuSO_4 \cdot 5\,H_2O$.
- Molgewicht: $63,5 + 32,1 + (4 \cdot 16) + (5 \cdot 18) = 249,6\,\mathrm{g/mol}$.
- Eine 0,005-molare Lösung enthält demnach: $249,6\,\mathrm{g/mol} \cdot 0,005\,\mathrm{mol/L} = 1,25\,\mathrm{g}$ blaues Kupfersulfat/L.
- Es müssen also 1,25 g Kupfersulfat in 1 L gelöst werden.

Berechnung der Leitfähigkeit
Kupferionen und Sulfationen sind starke Elektrolyte. Die Berechnung erfolgt wie oben angegeben:

$$\Lambda_c = \Lambda_0 - k \cdot (c)^{0,5},$$
$$\Lambda_0 = 54 + 80 = 134\,(\mathrm{cm}^2/(\Omega \cdot \mathrm{mol})),$$
$$k = (1,84 \cdot 134) + 243 = 490,$$
$$\Lambda_c = \Lambda_0 - k \cdot (c)^{0,5} = 134 - (490 \cdot (0,01)^{0,5}) = 134 - (490 \cdot 0,1)$$
$$= 85\,(\mathrm{cm}^2/(\Omega \cdot \mathrm{mol})).$$

Tab. 1.7: Äquivalentleitfähigkeiten von Elektrolytlösungen bei 25 °C mit verschiedenen Konzentrationen [19]

Ionenart	Konzentration in Äquivalent pro Liter							
	0,0000	0,0005	0,0010	0,0050	0,0100	0,0200	0,0500	0,1000
HCl	426,10	422,74	421,36	415,80	412,00	407,24	399,09	391,32
LiCl	115,03	113,15	112,40	109,40	107,32	104,65	100,11	95,86
NaCl	126,45	124,50	123,74	120,65	118,51	115,76	111,06	106,74
KCl	149,86	147,81	146,95	143,55	141,27	138,34	133,37	128,96
NH_4Cl	149,70	–	–	–	141,28	138,33	133,29	128,75
KBr	151,90	–	–	146,09	143,43	140,48	135,68	131,39
NaI	126,94	125,36	124,25	121,25	119,25	116,70	112,79	108,78
KI	150,38	–	–	144,37	142,18	139,45	134,97	131,11
KNO_3	144,96	142,77	141,84	138,48	132,82	132,41	126,31	120,40
$KHCO_3$	118,00	116,10	115,34	112,24	110,08	107,22	–	–
Na(Ac)	91,00	89,20	88,50	85,72	83,76	81,2	76,92	72,80
NaOH	247,80	245,60	244,70	240,80	238,00	–	–	–
$MgCl_2$	129,40	125,61	124,11	118,31	114,55	110,04	103,08	97,10
$CaCl_2$	135,84	131,93	130,36	124,25	120,36	115,65	108,47	102,46
Na_2SO_4	129,90	125,74	124,15	117,15	112,44	106,78	97,75	89,98
$CuSO_4$	133,60	121,60	115,26	94,07	83,12	72,20	59,05	50,58
$ZnSO_4$	132,80	121,40	115,53	95,49	84,91	74,24	61,20	52,64

Die Leitfähigkeit dieser Lösung ist bei 25 °C somit:

$$\chi = c \cdot \Lambda_c / 1000,$$

$$\chi = 0,01\,\text{mol/L} \cdot 85(\text{cm}^2/(\Omega \cdot \text{mol}))/1000 = 0,00085\,\text{S/cm} = 850\,\mu\text{S/cm}.$$

Mit weiteren Berechnungen können auch andere Elektrolytlösungen nach Tab. 1.7 geprüft werden.

Sehr hochkonzentrierte Lösungen

Bei sehr hochkonzentrierten Elektrolytlösungen (über 0,01 mol/L) sind die Berechnungsmöglichkeiten für Leitfähigkeiten nach den vorgegebenen Formeln nicht mehr möglich. Nach den Tabellen aus Anhang 1 lassen sich einige Äquivalentleitfähigkeiten für Elektrolytlösungen durch empirische Formeln bestimmen.

1.12.2 Schwache Elektrolyte

Für schwache Elektrolyte, die bei höherer Konzentration nicht vollständig dissoziiert vorliegen, gilt das Ostwaldsche Verdünnungsgesetz.

Nach dem Gesetz ist das Produkt der dissoziierten Teilchen im Verhältnis zu den undissoziierten Teilchen eine Konstante (K_s) [21].

$$K_s = [A^-] \cdot [H^+]/[HA]. \tag{1.19}$$

Die Konzentration der dissoziierten Teilchen beträgt nur einen Bruchteil (α) der undissoziierten Teilchen (c).

Somit ist:

$$[A^-] = \alpha \cdot c \,,$$

$$[H^+] = \alpha \cdot c \,,$$

$$[HA] = (1 - \alpha) \cdot c \,.$$

Das Massenwirkungsgesetz hat die Form:

$$K_s = \alpha^2 \cdot c^2 / ((1 - \alpha) \cdot c) = \alpha^2 \cdot c / (1 - \alpha). \tag{1.20}$$

[21]

In der Gleichung ist der Term $(1 - \alpha) \approx 1$, da es sich um eine schwache Säure mit geringem Dissoziationsgrad handelt.

Nach Gl. (1.20) ergibt sich:

$$K_s = \alpha^2 \cdot c$$

oder

$$\alpha = \sqrt{K_s/c} \tag{1.21}$$

Im Falle der schwachen Säuren nach Gl. (1.19) ist $[A^-] = [H^+]$, sodass

$$[H^+]^2/[C_{HA}] = K_s$$

$$[H^+] = \sqrt{K_s \cdot [C\,[HA]]} \tag{1.22}$$

Daraus folgt:

$$pH = (pK_s - \log C)/2. \tag{1.23}$$

[22]

Der pH-Wert einer 0,01-M-Essigsäure ($pK_s = 4,76$) ist folglich:

$$pH = (4,76 - (-2))/2 = 3,38 \,.$$

Für eine schwache Base, z. B. eine 0,1-M-Natriumkarbonatlösung, lässt sich der pH-Wert ebenfalls leicht berechnen.

Das Produkt aus Säurekonstante und Basenkonstante ist:

$$K_s \cdot K_b = 10^{-14}$$

oder

$$pK_s + pK_b = 14. \tag{1.24}$$

Der pH-Wert einer 0,1-M-Natriumkarbonatlösung bestimmt sich wie folgt (konjugate Säure ist das Hydrogenkarbonat, $pK_s(HCO_3^-) = 10,4$):

$$pOH = ((14 - pK_s) - \log C)/2 = (3,6 - (-1))/2 = 2,3 \,,$$
$$pH = 14 - pOH = 11,7 \,.$$

[23]

Starke Basen und starke Säuren sind hingegen vollständig dissoziiert.
Für eine 0,1-M-HCl ist pH = $-\log(0,1) = 1$.
Der pH-Wert einer 0,01-M-NaOH ist:

$$pH = 14 - (-\log(0,01)) = 12 \,.$$

Die Bestimmung der Säurekonstante erfolgt durch die Konduktometrie.
Der Dissoziationsgrad von gelösten Teilchen ist nach Gl. (1.16):

$$\alpha = \Lambda_c/\Lambda_0 \,.$$

Nach Einsetzen in Gl. (1.20) ergibt sich die endgültige Form des Ostwaldschen Verdünnungsgesetzes:

$$K = \Lambda_c^2 \cdot c/(\Lambda_0 \cdot (\Lambda_0 - \Lambda_c)). \tag{1.25}$$

Genaue Werte von Λ_c können nach der Debye-Hückel-Onsager-Theorie bestimmt werden:

$$\Lambda_c = \alpha' \cdot [\Lambda_0 - ((B_1 \cdot \Lambda_0 + B_2) \cdot (\alpha' \cdot c)^{0,5})] \,.$$

Dabei sind die Koeffizienten (B_1, B_2) für 1,1-Elektrolyte – wie oben gezeigt – für die starken Elektrolyte: $B_1 = 0,230$ und $B_2 = 60,68$. Ferner ist $\alpha' = \alpha \cdot f_L$, dabei ist f_L der Leitfähigkeitskoeffizient [24].

1.13 Der Aktivitätskoeffizient

Säure-, Base- und Salzlösungen zeigen häufig abweichende Eigenschaften, die sich nicht mit der Proportionalität aus der Konzentration decken. Für die Beschreibung von Lösungen wird häufig die Aktivität (a_i) angegeben.

Der Aktivitätskoeffizient (f_i) beschreibt die leichte Abweichung zur Konzentration (c_i: molare Konzentration).

Es gilt:

$$a_i = f_i \cdot c_i. \tag{1.26}$$

Die Aktivitätskoeffizienten sind nicht deckungsgleich mit dem Leitfähigkeitskoeffizienten oder dem Dissoziationsgrad einer Elektrolytlösung. Die Aktivitätskoeffizienten sind sehr wichtig bei der genauen Beschreibung des Massenwirkungsgesetzes, von Löslichkeitsprodukten, der exakten Normalpotenziale usw.

Die Aktivitätskoeffizienten (f_i) von Säuren, Basen, Salzlösungen mit geringer Konzentration (bis maximal $c^{eq} = 0,05$ mol/L) lassen sich gut mit der Gleichung

$$\log f_i = 0,51 \cdot z_i^2 \sqrt{I},\tag{1.27}$$

I: Ionenstärke,
z_i: Ladungszahl des Ions

beschreiben.
Die Ionenstärke ist:

$$I = 0,5 \cdot \Sigma z_i^2 \cdot c_i^2\tag{1.28}$$

I: Ionenstärke;
z_i: Ladungszahl des Ions;
c_i: Äquivalentkonzentration (mol/L).

Für Lösungen mit Konzentrationen bis $0,1 c^{eq}$ (mol/L) ergibt sich:

$$-\log f_i = 0,51 \cdot \frac{z_i^2 \cdot \sqrt{I}}{1 + \sqrt{I}}\tag{1.29}$$

In Tabellenwerken der physikalischen Chemie findet man die Aktivitätskoeffizienten auch von höher konzentrierten Salzlösungen.

Die Berechnung der Aktivitätskoeffizienten nach der Debye-Hückel-Theorie berücksichtigt die Wechselwirkungen der hydratisierten Ionen in Lösung.

Gestützt wird die Theorie durch Dampfdruck-, Gefrierpunkt- und Siedepunktmessungen und der Prüfung von elektromotorischen Kräften in galvanischen Zellen [25].

1.14 Löslichkeit von Salzen in Wasser

Die Elektrolytlösungen sollten eine hohe Leitfähigkeit besitzen, damit der Widerstand während der Elektrolyse möglichst gering ist. Die Löslichkeiten von Salzen in wässrigen Lösungen haben daher eine große Bedeutung (Tab. 1.8). Leitsalze, die sich selbst während der Elektrolyse nicht chemisch verändern (z. B. Natriumsulfat, Kaliumsulfat), werden bei vielen Elektrolysen eingesetzt.

Durch Formeln für die Äquivalentleitfähigkeiten von Salzen lassen sich die gelösten Salzmengen sehr gut durch die Konduktometrie bestimmen (s. Kapitel 14).

1.15 Wanderungsgeschwindigkeiten

Aus den Äquivalentleitfähigkeiten lässt sich die Wanderungsgeschwindigkeit von Ionen, abhängig von der angelegten Spannung, berechnen [28].

Tab. 1.8: Gelöste Salzmengen in 100 mL Wasser [26].

Substanz	Kaltes Wasser	Warmes Wasser	Ethylalkohol
Kaliumsulfat	12 g (25 °C)	24,1 g (100 °C)	Unlöslich
Kaliumchlorid	23,8 g (10 °C)	56,7 g (100 °C)	Gut löslich
Ammoniumchlorid	29,7 g (0 °C)	75,8 g (100 °C)	0,6 g
Kaliumhydroxid	107 g (15 °C)	178 g (100 °C)	Sehr gut löslich
Natriumhydroxid	42 g (0 °C)	347 g (100 °C)	Sehr gut löslich
Natriumchlorid	35,7 g (0 °C)	39,1 g (100 °C)	Gut löslich
Natriumiodid	184 g (25 °C)	302 g (100 °C)	42,5 g
Natriumsulfat	4,8 g (0 °C)	33,2 g (32,4 °C)	Unlöslich
Zinksulfat	96,5 g (20 °C)	663 g (100 °C)	Sehr gut löslich

Hypothetisch lässt sich ein Gedankenmodell konstruieren. Es werden zwei Platinelektroden mit einer Fläche (A) von jeweils 1 cm² in einem Abstand von 1 cm angeordnet, die Konzentration der Lösung soll im Gedankenexperiment 1 mol Ladungsträger/mL betragen, die angelegte Spannung ist 1 V, die Strommenge ist $2 \cdot 96.485$ As. Innerhalb 1 s soll ein gleichbleibender Strom von $2 \cdot 96.485$ A fließen. Daraus folgt, dass alle Ionen einer Art gleichmäßig verteilt sind und durch eine beliebige gedankliche Schicht zwischen den Elektroden mit einer Fläche von 1 cm² durchwandern müssen. Wäre dies nicht der Fall, so würde der Strom kurzzeitig absinken.

Aufgrund der Elektroneutralität in jedem Raumteil der Elektrolysezelle muss jeweils ein Äquivalent Kationen vom Zwischenraum zur Kathode und ein Äquivalent Anionen vom Zwischenraum zur Anode gelangen.

Im einfachsten Falle soll die Wanderungsgeschwindigkeit für Kation und Anion gleich sein. Dies würde beispielsweise auf Kaliumchlorid nahezu zutreffen. Hypothetisch sollen die Reduktion von K⁺ zu Kalium und die Oxidation von Cl⁻ zu Chlor angenommen werden. Kationen wie Anionen müssten jeweils etwa 1 cm zurückgelegt haben, damit bei einer Strommenge von 2 F alle Ladungsträger nach der Hypothese durch die Elektroden entladen werden. Die andere Hälfte der Ladungsträger kommt genau von der anderen Seite der Elektrode – also nicht aus dem Zwischenraum zwischen den Elektroden –, sodass genau ein Äquivalent Ladungsträger vom Zwischenraum zur Elektrode wandert. Die zurückgelegte Strecke beider Ionensorten ist insgesamt $L = 2$ cm. Auf diese Strecke bezieht sich das hypothetische Modell.

Die Stromstärke ist abhängig von der Spannung und dem Kehrwert des Widerstandes der Lösung.

Wird Gl. (1.11) benutzt, um den Widerstand der Lösung zu substituieren, ergibt sich:

$$I = \Delta U/R = \Delta U \cdot \chi \cdot A/d. \tag{1.30}$$

Die Strommenge Q wird dadurch hervorgerufen, dass positive Teilchen durch einen beliebigen Querschnitt A zwischen beiden Elektroden mit der Geschwindigkeit u_+ zur Kathode und Anionen mit der Geschwindigkeit u_- durch den Querschnitt A zur

Anode wandern, um dort entladen zu werden. Die Dimension dieser Größe ist Strom-stärke · Länge oder Strommenge · Geschwindigkeit. Mit dieser Dimension wird auf der rechten Seite der Gl. (1.30) der Abstand $d = 1$ cm eliminiert.

Werden die spezifische Leitfähigkeit nach Gl. (1.13) durch die Äquivalentleitfähig-keit ersetzt und weiter der Streckenfaktor $(L/d)\, d' = 2$ berücksichtigt, so wird:

$$2 \cdot 96.485(A \cdot s) \cdot (u_+ + u_-)(cm/s)$$
$$= 1(V = A \cdot \Omega) \cdot \Lambda(cm^2 \cdot mol^{-1} \cdot \Omega^{-1}) \cdot 1(mol/cm^3) \cdot 1\, cm^2 \cdot 2\,.$$

Nach Auflösung der Gleichung zur Wanderungsgeschwindigkeit erhält man:

$$(u_+ + u_-)(cm/s) = \Lambda_c/96.485(cm/s)\,.$$

Für die Wanderungsgeschwindigkeit von Teilchen beim Anlegen einer beliebigen Spannung gilt daher:

$$u_+ + u_- = U \cdot (\Lambda^+ + \Lambda^-)/F\,. \tag{1.31}$$

Setzt man für Λ_c die aus Tabellen richtig dimensionierten Grenzleitfähigkeiten für unendliche Verdünnung ein, so erhält man bei 1 V Spannung vereinfacht für eine stark verdünnte KCl-Lösung:

$$u_{(KCl)} = \Lambda_c/96.485 = (73,5 + 76,3)/96.485 = 0,00155\, cm/s\,,$$

$$u_{(K+)} = 0,00076\, cm/s\,,$$

$$u_{(Cl-)} = 0,00079\, cm/s\,.$$

Ionen mit hoher Grenzleitfähigkeit wie OH^- oder H^+ wandern in einer Elektrolyt-lösung sehr viel schneller zur Anode oder Kathode als die Salzionen. Zur Berechnung der Wanderungsgeschwindigkeit von Einzelionen wird die Grenzleitfähigkeit mit der Überführungszahl multipliziert (s. Abschnitt 1.16).

Bei einer hypothetischen Strommenge von $1,0\, A \cdot s$ und 1 V Spannung läge die Konzentration der wandernden Ionen in der KCl-Lösung nur bei $1,0 \cdot 10^{-5}\, mol/cm^3$, um bei gleicher Wanderungsgeschwindigkeit und Spannung analoge Ergebnisse zu erhalten.

Das Modell zur Wanderungsgeschwindigkeit von Ionen wurde von Kohlrausch 1879 formuliert. Für ein hypothetisches Modell ist es nicht wesentlich, ob in der Reali-tät ein derartiges Experiment ausgeführt werden könnte. Die Grundannahmen der Hy-pothese müssen exakt mathematisch beschrieben werden, sodass sie allgemeingültig ist. Auch bei unterschiedlichen Wanderungsgeschwindigkeiten von Ionen, anderen Konzentrationen oder anderen Spannungen sollte die Formel korrekt sein, wenn das Modell stimmig ist. In späteren Jahren wurde festgestellt, dass sich in Elektrolytlösun-gen mitunter Ionenpaare (Doppel-, Tripelionen) bilden, ferner gibt es eine Wechsel-wirkung zwischen Ionen und Wassermolekülen. Das Debye-Hückel-Onsager-Gesetz hat das Verständnis von Ionenbeweglichkeiten erweitert.

1.16 Überführungszahlen von Ionen

Während der Elektrolyse können Metallkationen an der Kathode zu Metallen reduziert und an der Anode die Anionen oder Neutralteilchen oxidiert werden. Da in den Elektrodenhalbräumen sich die Ladungen an Kationen und Anionen stets ausgleichen müssen, kann langfristig kein Überschuss an positiven oder negativen Ionen in jeder Halbzelle vorhanden sein. Der Ausgleich von Ionen in einer Elektrolysezelle wird durch die Ionenwanderung bewirkt. Die Wanderungsgeschwindigkeit ist abhängig von der angelegten Zellspannung. Der Verlust an Kationen vor der Kathode kann durch die Wanderung von überschüssigen Kationen aus dem Anodenraum oder umgekehrt von überschüssigen Anionen aus dem Kathodenraum kompensiert werden. Dadurch herrscht zu jedem Zeitpunkt Elektroneutralität in der Elektrolysezelle.

Es gibt Ionen wie H^+ oder OH^-, die sehr schnell in einer Elektrolytlösung wandern. Aufgrund der unterschiedlichen Wanderungsgeschwindigkeiten können sich Ionenarten während der Elektrolyse in den Halbzellen der Elektrolysezelle anreichern.

Beispiel: Elektrolyse einer sauren Silbernitratlösung in einer Dreikammernzelle
In einer Zeiteinheit werden an der Kathode beispielsweise fünf Äquivalente Silberionen zu Silber reduziert. An der Anode wird in gleicher Zeit Wasser zu Sauerstoff und Wasserstoffionen gespalten; es entstehen dabei fünf Äquivalente Wasserstoffionen. Zum Ladungsausgleich könnten fünf Äquivalente Kationen (Silberkationen oder Wasserstoffionen) vom Mittelraum in den Kathodenraum wandern und fünf Äquivalente Kationen (Wasserstoffionen oder Silberkationen) vom Anodenraum in den Mittelraum. Nun wäre der Ladungszustand wieder ausgeglichen. Es wäre aber gleichfalls möglich, dass fünf Äquivalente Nitrationen vom Kathodenraum in den Mittelraum und fünf Äquivalente Nitrationen vom Mittelraum in den Anodenraum wandern. Auch in diesem Falle wäre der Ladungszustand ausgeglichen. Tatsächlich findet ein Kompromiss aus beiden Wanderungsarten statt. Es wandern Kationen von der Anodenseite in Richtung Kathode sowie umgekehrt Anionen von der Kathode in Richtung Anode.

Das Wanderungsverhältnis wird mittels der Grenzleitfähigkeit der Einzelionen im Verhältnis zur Summe der Grenzleitfähigkeiten aus Kationen und Anionen bestimmt. Das Wanderungsverhältnis der Ionen geben die Überführungszahlen (t)

$$t^+(\text{Kation}) = \Lambda_0^+/(\Lambda_0^+ + \Lambda_0^-) \tag{1.32}$$

und

$$t^-(\text{Anion}) = \Lambda_0^-/(\Lambda_0^+ + \Lambda_0^-)$$

an.

Ist die Zahl der Silberionen gering im Verhältnis zu den Nitrationen und Wasserstoffionen, ergibt sich für die Überführungszahlen aus dem Beispiel nun

$$t^+(H^+) = 349,8/(349,8 + 71,5) = 0,83$$

und

$$t^-(NO_3^-) = 71,5/(349,8 + 71,5) = 0,17 \ .$$

Es ist:

$$t^+(H^+) + t^-(NO_3^-) = 1 \ . \tag{1.33}$$

Es wandern etwa vier Äquivalente Wasserstoffionen in den Kathodenraum, während etwa ein Äquivalent Nitrationen den Kathodenraum in Richtung Anode verlässt. Im Anodenraum kann eine Zunahme von einem Äquivalent Nitrationen und ein Abfluss von vier Äquivalenten Wasserstoffkationen beobachtet werden. Ohne Stoffaustausch durch Verrühren der Lösung wird sich im Kathodenraum die Konzentration an Silberionen und Nitrationen verringern, gleichzeitig wird die Zahl der Wasserstoffionen schneller zunehmen als im Anodenbereich. Im Anodenbereich werden mehr Nitrationen und Silberionen vorhanden sein, falls die Kammern der Elektrolysezelle getrennt sind und die Lösung nicht gerührt wird.

1.17 Die Dielektrizitätskonstante

Elektrolyte können sich auch in organischen Stoffen lösen. Welche messbaren physikalischen Eigenschaften sind wichtig für die Löslichkeit von Salzen in organischen Medien? Ein Plattenkondensator kann in Luft oder in Wasser oder in ein organisches Medium eingestellt werden. Setzt man die Kapazität des Kondensators in Luft gleich eins, so ist das Verhältnis der Kapazität im Lösungsmittel zur Luft die Dielektrizitätskonstante. Alle Lösungsmittel und ein Großteil der Gase haben eine Dielektrizitätskonstante größer als eins. Eine erste wichtige Methode zur Bestimmung der Dielektrizitätskonstante eines Mediums ist von W. Nernst entwickelt worden. Diese Methode basiert auf der Bestimmung des Widerstandes zweier Kondensatoren bei verschiedenen Frequenzen durch eine Wheatstonesche Brückenschaltung, wie in Kapitel 8 beschrieben [28]. Dabei wird eine Frequenz vorgegeben, und mit einem Potenziometer wird die Brücke abgeglichen.

Die Löslichkeit von Salzen sollte nach Nernst proportional zur Dielektrizitätskonstante sein. Zwei gegensätzliche Ladungsträger im Salz können als zwei Kugeln betrachtet werden, die sich entsprechend ihrer Atom- oder Molekülradien anziehen. Nach dem Coulomb-Gesetz ist die Dielektrizitätskonstante proportional zur Kraft der Ladungstrennung. P. von Walden konnte diese Hypothese durch Vermessung der Leitfähigkeit von Tetraethylammoniumiodid in vielen organischen Lösungsmitteln bestätigen. Der Dissoziationsgrad bei 100- bis 1000facher Verdünnung (VG) der Lösung stellt ein Kriterium der Dissoziation dar. Nach Tab. 1.9 ergibt sich aus dem Verhältnis von Dielektrizitätskonstante (ε_r) zum Dissoziationsgrad VG 100 häufig ein Wert zwischen 0,4–1,2.

Tab. 1.9: Dissoziation von Tetraethylammoniumiodid in organischen Lösungsmitteln [29].

Lösungsmittel	Dielektrizitäts-konstante	η (cP)	Grenz-leitfähigkeit	Dissoziations-grad VG = 100	Dissoziations-grad VG = 1000
Wasser	78,5	1,002	112	91	98
Essigsäure	6,15	1,16	21	(7)	
Ameisensäure	58	1,804			
Ethanol	24,3	1,20	60	54	78
Methanol	32,6	0,597	124	73	88
Nitromethan	39,4	0,62	120	78	92
Formamid	109		25	93	98
Glykol	37	19,9	8	78	89
Fufurol			50	78	92
Aceton	20,7	0,316	225	50	74
Acetonitril	38,8	0,345	200	74	90
Acetaldehyd	21	0,220	180		84
Nitrobenzol	34,8	2,03	40	71	88

Für Dielektrizitätskonstanten gilt das Clausius-Mosotti-Gesetz:

$$R_B = \frac{\varepsilon - 1}{\varepsilon + 2} \cdot \frac{1}{d} \,. \tag{1.34}$$

Dabei ist R_B die spezifische Refraktion für lange Wellen.

Eine wichtige Besonderheit ist der Ersatz der Dielektrizitätskonstante durch den quadratischen Brechungsindex ($\varepsilon = n^2$) [30] von Flüssigkeiten.

Die Gl. (1.34) kann in folgender Form formuliert werden:

$$R_B = \frac{n^2 - 1}{n^2 + 2} \cdot \frac{1}{d} \,.$$

Nach Multiplikation der spezifischen Refraktion mit der Molmasse des Stoffes wird die Molekularrefraktion erhalten:

$$M \cdot R_B = \frac{n_D^2 - 1}{n_D^2 + 2} \cdot \frac{M}{d} \,. \tag{1.35}$$

Die Molekularrefraktion setzt sich aus den atomaren Refraktionen im Molekül zusammen.

Aus der Summe der atomaren Refraktionen lässt sich die Molekularrefraktion ermitteln.

Beispiel 1: Aceton Brechungsindex $n_D = 1{,}3588$

Nach Gl. (1.35) ergibt sich für die Molekularrefraktion:

$$\frac{1{,}3588^2 - 1}{1{,}3588^2 + 2} \cdot \frac{58{,}1}{0{,}7899} = 16{,}18 \,.$$

Tab. 1.10: Atomare Refraktion der roten H-Linie für einzelne atomare Strukturen [31].

Atom	Einzelne Atom-refraktion (Rote H-Linie)
Einfach gebundener Kohlenstoff	2,365
Wasserstoff	1,103
Hydroxylsauerstoff	1,506
Aethersauerstoff	1,655
Carbonylsauerstoff	2,328
Chlor	6,014
Brom	8,863
Ethylenbindung	1,836
Acetylenbindung	2,22
Zweiwertiger Kohlenstoff	5,95

Aus den Atomrefraktionen ergibt sich:

   3 · Kohlenstoff = 3 · 2,365= 7,1;
   6 · Wasserstoff = 6 · 1,103 = 6,62;
   1 · Carbonylsauerstoff = 2,33;
   Summe Atomrefraktionen: 16,04.

Beispiel 2: Essigsäure Brechungsindex $n_D = 1,3716$

$$\frac{1,3716^2 - 1}{1,3716^2 + 2} \cdot \frac{60,0}{1,042} = 13,07 \ .$$

Aus den Atomrefraktionen ergibt sich:

   2 · Kohlenstoff = 2 · 2,365= 4,730;
   4 · Wasserstoff = 4 · 1,103 = 4,41;
   1 · Carbonylsauerstoff = 2,33;
   1 · Hydroxylsauerstoff = 1,506;
   Summe Atomrefraktionen: 12,98.

Beispiel 3: Ethanol Brechungsindex $n_D = 1,3611$

$$\frac{1,3611^2 - 1}{1,3611^2 + 2} \cdot \frac{46,1}{0,7893} = 12,93 \ .$$

Aus den Atomrefraktionen ergibt sich:

   2 · Kohlenstoff = 2 · 2,365= 4,730;
   6 · Wasserstoff = 6 · 1,103 = 6,618;
   1 · Hydroxylsauerstoff = 1,506;
   Summe Atomrefraktionen: 12,85.

Bei Temperaturerhöhung bleibt die Molekularrefraktion konstant. Zwischen 10–100 °C ist sie für Wasser konstant.

Für die Strukturaufklärung hatte die Molekularrefraktion früher einen hohen Stellenwert. Heute nutzt man die Refraktometrie, um Änderungen in der Zusammensetzung von Stoffen zu analysieren. Auch bei elektrolytischen Stoffumsetzungen lässt sich die Refraktometrie sinnvoll nutzen. Eine umfangreiche Einführung in die Refraktometrie von wässrigen Lösungen findet sich bei Kortüm [33].

Von Walden hat auch die Grenzleitfähigkeit zur inneren Reibung in Beziehung gesetzt. Die Grenzleitfähigkeit von Ionen ist immer umgekehrt proportional zur inneren Reibung (Viskosität). Dieses Gesetz wird die Waldensche Regel genannt. Wenn die Grenzleitfähigkeit der Ionen im Lösungsmittel mit der inneren Reibung multipliziert wird, konnte in allen Lösungsmitteln eine Konstante erhalten werden. Für das Tetraethylammoniumiodid liegt die Konstante bei 0,70.

Die innere Reibung von Ionen bei einer Elektrolyse kann auch auf Basis von theoretischen Berechnungen ermittelt werden.

Wird bei einer Spannung von 1,0 V genau 1 mol Ladungsträger, z. B. Wasserstoffionen, umgesetzt, so ist eine elektrische Energie von

$$E_{El} = 1 \, V \cdot 96.485 \, A \cdot s = 96.485 \, (V \cdot A \cdot s = kg \cdot m^2 \cdot s^{-2}) = 9,6485 \cdot 10^{11} g \cdot cm^2 \cdot s^{-2}$$

notwendig.

Nach der physikalischen Definition ist Arbeit = Kraft · Weg. Für die kinetische Energie gilt:

$$E_{Ar} = m \cdot g \cdot l \cdot AeG \, ;$$

g: 981 cm/s^2 (Beschleunigungskonstante);

l: Weglänge,

m: Masse (g) (hypothetische Masse);

AeG: Äquivalentgewicht des Ions (Stoffes).

Der Impuls (IP) für ein Äquivalent Wasserstoffionen ist:

$$m \cdot l = \frac{E_{El}}{g \cdot AeG}$$

$$m \cdot l = \frac{9,648 \cdot 10^{11} \, g \cdot cm^2 s^{-2}}{981 \frac{cm}{s^2} \cdot 1 \, \text{Äquivalent}} = 9,84 \cdot 10^8 g \cdot cm/\text{Äquivalent} \, . \tag{1.36}$$

Aus der Wanderungsgeschwindigkeit von H$^+$-Ionen ergibt sich nach Gl. (1.31) für die Strecke $l = 0,00363$ cm und AeG = 1.

Damit ist $m = 2,7 \cdot 10^{11}$ g/Äquivalent = $2,7 \cdot 10^8$ kg.

Die innere Reibung (J) entspricht einem Druck (p_i), sodass:

$$J = p_i (kg/(m \cdot s^2)) \, .$$

Daher wäre für ein Äquivalent Wasserstoffionen bei einer Strommenge von 2 F:

$$J = p_i = 2,7 \cdot 10^{10} \, kg/m \cdot s^2 = 2,7 \cdot 10^{10} \, N/m^2 \, (Pa) \, .$$

Gesetzt den Fall die Stromstärke wäre nur 50 mA (bei 2 V), so sollte die theoretische Reibung nach dem Modell den folgenden Wert ergeben:

$$J = p_i = 1,4 \cdot 10^4 \text{N/m}^2 = 0,14 \text{ bar} .$$

Wählt man statt der Wasserstoffionen die Hydroxidionen, so ist die innere Reibung entsprechend dem höheren Äquivalentgewicht von Hydroxid um den Faktor 1/17 geringer. Diese mathematische Beschreibung der Reibung von Ionen entspricht dem Modell von Kohlrausch, das von Le Blanc und Nernst verdeutlicht worden ist. Die Berechnungen werden heute kaum noch angewendet.

Die Abschätzung der Ionenradien (r_i) unter Nutzung der Viskosität (η_V), der Geschwindigkeit (u_i) durch die Reibungskraft im elektrischen Feld erfolgt gegenwärtig nach der Stokes-Einstein-Gleichung:

$$F_R = 6 \cdot \pi \cdot r_i \cdot \eta_v \cdot u_i .$$

Aus Gleichsetzung von elektrischem Feld und Reibungswiderstand wird die Wanderungsgeschwindigkeit eines Einzelions zu:

$$u_i = (z_i \cdot e) / (6 \cdot \pi \cdot r_i \cdot \eta) . \tag{1.37}$$

Nach Gl. (1.31) ergibt sich wegen $u_i = \Lambda_{0_i}/z_i \cdot F$:

$$\Lambda_{0_i} \cdot \eta = \frac{F \cdot z_i^2 \cdot e}{6 \cdot \pi \cdot r_i} \tag{1.38}$$

In dieser Form ist die Waldensche Regel heute gebräuchlich und dient der Abschätzung von Ionenradien.

Literatur

[1] Hamann CH. *Handbuch der experimentellen Chemie, Sekundarbereich II. Band 6: Elektrochemie*. Köln: Aulis Verlag Deubner & Co. KG, 1994. S. 53–61.
[2] Wedler G. *Lehrbuch der physikalischen Chemie*. Weinheim: Verlag Chemie, 1982. S. 828.
[3] Hickling A, Hill S. *Discuss. Faraday Soc.* 1947, Bd. Nr.1, S. 326.
[4] Hickling A, Salt FW. Studies in Hydrogen Overvoltage at high Current Densities. *Trans. Faraday Soc.* 1940, S. 1226–1235.
[5] Müller GO. *Lehrbuch der angewandten Chemie, Band III*. Leipzig: S. Hirzel Verlag, 1978. S. 320. Bd. III.
[6] Müller GO. *Lehrbuch der angewandten Chemie, Band III*. Leipzig: S. Hirzel Verlag, 1978. S. 226.
[7] Foerster F. *Elektrochemie wässriger Lösungen*. Leipzig: Verlag von Johann Ambrosius Barth, 1915. S. 364–365.
[8] Foerster F. *Elektrochemie wässriger Lösungen*. Leipzig: Verlag von Johann Ambrosius Barth, 1915. S. 385.
[9] Foerster F. *Elektrochemie wässriger Lösungen*. Leipzig: Verlag von Johann Ambrosius Barth, 1915. S. 359–372.

[10] Foerster F. *Elektrochemie wässriger Lösungen*. Leipzig: Verlag von Johann Ambrosius Barth, 1915. 384–390.

[11] Foerster F. *Elektrochemie wässriger Lösungen*. Leipzig: Verlag von Johann Ambrosius Barth, 1915. S. 361.

[12] Schmidt A. *Angewandte Elektrochemie: Grundlagen der elektrolytischen Produktionsverfahren*. Weinheim: Verlag Chemie GmbH, 1976. S. 302–305.

[13] *Ullmann's Encyclopädie der technischen Chemie*. Weinheim: Verlag Chemie GmbH, 1954. S. 460–463. Bde. Band 6, Stichwort: Elektrolyse.

[14] *Ullmanns Encyclopädie der technischen Chemie*. 4. Auflage. Weinheim: Verlag Chemie GmbH. S. 293–294. Bd. Band 3.

[15] *Ullmanns Encyclopädie der technischen Chemie*. Weinheim: Verlag Chemie GmbH, 1954. S. 450.

[16] *CRC Handbook of Chemistry and Physics*. Boca Raton, Florida: CRC Press, 1979. S. D-169. ISBN-0-8493-0460-8.

[17] Kortüm G. *Lehrbuch der Elektrochemie*. Weinheim: Verlag Chemie GmbH, 1972. S. 186–187. ISBN 3-527-25393-9.

[18] Kunze U. *Grundlagen der quantitativen Analyse*. Stuttgart: Georg Thieme Verlag, 1980. S. 176. ISBN 3-13-585801-4.

[19] Harned HS, Owen BB. *The Physical Chemistry of Electrolytic Solutions*. New York / London: Reinhold Publ. Inc., 1950.

[20] Christen HR. *Lehrbuch der allgemeinen und anorganischen Chemie*. 5. Auflage. s. l.: Sauerländer Salle, 1976. S. 349–357.

[21] Christen HR. *Lehrbuch der allgemeinen und anorganischen Chemie*. 5. Auflage. s. l.: Sauerländer Salle, 1976. S. 368.

[22] Christen HR. *Lehrbuch der allgemeinen und anorganischen Chemie*. 5. Auflage. s. l.: Sauerländer Salle, 1976. S. 377.

[23] Christen HR. *Lehrbuch der allgemeinen und anorganischen Chemie*. 5. Auflage. s. l.: Sauerländer Salle, 1976. S. 379.

[24] Wedler G. *Lehrbuch der physikalischen Chemie*. Weinheim: Verlag Chemie, 1982. S. 209.

[25] Kortüm G. *Lehrbuch der Elektrochemie*. Weinheim: Verlag Chemie GmbH, 1972. S. 159.

[26] *CRS Handbook of Chemistry and Physics*. Boca Raton, Florida: CRC Press Inc., 1979. S. B-50 – B-144. ISBN-0-8493-0460-8.

[27] Blanc ML. *Lehrbuch der Elektrochemie*. Leipzig: Verlag von Oskar Leiner, 1922. S. 111–112.

[28] Blanc ML. *Lehrbuch der Elektrochemie*. Leipzig: Verlag von Oskar Leiner, 1922. S. 139.

[29] Blanc ML. *Lehrbuch der Elektrochemie*. Leipzig: Verlag von Oskar Leiner, 1922. S. 142.

[30] Alonso M, Finn E. *Physik*. Amsterdam: Inter European Edn., 1977. S. 573.

[31] Nernst W. *Theoretische Chemie vom Standpunkte der Avogadroschen Regel und der Thermodynamik*. Stuttgart: Verlag von Ferdinand Enke, 1907. S. 311.

[32] Kortüm G. *Lehrbuch der Elektrochemie*. Weinheim: Verlag Chemie GmbH, 1972. S. 134–144.

[33] Hamann CH, Vielstich W. *Elektrochemie*. Weinheim: Wiley-VCH Verlag GmbH & Co. KG, 2005. S. 18.

[34] *Handbook of Chemistry and Physics*. Florida: CRC Press, 1979. S. D – 169.

[35] Weast RC. *Handbook of Chemistry and Physics*. Boca Raton, Florida: s. n., 1979. S. B-1 – B-144.

[36] Foerster F. *Elektrochemie wässriger Lösungen*. Leipzig: Verlag von Johann Ambrosius Barth, 1915. S. 388.

[37] Müller GO. *Lehrbuch der angewandten Chemie, Band III*. Leipzig: S. Hirzel Verlag, 1978. S. 159.

[38] *Ullmanns Encyklopädie der technischen Chemie*. 4. Auflage. Weinheim: Wiley VCH-Verlag GmbH & Co. KGaA. S. 433. Bde. Band 6, Stichwort: Elektrolyse.

2 Geräte für die Elektrochemie

2.1   Benötigte Geräte und Materialien für elektrochemische Experimente —— 41

2.2   Messung von Redoxpotenzial und pH-Wert —— 42

2.3   Konduktometer —— 43

     2.3.1   Spezifische Leitfähigkeiten von KCl-Lösungen in Abhängigkeit von Temperatur, Gerät und Konzentration —— 45

2.4   Dichtebestimmungen von Lösungen —— 49

2.5   Ionaustauscherharze zur Gehaltsbestimmung —— 51

2.6   Herstellung von Elektroden —— 52

2.7   Grundaufbau bei einer Elektrolyse —— 53

2.8   Geräte für die Elektrogravimetrie —— 56

2.9   Möglichkeiten der Gasbestimmung bei Elektrolysen —— 58

2.10   Gasbestimmungen von Kleinstmengen —— 59

2.11   Fotometer zur Gehaltsbestimmung —— 60

https://doi.org/10.1515/9783110425666-003

2.1 Benötigte Geräte und Materialien für elektrochemische Experimente

Eine erste Laborausstattung zur Durchführung von elektrochemischen Experimenten kann nach eigener Interessenlage zusammengestellt werden.

Es gibt Firmen, die viele nützliche Geräte in ihrem Programm haben, sodass je nach Geldbeutel viel Freiraum in der Zusammenstellung besteht [1].

Einige Experimente im Buch können zu Gefahren führen, wenn sich Kinder in der Nähe aufhalten. Elektrischer Strom durch Flüssigkeiten ist gefährlicher als ein Strom durch elektrisch isolierte Geräte. Die Haut hat nur im trockenen Zustand eine Schutzfunktion gegen Spannungen von etwa 20 V. Falls die Sicherungen von Geräten defekt sind, kann der Strom ein gefährliches Niveau erreichen.

Auf Spannungen über 20 V sollte daher verzichtet werden. Eine weitere Gefahrenquelle entsteht häufig durch Unkenntnis der elektrochemischen Vorgänge.

Bei Elektrolysen ist es möglich, dass aus zunächst sehr harmlosen Stoffen (z. B. Kochsalz) während der Elektrolyse giftige Gase oder explosive Stoffe entstehen. Bei ausreichenden Kenntnissen bleiben die Gefahren beim Experimentieren gering.

Folgende Chemikalien und chemische Laborgeräte sind für Experimente häufig notwendig:

eine gute Waage (1 mg Genauigkeit, Belastbarkeit bis 300 g), destilliertes Wasser, Schwefelsäure, Natriumhydroxid, Kaliumpermanganat, Oxalsäure, mehrere verschiedene Metalle, Epoxidharz und Härter, eine Bürette für Titrationen, zwei Messzylinder (100 mL), ein Messkolben (1000 mL), mehrere Bechergläser (100 mL, 250 mL), ein Stativ mit Klemmen und Muffen, Trichter, Schläuche, eine Destillationsapparatur (zwei bis drei Rundkolben (z. B. 500 mL, 50 mL), Schliffthermometer, Liebig-Kühler, Kniestück, Vakuumvorstoß), ein Heizbad, ein Digitalthermometer, eine Kleinpumpe, ein pH-Redox-Messgerät, ein Konduktometer.

Abb. 2.1: Erste Geräte für elektrochemische Untersuchungen.

2.2 Messung von Redoxpotenzial und pH-Wert

Zur Bestimmung des elektrischen Potenzials in Lösung oder an den Elektroden wird häufig eine Silber/Silberchlorid-Elektrode [2] – wie in Abb. 2.2 dargestellt – genutzt. Diese Elektrode ist käuflich zu erwerben und ermöglicht die Bestimmung von Redoxpotenzialen in wässrigen Lösungen bis über 60 °C. Sie besteht aus elementarem Silber in Form eines Silberdrahtes (1, 2), dessen Oberfläche anodisch in Kaliumchloridlösung zu Silberchlorid (2) oxidiert wurde. In der Elektrode befindet sich gesättigte oder hochkonzentrierte Kaliumchloridlösung (3), die für ein gleichmäßiges Potenzial sorgt. Durch eine Membran oder eine sehr dünne Kapillare tritt die Elektrode in Kontakt mit der Lösung außerhalb der Elektrode.

In gesättigter KCl-Lösung hat die Silber/Silberchlorid-Elektrode ein elektrochemisches Potenzial von $E = +224\,mV$, in einer 1-M-KCl-Lösung beträgt das Potenzial $E = +237\,mV$. Dieser Wert muss zu allen Messwerten hinzugezogen werden, um die tatsächliche EMK zu erhalten. Nach Abb. 2.2 kann die Elektrode auch zur ersten Bestimmung von Elektrodenpotenzialen an Elektroden genutzt werden. Es entsteht jedoch ein bedeutsamer Fehler durch die umgebende Lösung. In vorteilhafter Weise wird zur Bestimmung der Elektrodenpotenziale die Haber-Luggin-Kapillare eingesetzt. Durch die richtige Wahl der Elektrolytlösungen in der Haber-Luggin-Kapillare können auch die Diffusionspotenziale zwischen Messelektrode und Lösung beseitigt werden.

Elektroden zweiter Art können auch zur Bestimmung der Konzentration von Halogenen und Pseudohalogenen in einer Lösung genutzt werden. Derartige Elektroden lassen sich leicht selbst herstellen. Im Unterschied zur einfachen Redoxelektrode enthalten sie eine Lösung, die mit Silberchlorid gesättigt ist.

Neben der Redoxelektrode sind auch pH-Messgeräte käuflich zu erwerben.

Beide Elektroden dürfen niemals längere Zeit trocken gelagert werden. Auch die längere Aufbewahrung in Leitungswasser oder destilliertem Wasser schadet den Elektroden. Vorzugsweise werden die Elektroden in hochkonzentrierter KCl-Lösung gelagert. In der Elektrode muss sich auch KCl-Lösung befinden.

Die pH-Elektrode (Glaselektrode) besteht aus einem dünnwandigen Glas. Durch Austauschprozesse werden die Natriumionen im Glas durch Wasserstoffionen ersetzt. Dadurch baut sich eine kleine Spannung zwischen dem Glasmantel und der Ableitelektrode auf. Glaselektroden reagieren sowohl auf Wasserstoffionen wie auf Alkaliionen. Bei einer hohen Konzentration an Base, beispielsweise 1-M-NaOH (z. B. pH = 11,3), zeigt eine pH-Elektrode in einigen Fällen einen geringeren pH-Wert an als in einer schwach konzentrierten Lösung, beispielsweise einer 0,1-M-NaOH (z. B. pH = 11,7) [3]. Auch bei Titrationen mit stark konzentrierten NaOH-Lösungen kann es am Beginn zu Abweichungen kommen. Dieser Effekt wird als Alkalifehler der Glaselektrode bezeichnet. Je nach verwendeter Glaselektrode kann dieser Effekt unterschiedlich stark das Messergebnis im alkalischen Bereich beeinflussen. Durch Verwendung

Redoxpotenzial in Lösung

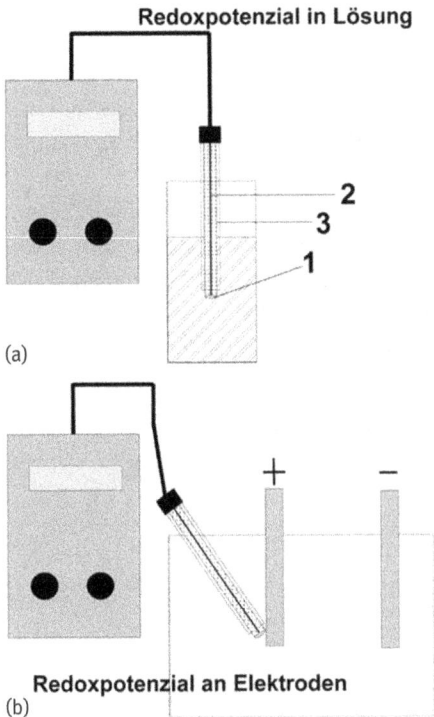

(a)

Redoxpotenzial an Elektroden

(b)

Abb. 2.2: Messung des Redoxpotenzials.

von Korrekturkoeffizienten kann der Fehler im stark alkalischen Gebiet jeder Elektrode teilweise ausgeglichen werden.

Im stark sauren Bereich zeigt die Glaselektrode ebenfalls fehlerhafte Werte an. Je nach Gerät kann der Säurefehler der Elektrode zwischen pH 1 bis 1,5 deutliche Abweichungen aufweisen.

Für die Probe auf Genauigkeit einer Glaselektrode im Standardbereich (pH zwischen 2–10) sollten Standardpuffer verwendet werden.

Wichtige Standardpuffer zur Eichung der pH-Elektrode sind:

a) Kaliumdihydrogenphthalat (0,05 mol/L H_2O): pH = 4,008 (25 °C);
b) Na_2HPO_4/KH_2PO_4 (je 0,025 mol/L H_2O): pH = 6,865 (25 °C);
c) Natriumtetraborat (0,01 mol/L H_2O): pH = 9,18 (25 °C).

2.3 Konduktometer

Für die Leitfähigkeitsmessungen gibt es sehr gute käufliche Konduktometer, die Messungen bis 100 mS/cm ermöglichen.

Messtechnisch wird in der Konduktometrie durch einen an zwei Elektroden angelegten Wechselstrom der Kehrwert des Widerstandes Gl. (1.11) bestimmt. Diesen Wert nennt man Leitwert:

$$L = 1/R = \chi \cdot A/d \, .$$

Die Elektrodengröße A beträgt genau 1 cm^2, der Abstand d ist 1 cm. Abstand und Elektrodengröße sind normiert, damit die Ergebnisse bei Messungen vergleichbar werden. Da A/d normiert ist, kann die obige Gleichung auch nach χ (S/cm) aufgelöst werden. Dieser Wert gibt bei einheitlichen Lösungen die spezifische Leitfähigkeit an; im Falle von unbekannten Mischungen bezeichnet man ihn lediglich als Leitfähigkeit. In 1-M-Lösungen ist die spezifische Leitfähigkeit identisch mit dem Produkt aus Faraday-Konstante, der Ionenbeweglichkeit und der Äquivalentkonzentration (mol/mL).

Häufig wird für Lösungen die Äquivalentleitfähigkeit angegeben. In diesem Fall wird die spezifische Leitfähigkeit durch die Konzentration und den Äquivalentfaktor dividiert.

Zur Eichung des Leitfähigkeitsmessgerätes werden Lösungen mit verschiedenen Konzentrationen mit KCl hergestellt.

Herstellung von wässrigen KCl-Lösungen verschiedener Konzentrationen (0,1 mol/L, 0,01 mol/L, 0,001 mol/L)

Materialien und Geräte
- 5 L destilliertes Wasser;
- zwei Messkolben (1000 mL);
- 50-mL-Bürette;
- eine Waage (300 g, 0,001 g Genauigkeit);
- 74,55 g (1,0 mol) KCl (Reinheit > 99 %);
- vier Bechergläser (drei je 100 mL, eines mit 500 mL);
- ein Konduktometer.

Herstellung der KCl-Lösungen
74,55 g Kaliumchlorid werden auf 1 mg Genauigkeit in ein Becherglas eingewogen und in destilliertem Wasser gelöst. Nach Überführung der Lösung in einen 1 L-Messkolben muss mit einer Spritzflasche weiteres destilliertes Wasser bis kurz vor die Eichmarkierung des Kolbens aufgefüllt werden. Die restliche Wassermenge fügt man bis zur Eichmarke mit einer Pasteurpipette zu. Dann wird der Kolben umgeschüttelt. Die Konzentration der Lösung beträgt genau 1 mol/L.

Eine Bürette, die bei sehr genauer Ablesung sehr exakte Dichteergebnisse für destilliertes Wasser liefert, wird zur Bestimmung der Dichte der 1-M-KCl-Lösung verwendet.

Zur Überprüfung der Dichte wird ein Teil dieser Lösung in eine 50 mL-Bürette gefüllt. Ein Becherglas, das auf einer Waage mit der Tara-Taste auf 0,000 g eingestellt worden ist, wird unter den Hahn der Bürette gestellt. Es werden exakt 50,0 mL der Lösung in das Becherglas überführt.

Die Waage zeigt bei 17 °C ein Gewicht von 52,215 g für die 50 mL 1-M-KCl-Lösung an. Die Dichte der Lösung beträgt folglich $d = 1,0443$ g/cm^3.

Es werden genau 104,43 g der letzten Lösung in ein zweites Becherglas überführt, und diese Lösung gibt man in einen zweiten 1 L-Messkolben. Er wird mit destilliertem Wasser bis zur Eichmarke aufgefüllt. Die Lösung hat nun eine Konzentration von 0,1 mol/L. Überführt man 100,44 g Lösung der 0,1-M-KCl-Lösung in einen anderen 1 L-Messkolben und füllt bis zur Eichmarke auf, so wird eine 0,01-M-KCl-Lösung erhalten.

Das verwendete destillierte Wasser besitzt eine Eigenleitfähigkeit von 1,3 µS/cm.

2.3.1 Spezifische Leitfähigkeiten von KCl-Lösungen in Abhängigkeit von Temperatur, Gerät und Konzentration

Die Leitfähigkeit ist sehr stark temperaturabhängig. Je Grad Temperaturänderung kann sich die Leitfähigkeit um 2 % ändern.

Moderne Leitfähigkeitsmessgeräte besitzen eine Temperaturkompensation, d. h., bei kleinen Temperaturabweichungen liegt das Messergebnis trotzdem noch nahe an der theoretischen Leitfähigkeit von 25 °C. Alle Messergebnisse werden auf die Standardtemperatur von 25 °C bezogen, damit die Werte vergleichbar sind.

Die Standardtemperatur von 25 °C hat jedoch einen Nachteil. Alle volumetrischen Gefäße sind auf Lösungen von 20 °C geeicht. Dadurch entsteht ein systematischer Dichtefehler von 0,1 % bei allen Leitfähigkeitsmessungen. Rein theoretisch müsste die spezifische Leitfähigkeit immer 0,1 % höher sein, als vom Gerät abgelesen.

Trotz der Temperaturkompensation sind Abweichungen der Temperatur sehr einflussreich. Um diese zu untersuchen, sollten die hergestellten Standardlösungen verschiedenen Temperaturen ausgesetzt werden und dann die Leitfähigkeit gemessen werden. Es empfiehlt sich, mehrere Minuten zu warten, bis sich ein exakter Messwert eingestellt hat, da die Temperaturkompensation nicht sofort anspricht.

Zur Eichung des Leitfähigkeitsmessgerätes werden Lösungen mit unterschiedlich konzentrierten Lösungen von KCl untersucht. Nur wenn die Messwerte in weiten Konzentrationsbereichen mit den Literaturwerten übereinstimmen, kann vorausgesetzt werden, dass die nachfolgenden Messungen korrekt sind. Die Prüfungen sollten zeitweise wiederholt werden, um sicherzustellen, dass das Messgerät einwandfrei arbeitet.

In der Literatur wurden für die 0,01-M-KCl-Lösung eine spezifische Leitfähigkeit von 1413 µS/cm angegeben, für die 0,1-M-KCl-Lösung eine spezifische Leitfähigkeit von 12,90 mS/cm [4].

Tab. 2.1: Temperaturabhängigkeit der Messung von der spezifischen Leitfähigkeit.

KCl-Konzentration (mol/L)	36,1 °C χ (mS/cm)	25 °C χ (mS/cm)	21 °C χ (mS/cm)	16 °C χ (mS/cm)	3 °C χ (mS/cm)
0,9	–	–	–	104,0	–
0,1	12,36	12,85	12,90	12,96	13,49
0,01	–	1,426	–	1,429	–

Tab. 2.2: Zunahme des relativen Fehlers bei Leitfähigkeitsmessungen in Abhängigkeit zur Konzentration.

Konzentration KCl-Lösung (mol/L), (16,5 °C)	Messgerät 1 χ (mS/cm)	Messgerät 2 χ (mS/cm)	Relativer Fehler (%)
0,9	104,0	100,6	3,4
0,5	59,8	58,1	2,9
0,1	12,96	12,74	1,7
0,01	1,426	1,408	1,3

Aus der Tab. 2.1 ist ersichtlich, dass im Bereich zwischen 16–25 °C die gemessene spezifische Leitfähigkeit recht konstant bleibt. In diesem Bereich wird durch die elektronische Schaltung des Konduktometers die Leitfähigkeit stabilisiert.

Für die Temperaturabweichungen könnten Faktoren eingeführt werden, die den Messwert auf den Standardwert von 25 °C richtig angeben. Werden alle Messungen bei 36 °C ausgeführt, so müssten bei dem Messgerät alle Messwerte mit dem Faktor $F1 = 12{,}85/12{,}36 = 1{,}045$ multipliziert werden. Ein weiterer Faktor muss die gerätespezifische Abweichung einbeziehen. Statt 12,90 mS/cm wurde mit dem Gerät die spezifische Leitfähigkeit von 12,85 mS/cm gemessen. Der gerätespezifische Faktor $F2$ ist im Beispiel $F2 = 12{,}90/12{,}85 = 1{,}004$.

Häufig hat der Anwender im Labor eine einheitliche Raumtemperatur. Daher ist es sinnvoll, alle Messergebnisse auf diese Temperatur zu beziehen. Das Messergebnis kann auch durch Konzentrationsunterschiede beeinflusst werden.

Aus der Tab. 2.2 ist ersichtlich, dass sich der relative Fehler zwischen beiden Messgeräten mit steigender Konzentration erhöht.

Das Messgerät 2 ergibt für die 0,01-M-KCl-Lösung einen Messwert, der sehr gut mit dem Literaturwert übereinstimmt. Der Faktor im geringen Konzentrationsbereich beträgt $F3 = 1{,}413/1{,}408 = 1{,}003$ bezogen auf 25 °C. Bei der 0,1-M-KCl-Lösung steigt der Faktor $F3 = 12{,}90/12{,}74 = 1{,}012$.

Für die 0,1-M-KCl-Lösung zeigt das Messgerät 1 bei 16,5 °C einen genaueren Faktor von $F3 = 12{,}90/12{,}96 = 0{,}995$ an. Gerät 1 hat für die geringe Konzentration (0,01-M-KCl) größere Abweichungen als das Messgerät 2; der Faktor beträgt $F3 = 0{,}991$.

Es stellt sich die Frage, welches Gerät vertrauenswürdigere Messergebnisse liefert: Gerät 1 oder Gerät 2? Durch eine Verdünnungsreihe einer HCl-Lösung konnte für den gesamten Messbereich der Verdünnung eine genaue Formel nach dem Kohlrausch-schen Quadratwurzelgesetz aufgestellt werden. Die Lösungen aus der Verdünnungs-reihe wurden bei 15,0 °C bestimmt.

Die gemessenen Werte in Tab. 2.3 zeigen für beide Konduktometer in weiten Be-reichen eine recht gute Übereinstimmung. Der Faktor beinhaltet die Temperatur- und Geräteabweichung. Mit diesem Faktor müssen bei künftigen Messungen bei der ange-gebenen Temperatur alle Messwerte multipliziert werden. Falls ein Konduktometer noch Abweichungen in einem bestimmten Bereich des Leitfähigkeitsbereiches auf-weist, können weitere Korrekturfaktoren für diese Bereiche genutzt werden.

Eichungen mit stärker konzentrierten HCl-Lösungen sind nicht immer emp-fehlenswert, da einige Elektroden recht empfindlich gegenüber starken Säuren re-agieren. Das Konduktometer kann bei längerem Gebrauch in stärker konzentrierten Säuren und Basen leicht geänderte Werte anzeigen. Es ist daher vorteilhafter, ein Konduktometer mit Salzlösungen zu eichen.

Zur Eichung eines Konduktometers können Kaliumchloridlösungen verwendet werden. Im Anhang befindet sich eine Formel für die entsprechende Verdünnungsrei-he. Entscheidend wirkt sich die Messtemperatur auf ein Konduktometer aus. Bei einer Messung mit Kompensation (bei der ein Messwert von 15 oder 18 auf 25 °C extrapoliert wird) werden im höheren Konzentrationsbereich andere Werte erhalten als bei einer exakt eingestellten Temperatur von 25 °C.

Der Vorteil von Messungen zwischen 15–18 °C (mit Kompensation) liegt im gerin-geren Volumenfehler einer Lösung. Dadurch findet man häufig gute Formeln, die für die Beschreibung der Äquivalentleitfähigkeit in Abhängigkeit von der Konzentration Gültigkeit haben. Nimmt man an, der Korrekturfaktor durch Temperatureinfluss ei-nes Konduktometers verhält sich im gesamten Leitfähigkeitsbereich gleichartig, so erhält man hypothetische Messwerte, die auf 25 °C bezogen sind. Beträgt die Leitfä-higkeit einer 0,01-M-KCl-Lösung bei 15 °C 1141 µS/cm und bei 25 °C 1408 µS/cm, so liegt der hypothetische Temperaturfaktor bei $F1 = 1,234$. Eine 1,0-M-KCl-Lösung hat bei 15 °C eine Leitfähigkeit von 89,9 mS/cm und eine hypothetische Leitfähigkeit von 110,9 mS/cm (25 °C).

Vor der Messung mit der HCl-Lösung wies das Konduktometer (GMH 3410) für die 1,0-M-KCl-Lösung eine Leitfähigkeit von 108,9 mS/cm (15 °C) auf. Die Kalibrierung mit der HCl-Lösung hat ergeben, dass alle Messwerte im oberen Bereich mit dem Faktor 1,016 multipliziert werden müssen. Dies ergibt eine hypothetische Leitfähigkeit von 110,6 mS/cm (25 °C).

Werden Messungen bei 17–18 °C mit einem werksmäßig eingestellten Kondukto-meter bei einer 1,0-M-KCl-Lösung durchgeführt, so findet man Leitfähigkeiten von $\chi = 112,5–112,9$ mS/cm (25 °C) (Tab. 2.4). In diesem Temperaturbereich lassen sich sehr genaue Konzentrationsbestimmungen vornehmen. Messungen mit Temperaturkom-pensation zeigen eine gute Angleichung bei geringen Leitfähigkeiten (bis 12 mS/cm) und deutliche Abweichung im hohen Leitfähigkeitsbereich (über 50 mS/cm).

Tab. 2.3: Berechnete und gemessene Äquivalentleitfähigkeiten von HCl-Lösungen bei 15 °C. Nach der Formel $\Lambda_{c,HCl} = 426{,}4 - 98 \cdot \sqrt{c}$ werden die Äquivalentleitfähigkeiten zunächst berechnet und anschließend durch konduktometrische Messungen untersucht. Das Konduktometer muss zuvor mit KCl-Lösungen bei der gewählten Temperatur geeicht worden sein. Die durchschnittlichen Abweichungen bestimmen den Faktor des Konduktometers.

Konzentration HCl (mol/L)	$\sqrt{c}$	Λ_{eq} (HCl) berechnet	Ablesung GMH 3410 (ms/cm)	Λ_{eq} (HCl) gemessen	Faktor GMH 3410	Prozentualer Fehler (%)	Ablesung GLF 100 (ms/cm)	Λ_{eq} (HCl) gemessen	Faktor GLF 100	Prozentualer Fehler (%)
0,500	0,707	358,5	175,50	356,6	1,016	−0,5				
0,333	0,577	371,0	122,00	372,2	1,016	0,3				
0,250	0,500	378,4	93,60	380,4	1,016	0,5	95,0	380,0	1,00	0,4
0,200	0,447	383,5	74,70	379,5	1,016	−1,0	77,6	388,0	1,00	1,2
0,100	0,316	396,0	39,00	396,2	1,016	0,1	39,7	397,0	1,00	0,3
0,0666	0,258	401,6	26,30	401,2	1,016	−0,1	26,2	393,4	1,00	−2,0
0,050	0,224	404,9	19,88	404,0	1,016	−0,2	20,0	400,0	1,00	−1,2
0,033	0,182	408,9	13,49	409,6	1,011	0,2	13,6	408,1	1,00	−0,2
0,025	0,158	411,2	10,17	410,9	1,010	−0,1	10,32	411,1	0,996	0,0
0,020	0,141	412,8	8,29	412,8	0,996	0,0	8,30	413,3	0,996	0,1
0,010	0,100	416,8	4,19	417,3	0,996	0,1	4,20	417,5	0,994	0,2
0,005	0,071	419,6	2,11	420,3	0,996	0,2				

GLF 100 hatte durch Anpassung (Offset Temperatur: +0,3 °C, Steigungskorrektur −0,5 %) bei 15,1 °C Messtemperatur die folgenden Leitfähigkeiten für KCl-Lösungen: 0,01-M-KCl: $\kappa = 1419$ µS/cm; 0,1-M-KCl: $\kappa = 12,75$ mS/cm; 1,0-M-KCl: $\kappa = 108,5$ mS/cm. GMH 3410 hatte die folgenden Leitfähigkeiten für KCl-Lösungen: 0,01-M-KCl: $\kappa = 1400$ µS/cm; 0,1-M-KCl: $\kappa = 12,68$ mS/cm; 1,0-M-KCl: $\kappa = 108,9$ mS/cm.

Tab. 2.4: Standardisierte spezifische Leitfähigkeiten von KCl-Lösungen bei 25 °C [5, 6]. Bei 17,3 und 18 °C wurden die hypothetischen Leitfähigkeiten ermittelt.

Konzentration KCl-Lösung (mol/L)	Spezifische Leitfähigkeit (mS/cm) Handbook2013 (25 °C)	Spezifische Leitfähigkeit (mS/cm) (Messung 1898) (18 °C)	Multiplikation der Werte von 18 °C mit 1,15	Eigene Messung bei 17,3 °C mit Kompensation (mS/cm)
1,0-M	108,6	98,22	112,9	112,4
0,5-M				58,1
0,1-M	12,82	11,19	12,87	12,90
0,01-M	1,408	1,225	1,408	1,413

2.4 Dichtebestimmungen von Lösungen

Zur Herstellung von Äquivalentmengen in der Titrimetrie müssen häufig Lösungen hergestellt werden, die aus hochkonzentrierten Lösungen mit unterschiedlicher Dichte hergestellt werden. Beispiele sind Salzsäure, Schwefelsäure, Salpetersäure und Ammoniak. Auch beim Verdünnen von konzentrierten Lösungen sollten immer die Dichteangaben berücksichtigt werden, damit nicht grobe Fehler bei der Verdünnung entstehen.

Wasser hat bei 4 °C eine Dichte von $1,000\,g/cm^3$. Bei 10 °C beträgt die Wasserdichte $d = 0,9997\,g/cm^3$, bei 15 °C $0,9991\,g/cm^3$, bei 18 °C $0,9986\,g/cm^3$, bei 20 °C $0,9982\,g/cm^3$, bei 25 °C $0,9970\,g/cm^3$, bei 30 °C $0,9957\,g/cm^3$ [7].

In einer Lösung von Salzen, Säuren und Basen in destilliertem Wasser wird die Wasserstruktur geändert. Die ionischen Ladungsträger bewirken eine Anziehung von Wassermolekülen. Die Vorhersagen für die Dichten von Lösungen sind jedoch weniger klar beschreibbar. Das stark dissoziierte Natriumhydroxid wird vollständig in die Wasserstruktur eingebunden. Die Dichte einer 1-M-NaOH-Lösung beträgt recht genau $d = 1,040\,g/cm^3$ (20 °C) [8]. Zur Herstellung einer solchen Lösung können 40 g NaOH in 1000 g Wasser gelöst werden.

Bei Ammoniumhydroxid sieht es ganz anders aus. Scheinbar ersetzen die Ammoniumionen in Lösung vollständig die Wassermoleküle, es kommt bei Ammoniumhydroxid sogar zu einer Ausdehnung der Wasserstruktur.

Dadurch vermindert sich die Dichte unter $1\,g/cm^3$. 17 g gasförmiges Ammoniak brauchen nur in $973\,g/cm^3$ Wasser gelöst zu werden, um 1 L einer 1-M-Ammoniaklösung zu erhalten ($d = 0,992\,g/cm^3$, 20 °C) [9].

Die 1-M-Salzsäure besitzt eine Dichte von $d = 1,016\,g/cm^3$ [10]. Obgleich Salzsäure stark dissoziiert ist, entspricht die Dichtezunahme weniger als der halben Molmasse von Salzsäure.

Bei der Herstellung von Verdünnungsreihen für Leitfähigkeitsmessungen oder von Lösungen für die Maßanalyse hat die Kenntnis der Dichten von Lösungen eine hohe Bedeutung. Eine 1-M-NH_4Cl-Lösung hat bei 18 °C eine Dichte von 1,0157 g/cm^3, eine 2-M-NH_4Cl-Lösung hat eine Dichte von 1,0308 g/cm^3, eine 3-M-NH_4Cl-Lösung hat eine Dichte von 1,0451 g/cm^3. Die Änderung der Dichte ist nahezu proportional zum Gehalt des Stoffes in der Lösung. Es ergeben sich bei vielen Salzen mitunter leichte Abweichungen durch die Volumenkontraktion des Lösungsmittels. Liegt eine 0,1-M-NH_4Cl-Lösung vor und möchte der Experimentator daraus eine 0,01-M-NH_4Cl-Lösung bei 18 °C herstellen, so kann er dies durch Wägung tun. Eine 0,1-M-NH_4Cl-Lösung sollte theoretisch eine Dichte von 1,0016 g/cm^3 besitzen. Es werden 10 mL oder 10,016 g 0,1-M-NH_4Cl-Lösung eingewogen und mit 89,87 g (90 mL) destilliertem Wasser versetzt. Eine 50 mL-Bürette hat eine Genauigkeit von ±50 mg. Bei einer Abfüllung von 10 mL Lösung aus einer Bürette würde ein relativer Fehler von etwa 1 % bei der ersten Verdünnung auftreten. Wird mehrfach auf diese Weise verdünnt, so entstehen erhebliche Konzentrationsfehler.

Mit einem Messkolben kann eine Lösung von sehr exakter Konzentration hergestellt werden. Eine Genauigkeit von 1/4000 wird mit Messkolben von 1000 mL realisiert. Die Exaktheit des Messkolbens kann geprüft werden, indem destilliertes Wasser bei 20 °C in den Messkolben eingeführt wird. Mit einer exakten Waage wird die eingefüllte Menge an Wasser durch mehrfache Einwaage bestimmt. Bei 20 °C sollte die eingewogene Wassermenge bis zum Markierungsstreifen ein Gewicht von genau 998,2 g haben. Das menschliche Auge kann sehr kleine Unterschiede zwischen einzelnen Tropfen der Eichmarke von Messkolben oder Bürette nicht mehr fassen. Bei einem 1 L-Messkolben kann diese Wahrnehmungsgrenze etwa 100–150 mg betragen, bei einer 50 mL-Bürette sind es etwa 30–50 mg.

Die Abweichungen im 1 L-Messkolben betragen durch zu hohe oder zu niedrige Einfüllung etwa 300 mg, zusätzlich kann ein leichter Fehler bei der Justierung der Eichmarke von etwa 100 mg auftreten. Dies ergibt einen Gesamtfehler von 0,04 %. Bei einer guten Bürette beträgt der relative Fehler 0,1 %.

Mit einer guten Waage könnten noch höhere Genauigkeiten bei konzentrierten Lösungen erreicht werden. Da jedoch die Volumenkontraktion oder Volumenausdehnung des Salzes mit Wassers mit bedacht werden müssen, ist das Verfahren sehr umständlich und der Messkolben für die Herstellung von konzentrierten Lösungen geeigneter. Zur kontinuierlichen Verdünnung von Lösungen kann die Wägung sehr vorteilhaft eingesetzt werden. In einigen Fällen ist die Herstellung von Verdünnungsreihen durch Wägung weniger zeitintensiv. Werden exakt 50 mL einer konzentrierteren Lösung bei 20 °C mit 49,9 g destilliertem Wasser versetzt, so hat die Lösung eine Konzentration von der Hälfte der Ursprungskonzentration, bei Auffüllung von weiteren 99,82 g Wasser eine Konzentration von ein Viertel der Ursprungskonzentration. Es lassen sich bei diesen beiden Verdünnungsvorgängen zwei (oder mehr) Messwerte produzieren. Wenn der letzte Milliliter Wasser mit einer Pasteurpipette zugegeben wird, ist das Ergebnis auch recht exakt.

Für alle diese Fälle ist es sehr vorteilhaft, wenn exakte Daten zur Dichte von Maßlösungen vorhanden sind. Es erscheint daher vorteilhaft, die Dichten für 1 mol Äquivalent gelösten Stoff bei jeder Verdünnungsreihe zu verzeichnen und einen Teil dieser Lösung aufzubewahren, damit sie bei Bedarf verdünnt werden kann. Wenn die Dichtedaten nicht aus der Literatur bekannt sind, lassen sie sich durch eine Bürette oder einen Messkolben analog dem Beispiel für die KCl-Lösung mit destilliertem Wasser leicht bestimmen.

Angaben über Dichten sind in einigen Tabellenwerken beschrieben, z. B. dem *Handbook of Chemistry and Physics*. Nicht von allen Salzen, Säuren sind entsprechende Angaben über Dichten leicht verfügbar. Es gibt auch mitunter kleine Fehler in Tabellenwerken bezüglich der Dichteangaben.

Eine genau 25 %ige Salzsäure besitzt bei 16 °C eine Dichte von $1,122\,g/cm^3$ und nicht von 1,125 g, wie fälschlich in einem Tabellenwerk angegeben.

Vor der Einwaage von analytisch reinen Salzen zur Herstellung einer Maßlösung muss bedacht werden, dass viele Salze Hydratwasser durch die Luftfeuchtigkeit aufgenommen haben. Vor der Einwaage ist das Salz häufig in einem kleinen Heizofen bei 175 °C bis zur Gewichtskonstanz zu trocknen.

Natriumkarbonat oder Kupfersulfat nehmen Hydratwasser durch die Luftfeuchtigkeit auf. Kaliumchlorid zeigt hingegen keine Aufnahmebereitschaft für Hydratwasser.

Einige Salze, z. B. Magnesiumchlorid-Hexahydrat, zersetzen sich beim Erhitzen. Solche Salze sollten im Exsikkator über einem Trockenmittel getrocknet werden.

Aus sehr exakten Dichteangaben von sehr konzentrierten Lösungen, z. B. Salzsäure, Schwefelsäure, Salpetersäure, lassen sich sehr vorteilhaft Maßlösungen herstellen.

Da 25 %ige Salzsäure eine exakte Dichte von $1,122\,g/cm^3$ besitzt, müssen genau 14,581 g 25%ige Salzsäure in ein Becherglas eingewogen und in einen 1 L-Messkolben überführt und mit destilliertem Wasser zur Eichmarke aufgefüllt werden, um eine 0,1-M-HCl-Lösung zu erhalten. Die spezifische Leitfähigkeit der Lösung sollte etwa bei 39,3 mS/cm liegen.

Durch die Konduktometrie lässt sich anhand von Formeln auch der Gehalt eines Salzes bei höheren Temperaturen recht genau bestimmen. Durch die Temperatur wird der Gehalt einer Substanz in Lösung geändert, dadurch ändert sich auch die Dichte einer Lösung. Mit einfachen Berechnungen lassen sich auch die Dichten von höher konzentrierten Lösungen bei höheren Temperaturen bestimmen (s. Kapitel 14).

Dichtebestimmungen ergänzt durch exakte Leitfähigkeitsmessungen führen zu sehr exakten Ergebnissen bei analytischen Messungen.

2.5 Ionaustauscherharze zur Gehaltsbestimmung

Ionenaustauscherharze können sehr vorteilhaft im Bereich der Stoffanalyse von Salzen und Elektrolytlösungen genutzt werden [11].

Ionenaustauscherharze werden vor der Benutzung mit destilliertem Wasser aufgequollen, dabei erhöht sich ihr Volumen. Dann werden die Harzteilchen in eine Chromatografiesäule überführt.

Kationenaustauscherharze enthalten Sulfonsäuregruppen, die wie sehr starke Säuren reagieren. Zur Befreiung von anhaftenden Kationen im Harz wird beispielsweise verdünnte Salzsäure in den oberen Teil der Säule gefüllt und nach Abtropfen der Lösung bis zur Harzschicht destilliertes Wasser aufgefüllt. Destilliertes Wasser wird nun immer wieder nachgefüllt, und die Bechergläser unter der Chromatografiesäule werden ausgewechselt, bis das Wasser aus der Säule neutral reagiert. Die Testung erfolgt mit einem pH-Meter. Nun enthält das Ionenaustauscherharz reine Sulfonsäuregruppen.

Zur Bestimmung des Äquivalentgewichtes der Kationen eines unbekannten – aber einheitlichen – Salzes wird es zunächst durch Ofentrocknung wasserfrei gemacht.

Dann wird das Gesamtgewicht des Salzes notiert und dieses in etwas destilliertem Wasser aufgelöst. Diese Lösung wird in die Chromatografiesäule eingefüllt und die überstehende Lösung bis zur Harzschicht ablaufen gelassen.

Anschließend wird die Säule mit destilliertem Wasser aufgefüllt und ein großes Becherglas unter die Säule gestellt. Nach Sammlung einer größeren Wassermenge im Becherglas wird das austretende Wasser auf pH-Neutralität getestet.

Mit einer Bürette, die 1-M-Natronlauge enthält, wird die Lösung im Becherglas bis zur Neutralität titriert. Jeder Milliliter einer 1-M-Natronlauge enthält 1 mmol Natriumhydroxid. Der Verbrauch gibt die Äquivalente der Kationen an.

Mit einem sehr starken Anionenaustauscherharz kann man ein analoges Verfahren zur Bestimmung der Anionenäquivalente des Salzes durchführen. Das Anionenaustauscherharz muss natürlich mit einer Natriumhydroxidlösung regeneriert werden, damit die quartären Aminogruppen des Harzes Hydroxidionen als Gegenionen enthalten.

Aufgrund der gewonnenen Ergebnisse über die Äquivalente lässt sich mitunter die Zusammensetzung eines Salzes bestimmen.

Auch für die Prüfung der Stoffumsätze in den Halbkammern einer Elektrolysezelle kann dieses Verfahren angewendet werden. Mitunter wird nur ein Teil der Elektrolytlösung einer Halbzelle in die Ionenaustauscherharzsäule überführt und das Ergebnis der Titration mit dem Kehrwert des Teilfaktors multipliziert, um den Äquivalentgehalt von Ionengruppen zu bestimmen.

2.6 Herstellung von Elektroden

Elektroden aus unterschiedlichen Metallen müssen oft in Eigenarbeit für die Versuche hergestellt werden. Metalle aus Kupfer, Zinn oder Zink können aus verschiedenen Blechen zurechtgeschnitten werden. Einige Metalle sind jedoch sehr teuer, sodass nur sehr kleine Bleche zur Verfügung stehen.

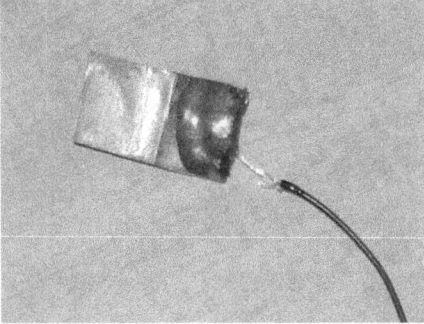

Abb. 2.3: Elektrode mit Drahtlitze.

Zur Herstellung einer Elektrode muss eine isolierte Schaltdrahtlitze von etwa 20 cm Länge mit einer Abisolierzange von dem Kunststoffüberzug befreit werden. Mit einem Lötkolben und Lötzinn wird das Metallblech mit der Drahtlitze verlötet. Das Blech muss gut am Drahtende haften (Abb. 2.3).

Mit Epoxidharz und Härter werden die freiliegende Drahtschicht und das Zinn vollständig beklebt. Es darf kein Stück des Drahtes oder des Zinns ungeschützt bleiben.

Einige Metalle sind sehr teuer, z. B. Gold, Platin. Durch die galvanische Stoffabscheidung lassen sich auf Titanblechen aus einer Lösung von Hexachloroplatinat kleine Mengen Platin abscheiden. Solche Bleche lassen sich gut als Anoden bei der Elektrolyse nutzen.

2.7 Grundaufbau bei einer Elektrolyse

Für elektrolytische Stoffumsetzungen werden eine Batterie oder ein Netzgerät, ein Multimeter mit recht genauer Stromstärkemessung (1 mA Genauigkeit), mehrere Abgreifklemmen, zwei Elektroden, eine Elektrolysezelle (mit Ionenaustauschermembran), eine Elektrolytlösung benötigt (Abb. 2.4).

Auf diesem Elektrolyseaufbau basieren alle weiteren Abänderungen der experimentellen Anordnungen für komplizierte Untersuchungen.

Elektrolysezellen können aus einer einzelnen Kammer bestehen, wenn die Stoffumsetzung eindeutig ist und die Art der oxidierten und reduzierten Komponenten der Lösung nicht weiter untersucht werden muss.

Beispielsweise wird in der Elektrogravimetrie zur Abscheidung von Metallen an den Elektroden nur eine Kammer für die zu untersuchende Elektrolytlösung benutzt.

Für kompliziertere elektrochemische Untersuchungen ist es vorteilhaft, eine Elektrolysezelle zu verwenden, die zwei Halbzellen durch eine Membran (Tonschicht, Ionenaustauscher) voneinander trennt (Abb. 2.5).

Während der Elektrolyse reichern sich die oxidierten oder reduzierten Teilchen in der Halbzelle an, da die Membran für einige ionische Stoffe schwer passierbar ist.

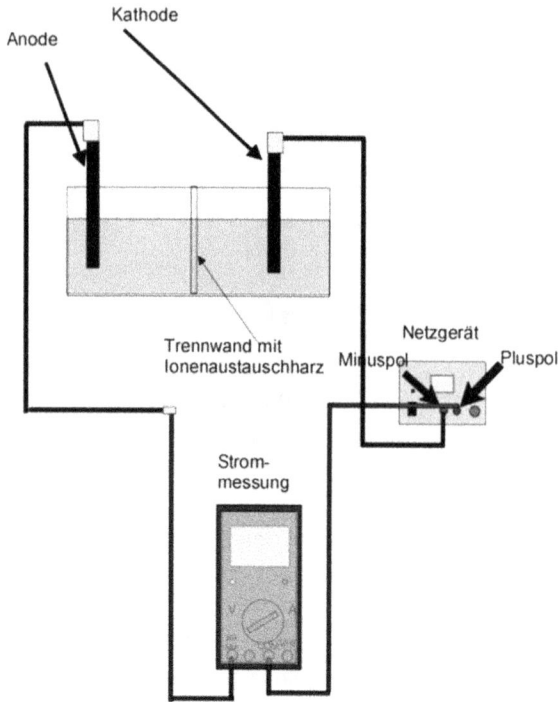

Abb. 2.4: Grundaufbau bei einer Elektrolyse.

Abb. 2.5: Elektrolysezelle mit einer Ionenaustauschermembran.

Kationenaustauschermembrane besitzen negative Ionengruppen und sind für Anionen schwer passierbar. Anionenaustauschermembrane besitzen positive Ionengruppen und sind für Kationen schwer passierbar.

Durch die Anreicherung in den Halbzellen können die Stoffumsätze besser verfolgt und mittels Nachweisreaktionen die entstandenen Stoffe bestimmt werden.

Bei technischen Großelektrolysen von Natriumchlorid, Kaliumchlorid dient eine Kationenaustauschermembran zur Gewinnung von Natronhydroxid und Kaliumhydroxid.

Für die Untersuchung der Wanderung von Ionen während einer Elektrolyse können Drei- und Vierkammernsysteme genutzt werden.

Die Kammern sind in einer Reihe angeordnet und jede Kammer mit ihrer Nachbarkammer durch eine Lochbohrung verbunden.

In Vierkammernsystemen werden Anode und Kathode in den jeweils äußeren Kammern untergebracht. Aus den Veränderungen in Kammern 2 und 3 kann das Wanderungsverhalten von Ionen untersucht werden.

Mehrkammernsysteme können auch zur Untersuchung von Diffusionsprozessen genutzt werden.

In präparativen Versuchen will der Experimentator die angelegte Spannung möglichst gering halten. Nach Gl. (1.11) gelingt dies in vorteilhafter Weise durch große Elektrodenflächen und einen geringen Abstand zwischen den Elektroden. Rohrförmige Elektroden haben eine große Fläche und bei einer Anordnung wie in Abb. 2.6

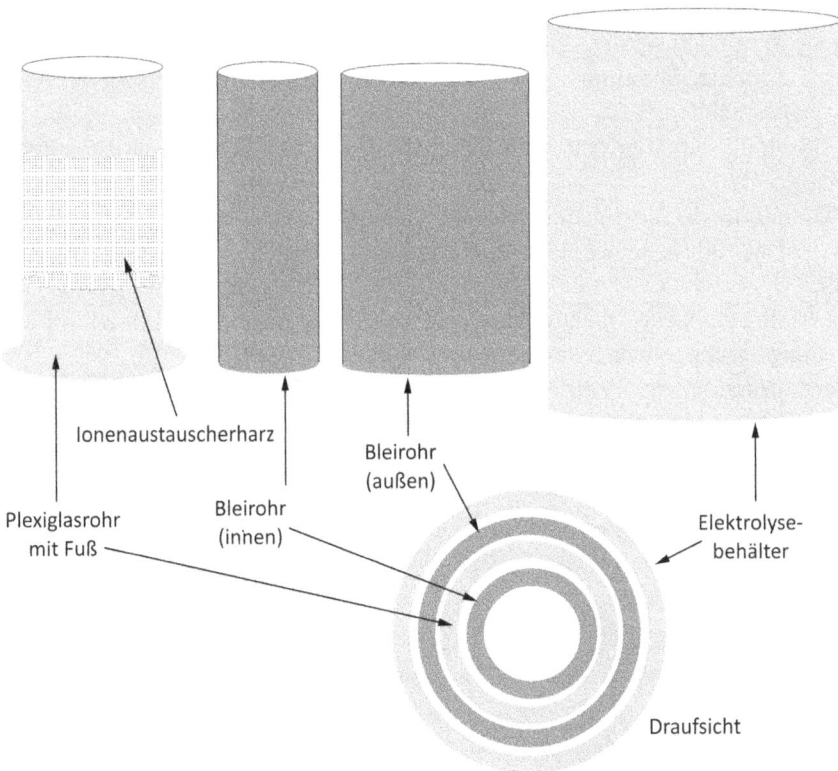

Abb. 2.6: Röhrenförmige Elektroden zur Senkung der Elektrolysespannung.

lässt sich auch der Abstand zwischen den Elektroden minimieren. Die Elektrodenbleche sollten einige Lochbohrungen enthalten, damit die Elektrolytflüssigkeit in andere Teile der Elektrolysezelle gelangen kann. Die Elektrolysezelle kann ein großer Becher sein, in den zunächst die unten verschlossene Trennkammer mit Ionenaustauscherharz eingestellt wird. Anschließend werden die beiden Elektrodenrohre (im Beispiel aus Blei) eingesetzt (Abb. 2.6) und entsprechend Abb. 2.4 mit dem Netzgerät verbunden.

2.8 Geräte für die Elektrogravimetrie

Die Elektrogravimetrie hat eine sehr große Bedeutung in der analytischen Chemie zur quantitativen Bestimmung von Elementen wie Silber, Kupfer, Nickel und Zink.

Diese analytische Methode bildet auch den wissenschaftlichen Grundstock für die Galvanotechnik zum Schutz und der Veredlung von Metallgegenständen.

Die elektrogravimetrische Abscheidung von Metallen wird durch die Diffusionsprozesse und die Leitfähigkeit beeinflusst.

Der Widerstand durch die Diffusion kann durch das Rühren der Lösung oder der Elektrode vermindert werden. Das Rühren der Elektrode ist das vorteilhaftere und didaktisch wichtigere Verfahren, da im industriellen Maßstab die Bewegung der Flüssigkeit zu kostenintensiv ist.

Die Leitfähigkeit kann durch die Temperatur oder den Elektrolyten beeinflusst werden.

Für einführende Experimente der Elektrogravimetrie wird eine Apparatur zur Rotation der Elektrode bei einer Elektrolyse benötigt. Der Aufbau ist in der Abb. 2.7 dargestellt.

Es werden ein kleiner Elektromotor und ein Zahnradbausatz zur Einstellung der Umdrehungsgeschwindigkeit des Motors benötigt.

Der Bausatz kann durch die Herausnahme einiger Zahnräder zu verbesserten Umdrehungsgeschwindigkeiten führen.

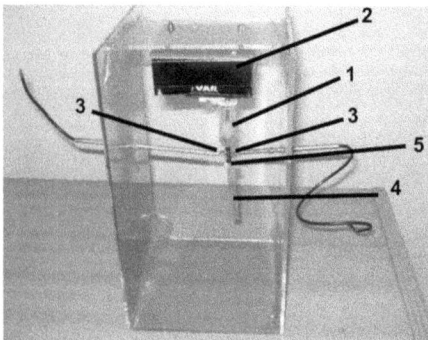

Abb. 2.7: Rotierende Elektrode für die Elektrogravimetrie.

Auf den obersten Zahnradkranz wird ein kurzes Plexiglasrohr (1) aufgeklebt.

Ein zweites Plexiglasrohr (1) enthält im Innenbereich ein mit Epoxidharz befestigtes Metallrohr (oder eine Metallschraube), das durch Lötzinn (5) mit einer Metallelektrode (4, Silber, Kupfer oder platiniertes Titan) verbunden ist.

Die beiden Plexiglasrohre (1) werden mit einem Tesafilmband zusammengehalten.

Um den Stromkontakt zur rotierenden Elektrode zu ermöglichen, müssen die abisolierten Drahtlitzen (3) durch Metallrohre im Rahmen direkt das Metallrohr der Elektrode berühren.

Das Gestell für die Halterung von Elektromotor mit Zahnradkranz und den Stromzuleitungen kann entsprechend der Abb. 2.7 aus Plexiglas angefertigt werden.

Durch Wägung der Elektrode (4) vor und nach der elektrolytischen Abscheidung lässt sich die Gewichtsdifferenz durch die Elektrolyse ermitteln.

Zur Reinigung und Trocknung der Elektrode muss die Elektrode mit Wasser abgespült und anschließend in Spiritus getaucht werden. Dann lässt man sie eine Weile trocknen. Durch Eintauchen in Wasser und Trocknung durch einen Föhn können mitunter schwach anhaftende Teilchen entfernt werden. Nur bei guter Metallhaftung ist dieses Verfahren vorteilhaft.

Während der Elektrolyse sinkt die Menge an reduzierbaren Metallkationen. Dadurch ändert sich auch laufend die Stromstärke.

Sehr wertvoll für die Bestimmung der gesamten Strommenge bei Elektrolysen und der Elektrogravimetrie sind Coulometer.

Auch in modernen Lehrbüchern der Elektrochemie werden Coulometer beschrieben, weil es keine exaktere Methode gibt, die Strommenge bei einer Elektrolyse zu bestimmen. Moderne Multimeter können zwar die Stromänderung mit der Zeit aufzeichnen, zur Berechnung der gesamten Strommenge muss jedoch noch ein Integrator genutzt werden. Ob die Messgeräte exakt eingestellt sind, bleibt für den Experimentator nicht gewiss.

Neben dem exakten Silbercoulometer, das im Buch *Elektrochemie* von C. H. Hamann und W. Vielstich [12] beschrieben worden ist, eignet sich auch das Kupfercoulometer, das bereits aus älterer Literatur gut bekannt ist [5, 13, 14].

Das Kupfercoulometer besteht aus einer großen Kupferanode und einer großen Kupferkathode, die sich in einem Gefäß mit einer Lösung von 10 g Kupfersulfat, 5 g Ethanol, 5 g konzentrierte Schwefelsäure gelöst in 80 mL Wasser befinden.

Vielfach können noch bessere Ergebnisse mit speziellen Elektrolytkupferlösungen für die Galvanisierung erzielt werden, da die Kupferoxidbildung noch stärker vermindert wird.

In der Elektrogravimetrie können für Spezialanwendungen auch Metallelektroden aus flüssigem Metall wie Quecksilber verwendet werden. Dazu muss ein zylindrisches Plexiglasrohr oben und unten mit Plexiglasscheiben verklebt werden. Die untere Scheibe muss eine Lochbohrung aufweisen, damit eine – am oberen Teil abisolierte – Drahtlitze eingeführt und verklebt werden kann. Der andere Teil der Drahtlitze wird mit dem Metallrohr der Elektrodenhalterung verlötet.

Der Rohrkörper wird im oberen Teil mit mehreren Lochbohrungen versehen und dann mit dem flüssigen Metall befüllt. Bei diesen elektrogravimetrischen Untersuchungen muss die Rotation bei sehr geringer Drehzahl erfolgen, damit das Metall nicht aus der Lösung entweicht.

Bei der Elektrogravimetrie kann auch ein Stromkonstanthalter genutzt werden. Während der Elektrolysezeit wird dann die Stromstärke exakt eingehalten. Dadurch werden sehr exakte gravimetrische Bestimmungen möglich.

2.9 Möglichkeiten der Gasbestimmung bei Elektrolysen

Sehr vorteilhaft kann ein Elektrodenhalter mit Gasbürette zur Feststellung der entstandenen Gasmengen verwendet werden (Abb. 2.8). In den Kapitel 7 und 9 werden mit diesem Gerät interessante Experimente vorgenommen.

Zum Auffangen der Gase dient ein Vorratsbehälter aus Plexiglas.

Aus der Gewichtsänderung vor und nach der Elektrolyse lässt sich das spezifische Gewicht eines Gases ermitteln.

Durch die Änderung des spezifischen Gewichtes im Gasbehälter lässt sich beispielsweise der Ozongehalt im Anodengas oder die etwas verringerte Wasserstoffbildung an Bleielektroden in Schwefelsäure bestimmen.

Durch diese Elektrodenhalter wird aber auch der Abstand zwischen den Elektroden erheblich erhöht. Dadurch muss mehr Spannung aufgewendet werden, um eine

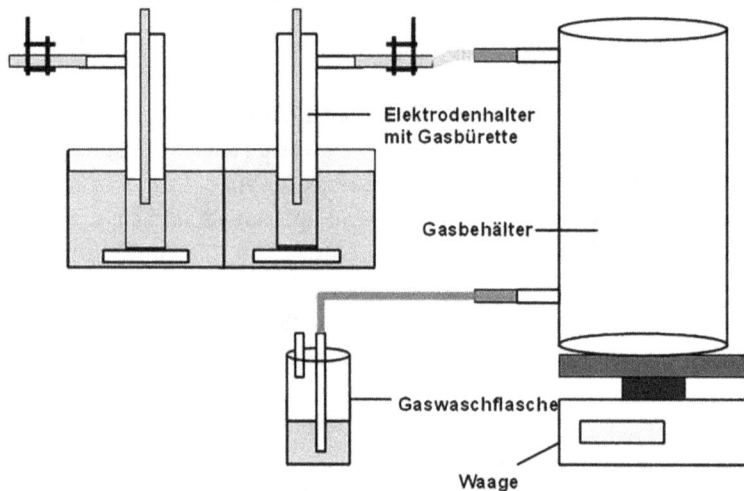

Abb. 2.8: Bestimmung des Gasvolumens bei einer Elektrolyse.

bestimmte Stromstärke zu erreichen. Durch eine Teilung des Elektrodenhalters in zwei Halbräume, die im unteren Teil durch eine Ionenaustauschermembran getrennt sind, lässt sich eine größere Nähe zwischen den Elektroden realisieren.

2.10 Gasbestimmungen von Kleinstmengen

Bei elektrolytischen Stoffumsetzungen entstehen mitunter Gase, die zuerst volumetrisch aufgefangen werden und später in eine andere Reaktionsapparatur überführt werden sollen. Sehr vorteilhaft lassen sich Gasometer (Abb. 2.9) für dieses Einsatzgebiet nutzen. Herkömmliche Gasometer ermöglichen in der Regel keine sehr genaue Bestimmung des Gasvolumens, ferner kann das Gas nicht in präziser volumetrischer Dosierung in ein anderes Gefäß überführt werden.

Aus diesem Grunde wurde ein Gasometer mit den gewünschten Eigenschaften für Versuche dieser Art entwickelt [15].

Dieses Gerät kann sowohl für die Gasanalyse während einer Elektrolyse genutzt werden wie auch bei der Einleitung eines Gases in eine verschlossene Elektrolysekammer, um dort die Stoffumwandlungen durch Diffusionsprozesse besser zu verfolgen.

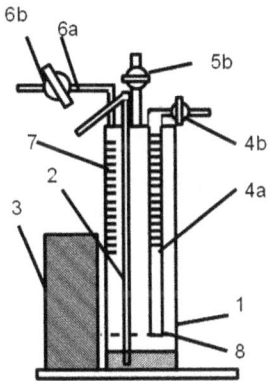

Abb. 2.9: Gasometer zur Untersuchung von Gasen.

Beschreibung des Gasometers

Zu Beginn sollte das Gasometer bis zum oberen Rand mit Wasser (oder einer anderen Flüssigkeit) gefüllt sein. Durch Öffnen von Hahn (5b) lässt sich die Flüssigkeit in das Gasometer über eine große Plastikspritze einführen. Das Rohr (4a) mit dem Verschluss (4b) dient der Einleitung von Gasen in das Gasometer. Dabei müssen die Hähne (5b) und (6b) geschlossen sein. Während der Gaseinleitung entweicht das verdrängte Wasser über Rohr (2) des Gasometers und gelangt in den Auffangbehälter (3).

Die eingeleitete Gasmenge lässt sich an der Skalierung (7) ablesen. Der Hahn (4b) wird nach der Gaseinleitung geschlossen und über (5b) die mit Wasser gefüllte Plastikspritze angesetzt. Von Hahn (6b) wird durch einen Schlauch der zu begasende Probekörper – z. B. ein evakuiertes Probegefäß oder eine Elektrolysezelle – verbunden. Dann werden die Hähne (5b) und (6b) geöffnet und die Flüssigkeit in das Gasometer eingeführt. Das Gas im Gasometer gelangt über das Rohr (6a) in das Probegefäß.

2.11 Fotometer zur Gehaltsbestimmung

Zum quantitativen Nachweis von Stoffen, die sich bei einer Elektrolyse in einer Lösung bilden, ist vielfach auch die Fotometrie geeignet. Der große Vorteil der Fotometrie liegt im geringen Zeitaufwand für eine Gehaltsbestimmung begründet. Anorganische und organische Stoffe sind in wässriger Lösung mitunter leicht gefärbt, die Konzentration einer Probe lässt sich durch das Licht einer ausgewählten Wellenlänge bestimmen. Ist der Stoff zunächst farblich nicht sichtbar, so kann ein Reagenz in die Probe gebracht werden, das einen farblich sichtbaren Komplex bildet. Viele Kationen, beispielsweise Fe^{2+}, Cu^{2+}, Ag^+, Pb^{2+}, Hg^{2+}, Zn^{2+}, Cd^{2+}, bilden mit einer Ammoniumsulfidlösung sofort schwarze, gelbe, weiße Fällungen, deren Gehalt kolorimetrisch bestimmt werden kann. Mit den organischen Farbreagenzien Diacetyldioxim lassen sich Ni^{2+}, Co^{2+}, Fe^{2+} oder mit Dithizon (Diphenylthiocarbazon) lassen sich Cu^{2+}, Ag^+, Pb^{2+}, Cd^{2+}, Bi^{3+}, Hg^{2+} anfärben. Zum Nachweis von TiO^{2+} in schwefelsaurer Lösung kann Wasserstoffperoxid genutzt werden. Nitrit kann mit o-Aminobenzalphenylhydrazon (Nitrin), Cyanid mit Benzidin und Cu^{2+} nachgewiesen werden.

In einigen modernen Fotometern sind bereits Programme vorhanden, die für eine Vielzahl von Stoffnachweisen bereits ein voreingestelltes Rechenschema haben. In der Software müssen die Art der Substanz und die Nachweisart ausgewählt werden. Dann sucht das Programm automatisch die richtigen Filter für die entsprechenden Wellenlängen. Zunächst erfolgt die Messung ohne die Probe, eine sogenannte Leerwertmessung. Die Probe wird in eine Küvette überführt und in das Fotometer gestellt. Dann erfolgt die Messung. Das Programm des Fotometers berechnet nun sofort den Gehalt in der Probe und gibt den Wert als mg/L an. Der Anwender kann auch selbsttätig ein farbliches Nachweisverfahren für bestimmte Stoffe ausarbeiten. Hierzu muss er zunächst eine Farbreaktion mit einem Stoff auffinden. Dann muss er eine Probe mit exakt bestimmtem Gehalt vermessen. Im weiteren Verlauf stellt er eine Verdünnungsreihe her. Nach dem Lambert-Beerschen Gesetz können die Messergebnisse der Verdünnungsreihe überprüft werden. In Abb. 2.10a und b ist der Strahlengang eines Fotometers aufgezeigt.

In der Spektralfotometrie wird das sichtbare Licht (400–700 nm) zur Anregung von π-Bindungen oder Elektronen in d- oder f-Schalen genutzt. Die Lichtquanten einer ganz bestimmten Wellenlänge werden von den Elektronen absorbiert, und die Elektronen geraten in einen angeregten Zustand.

Seitenansicht des Strahlenganges

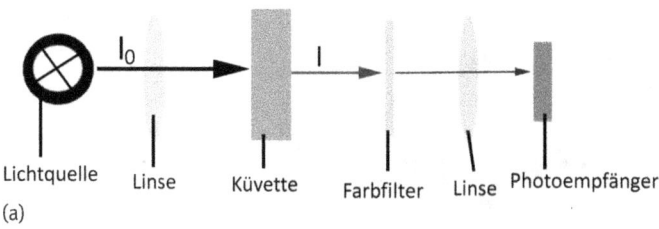

Lichtquelle   Linse   Küvette   Farbfilter   Linse   Photoempfänger

(a)

Draufsicht

Motorgetriebene
Farbfilterhalterung

Lichtquelle

Photoempfänger

(b)   Messraum   Küvette

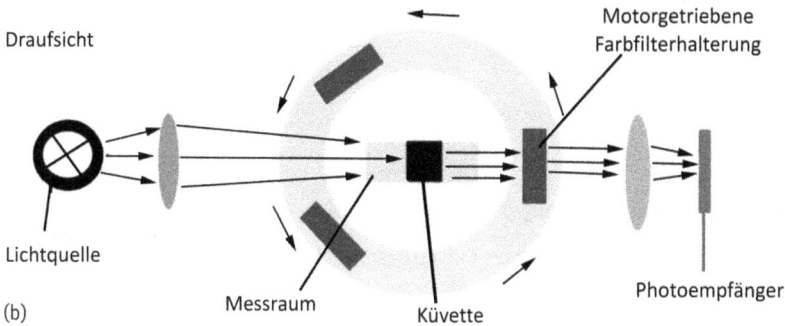

Abb. 2.10: Schematische Darstellung eines Fotometers mit Lichtstrahl durch eine Küvette. (a) Seitenansicht zur Darstellung des Strahlenganges, (b) Draufsicht zur Verdeutlichung der Farbfilterwahl.

Ein Lichtstrahl, der durch eine gefärbte Probelösung dringt, nimmt entsprechend der Länge des Weges an Intensität ab. Dieser Zusammenhang wurde 1760 von Lambert erkannt.

Wenn I_L die Intensität eines Lichtstrahls ist, x die Weglänge durch eine gefärbte Probe und k eine Proportionalitätskonstante, so gilt:

$$- dI_L = k \cdot I_L \cdot dx \,. \tag{2.1}$$

Nach Umstellung und Integration der Gleichung – wobei I_{L_0} die Intensität vor dem Eintritt in die Probe ist, I_L die Intensität nach Austritt aus der Probe – ergibt sich:

$$\log (I_{L_0}/I_L) = a_L \cdot x \,. \tag{2.2}$$

Der Koeffizient a_L ist der dekadische Absorptionskoeffizient.

Das Verhältnis I_L/I_{L_0} wird als Transmission (T) bezeichnet.

Beer erkannte im Jahr 1852, dass die Menge (und damit natürlich die Konzentration) der Farbstoffteilchen in einer Probe genau dieser Proportionalität gehorcht.

Der dekadische Absorptionskoeffizient a_L ist das Produkt aus der Konzentration (c in mol/L oder mmol/mL) und dem molaren dekadischen Extinktionskoeffizienten ε (cm^2/mmol). Die Weglänge wird häufig statt x als l (Anfangsbuchstabe von Länge) bezeichnet.

Damit erhält das Lambert-Beersche Gesetz die Fassung:

$$\log (I_{L_0}/I_L) = c \cdot \varepsilon \cdot l \,. \tag{2.3}$$

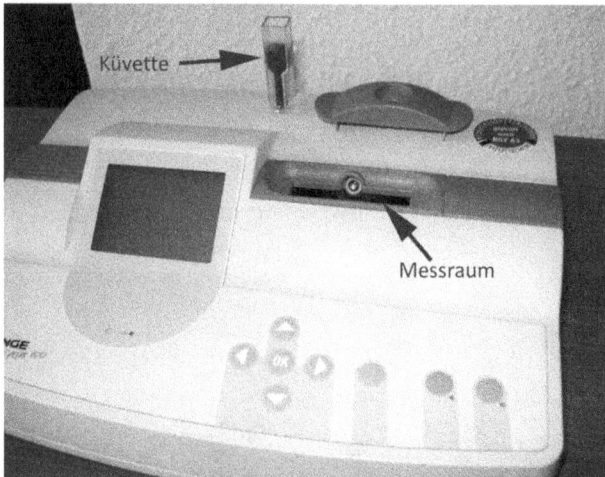

Abb. 2.11: Ein modernes Fotometer [16] für die Gehaltsbestimmungen von Probelösungen.

Auf Basis der eingestrahlten Wellenlänge und der Extinktionskoeffizienten lassen sich Energieinhalte von Elektronen einiger Kationen und Doppelbindungen berechnen. Für die Entwicklung der Ligandenfeldtheorie, Komplexierung von Ionen oder für die Identifizierung von funktionellen Gruppen war die Kenntnis der Extinktion bei bestimmten Wellenlängen hilfreich.

Literatur

[1] www.conrad.de (20.06.2017).

[2] Skoog DA. *Instrumentelle Analytik: Grundlagen – Geräte – Anwendungen, S. 530*. Berlin-Heidelberg-New York: Springer Verlag, 1996. S. 530.

[3] Skoog DA. *Instrumentelle Analytik: Grundlagen – Geräte – Anwendungen, S. 530*. Berlin-Heidelberg-New York: Springer Verlag, 1996. S. 538

[4] Harned HS, Owen BB *The Physical Chemistry of Electrolytic Solutions*. New York/London: Reinhold Publ. Inc., 1950.

[5] Förster F. *Elektrochemie wässriger Lösungen*. Leipzig: Verlag von Johann Ambrosius Barth, 1915. S. 88.

[6] Haynes WM. *Handbook of Chemistry and Physics*. Boca Raton: CRC Press, 2013. S. 5–74. ISBN 978-1-4665-7114-3.

[7] Weast RC. *Handbook of Chemistry and Physics*. Boca Raton, Florida: CRC Press Inc., 1979–1980. S. F5.

[8] Weast RC. *Handbook of Chemistry and Physics*. Boca Raton, Florida: CRC Press Inc., 1979–1980. S. D-265, Tab. 76 Sodium Hydroxid

[9] Weast RC. *Handbook of Chemistry and Physics*. Boca Raton, Florida: CRC Press Inc., 1979–1980. S. D-230, Tab. 3 Ammoniumhydroxid.

[10] Weast RC. *Handbook of Chemistry and Physics*. Boca Raton, Florida: CRC Press Inc., 1979–1980. S. D-240, Tab. 24 Hydrochloric Acid.

[11] Merten F. Der Ionenaustausch. *Chemie in unserer Zeit.* Wiley-VCH, 1967, Vol. 1, S. 189–191.

[12] Hamann CH, Vielstich W. *Elektrochemie.* 4. Auflage, Wiley-VCH, 2005, S.7–9.

[13] Förster F. *Elektrochemie wässriger Lösungen.* Leipzig: Verlag von Johann Ambrosius Barth, 1915. S. 45.

[14] Classen A. *Quantitative Analyse durch Elektrolyse.* Berlin: Verlag von Julius Springer, 1927. S. 45–47.

[15] Teetz T. *Gasometer für kleine Volumenmengen zur exakten Volumenbestimmung. Nr. 20 2013 010 022.2* DE, 31. 10 2013. Gebrauchsmuster.

[16] Lange D. Mobiles Laborphotometer LASA 100.

[17] Streitwieser A. *Organische Chemie.* Weinheim: Verlag Chemie GmbH, 1980. S. 710–711. ISBN 3-527-25810-8.

3 Elektrogravimetrie, Diffusionsschicht

3.1   Grundlagen der Elektrogravimetrie —— 65

3.2   Experimente zur Elektrogravimetrie —— 67
        3.2.1   Benötigte Materialien und Geräte —— 67
        3.2.2   Ausführung der Experimente —— 67
        3.2.3   Auswertungen der Experimente —— 68
        3.2.4   Zusammenfassung der Ergebnisse aus den Experimenten —— 72

3.3   Diffusion in der Elektrogravimetrie —— 72
        3.3.1   Gerührte und ungerührte Elektrolyse —— 73
        3.3.2   Diffusion an einer kleinen Elektrode —— 73

3.4   Gravimetrische Abscheidung an einer Wood-Elektrode —— 79

https://doi.org/10.1515/9783110425666-004

3.1 Grundlagen der Elektrogravimetrie

Die Abscheidung von Metallen durch eine elektrische Spannung aus einer wässrigen Lösung ist ein Spezialfall der Elektrolyse. Dient die Methode zur quantitativen Bestimmung der chemischen Elemente in einer Lösung, so wird die Stoffabscheidung an den Elektroden als Elektrogravimetrie bezeichnet.

Bei der technischen Gewinnung von Metallen aus einer Lösung oder in der Galvanik müssen die gleichen Gesetzmäßigkeiten wie bei der Elektrogravimetrie beachtet werden. Die Elektrogravimetrie hat in der Chemie einen hohen didaktischen Stellenwert. Durch die Elektrogravimetrie wurden viele Atomgewichte von Elementen erstmals exakt bestimmt, die Analyse von unbekannten Mineralproben konnte schneller erfolgen, die Übertragung des gravimetrischen Experimentes in den industriellen Maßstab war häufig möglich. Wichtige Verfahren der Elektrogravimetrie wurden zwischen 1860–1910 entwickelt.

Im sauren Milieu wird in der Elektrogravimetrie fast ausschließlich als Anodenmaterial Platin eingesetzt. In basischer Lösung werden als Anoden auch Silber oder Grafit verwendet [1]. Als Kathodenmaterial verwendet man die Edelmetalle Platin, Gold, Silber – mitunter sogar Kupfer [2]. In vereinzelten Fällen wird auch Quecksilber [3] eingesetzt (Abscheidung von Chrom, Erdalkali- und Alkalimetallen).

Den wichtigsten Einfluss auf die Elektrogravimetrie hat die angelegte Spannung. In jedem Spannungsbereich lassen sich nur ganz bestimmte chemische Elemente abscheiden. Die Elektrolysespannung wird entsprechend dem Normalpotenzial der chemischen Elemente kontinuierlich erhöht. Wenn in dem unteren Spannungsbereich die Stromstärke auf null gesunken ist, kann das Kathodenmaterial gewogen werden, um die abgeschiedene Stoffmenge zu ermitteln. Aus Stromstärke und Elektrolysezeit lässt sich nach dem Faradayschen Gesetz auch das Atomgewicht des Metalls ermitteln. Dann werden die Elektrode wieder eingesetzt und die Spannung weiter erhöht, um das nächste chemische Element abzuscheiden. Tritt ein Stromfluss in dem Spannungsbereich auf, so scheiden sich ein oder mehrere Elemente an der Kathode ab. Dieser Vorgang wird fortgesetzt bis alle wichtigen Elementgruppen gravimetrisch abgeschieden sind.

Die Edelmetalle Gold, Silber und Kupfer, die Platinmetalle, Zinn (in Oxalsäure) [4], Indium [5], Cadmium können im sauren pH-Bereich abgeschieden werden. Die Metalle Nickel, Kobalt, Zink, Wismut, Antimon, Gallium werden meist in basischer (ammoniakalischer) Lösung abgeschieden. Für die Mehrzahl der gravimetrischen Trennungen sollte kein Nitrat in der Probe zugegen sein. Nur Kupfer und Silber lassen sich gut in nitrathaltigen Lösungen abscheiden. Nitrat wirkt dort als kathodischer Depolarisator, die Bildung von Wasserstoff und die Abscheidung von vielen Metallen mit negativem Redoxpotenzial werden unterdrückt. In der Regel sollte das Anion in der Elektrogravimetrie als Sulfat vorliegen.

In basischer Lösung werden häufig Ammoniak oder Ethanol als anodische Depolarisatoren verwendet. Die Oxidation des Ammoniaks zu Nitrat oder des Ethanols zu

Essigsäure an der Anode vermindern das Spannungspotenzial im Vergleich zur Sauerstoffbildung.

Einige Kationen können durch Komplexbildner wie Oxalat, Zyanid in vorteilhafter Form kathodisch abgeschieden werden. Durch eine Komplexierung wird jedoch auch das Normalpotenzial verändert, mitunter kann sich bei bestimmten Elementen die Spannungsreihe der Normalpotenziale ändern. Silber, Zinn, Blei werden ohne Komplexbildner nur in Form von Kristallnadeln abgeschieden. Komplexbildner sind im Bereich der Galvanik sehr wichtig.

Einige Metallionen werden an der Kathode als Metalloxide oder Metallhydroxide abgeschieden, beispielsweise Aluminiumoxid (in Oxalsäure), Molybdänoxid, Vanadiumoxid, Chromhydroxid, Zinnhydroxid (in basischer Lösung). An Anoden können sich ebenfalls Metalloxide abscheiden. Wichtige anodische Oxide sind Bleioxid, Mangandioxid, Silberoxid und Wismutoxid.

Die Elektrogravimetrie wird zur Senkung der Elektrolysezeit häufig mit rotierenden Elektroden und bei leicht erhöhter Temperatur betrieben. Die Vermischung der Lösung durch den Rührprozess kann die Diffusionsüberspannung an den Elektroden senken, die Temperaturerhöhung steigert die Leitfähigkeit der Lösung und erhöht damit die Strommenge pro Zeiteinheit. Wichtig ist auch die Leitfähigkeit der Lösung. Bei sehr geringer Leitfähigkeit werden der Zellwiderstand und damit die Spannung sehr hoch. Starke Säuren, Basen oder Salzzusätze erhöhen die Leitfähigkeit für gravimetrische Abscheidungen. In ammoniakalischen Lösungen sollte zusätzlich noch Ammoniumsulfat zur Erhöhung der Leitfähigkeit zugesetzt werden.

Stromdichten über $10\,mA/cm^2$ können das Ergebnis von gravimetrischen Abscheidungen negativ beeinflussen. Es sollten daher möglichst großflächige Kathoden eingesetzt werden.

Besonders einfach lassen sich die Elemente Silber, Kupfer, Nickel (Kobalt) und Zink (Tab. 3.1) aufgrund ihrer verschiedenen Normalpotenziale voneinander trennen. Die Wägung des Kathodenmaterials vor und nach der Elektrolyse ist der wichtigste Schritt in der Elektrogravimetrie. Aus dieser Messung lässt sich der Gehalt eines Metalls in einer Probe bestimmen.

Tab. 3.1: Spannungen und Stromstärken, Lösungsmittel wichtiger Abscheidungen von Elementen in der Elektrogravimetrie.

Element	Wässrige Lösung	Spannung (V)	Stromstärke (A)	Bemerkung
Ag	5–10 % HNO_3, Ethanol	1,40	0,02–0,100	Kristallnadeln
Cu	10 % H_2SO_4, pH = 1	2,1–2,5	0,005–0,100	Hohe Konzentration
Ni	5 % NH_4OH, pH = 8	2,3–3,0	0,01–0,06	Hohe Konzentration
Zn	5 % NH_4OH, pH = 9,2	3,0–5,5	0,001–0,080	Hohe Konzentration

3.2 Experimente zur Elektrogravimetrie

3.2.1 Benötigte Materialien und Geräte

- Ein Elektrodenhalter nach Abschnitt 2.8;
- ein Netzgerät, zwei Multimeter, Klemmen;
- eine große zylindrische Kupferkathode (Rohrdurchmesser 2,2 cm, Höhe 2 cm);
- eine Platinblechanode (Fläche: 1,2 cm · 0,8 cm);
- Wässrige 1-M-1/2-H_2SO_4-Lösung;
- 100 mL-Becherglas;
- Kupferelektrolytlösung für die Galvanisierung [6];
- Nickelelektrolytlösung für die Galvanisierung;
- Haber-Luggin-Kapillare (Pb/$PbSO_4$ in 1-M-H_2SO_4);
- 330 mg $CuSO_4 \cdot 5\,H_2O$.

3.2.2 Ausführung der Experimente

Eine Lösung von 200 mL 1-M-1/2-H_2SO_4 wird im Becherglas vorgelegt. Die Elektroden werden nach Kapitel 2 (Abb. 2.4 und Abb. 2.7) befestigt. Ohne Rühren steigert man die Spannung, bis ein erster Stromfluss von 0,001 A auftritt. Mit einer Haber-Luggin-Kapillare wird bei weiterer Erhöhung der Spannung das Kathodenpotenzial bestimmt. Mit einer ähnlichen Spannungsreihe und den gleichen Elektroden lässt sich das Anodenpotenzial bestimmen. Ein analoges Experiment wird mit der rotierenden Kathode vorgenommen. Die Redoxpotenziale wurden aber nicht mit einer Haber-Luggin-Kapillare bestimmt, sondern anhand des ersten Experimentes abgeschätzt.

Die Schwefelsäure im Becherglas wird durch die Galvaniklösung mit Kupfersulfat ersetzt. Die Spannung erhöht man, bis ein erster Stromfluss (0,001 A) einsetzt. Das Elektrodenpotenzial der Kathode wird mit der Haber-Luggin-Kapillare (Pb/$PbSO_4$) bestimmt. Nach weiterer Spannungserhöhung misst man die Stromstärke und das Kathodenpotenzial.

Mit der gleichen Versuchsapparatur wird auch eine Nickelelektrolytlösung in identischer Weise untersucht.

Hinweis: Schwermetalllösungen sollen nicht in das Abwasser gelangen. Das gelöste Kupfer sollte mit Ammoniumsulfidlösung als Kupfersulfid gefällt werden. Die gesammelten Schwermetallsulfide werden in einem Abfallbehälter gesammelt und in einer Sondermüllstelle entsorgt. Nach Abtrennung des Sulfids durch Filtration oder Dekantieren wird die Lösung mit Natriumkarbonatlösung neutralisiert und ins Abwasser gegeben.

3.2.3 Auswertungen der Experimente

Elektrolyse von Schwefelsäure

Aus der Tab. 3.2 wird deutlich, dass in einer ungerührten Lösung der Stromfluss erst bei einer deutlich höheren Spannung beginnt. Die gerührte Lösung zeigt eine Zersetzungsspannung von 2,100 V, die ungerührte Lösung bei 2,513 V. Die Überspannungen an Anode und Kathode sind folglich durch Diffusionsprozesse bedingt. Im Bereich der höheren Stromstärke (0,032 A) gleichen sich die Spannungen der gerührten und ungerührten Elektroden an.

In stark saurer Lösung ist die EMK des Kathodenpotenzials:

$$E_{Kathode} = 0,00 + \eta_{Kathode} \cdot$$

Das Anodenpotenzial der Sauerstoffbildung ist:

$$E = +1,23 \, V + \eta_{Anode} \cdot$$

Die Differenz aus Anoden- und Kathodenpotenzial unter Berücksichtigung von Gl. (1.2) nach Kapitel 1 ist:

$$U = (+1,23 \, V + \eta_{Anode}) - (0 + \eta_{Kathode}) + R_z \cdot I_z \cdot$$

Die Zellspannung ($U_z = R_z \cdot I_z$) hat bei geringer Stromstärke nur sehr geringe Werte, bei sehr hoher Stromstärke wird die Zellspannung sehr bedeutend (Tab. 3.3). Die Messungen der Überspannungen an der Kathode und Anode erfolgen mit einer Haber-Luggin-Kapillare ($Pb/PbSO_4$, Bezugspotenzial: $-0,276 \, V$).

Im Vergleich zu den gemessenen Literaturwerten (Kapitel 1, Abschnitt 1.6) liegen die Überspannungen an der Anode und der Kathode in ungerührter Lösung ein wenig tiefer (jeweils 0,2–0,3 V). In gerührter Lösung sind die Überspannungen an der Anode bei geringer Stromstärker sogar sehr viel tiefer als nach den Literaturwerten (Tab. 3.4).

Tab. 3.2: Stromstärken und Spannungen der Elektrolyse von 1-M-H_2SO_4 mit unbewegter und bewegter Kupferelektrode.

Ohne Rühren		Mit Rühren	
Spannung (V)	Stromstärke (A)	Spannung (V)	Stromstärke (A)
2,513	0,001	2,100	0,001
2,595	0,002	2,216	0,002
2,684	0,005	2,300	0,003
2,805	0,011	2,364	0,005
2,883	0,019	2,487	0,008
3,104	0,045	2,661	0,012
3,268	0,072	2,956	0,032
3,427	0,102		
4,38	0,312		
5,50	0,591		

Tab. 3.3: Einzelspannungen bei der Elektrolyse einer unbewegten 1-M-1/2-H_2SO_4-Lösung.

I (A)	U_z (V)	$\eta_{Kathode}$ (V)	η_{Anode} (V)	$E + \eta$	$E + \eta + U_z$	$U_{gemessen}$ (V)
0,001	0,0040	−0,320	0,900	2,450	2,45	2,45
0,002	0,0080	−0,360	1,000	2,590	2,6	2,6
0,005	0,0200	−0,373	1,070	2,673	2,69	2,66
0,011	0,0440	−0,406	1,130	2,766	2,81	2,76
0,019	0,0760	−0,432	1,180	2,842	2,92	2,83
0,045	0,1800	−0,472	1,230	2,932	3,11	3,01
0,072	0,2880	−0,493	1,260	2,983	3,27	3,15
0,102	0,4080	−0,504	1,290	3,024	3,43	3,35
0,312	1,2480	−0,567	1,330	3,127	4,38	4,38
0,591	2,3640	−0,567	1,330	3,127	5,49	5,5

Tab. 3.4: Einzelspannungen bei der Elektrolyse einer bewegten 1-M-1/2-H_2SO_4-Lösung, Schätzwerte für Überspannungen.

I (A)	U_z (V)	$\eta_{Kathode}$ (V)[a]	η_{Anode} (V)[a]	$E + \eta$	$E + \eta + U_z$	$U_{gemessen}$ (V)
0,001	0,0040	−0,320	0,550	2,100	2,1	2,1
0,002	0,0080	−0,350	0,630	2,210	2,22	2,22
0,003	0,0120	−0,360	0,700	2,290	2,3	2,3
0,005	0,0200	−0,380	0,730	2,340	2,36	2,36
0,008	0,0320	−0,400	0,740	2,370	2,4	2,49
0,012	0,0480	−0,420	0,760	2,610	2,66	2,66
0,031	0,1240	−0,440	1,170	2,840	2,96	2,96

[a]: Geschätzt.

Warum wurden die Überspannungen in allen bekannten älteren Artikeln in ungerührter Lösung gemessen? Es gab bereits um 1910 Methoden, rotierende Elektroden herzustellen. Es gab auch Verfahren, um die Überspannung an Elektroden zu messen. Trotzdem wurden die Überspannungen nur in ungerührter Lösung gemessen. Durch die bewegte Lösung wird vermutlich das Potenzial erheblich beeinflusst. Die Strömung vor der Elektrode stellt eine schwer bestimmbare Einflussgröße bei der Potenzialmessung dar. Durch rotierende Scheibenelektroden und Ringelektroden kann in moderner Zeit die Diffusionshemmung einer elektrolytischen Umsetzung genau bestimmt werden [7]. Überspannungen sind stark abhängig von der Stromstärke entsprechend der Tab. 1.9 und der Butler-Vollmer-Gl. (1.10).

Elektrolyse von Elektrolytkupfer

Werden die Schwefelsäure durch eine galvanische Kupfersulfatlösung (pH = 1,2) ersetzt und eine Spannung angelegt, dann scheidet sich an der Kathode Kupfer ab. Das

Potenzial kann mit der Haber-Luggin-Kapillare in ungerührter Lösung bestimmt werden.

Das gemessene Redoxpotenzial an der Kathode sollte bei Kupferabscheidung etwa

$$E^0_{Cu^{++}/Cu} = +0,35\,V$$

betragen.

Mit der Pb/PbSO$_4$-Redoxelektrode (Bezugspotenzial: $-276\,mV$) wird bei einer Stromstärke von $I = 0,001\,A$ eine Spannung von $U = +0,584\,V$ an der Kathode gemessen (Tab. 3.5).

Das Elektrodenpotenzial ist daher:

$$E = +0,584 - 0,276 = +0,308\,V\,.$$

Das gemessene Redoxpotenzial an der Kathode liegt sehr dicht am Normalpotenzial von Cu(+II)/Cu ($E^0_{Cu^{++}/Cu} = +0,35\,V$).

Die kathodische Überspannung ist:

$$\eta_K = E - E^0_{Cu^{++}/Cu} = 0,308 - 0,350 = -0,042\,V\,.$$

Die Überspannung ist bei geringer Stromstärke sehr gering. Der metallische Kupferglanz auf der Elektrode ist ein Zeichen für die Einheitlichkeit der Kupferabscheidung. Bei höherer Stromstärke steigt die kathodische Überspannung an. Das Normalpotenzial der Bildung von Cu aus Cu(OH)$_2$ beträgt $E^0_{Cu(OH)2/Cu} = -0,224\,V$. Das Elektrodenpotenzial nähert sich bei sehr hoher Stromstärke möglicherweise der Metallbildung aus dem Kupferhydroxid an. Die Überspannung wäre durch eine Verschiebung der Redoxpotenziale erklärbar.

Das Gesamtpotenzial der Elektrolysezelle bei der Kupferabscheidung bestimmt sich bei einer anodischen Sauerstoffüberspannung von $\eta_{Anode} = 1,00\,V$ bei 0,001 A

Tab. 3.5: Überspannungen der Kupferabscheidung und Sauerstoffbildung in Abhängigkeit von der Stromstärke.

I (A)	U_z (V)	$\eta_{Kathode}$ (V)	η_{Anode} (V)	$E + \eta$	$E + \eta + U_z$	$U_{gemessen}$ (V)
0,001	0,0040	−0,042				1,926
0,002	0,0080	−0,062				1,987
0,003	0,0120	−0,071	1,110	2,061	2,07	2,042
0,005	0,0200	−0,100				2,132
0,008	0,0320	−0,132				2,259
0,013	0,0520	−0,159	1,240	2,279	2,33	2,383
0,023	0,0920	−0,196				2,551
0,034	0,1360	−0,201	1,390	2,471	2,61	2,694
0,076	0,3040	−0,226				3,056
0,104	0,4160	−0,235				3,291

nach Gl. (1.2) zu:

$$\Delta U = (E^0_{\text{Anode}} + \eta_{\text{Anode}}) - (E^0_{\text{Kathode}} + \eta_{\text{Kathode}}) + R_z \cdot I_z$$
$$= (1,23 + 1,00) - (0,35 - 0,042) + 4 \cdot 0,001 = 1,92\,\text{V}\,.$$

Von Kupferelektroden lassen sich anhaftende Metalle wie Nickel, Kobalt, Zink sehr gut in 70 °C heißer 1-M-HNO$_3$ innerhalb von 30 min ablösen. Kupfer wird unter diesen Bedingungen kaum gelöst.

3.2.3.1 Elektrolyse von Elektrolytnickel

Die gravimetrische Abscheidung von Nickel aus einer Nickelelektrolytlösung gelingt in ammoniakalischer Lösung bei pH = 8,6.

Das Kathodenpotenzial der Wasserstoffbildung (s. Tab. 1.2) ist:

$$E = 0 - 0,059 \cdot \text{pH} + \eta_{\text{Kathode}} = -0,47\,\text{V} - 0,32\,\text{V} = -0,79\,\text{V}\,.$$

Im Bereich bis 100 mA liegt das Kathodenpotenzial bei $E = -0,64\,\text{V}$ (s. Tab. 3.6), die Wasserstoffbildung wird noch nicht unterschritten. Es bildet sich kein Wasserstoff an der Kathode.

Das Anodenpotenzial liegt bei pH = 8,6 und einer Stromstärke von $I = 0,001$ A um

$$E = 1,23\,\text{V} - 0,059 \cdot \text{pH} + \eta_{\text{Anode}} = 1,23 - 0,059 \cdot 8,6 + 0,711 = 1,43\,\text{V}\,.$$

Aus dem Anodenpotenzial lässt sich direkt die Anodenüberspannung berechnen. Im Verlauf der Elektrolyse nimmt die anodische Überspannung kontinuierlich zu und erreicht sehr ähnliche Werte wie bei der sauren Elektrolyse.

Das Kathodenpotenzial beträgt bei 0,001 A etwa $E = -470\,\text{mV}$. Nach der Literatur [8] betragen die Normalpotenziale der Umsetzungen:

$$\text{Ni(OH)}_2 + 2\,\text{e}^- \rightarrow \text{Ni} + 2\,\text{OH}^- \quad / \quad E^0_{\text{Ni(OH)}_2/\text{Ni}} = -0,72\,\text{V}$$

und

$$\text{Ni}^{2+} + 2\,\text{e}^- \rightarrow \text{Ni} \quad / \quad E^0_{\text{Ni}^{++}/\text{Ni}} = -0,25\,\text{V}\,.$$

Das Redoxpotenzial der Nickelabscheidung liegt also zu Beginn als Mittelwert zwischen diesen beiden Normalpotenzialen. Durch Steigerung von Stromstärke und Spannung nähert sich das Kathodenpotenzial dem Normalpotenzial der Nickelbildung aus Nickelhydroxid an.

Erfolgt eine geringe Wasserstoffbildung an der Kathode, so muss auch Hydroxid aus Wasser gebildet werden:

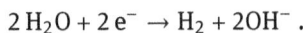

$$2\,\text{H}_2\text{O} + 2\,\text{e}^- \rightarrow \text{H}_2 + 2\text{OH}^-\,.$$

Da die Lösung leicht basisch ist, liegen die Nickelionen vermutlich komplexiert mit etwas Hydroxid vor. Nachdem das Ni^{2+} zu Ni reduziert worden ist, stehen die freien

Tab. 3.6: Überspannungen der Nickelabscheidung und Sauerstoffbildung in Abhängigkeit von der Stromstärke.

I (A)	U_z (V)	$E_{Kathode}$ (V)	E_{Anode} (V)	η_{Anode} (V)	ΔE	$\Delta E + U_z$	$U_{gemessen}$ (V)
0,001	0,0160	−0,470	1,431	0,711	1,901	1,92	1,918
0,003	0,0480	−0,544	1,531	0,811	2,075	2,12	2,152
0,006	0,0960	−0,562	1,581	0,861	2,143	2,24	2,274
0,013	0,2080	−0,588	1,751	1,031	2,339	2,55	2,552
0,058	0,9280	−0,622	1,920	1,200	2,542	3,47	3,365
0,100	1,6000	−0,636	2,040	1,320	2,676	4,28	4,280

Hydroxidionen für eine weitere basische Reaktion vor der Elektrode bereit; es bildet sich neues Nickelhydroxid im Nahbereich der Elektrode. Bei hoher Stromstärke und Spannung wird die Abscheidung des Metalls aus dem Hydroxid zur Hauptreaktion.

Ähnlich der Nickelabscheidung wird auch bei der Abscheidung von Zink ein negatives Kathodenpotenzial nachweisbar. Bei 0,001 A beträgt das Kathodenpotenzial der Zinkabscheidung etwa $E = -767$ mV. Das Potenzial entspricht fast dem Normalpotenzial von $E^0_{Zn^{++}/Zn} = -0,761$ V. Bei 10 mA liegt das Kathodenpotenzial um $E = -1110$ mV, bei 100 mA um $E = -1200$ mV. Das Kathodenpotenzial nähert sich dem Redoxgleichgewicht aus Zinkhydroxid zu Zink an ($E^0_{Zn(OH)_2/Zn} = -1,25$ V) [9].

3.2.4 Zusammenfassung der Ergebnisse aus den Experimenten

Die gravimetrischen Abscheidungen von Metallen aus basischen Lösungen erfolgen bei gesteigerter Spannung nach Messungen des Redoxpotenzials aus den Metallhydroxiden. In der Galvanik wird die Hydroxidbildung durch einen Zusatz von komplexbildenden Anionen verhindert. Dadurch werden Metalle sehr rein – unter Ausschluss von Metallhydroxiden oder Metalloxiden – abgeschieden.

3.3 Diffusion in der Elektrogravimetrie

Diffusionseffekte bei Elektrolysen lassen sich durch den Vergleich von gerührten und ungerührten Elektrolytlösungen nachweisen. Bei gleicher Spannung weist die gerührte Lösung in der Regel eine deutlich höhere Stromstärke auf.

An sehr kleinen Elektroden kann das Diffusionsverhalten kurz nach Anlegen einer sehr schwachen Spannung untersucht werden. Die gemessenen Zeitperioden bis der Stromfluss zum Erliegen kommt, entsprechen einer Spannung. Beim Anlegen einer hohen Spannung lässt sich häufig die Stromstärke nicht weiter steigern, es bildet sich ein Diffusionsgrenzstrom aus.

Tab. 3.7: Rotierende Kupferelektrode in einer 1-M-H_2SO_4-Lösung bei Zusatz von Kupfersulfat.

I (A)	U_z (V)	$\eta_{Kathode}$ (V)	η_{Anode}(V)	$E + \eta$	$E + \eta + U_z$	$U_{gemessen}$ (V)
Rotierende Kupferelektrode in wässriger 1-M-H_2SO_4 mit Zusatz von Kupfersulfat						
0,001	0,0040	−0,04	0,67	1,940	1,94	1,94
0,005	0,0200	−0,10	0,85	2,180	2,2	2,1
0,012	0,0480	−0,15	0,80	2,130	2,18	2,18
0,098	0,3920	−0,23	0,80	2,250	2,64	2,64
Unbewegte Kupferelektrode						
0,027	0,1080	−0,20	1,350	2,780	2,89	2,89

3.3.1 Gerührte und ungerührte Elektrolyse

Im folgenden Versuch wird eine schwefelsaure Lösung, die etwa 330 mg $CuSO_4 \cdot 5H_2O$ enthält, nach Versuchsvorschrift 3.2.2 mit einer rotierenden Kupferelektrode (ca. 300 upm) elektrolysiert. Bei einer Stromstärke von 98 mA werden der Rührmotor ausgeschaltet und Spannung, Stromstärke und Elektrodenpotenziale bestimmt. Die Stromstärke ist auf 27 mA abgesunken und die Spannung ist von 2,64 auf 2,89 V angestiegen (Tab. 3.7).

Das Anschalten des Rührmotors führt wieder zu der Stromstärke von $I = 0,098$ A. Durch das Verrühren der Elektrolytlösung ist die Diffusionsüberspannung minimiert worden. Der Rührprozess liefert unter diesen Bedingungen eine Steigerung der Stromstärke um den Faktor drei.

3.3.2 Diffusion an einer kleinen Elektrode

Versuchsvorbereitung

In ein 100 mL-Becherglas werden 40 mL einer verdünnten Kupfergalvaniklösung [1] vorgelegt. Als Kathode dient ein Stück versilberter Kupferdraht (Durchmesser: 0,4 mm; Länge: 5 cm; $A = 0,628$ cm^2), als Anode ein Grafitstab. Nach Kapitel 2, Abb. 2.4 wird eine Elektrolyseanordnung aufgebaut.

Versuch Einschaltexperiment

Durch Einschalten des Netzgerätes und das Anlegen einer Spannung von 1,35 V tritt kurzzeitig eine Stromstärke von $I = 0,002$ A auf; nach etwa 4 s ist die Stromstärke auf $I = 0,000$ A gesunken.

Beim Anlegen einer Spannung von 1,55 V fließt zu Beginn (0 s unmittelbar nach Umlegen des Netzschalters) ein Strom von 0,006 A, nach 4 s liegt der Strom bei 0,002 A und nach 6 s bei 0,001 A.

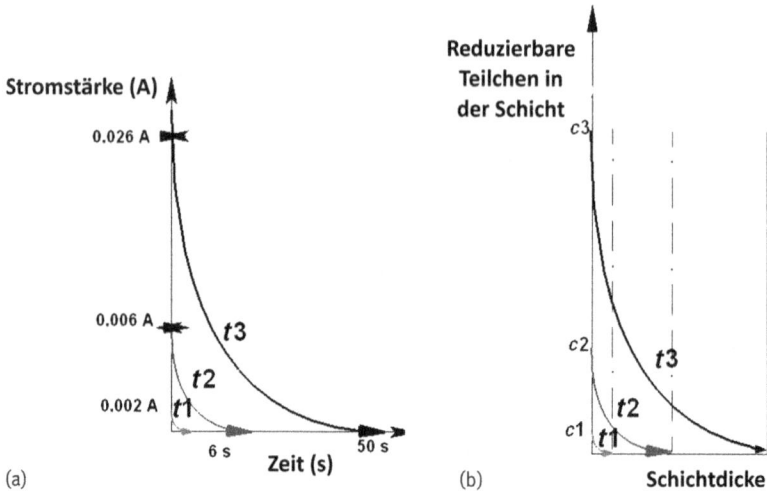

Abb. 3.1: Bestimmung der Diffusionsschicht einer Kupfersulfatlösung im Einschaltexperiment.
(a) Bei sehr geringen Spannungen und Stromstärken sinkt die Zahl der Kupferkationen vor der Kathode sehr schnell. (b) Die Stromstärkeänderung kann leicht einer Schichtdicke (und Konzentration) von Kupferionen vor der Elektrode zugeordnet werden.

Beim Anlegen einer Spannung von 1,70 V fließt zu Beginn ein Strom von I = 0,026 A. Die Stromstärke fällt nach ca. 3 s auf I' = 0,006 A, nach 4 s auf I = 0,004 A, nach 5 s auf I'' = 0,003 A, nach 15 s auf I = 0,002 A, nach 50 s auf I = 0,001 A (Abb. 3.1).

Auswertungen zum Einschaltexperiment
Aus welchem Grund sinkt die Stromstärke kurz nach dem Einschalten des Netzgerätes?
   In geringem Abstand vom Draht können alle Kupferionen durch die angelegte Spannung zur Kathode wandern und werden dort reduziert. Diese Schicht wird entsprechend der angelegten Spannung unterschiedlich breit sein. Bei geringer Spannung ist diese Schicht sehr dünn, bei höheren Spannungen wird sie breiter (Abb. 3.1). Die Schicht hat beim Draht die Geometrie eines Rohrs. In dieser Schicht können alle Kupferionen reduziert werden, weil die angelegte Spannung ausreichend ist, um alle Ionen zur Kathode zu ziehen und dort zu reduzieren. Das elektrische Potenzial sinkt quadratisch zum Abstand, sodass weiter entfernte Kupferkationen nicht mehr zur Kathode gelangen können. In weiterer Entfernung zur Potenzialschicht befinden sich Ionen, die nur über die Diffusion in die Potenzialschicht gelangen können. Sind alle Kupferionen in der Potenzialschicht reduziert worden, geht die Stromstärke erheblich zurück, weil die Nachlieferung nur noch durch Diffusion erfolgt und das entsprechende Volumen der Diffusionsschicht sehr gering ist. Überschreitet diese Schicht

des elektrischen Potenzials die Breite der Diffusionsschicht, so liefert der hohe Spannungsgradient der Diffusionsschicht fortdauernd Kupferionen zur Kathode.

Die Zahl der reduzierten Teilchen und die Stromstärke sind nach dem Faradayschen Gesetz in der Rohrschicht proportional. Die Stromstärke nimmt mit der Konzentrationsminderung proportional zur Zeit ab:

$$dI/dt = -k \cdot I \,.$$

Nach Umstellung und Integration ergibt sich:

$$\ln (I/I_0) = -k\,(t - t_0)$$

oder

$$I = I_0 \cdot e^{-k(t-t_0)} \,. \tag{3.1}$$

Im durchgeführten Experiment ist $k = (1/2,2\,\text{s})$ und $t_0 = 0\,\text{s}$.
Dadurch wird:

$$I = I_0 \cdot e^{-t/2,2} \tag{3.2}$$

Berechnet man mit dieser Formel für die anfängliche Stromstärke von I_0 = 0,026 A die Stromstärke (I) nach 3 s, so ergibt sich $I' = 0,006$ A. Für 5 s ergibt sich $I'' = 0,0027$ A. Die Ergebnisse der Berechnung sind in guter Übereinstimmung mit dem Experiment.

Nehmen wir an, die Konzentration der Kupferionen beträgt zu Beginn des Experimentes gleichmäßig 0,50 mol/L. Beim Einschalten der Spannung auf 1,70 V werden in der ersten Sekunde eine Strommenge von $Q = 0,021\ A\,s$ verbraucht, in der zweiten Sekunde $Q = 0,013\ A\,s$ usw. Die gesamte Strommenge entspricht etwa $Q = 0,057\ A\,s$. Schließlich sind fast alle Teilchen aus der Rohrschicht reduziert worden, die Nachlieferung erfolgt nun durch Diffusion. Die Stromstärke ist jedoch zu gering, um mit dem verwendeten Amperemeter bestimmt zu werden.

In einen würfelförmigen Behälter mit einer Kantlänge von jeweils 1 mm Kantenlänge könnten etwa $0,58 \cdot 10^{-3}$ mL 0,50-M-Kupfersulfatlösung eingefüllt werden. Das Volumen dieses Behälters – mit insgesamt $0,58 \cdot 10^{-3}$ mL 0,50-M-Kupfersulfatlösung gefüllt – entspricht der enthaltenen Menge der Kupferionen, die nach dem Faradayschen Gesetz bei $Q = 0,057\ A\,s$ im Einschaltexperiment abgeschieden werden sollten.

Die Drahtoberfläche (DO) beträgt etwa:

$$\text{DO} = 3,14 \cdot 0,04\,\text{cm} \cdot 5\,\text{cm} = 0,628\,\text{cm}^2 \,.$$

Für die Schichtdicke der Kupfersulfatlösung um den Draht von $\delta = 0,009$ mm ergibt sich ein gleich großes Volumen wie beim hypothetischen Würfel:

$$\Delta V_D = \pi \cdot (r_2^2 - r_1^2) \cdot L = 3,14 \cdot (0,209 \cdot 0,209 - 0,200 \cdot 0,200) \cdot 50 = 0,58\,\text{mm}^3 \,.$$

Nernstsche Diffusionsschichten liegen häufig im Bereich von 10^{-3} cm Breite in gerührten Lösungen, in ungerührten Lösungen ist die Diffusionsschicht häufig um eine Zehnerpotenz breiter [10]. Da beim Einschaltexperiment die Spannung sehr gering ist, wird die erforderliche Mindestbreite für eine Diffusionsschicht nicht überschritten.

Tab. 3.8: Strom-Spannungs-Änderungen bei der Elektrolyse einer Kupfersulfatlösung mit einer kleinen Kathode.

Spannungsbereiche	Spannung (V)	Stromstärke (A)
Überspannung Kohleanode	1,63	0,000
	1,74	0,001
	1,94	0,002
	1,98	0,002
	2,04	0,003
	2,13	0,005
	2,24	0,008
	2,31	0,011
Linearer Stromanstieg	*2,38*	*0,015*
	2,47	*0,023*
	2,59	*0,033*
	2,71	*0,045*
	2,87	*0,063*
	2,94	*0,071*
	3,06	*0,085*
	3,21	*0,102*
	3,28	*0,109*
Grenzstrombereich	3,45	0,125
	3,50	0,126
	3,60	0,128
	3,70	0,128
	3,88	0,132

Diffusionsgrenzstrom

Bei weiterer Spannungserhöhung werden die Stromstärke und die Spannung gemessen. Die Spannungserhöhungen sollten zwischen 0,1–0,2 V liegen. Nach Erreichen eines Plateaubereiches beendet man das Experiment.

Auswertung Diffusionsgrenzstrom

Bei der Spannungserhöhung entstehen drei charakteristische Bereiche für die Elektrodenreaktionen bei der Elektrolyse von Kupfersulfatlösungen nach Tab. 3.8. Der erste Bereich ist durch einen sehr geringen Anstieg der Stromstärke während der Spannungserhöhung gekennzeichnet. Die Ursache für den geringen Anstieg der Stromstärke liegt in der Überspannung an der Grafitanode. Im zweiten Bereich schließt sich ein linearer Anstieg der Stromstärke durch die Spannungserhöhung an (Abb. 3.2). Für den Zellwiderstand lässt sich ein Wert von etwa 9 Ω berechnen. Im dritten Bereich bleibt die Stromstärke bei weiterer Spannungserhöhung annähernd konstant. Die langsame Diffusion der Kupferionen zur Elektrode beeinflusst die Elektrolyse.

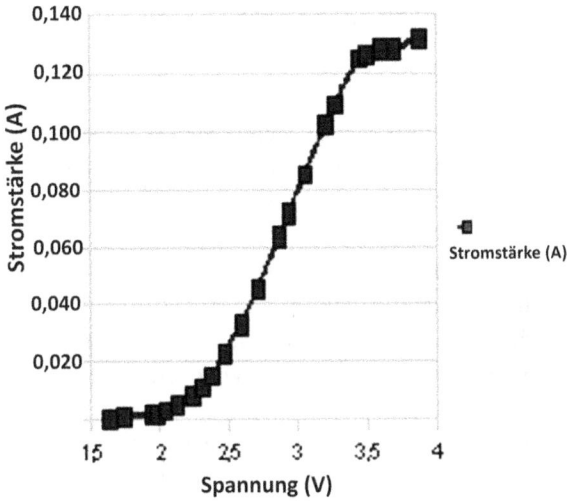

Abb. 3.2: Strom-Spannungs-Kurve einer Kupfersulfatlösung mit kleiner Kathode.

Aus dem Diffusionsgrenzstrom lässt sich die Diffusionsschicht bei einer Elektrolyse berechnen. Die Berechnung erfolgt über den Diffusionskoeffizienten.

Der Diffusionskoeffizient bei unendlicher Verdünnung errechnet sich nach

$$D_{\text{Ion}} = (RT/F) \cdot \Lambda_{0,i} / (F \cdot z_i) \tag{3.3}$$

und

$$D_{\text{Salz}} = (z_+ + |z_-|) \cdot D_+ \cdot D_- / (z_+ \cdot D_+ + |z_-| \cdot D_-) \tag{3.4}$$

Diffusionskoeffizienten bei unendlicher Verdünnung lassen sich aus der Grenzleitfähigkeit des jeweiligen Ions berechnen. Die Gl. (3.3) und (3.4) wurden von Walther Nernst anhand eines Modells mit einem Diffusionszylinder entwickelt [11]. Die Menge an Ionen, die durch den osmotischen Druck wandern, ergibt sich aus dem Produkt von Querschnitt mal Konzentration mal Kraft (pro Grammäquivalent) mal Beweglichkeit mal Zeit. Ferner müssen noch elektrostatische Anziehung und Abstoßung für jedes Ion und die Gesetzmäßigkeit des osmotischen Druckes berücksichtigt werden.

Für das Kupferion wird der Diffusionskoeffizient folglich bei 20 °C zu:

$$D_{\text{Cu}} = [8,31(\text{J}/(\text{mol} \cdot \text{K})) \cdot 293\,\text{K}/(96.485\,\text{As/mol})]$$
$$\cdot [(53,6(\text{S} \cdot \text{cm}^2/\text{mol})/2)/96.485(\text{As/mol})]$$
$$D_{\text{Cu}} = [0,0252\,\text{V}] \cdot [2,78 \cdot 10^{-4}(\text{cm}^2/\text{V} \cdot \text{s})] = 7,0 \cdot 10^{-6}\text{cm}^2/\text{s} \,.$$

In analoger Weise berechnet sich der Diffusionskoeffizient von Sulfat zu:

$$D_{\text{SO}_4} = 1,06 \cdot 10^{-5}\,\text{cm}^2/\text{s} \,.$$

Nach Gl. (3.4) ist der Diffusionskoeffizient für Kupfersulfat:

$$D_{CuSO_4} = 8,4 \cdot 10^{-6}\,cm^2/s\,.$$

Dieser Diffusionskoeffizient ist jedoch nur sinnvoll, wenn kein sehr starker Diffusionsgradient vorhanden ist. Ist der Konzentrationsunterschied sehr erheblich, so wird der Diffusionskoeffizient größer sein. Bei Stoffumsetzung im Grenzstrombereich ist der Diffusionsgradient sehr hoch. Daher wird in diesen Berechnungen nicht der Diffusionskoeffizient bei unendlicher Verdünnung eingesetzt, da er aufgrund des hohen Konzentrationsunterschiedes falsche Werte liefern würde.

Wird der Diffusionskoeffizient mit der Oberfläche multipliziert, so erhält man die Dimension eines Volumens multipliziert mit der Strömungsgeschwindigkeit. Eine weitere Multiplikation der Konzentrationsänderung in der Diffusionsschicht ergibt die Zahl der verbrauchten Teilchen an der Elektrode pro Sekunde [12]. Durch Gleichsetzung mit der leicht umgeformten Faraday-Gleichung und Auflösung nach I_g lässt sich der Grenzstrom aus der Breite der Diffusionsschicht bestimmen.

Die Gleichung für die genannten Beziehungen lautet:

$$\Delta n_i/t = \Delta n_i/1\,s = I_g \cdot M/(z_i \cdot F) = D \cdot DO \cdot (\Delta C/\delta) \tag{3.5}$$

oder

$$I_g = D \cdot DO \cdot (\Delta C/\delta) \cdot F \cdot z_i/M \tag{3.6}$$

I_g: Grenzstrom (A);
D: Diffusionskoeffizient (cm^2/s);
DO: Oberfläche der Kathode (cm^2);
ΔC_D: Konzentrationsdifferenz der Diffusionsschicht (mol/cm^3);
δ: Breite der Diffusionsschicht (cm);
F: Faraday-Konstante (96.485 As/mol);
M: Atomgewicht (Molgewicht) des Stoffes (g);
z_i: Lagungszahl des Ions.

Im obigen Versuch sind die Breite der Diffusionsschicht und der Diffusionskoeffizient unbekannt. Die Konzentrationsdifferenz beträgt $\Delta C_D = 0,50\,mol/L$. Direkt vor der Elektrode wäre die Kupferkonzentration hypothetisch auf null gesunken, hätte der Vorgang der Diffusion nicht Teilchen zur Elektrode wandern lassen. Im Grenzstrombereich werden vornehmlich Teilchen verbraucht, die durch Diffusion zur Elektrode wandern. Die Wanderungsgeschwindigkeit der Ladungsträger durch das elektrische Feld ist gering. Im Abschnitt 1.15 ist diese Tatsache beschrieben worden. Auch das Einschaltexperiment hat dieses Faktum bewiesen. Die Wanderungsgeschwindigkeit ist stark abhängig von der angelegten Spannung und der Entfernung zur Elektrode. Bei hoher Spannung und einem geringen Elektrodenabstand der Teilchen kann die Wanderungsgeschwindigkeit durch das elektrische Feld durchaus hohe Werte annehmen.

Bei einem sehr starken Konzentrationsunterschied, der beim Grenzstrom unter hoher Spannung erfüllt ist, könnte der Diffusionskoeffizient von Kupfersulfat Werte bis $D_{CuSO_4} = 2 \cdot 10^{-4}$ cm^2/s annehmen.

Stromstärke, Elektrodenoberfläche sind recht genau bestimmbar.

Aus Gl. (3.5) lässt sich die Diffusionsschicht für das Experiment berechnen:

$$\delta = D \cdot DO \cdot (\Delta C) \cdot F / ((M/z) \cdot I_g) \,,$$

$$\delta = (2 \cdot 10^{-4} \text{ cm}^2/\text{s}) \cdot 0{,}63 \text{ cm}^2 \cdot 0{,}00050 \text{ (mol/cm}^3)$$

$$\cdot \, 96.485 \text{ (A} \cdot \text{s)}/((63/2 \text{ mol}) \cdot 0{,}11 \text{ A})$$

$$\delta = 0{,}0018 \text{ cm} \,.$$

Es bestehen jedoch Unsicherheiten bezüglich des exakten Diffusionskoeffizienten. Setzt man in Gl. (3.6) den Diffusionskoeffizienten bei unendlicher Verdünnung ein, so wäre die Diffusionsschicht um den Faktor 1/10–1/20 kleiner. Eine derart dünne Diffusionsschicht wäre vergleichbar mit der Schicht vom Einschaltexperiment. Das Potenzial vor der Elektrode nimmt dort quadratisch mit der Spannung ab, nur sehr wenige Kupferionen erhalten eine beschleunigte Bewegung. In diesem Fall ist die Diffusionsschicht von Kupferionen zu klein, die Diffusionsschicht muss folglich eine größere Breite als $\delta = 0{,}0009$ cm haben.

3.4 Gravimetrische Abscheidung an einer Wood-Elektrode

Für die Elektrogravimetrie wurde in früherer Zeit mitunter Quecksilber als Kathode verwendet. Gibbs, Luckow, Vortmann und E. F. Smith nutzten Quecksilber in vielen frühen Analysen. Nachteilig sind Quecksilberkathoden bei der Wägung, der Giftigkeit, der leichten Verdampfbarkeit.

Besondere Vorteile sind die Möglichkeiten der Abscheidungen von Chrom, der Erdalkali-, der Alkalimetalle aus wässrigen Lösungen. Ferner begünstigt die Potenzialverschiebung häufig eine bessere gravimetrische Trennung von vielen Elementen. Daher hat Quecksilber in der Polarografie und Voltammetrie eine große Bedeutung.

Neben Quecksilber können auch andere Metalle und Metalllegierungen, die einen geringen Schmelzpunkt besitzen, für gravimetrische Abscheidungen und andere Elektroanalysen genutzt werden [13].

Das Woodsche Metall ist leicht verfügbar und deutlich weniger gefährlich als Quecksilber. Es ermöglicht die Abscheidung von Alkali- und Erdalkalielementen. Elektroden aus Wood-Metall lassen sich für gravimetrische Trennungen bequem einsetzen [14]. Bei der Anwesenheit von Oxidationsmitteln (z. B. Nitrat, Wasserstoffperoxid) ist mit Nebenreaktionen an der Wood-Kathode zu rechnen.

Herstellung einer Woodschen Metallkathode

In einen kleinen Plexiglasbecher wird durch den Boden ein Loch gebohrt. Durch dieses Loch wird eine Drahtlitze geführt, die einen etwa zu 0,5 cm blanken Draht besitzt. Dieser Draht bleibt auf der Plexiglasfläche, die Lochbohrung mit dem isolierten Draht wird durch einen Epoxidharzkleber abgedichtet. Nach Erhärtung des Klebers werden 3–5 g Wood-Metall auf einem Teelöfel mit einem Spiritusbrenner erwärmt. Das flüssige Metall wird in den Plexiglasbecher gefüllt, sodass die Drahtlitze vollständig bedeckt ist. Mit einer Waage bestimmt man das Gewicht des Kathodenbechers. Kathodengewicht: 26,888 g.

Elektrolyseversuch mit einer Woodschen Metallkathode

Eine Lösung aus 1,637 g $MgCl_2 \cdot 6\,H_2O$, 5 mL 10%ige NH_4OH und 60 mL destilliertem Wasser wird in ein Becherglas gegeben. Die Lösung besitzt eine Leitfähigkeit von $\chi =$ 21,7 mS/cm. Entsprechend Abb. 3.3 wird eine Elektrolyseanordnung aufgebaut. Als Anode dient eine Grafitelektrode.

Zunächst wird bei Raumtemperatur die Spannung bis zum ersten Stromfluss gesteigert. Bei $U = 2,60$ V zeigt sich ein erster bleibender Strom von $I = 0,001$ A. Bei einer Spannung von $U = 3,35$ V liegt die Stromstärke bereits bei $I = 0,008$ A. Nach Erwärmung der Lösung auf 65 °C kann eine Stromstärke von $I = 0,020$ A bei $U = 3,23$ V bestimmt werden. Die Elektrolyse wird bei 65 °C weitergeführt, das verbrauchte Wasser der Lösung wird ca. jede Stunde durch neues destilliertes Wasser aufgefüllt.

Die Fortführung der Elektrolyse dauert ca. 10 h. Die Stromstärke und Spannung werden alle 2 h kontrolliert. Die mittlere Stromstärke der gesamten Elektrolysezeit beträgt etwa $I = 0,0140$ A. Nach dem Faradayschen Gesetz wird die mögliche Menge an abgeschiedenem Magnesium in diesem Zeitraum ermittelt. Sie beträgt nach der Theorie ca. 63 mg.

Die Metalloberfläche des Kathodenbehälters hat eine dunkelgraue Färbung angenommen. Die Färbung erinnert an die graue Beschichtung von Wunderkerzen.

Der Kathodenbecher mit dem Woodschen Metall wird in etwas destilliertes Wasser getaucht. Anschließend taucht man den Behälter in Alkohol. Den Kathodenbecher lagert man fünf Tage bei Raumtemperatur und bestimmt dann das Gewicht.

Gewicht Kathodenbehälter: 26,954 g.

Die Gewichtszunahme durch die elektrolytische Abscheidung beträgt 66 mg (105 % der Theorie). Im Rahmen der begrenzten Messgenauigkeit (Wägefehler, Bestimmung der Strommenge) mit einem Fehlerbereich von etwa 7–8 % ist das erhaltene Ergebnis in guter Übereinstimmung mit dem Faradayschen Gesetz.

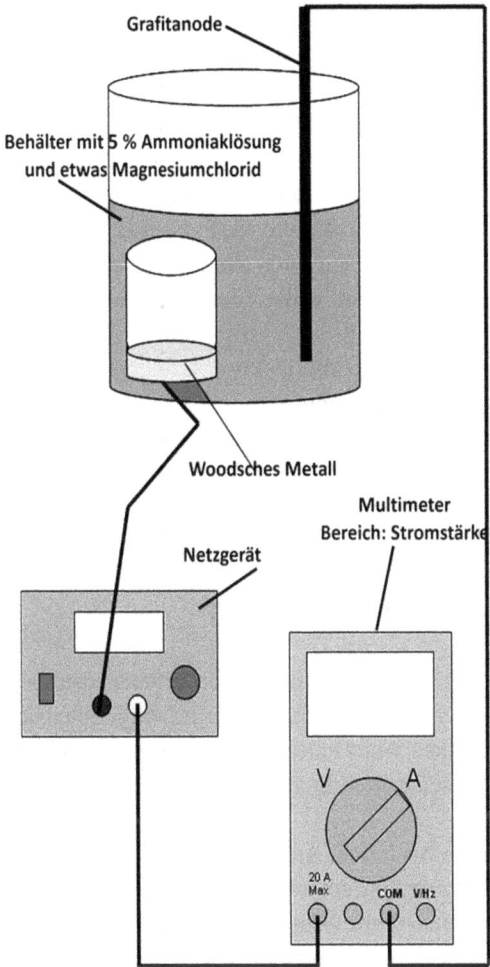

Abb. 3.3: Aufbau einer elektrogravimetrischen Bestimmung mit Woodschem Metall.

Elektrolyseversuch mit dem Woodschen Metall und der Nachweis von Mg in Lösung

Bei dieser Elektrolyse sollte der Magnesiumgehalt in der Lösung zurückgehen. Dieser Rückgang muss ebenfalls bestimmbar sein. Ein quantitatives Nachweisreagenz für Magnesiumionen in Lösung ist eine $0,1$-M-Na_2EDTA-Lösung und als Farbreagenz dient Eriochromschwarz T (Erio T). Das Farbreagenz schlägt bei pH > 7 von Rot nach Blau um, wenn EDTA vollständig mit Magnesiumionen komplexiert worden ist.

In einem zweiten Versuch wird eine Lösung von 949 mg $MgCl_2 \cdot 6 H_2O$ (113 mg Mg) in 120 mL 2% NH_4OH ($\chi = 5,31$ mS/cm) etwa 11 h bei $I = 0,020$ A, $U = 4,94$ V mit einer Wood-Elektrode bei 65 °C elektrolysiert. Der weiße Niederschlag von $Mg(OH)_2$ löst sich gegen Ende der Elektrolyse auf. Nach Titration mit $0,1$-M-Na_2EDTA-Lösung ergibt sich, dass etwa 65 % des Magnesiums aus der Lösung verschwunden sind.

Gasbestimmung während der Elektrolyse mit dem Woodschen Metall

Mit einer Gasbürette lässt sich die gebildete Gasmenge über einer Metallkathode bestimmen. Zu diesem Zweck muss ein besonderer Elektrodenhalter mit dem Woodschen Metall hergestellt werden. Die Herstellung des Elektrodenhalters ist ähnlich der Verfahrensweise wie im Abschnitt *Herstellung einer Woodschen Metallkathode* beschrieben. Statt eines Plexiglasbechers wird eine Gasbürette wie in Kapitel 2, Abb. 2.8 benutzt. Im unteren Teil des Zylinders befinden sich nach Abb. 2.8 Öffnungen, in die das Woodsche Metall eingegossen werden kann, sodass der Zuleitungsdraht in Kontakt mit dem Woodschen Metall kommt.

Mit dieser Gasbürette lässt sich aus Stromstärke und Elektrolysezeit die gebildete Gasmenge an der Woodschen Metallkathode bestimmen.

Im Experiment mit einer analogen Durchführungsweise wie im ersten Versuch nach Abschnitt 3.4 konnte gezeigt werden, dass sich Wasserstoffgas entsprechend dem Faradayschen Gesetz an der Metallkathode bildet.

Zusammenfassende Versuchsergebnisse zum Woodschen Metall

Das Woodsche Metall ermöglicht elektrolytische Metallabscheidungen aus Lösungen mit sehr geringer Leitfähigkeit. Bei regulären Elektrolysen beträgt die Leitfähigkeit der Lösungen meist über $\chi = 100 \, \mathrm{mS/cm}$. Mit dem Woodschen Metall als Kathode gelingt die Abscheidung bereits aus ammoniakalischer Lösung mit Leitfähigkeiten zwischen $\chi = 5{-}20 \, \mathrm{mS/cm}$.

An der Kathode bildet sich vermutlich nach dem Anlegen einer Spannung eine elektrische Deckschicht, die Wasserstoffatome aus dem wässrigen Medium bindet. Bei der Elektrolyse ersetzen die Magnesiumatome diese Wasserstoffatome. Es bildet sich Wasserstoffgas, gleichzeitig binden sich die Magnesiumatome auf der Metalloberfläche vom Woodschen Metall. Wasserstoff lagert sich wieder an usw.

Für mehrere andere Metallionen, z. B. K^+, Ca^{2+}, Cu^{2+} (Fällung als Cu_2O), kann die Gültigkeit des Faradayschen Gesetzes mit dieser Methode bestätigt werden, sofern die Ionen in ausreichender Menge vorliegen.

Literatur

[1] Hamann CH, Vielstich, Wolf. *Elektrochemie*. Weinheim: Wiley-VCH Verlag GmbH & Co. KGaA, 2005. S. 198. ISBN-13: 978-3-527-31068-5.

[2] Conrad Electronic. *Business 2011*. Hirschau: Conrad Electronic, 2011. S. 924.

[3] Kortüm G. *Lehrbuch der Elektrochemie*. 5. Weinheim: Verlag Chemie GmbH, 1972. S. 454. ISBN 3.527-25393-9.

[4] Channas H. *Neue Flüssigmetallelektrode als Alternative zur Quecksilberkathode*. s. l.: Südwestdeutscher Verlag für Hochschulschriften, 2012. ISBN-13: 9783838135137.

[5]   Teetz T. *Kathodenbehälter mit Wood-Metall für elektrogravimetrische Trennungen. Nr. 20 2013 010 023.0* DE, 3. 12 2013. Gebrauchsmuster.

[6]   Claasen A. *Quantitative Analyse durch Elektrolyse.* 7. Auflage. Berlin: Verlag von Julius Springer, 1927. S. 83.

[7]   Claasen A. *Quantitative Analyse durch Elektrolyse.* 7. Auflage. Berlin: Verlag von Julius Springer, 1927. S. 70–71.

[8]   Claasen A. *Quantitative Analyse durch Elektrolyse.* 7. Auflage. Berlin: Verlag von Julius Springer, 1927. S. 74–83.

[9]   Claasen A. *Quantitative Analyse durch Elektrolyse.* 7. Auflage. Berlin: Verlag von Julius Springer, 1927. S. 211.

[10]   Claasen A. *Quantitative Analyse durch Elektrolyse.* 7. Auflage. Berlin: Verlag von Julius Springer, 1927. S. 201.

[11]   Förster F. *Elektrochemie wässriger Lösungen.* 2. Auflage. Leipzig: Verlag von Johann Ambrosius Barth, 1915. S. 240–244.

[12]   Haynes WM. *CRC Handbook of Chemistry and Physics.* Boca Raton: CRC Press, 2013. S. 5–82. 978-1-4665-7114-3.

[13]   Haynes WM. *CRC Handbook of Chemistry and Physics.* Boca Raton: CRC Press, 2013. 5–84.

[14]   Nernst W. *Theoretische Chemie vom Standpunkt der Avogadroschen Regel.* Stuttgart: Verlag von Ferdinand Enke, 1907. S. 367–372.

[15]   Conrad.de. Elektrolyt-Kupfer, Glanzbad/sauer, Artikel Nr. 531227.

4 Kontrolle der Reaktionen an Elektroden

4.1   Benötigte Geräte und Materialien —— **85**

4.2   Vorbereitungen der Lösungen —— **85**

4.3   Elektrolyse der 0,1-M-KCl-Lösung —— **86**
       4.3.1   Platinanode und Platinkathode mit einer Vierkammernelektrolysezelle —— **86**
       4.3.2   Platinanode und Platinkathode mit einer Zweikammernelektrolysezelle —— **89**
       4.3.3   Grafitanode und Platinkathode mit einer Zweikammernelektrolysezelle —— **89**

4.4   Elektrolyse der 0,2-M-1/2-Na_2SO_4-Lösung —— **90**
       4.4.1   Platinanode und Platinkathode mit einer Vierkammernelektrolysezelle —— **90**
       4.4.2   Platinanode und Platinkathode mit einer Zweikammernelektrolysezelle —— **91**

4.5   Schlussfolgerungen zu den Versuchen —— **91**

https://doi.org/10.1515/9783110425666-005

Für die Untersuchung von Stoffumsetzungen kann eine Elektrolysekammer mit zwei Halbzellen, die durch ein Ionenaustauscherharz getrennt sind, verwendet werden. Während der Elektrolyse werden pH- und Leitfähigkeitsmessungen in beiden Kammern durchgeführt, um den Stoffumsatz zu verfolgen. Mitunter müssen die Stoffumsätze mit anderen Methoden überprüft werden. Auch die Beobachtungen über Gasbildungen an den Elektroden können Hinweise zu möglichen Stoffumsetzungen geben.

Am Ende der Elektrolyse werden qualitative und quantitative Stoffanalysen von möglichen Inhaltsstoffen durchgeführt. Beispielsweise kann die Lösung der Anodenkammer der KCl-Elektrolyse mit etwas Kaliumiodid versetzt werden, um die mögliche Chlorbildung zu ermitteln. Durch Titration mit Thiosulfatlösung lässt sich der quantitative Gehalt von Chlor in der Lösung bestimmen. Die Kenntnis der Nachweismethoden für Ionenarten ist notwendig, um die Stoffumsetzungen genau zu verfolgen.

Zum besseren Verständnis von Stoffumsetzungen und Wanderungen von Ionen empfiehlt es sich, Vierkammernelektrolysezellen zu nutzen. Jede Teilkammer ist mit der Nachbarzelle durch eine Lochbohrung von 0,5 cm Durchmesser zur Nachbarzelle verbunden. Die äußeren Kammern sind die Anoden- und Kathodenkammern. Die beiden Zwischenkammern dienen der Untersuchung von Wanderungsgeschwindigkeiten während der Elektrolyse.

4.1 Benötigte Geräte und Materialien

Kaliumchlorid, Natriumsulfat, drei Elektroden (zwei aus Platin, eine aus Grafit), 3 L destilliertes Wasser, ein Netzgerät, Klemmen, eine Waage, mehrere Bechergläser, pH-Elektrode, Leitfähigkeitsmessgerät, eine Zweikammernelektrolysezelle (Zellvolumen 800 mL) mit Kationenaustauschermembran, eine Vierkammernelektrolysezelle (Abb. 4.1). Eine Teilkammer der Vierkammernelektrolysezelle hat einen Volumeninhalt von 95 mL und kann maximal mit etwa 90 mL Lösungsmittel befüllt werden.

4.2 Vorbereitungen der Lösungen

KCl-Lösung: 2,98 g KCl werden in 399 mL destilliertem Wasser aufgelöst. Die Konzentration beträgt etwa 0,100 mol/L. Die Leitfähigkeit der Lösung beträgt 12,65 mS/cm.
Natriumsulfatlösung: Etwa 12,88 g Glaubersalz werden in 392 mL destilliertem Wasser gelöst. Die Leitfähigkeit beträgt 15,00 mS/cm, die Konzentration beträgt 0,2-M-($1/2$ Na_2SO_4).

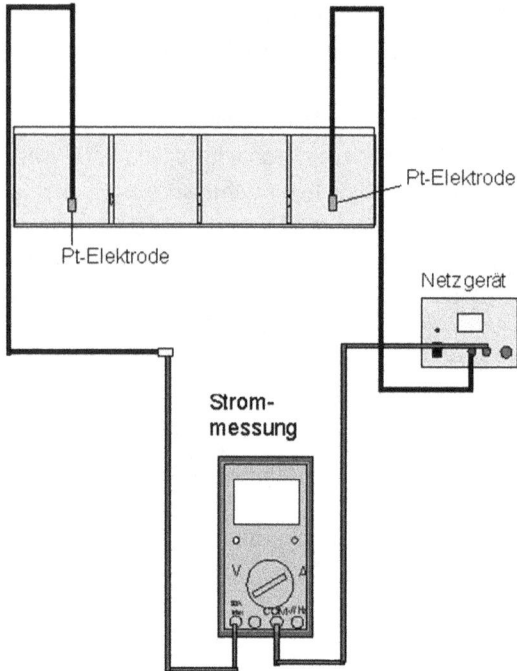

Abb. 4.1: Elektrolysezelle mit vier Kammern.

4.3 Elektrolyse der 0,1-M-KCl-Lösung

4.3.1 Platinanode und Platinkathode mit einer Vierkammernelektrolysezelle

Als Anode dient ein kleines Platinblech (1,0 cm · 0,7 cm · 0,1 cm), die Kathode besteht aus einem kleineren Platinblech (0,7 cm · 0,4 cm · 0,1 cm). Die Anode befindet sich in K1 (Anodenkammer), die Kathode befindet sich in K4 (Kathodenkammer). Die Vierkammernelektrolysezelle wird mit 0,1-M-KCl-Lösung befüllt, sodass jede Einzelkammer etwa 85 mL KCl-Lösung enthält. Die Elektrolyse erfolgt bei einer Spannung von 14 V und einer Stromstärke von 0,009 A.

An der Kathode ist eine deutliche Gasentwicklung sichtbar, an der Anode ist keine Gasentwicklung sichtbar.

Während der Elektrolyse werden in den einzelnen Kammern pH- und Leitfähigkeitsmessungen vorgenommen (Tab. 4.1).

Es kann vermutet werden, dass an der Anode aus Chlorid Chlor gebildet wird. Das Chlor hat eine recht gute Wasserlöslichkeit (0,1 mol/L), sodass Chlor in Wasser gelöst sein müsste. Der Geruch der Lösung bestätigt diese Annahme.

Die pH-Messungen zeigen eine stark saure Reaktion in der Anodenkammer auf. Diese stark saure Reaktion kann aus der Umwandlung von Chlor und Wasser zu Salz-

Tab. 4.1: Elektrolyse einer 0,1-M-KCl-Löung in einem Vierkammernsystem.

Spannung: 14,3 V; Stromstärke: 0,009 A; K1: Anodenkammer; K4: Kathodenkammer					
Elektrolysezeit (s)	pH/χ (mS/cm)	K1	K2	K3	K4
780/ 840	pH	3,55	4,70	10,05	10,98
240	χ	12,63	12,73	12,79	12,93
2760/3000	pH	2,95	4,05	10,25	11,65
3120	χ	13,06	12,61	13,03	13,52

säure und hypochloriger Säure begründet werden:

$$Cl_2 + H_2O \rightarrow HCl + HOCl .$$

Die Gleichgewichtskonstante K dieser Umwandlung beträgt bei 25 °C $K = 4,2 \cdot 10^{-4}$.

Hypochlorige Säure ist eine sehr schwache Säure, maßgeblich für den pH-Wert ist die Konzentration der Salzsäure.

Nach dem Massenwirkungsgesetz ist:

$$K \cdot [Cl_2] \cdot [H_2O] = [HCl] \cdot [HOCl] .$$

Da $[H_2O] = 1$ und $[HCl] = [HOCl]$, folgt:

$$K \cdot [Cl_2] = [HCl]^2 ,$$

$$[HCl] = \sqrt{K \cdot [Cl_2]} .$$

Falls der Stoffumsatz an der Anode einheitlich ist, lässt sich die Chlormenge auf theoretischer Basis nach dem Faradayschen Gesetz Gl. (1.4) bestimmen.

Nach einer Elektrolysezeit von 780 s bei einer Stromstärke von 0,009 A sollten sich

$$n_i = 0,009 \cdot 780/96.485 \cdot 1 = 7,3 \cdot 10^{-5} \text{ mol} \quad \text{Chlorradikale}$$

gebildet haben.

Diese Stoffmenge entspricht $3,6 \cdot 10^{-5}$ mol Chlor.

Konzentrationsangaben werden auf 1 L Lösung bezogen. Da das Kammervolumen nur 85 mL beträgt, ist die Konzentration von Chlor um den Faktor zwölf größer.

Die Konzentration des Chlors in der Lösung sollte daher

$$n/V = c = 4,3 \cdot 10^{-4} \text{ mol/L}$$

betragen.

Die Säurekonzentration wäre somit:

$$[HCl] = \sqrt{K \cdot [Cl_2]} = \sqrt{0,00042 \cdot [0,00043]} = 0,00043 \text{ mol/L} .$$

$$pH = -\log[H^+] = 3,37 .$$

Nach 2760 s werden eine Chlorkonzentration von 1,55 mmol/L und eine Salzsäure-konzentration von $c_{HCl} = 0,81$ mmol/L erwartet, sodass der pH-Wert etwa 3,1 betragen sollte.

Die berechneten Werte ergeben eine gute Übereinstimmung mit den pH-Messungen.

Die Hydroxidkonzentration im Kathodenraum wird über die obigen Werte nach dem Faradayschen Gesetz ermittelt.

Es gilt: pH = 14 − pOH.

Nach 840 s ergibt sich für die OH-Konzentration nach dem Faradayschen Gesetz:

$$c = 0,00094 \, \text{mol/L} \,,$$

$$pH = 14 + \log(0,00094) = 10,97 \,.$$

Nach 3000 s sollte die Hydroxidkonzentration $c = 0,00336$ mol/L betragen

$$pH = 14 + \log(0,00336) = 11,54 \,.$$

Berechnete und gemessene pH-Werte zeigen im Anoden- und Kathodenraum eine gute Übereinstimmung.

Die konduktometrischen Messungen entsprechen jedoch nicht den Erwartungen. Schon nach 240 s ist der Leitfähigkeitsanstieg im Kathodenraum K4 beträchtlich.

Falls Kationen und Anionen mit gleicher Geschwindigkeit wandern würden – dies wäre nach den Überführungszahlen für Kalium- und Chloridionen zu erwarten – sollte die Leitfähigkeitszunahme im Kathodenraum nach 300 s etwa

$$\Delta\chi = 2,2 \cdot 10^{-5} \, \text{mol} \cdot \Lambda c / 85 \, \text{mL} = 0,049 \, \text{mS/cm}$$

betragen.

Im Kathodenraum beträgt der Leitfähigkeitsanstieg jedoch $\Delta\chi = 0,30$ mS/cm.

Diese Messung lässt sich damit begründen, dass die positiven Ladungsträger zu-erst wandern müssen und in der Lösung einen Leitfähigkeitsanstieg bewirken. Die kontinuierliche Zunahme der Leitfähigkeit von K1–K4 belegt diese These.

Nach 3120 s Elektrolysezeit berechnet sich für den Leitfähigkeitsanstieg:

$$\Delta\chi = c \cdot \Lambda c / 1000 = 0,0035 \cdot 197 / 1000 = 0,69 \, \text{mS/cm} \,.$$

Gemessen wurde ein Leitfähigkeitsanstieg von $\Delta\chi = 0,90$ mS in K4.

Auch im späteren Elektrolyseverlauf ist ein Überschuss an positiven Ladungsträgern in K4 vorhanden.

In der Anodenkammer K1 sollten nach 300 s das gebildete Chlor zu diesem Zeit-punkt $n_i = 0,009 \cdot 300 / (96.485 \cdot 2) = 0,000014$ mol Chlor und die Salzsäurekonzen-tration $c = 2,7 \cdot 10^{-4}$ mol/L betragen.

Damit ist ein Leitfähigkeitsanstieg von

$$\Delta\chi = c \cdot \Lambda c / 1000 = 0,000\,27 \cdot 350 / 1000 = 0,09 \, \text{mS/cm}$$

zu erwarten.

Tatsächlich wurde ein Leitfähigkeitsrückgang von $\Delta\chi = -0,02$ mS/cm in K1 beobachtet.

Nach 3120 s sollte die Salzsäuremenge bei $c = 8,7 \cdot 10^{-4}$ mol/L liegen.

Der Leitfähigkeitsanstieg berechnet sich theoretisch zu:

$$\Delta\chi = 8,7 \cdot 10^{-4}\,\text{mol/L} \cdot \Lambda c/1000 = 0,30\,\text{mS/cm}.$$

Gefunden wurde ein Leitfähigkeitsanstieg von $\Delta\chi = 0,42$ mS/cm.

Leitfähigkeitsmessungen sind zur Verfolgung des Umsatzes nur brauchbar, wenn die Ionenwanderung und die Leitfähigkeitszunahme im Kathodenraum Berücksichtigung finden.

4.3.2 Platinanode und Platinkathode mit einer Zweikammernelektrolysezelle

Zur Bestätigung der berechneten Stoffumwandlungen werden eine Zweikammernelektrolysezelle mit einer Kationenaustauschermembran verwendet und eine 400 mL 0,1-M-KCl-Lösung eingefüllt. Bei einer Spannung von 4,16 V und einer Stromstärke von 0,009 A wurde 49 min elektrolysiert.

Auch in diesem Fall zeigten sich an der Platinanode keine Gasblasen.

Die Anodenflüssigkeit wird mit einer Plastikspritze in ein Becherglas überführt und mit 900 mg KI versetzt. Die Lösung wird sofort orange-gelblich und zeigt damit die Bildung von Iod durch Chlor an. Die Lösung wird mit 0,1-M-Thiosulfatlösung bis zur Entfärbung titriert. Der Verbrauch lag bei 2,9 mL.

Dies entspricht einem 100 %igen Umsatz von Chlorid zu Chlor während der Elektrolyse.

4.3.3 Grafitanode und Platinkathode mit einer Zweikammernelektrolysezelle

In gleicher Weise wird eine 0,1-M-KCl-Lösung mit einer Grafitanode (Bleistiftmine von Faber-Castell TK 9071) und einer Platinkathode elektrolysiert.

An der Grafitanode bilden sich Gasblasen.

Bereits Max Le Blanc hat festgestellt, dass bei der Elektrolyse von verdünnter Salzsäure an der Anode Sauerstoff statt Chlor gebildet wird [1].

Es wird 82 min bei 0,009 A elektrolysiert. Dann wird die Lösung mit 900 mg KI versetzt. Die Gelbfärbung ist deutlich schwächer als beim vorangegangenen Versuch.

Durch 0,4 mL 0,1-M-Thiosulfat kann die Lösung entfärbt werden. Dies entspricht einem 9 %igen elektrolytischen Umsatz von Chlorid zu Chlor.

An unterschiedlichen Elektrodenmaterialien können auch andere chemische Stoffumsetzungen erfolgen.

Bei größeren Stromstärken (100 mA) ist die Grafitanode in der schwach sauren Lösung nicht stabil.

Tab. 4.2: Elektrolyse einer 0,2-M-1/2-Na$_2$SO$_4$-Lösung.

Elektrolysezeit (s)	pH/χ (mS/cm)	K1	K2	K3	K4
420/ 480	pH	3,95	–	–	10,66
1440/1560	pH	3,38	4,17	7,90	11,15
1560/1620	χ	15,34	15,30	15,32	16,44
1980/2100	pH	3,39	3,94	8,26	11,28
3960/4080	χ	15,69	15,29	15,57	16,85
5520/5640	pH	2,93	3,54	10,55	11,70

Spannung: 4,3 V; Stromstärke: 0,010 A; K1: Anodenkammer; K4: Kathodenkammer

4.4 Elektrolyse der 0,2-M-1/2-Na$_2$SO$_4$-Lösung

4.4.1 Platinanode und Platinkathode mit einer Vierkammernelektrolysezelle

Als Anode dient ein kleines Platinblech (1,0 cm · 0,7 cm · 0,1 cm), die Kathode besteht aus einem kleineren Platinblech (0,7 cm · 0,4 cm · 0,1 cm). Die Vierkammernzelle wird mit 0,2-M-1/2-Na$_2$SO$_4$-Lösung befüllt, sodass jede Einzelkammer etwa 85 mL Na$_2$SO$_4$-Lösung enthält.

Die Elektrolyse erfolgt bei einer Spannung von 14 V und einer Stromstärke von 0,010 A.

In Tab. 4.2 fällt auf, dass sich die pH-Werte sehr viel langsamer ändern als bei der Elektrolyse der KCl-Lösung. Theoretisch wird eine stärkere Änderung der pH-Werte erwartet, da sich an der Anode Hydrogensulfat bildet, an der Kathode Hydroxid. Durch Wechselwirkungen mit dem Sulfation sind die gemessenen pH-Änderungen scheinbar geringer.

Bei der Leitfähigkeit ist nach 1560 s nur ein erheblicher Leitfähigkeitsanstieg im Kathodenraum messbar. Es kann vermutet werden, dass auch bei der Elektrolyse von Natriumsulfat die Kationen zuerst wandern.

Die Anodenflüssigkeit entfärbt keine 0,01-M-1/5-KMnO$_4$-Lösung und bildet auch mit Iodid kein Iod, sodass keine oxidierenden Verbindungen gebildet werden.

Bei vollständiger Dissoziation der Hydrogensulfatmoleküle in Sulfat- und Oxoniumionen wird im Anodenraum ein Leitfähigkeitsanstieg nach 3960 s von

$$\Delta\chi = \Delta c \cdot \Lambda c/1000 = 0,0049 \cdot 350 = 1,72 \, \text{mS/cm}$$

erwartet.

K1 weist aber nur einen Leitfähigkeitsanstieg von 0,98 mS/cm auf.

Im Kathodenraum wird zu diesem Zeitpunkt ein Leitfähigkeitsanstieg von

$$\Delta\chi = \Delta c \cdot \Lambda c/1000 = 0,0049 \cdot 198 = 0,97 \, \text{mS/cm}$$

erwartet.

Tatsächlich beträgt die Leitfähigkeitszunahme jedoch $\Delta\chi = 1,85$ mS/cm.

Es erfolgt in der Anfangsphase der Elektrolyse eine Wanderung von Natriumkationen des Anodenraumes in den Kathodenraum, da die Leitfähigkeit sich um $\Delta\chi = 0,90$ mS/cm erhöht hat.

4.4.2 Platinanode und Platinkathode mit einer Zweikammernelektrolysezelle

Als Anode dient ein kleines Platinblech (1,0 cm · 0,7 cm · 0,1 cm), die Kathode besteht aus einem kleineren Platinblech (0,7 cm · 0,4 cm · 0,1 cm). Die Zweikammernelektrolysezelle mit Kationenaustauschermembran wird mit 0,2-M-1/2-Na_2SO_4-Lösung befüllt, sodass jede Einzelkammer etwa 200 mL Na_2SO_4-Lösung enthält.

Die Elektrolyse erfolgt bei einer Spannung von 4,2 V und einer Stromstärke von 0,010 A; die Elektrolysezeit beträgt 50 min. Dann wird die Anodenflüssigkeit mit einer Plastikspritze in ein Becherglas überführt und mit 0,01-M-NaOH bis zur Neutralität titriert. Der Verbrauch liegt bei 33,6 mL (0,336 mmol).

Nach dem Faradayschen Gesetz berechnet sich an der Anode ein Stoffumsatz von 0,311 mmol.

An der Anode hat sich zu 100 % Hydrogensulfat gebildet. Durch die hohe Konzentration der Sulfationen in der Lösung wird der pH-Wert (anders als beim Chlorid) beeinflusst und zeigt nicht die erwartete Konzentration an.

Elektrolysen mit Ionenaustauschermembranen können auch zur Anreicherung von NaOH und H_2SO_4 aus Natriumsulfatlösungen genutzt werden. Zur Anreicherung verwendet man eine Dreikammernzelle mit einer Anionenaustauschermembran vor der Anode und eine Kationenaustauschermembran vor der Kathode. In der mittleren Kammer befindet sich Natriumsulfatlösung. Mit größeren Anlagen lassen sich Natronlauge und Schwefelsäure zu jeweils 50 Gew.-% gewinnen. Im Vergleich zur Chlor-Alkali-Elektrolyse ist der Energieaufwand doppelt so hoch. Trotzdem nutzen Großunternehmen dieses Verfahren [2].

4.5 Schlussfolgerungen zu den Versuchen

Elektrolysen können häufig durch pH- und Leitfähigkeitsmessungen verfolgt werden. Im Kathodenraum erfolgt ein stärkerer Leitfähigkeitsanstieg als berechnet. Ein Grund könnte die größere innere Reibung sein, die an der Anode entstehenden Wasserstoffionen bewirken einen stärkeren Druck in Richtung Kathode (s. Formel 1.36 über innere Reibung). Ferner wäre es denkbar, dass sich die Anode erst mit Chloratomen sättigen muss und in dieser Periode Kationen aus dem Anodenraum in Richtung Kathodenraum wandern. An der Anode bilden sich in den ersten 150 s nur wenige Ladungsträger, an der Kathode viele Ladungsträger, sodass es scheint, als ob nur die positiven

Ladungsträger wandern würden, da die Leitfähigkeit nur im Kathodenraum zunimmt und im Anodenraum gleichbleibend ist.

Je nach Wahl des Elektrodenmaterials können verschiedene chemische Reaktionen auftreten. In einer 0,1-M-KCl-Lösung wird das Chlorid an Platinanoden vollständig zu Chlor oxidiert. An Grafitanoden bildet sich unter gleichen Bedingungen nur 9 % Chlor, der andere Teil der Stromarbeit wird zur Sauerstoffbildung genutzt. Grafitanoden können in leicht saurer Lösung bei höheren Stromstärken leicht zerstört werden.

Konduktometrische und pH-Bestimmungen weisen bei Lösungen von mehrwertigen Ionen deutliche Abweichungen zu berechneten Ergebnissen auf. Zur Kontrolle der Stoffumsetzungen müssen Anoden- und Kathodenraum durch Titration überprüft werden.

Literatur

[1]   Le Blanc M. *Lehrbuch der Elektrochemie*. Leipzig: Oskar Leiner, 1922. S. 329.
[2]   Jörissen J. *Ionenaustauscher-Membranen in der Elektrolyse und elektroorganischen Synthese*. Düsseldorf: VDI Verlag, 1996. S. 36. ISBN 3-18-344203-5.

5 Bestimmung des Kohlendioxidgehaltes der Luft

5.1   Vorbemerkungen —— **94**

5.2   Benötigte Geräte und Materialien —— **94**

5.3   Die Einflüsse der Pumpe und des Sprudelsteins —— **95**

5.4   Bestimmung des Luftdurchsatzes der Pumpe —— **95**

5.5   Konduktometrische Eichung in Abhängigkeit von der Temperatur —— **97**

5.6   Herstellung einer 0,02-M-NaOH-Lösung —— **97**

5.7   Überlegungen zur Berechnung des Kohlendioxidgehaltes der Luft —— **97**

5.8   Berechnung der Hydroxidkonzentration in Abhängigkeit
       von der Karbonatkonzentration —— **98**

5.9   Einfluss der Diffusion über die Oberfläche —— **101**
       5.9.1   Berechnung der Diffusion von Kohlendioxid der Luft
                in die Flüssigkeit —— **102**
       5.9.2   Berechnungen für den Versuch —— **103**

5.10   Auswertung der Messergebnisse mit einem
       Tabellenkalkulationsprogramm —— **105**

5.11   Bestimmung des Kohlendioxidgehaltes
       mit der Berechnungsvorschrift —— **107**

https://doi.org/10.1515/9783110425666-006

5.1 Vorbemerkungen

In der Raumluft ist Kohlendioxid enthalten. Welche Möglichkeiten gibt es, den Kohlendioxidgehalt der Raumluft exakt zu bestimmen?

Es besteht die Möglichkeit, die Luft in eine Natronlauge mit genau bestimmter Konzentration zu leiten. Das Kohlendioxid der Raumluft setzt die Natronlauge in Natriumkarbonat oder Natriumhydrogenkarbonat um. Die Umsetzung von Natronlauge zu Natriumkarbonat oder Natriumhydrogenkarbonat lässt sich gut mit der Konduktometrie verfolgen, denn die Leitfähigkeiten von Hydroxid- und Karbonationen unterscheiden sich sehr deutlich.

Bei der Einleitung muss auf einen konstanten Luftstrom geachtet werden, denn andernfalls wären die Messergebnisse ungenau.

Mit einer einfachen Aquariumpumpe kann ein recht konstanter Luftstrom ermöglicht werden. Im einfachsten Falle könnte an die Aquariumpumpe ein Schlauch mit einem Sprudelstein befestigt werden, der in ein Becherglas mit Natronlauge eingestellt wird. Aus der Zeitdauer der Lufteinleitung und der Leitfähigkeitsänderung sollte sich der Kohlendioxidgehalt berechnen lassen. Dieser Versuch wäre sehr einfach und ohne großen Aufwand an Hilfsmitteln zu realisieren.

Damit sich bei der Messung keine Fehler ergeben, sind wie bei allen naturwissenschaftlichen Experimenten zunächst die Einflussfaktoren auf die Messergebnisse zu untersuchen.

Die Messergebnisse sind von vielen Faktoren abhängig: der Art der Pumpe, der konduktometrischen Messung und ihrer Temperaturabhängigkeit, der genauen Berechnung des Gehaltes der einzelnen Stoffe.

Im Folgenden werden diese Abhängigkeiten geschildert.

5.2 Benötigte Geräte und Materialien

- Eine Waage (Genauigkeit: 0,001 g);
- eine Luftmembranpumpe [1];
- 1,0 g Natriumhydroxidplätzchen;
- 1000 mL destilliertes Wasser;
- eine Armbanduhr mit Sekundenanzeige;
- ein Leitfähigkeitsmessgerät [2];
- zwei Waschflaschen mit Schläuchen und Sprudelstein (Abb. 5.1);
- mehrere Bechergläser.

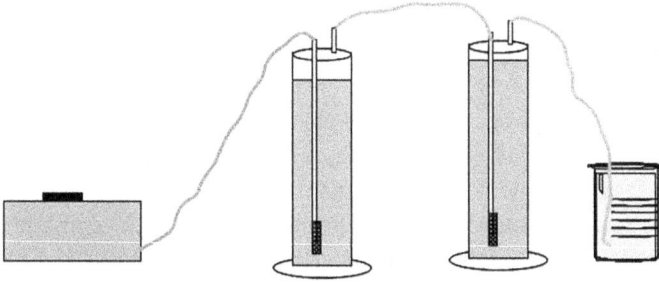

Abb. 5.1: Messapparatur zur Kohlendioxidmessung von Luft.

5.3 Die Einflüsse der Pumpe und des Sprudelsteins

Die Luftmembranpumpe enthält bereits einen passenden Sprudelstein und einen Silikonschlauch.

Die Pumpe erzeugt durch kontinuierliche Schwingungen von Kunststoffteilen im Gehäuse einen leichten Überdruck, der die Luft aus einer Öffnung nach außen treibt.

Der Überdruck ist dafür verantwortlich, dass die Luft in einer bestimmten Menge aus der Öffnung dringt. Wird ein Gegendruck von der der Pumpe abgewandten Schlauchöffnung aufgebaut, muss sich der Luftstrom vermindern, da der Überdruck abnimmt. Welche Faktoren können für den Gegendruck verantwortlich sein? Jedes Schulkind kennt beim Aufblasen von Luftballons den Effekt des Überdruckes im Ballon. Die erste Luftmenge lässt sich leicht hineinblasen. Je mehr Luft im Ballon enthalten ist, desto mehr Druck muss aufgewendet werden, um weitere Luft hineinzublasen. Die Gummiwandungen, die die ursprüngliche Form annehmen wollen, erzeugen einen Gegendruck zum Einblasen in den Ballon. Der Gegendruck zur Aquariumpumpe wird durch die Wassersäule über dem Sprudelstein und die kleinen Poren des Steins bewirkt. Da der Druck der Pumpe konstant ist, wird die Strömungsgeschwindigkeit des Gases durch die Höhe des Gegendruckes vermindert.

Nur wenn die Strömungsgeschwindigkeit des Gases unter konstanten Versuchsbedingungen überprüft wurde, ist mit sicheren Daten zu rechnen.

Der Druck der Membranpumpe wurde mit einem Messgerät auf 1129 mbar bestimmt. Der Überdruck beträgt etwa 10 % vom Normaldruck.

5.4 Bestimmung des Luftdurchsatzes der Pumpe

Vorab wird die Luftmenge pro Zeiteinheit bestimmt, die durch einen oder mehrere Sprudelsteine strömt. Die Bestimmung muss möglichst genau erfolgen, da andernfalls die Ergebnisse fehlerhaft werden.

Dazu wird ein Messzylinder oder eine zylindrische Glasvase (deren Wasserstand mit einem Filzschreiber markiert werden muss) mit Leitungswasser gefüllt und in eine mit Wasser gefüllte Wanne gestellt.

Das Becherglas oder der Glaszylinder wird mit einer Plastikscheibe abgedeckt und mit Geschick um 180° gedreht und schnell in die Wanne gestellt. Nun steht das Becherglas – gefüllt mit Wasser – mit der Bodenfläche nach oben in der Wanne.

Der Sprudelstein wird mit der Luftmembranpumpe über den Schlauch verbunden und unter den Glaszylinder gelegt – der Schlauch darf dabei natürlich nicht abgequetscht werden. Der Flüssigkeitsstand wird am Glaszylinder mit einem Filzstift markiert. Dann wird die Membranpumpe eingeschaltet und die Startzeit notiert. Wenn der Flüssigkeitsspiegel zu einer exakten Markierung im unteren Teil des Becherglases gewandert ist, markiert man sich den entsprechenden Zeitpunkt und kann so aus der Wasserverdrängung durch die Luft und der gemessenen Zeitperiode den Luftdurchsatz der Membranpumpe bestimmen.

Nach Herstellerangaben beträgt der Luftdurchsatz etwa 1,4–1,6 L/min bei maximalem Luftdurchsatz.

Die folgenden Messungen wurden bei minimalem Luftdurchsatz vorgenommen.

Wendet man abweichend von Abb. 5.1 nur eine gefüllte Waschflasche mit Sprudelstein an, so beträgt der Luftstrom etwa 0,69 L/min. Füllt man die Waschflasche nur zu ca. ein Drittel mit Wasser, so erreicht der Luftstrom etwa 1 L/min.

Die zwei Waschflaschen in der Abbildung könnten auch weggelassen werden, sodass der Schlauch direkt in das Becherglas mit dem Sprudelstein führt.

Dieser Versuch besitzt aber Fehlerquellen, da das Kohlendioxid aus der Luft auch über die Wasseroberfläche eindringt. Ferner fehlt die zweite Waschflasche, die die Restmenge des Kohlendioxids der Luft aufnimmt.

Bei zwei Waschflaschen unterscheiden sich die Luftströme deutlich je nach Höhe der Flüssigkeitssäule. Ist die erste Waschflasche vollständig gefüllt, die zweite zu einem Drittel, so beträgt der Luftstrom etwa 0,36 L/min. Sind beide Waschflaschen mit Wasser reichlich gefüllt, so sinkt der Luftstrom auf 0,195 L/min. Auch die Temperatur der Lösung hat einen Einfluss. Bei niedriger Temperatur ist die Viskosität von Wasser höher, sodass auch der Luftdurchsatz sinken muss.

Mit dieser letzten beschriebenen Befüllung wurden die Versuche zur Bestimmung des Kohlendioxidgehaltes durchgeführt.

Für viele andere Experimente in der Chemie werden ebenfalls häufig zwei Waschflaschen zur Reinigung verwendet. Der Reinigungseffekt könnte auch bei anderen Experimenten mit Leitfähigkeitsmessungen kontrolliert werden.

Möglicherweise können die chemischen Bestandteile des Sprudelsteins Stoffe enthalten, die mit Natronlauge chemisch reagieren. Da dies ungewiss war, wurden die Sprudelsteine zunächst längere Zeit bei kräftiger Luftdurchleitung in verdünnter Natronlauge neutralisiert.

Tab. 5.1: Eichmessung zur Bestimmung der Temperaturabhängigkeit (0,1-M-KCl).

Temperatur (°C)	9	13	18	24,5
GLF 100 Leitfähigkeit (mS/cm)	13,46	13,28	13,01	12,85
Korrekturfaktor	0,95	0,97	0,99	1,00

5.5 Konduktometrische Eichung in Abhängigkeit von der Temperatur

Gute käufliche Konduktometer sind sehr viel preiswerter und präziser als in früheren Jahrzehnten und gestatten Messungen bis 100 mS/cm. Diese Geräte besitzen eine Temperaturkompensation, die die Leitfähigkeitsabweichung bei geänderter Temperatur minimiert.

Für möglichst exakte Messungen sollte eine Eichung bei verschiedenen Temperaturen vorgenommen werden, damit die Abweichungen der Leitfähigkeit bei unterschiedlichen Temperaturen bekannt sind (Tab. 5.1).

Die Messungen wurden mit einer 0,1-M-KCl-Lösung vorgenommen.

5.6 Herstellung einer 0,02-M-NaOH-Lösung

805 mg (0,0201 mol) NaOH-Plätzchen werden exakt mit einer genauen Waage (0,001 g Genauigkeit) eingewogen und in 1000,0 g destilliertem Wasser (es geht sehr viel schneller und ist ebenso genau, wenn die Wassermenge mit einer Waage abgewogen wird, da preisgünstige Waagen für diesen Gewichtsbereich erhältlich sind) gelöst und gut umgerührt. Bei der Auflösung ist darauf zu achten, dass die NaOH-Plätzchen gut gelöst werden.

Die Leitfähigkeit der Natriumhydroxidlösung wird mit dem Leitfähigkeitsgerät geprüft. Das Gerät zeigt eine Leitfähigkeit von $\chi = 4,63$ mS/cm bei 16,3 °C an.

5.7 Überlegungen zur Berechnung des Kohlendioxidgehaltes der Luft

Der Kohlendioxidgehalt in der Raumluft beträgt etwa 0,04 %. Überschlägig kann die Kohlendioxidmenge, die durch den Sprudelstein der Membranpumpe geleitet wird, wie folgt berechnet werden.

$$\text{mol Kohlendioxid} = 0,0004 \cdot 0,195 \, (\text{L/min}) \cdot 60 (\text{min/h})$$
$$\cdot \, X(\text{h})/23,2 (\text{mol CO}_2/\text{L})$$

Da sich genau 0,01 mol Natriumhydroxid in einem halben Liter destilliertem Wasser befinden, werden auch 0,01 mol Kohlendioxid benötigt, um das Natriumhydroxid vollständig in Natriumhydrogenkarbonat zu überführen.

Die Lufteinleitung zur Umsetzung des Natriumhydroxids in Natriumhydrogenkarbonat ist theoretisch nach

$$0{,}01 \cdot 23{,}2/(0{,}0004 \cdot 0{,}195 \cdot 60) = X \,,$$

$$X = 49{,}5\,\text{h}$$

abgeschlossen.

Diese Berechnungen sind jedoch nur sinnvoll, wenn angenommen wird, dass die gesamte Kohlendioxidmenge in der Luft durch die Natriumhydroxidlösung aufgenommen wird. Das ist jedoch nicht sicher. Es könnte nur ein Teil des Kohlendioxids der Luft in der Natriumhydroxidlösung umgesetzt werden. Durch eine zweite Waschflasche wird die Unsicherheit der Messung vermieden.

5.8 Berechnung der Hydroxidkonzentration in Abhängigkeit von der Karbonatkonzentration

Umsetzungen in der Lösung

In der Natronlauge liegen nur $[Na^+]$-Kationen und $[OH^-]$-Anionen vor (Konzentrationen in mol/L werden in eckigen Klammern formuliert).

Durch die Kohlendioxideinleitung entsteht kurzzeitig Kohlensäure im Wasser:

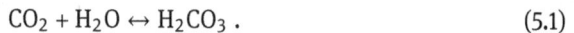

$$CO_2 + H_2O \leftrightarrow H_2CO_3 \,. \tag{5.1}$$

Kohlensäure gibt wie jede andere Säure ein H^+-Ion ab. In basischer Lösung werden die H^+-Ionen gebunden, sodass die Basizität der Lösung abnimmt.

In einer stark basischen Lösung gibt die Kohlensäure sofort ihre beiden H^+-Ionen ab:

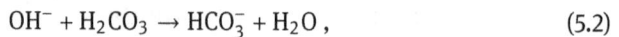

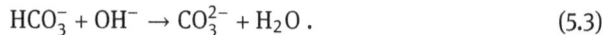

$$OH^- + H_2CO_3 \rightarrow HCO_3^- + H_2O \,, \tag{5.2}$$

$$HCO_3^- + OH^- \rightarrow CO_3^{2-} + H_2O \,. \tag{5.3}$$

In der Anfangsphase wird das eingeleitete Kohlendioxid vollständig in Karbonatanionen umgewandelt.

Die Hydroxidanionen werden dabei sukzessive durch Karbonatanionen verdrängt.

Die Karbonatanionen können sich aber auch mit Wasser zu Hydrogenkarbonat und Hydroxid umsetzen; die Gleichgewichtsreaktion lautet:

$$[CO_3^{2-}] + [H_2O] \leftrightarrow [HCO_3^-] + [OH^-] \,. \tag{5.4}$$

Das bedeutet, dass auch bei einem großen Überschuss an Karbonatanionen immer ein bestimmter Anteil Hydroxidanionen durch die Gleichgewichtsreaktion gebildet wird.

Die Gleichgewichtskonstante K_{b1} beschreibt den Anteil der entstehenden Hydroxidionen.

Da die Gleichgewichtskonstante K_{b1} in Tabellenwerken nicht aufgeführt wird, muss man sich diese über die Beziehung $pK_s + pK_{b1} = 14$ berechnen.

Für das Hydrogenkarbonat gilt die Beziehung:

$$K_{s1} = [CO_3^{2-}] \cdot [H^+]/[HCO_3^-] . \tag{5.5}$$

Bei 25 °C beträgt der pK_s-Wert für dieses Gleichgewicht 10,4.

Durch Multiplikation von K_{s1} mit K_{b1} kürzen sich die Konzentrationen $[CO_3^-]$ und $[HCO_3^-]$ heraus und bilden das Ionenprodukt von Wasser, und dieses ist bekanntlich 10^{-14} oder als negativer Logarithmus 14.

$$K_{s1} \cdot K_{b1} = ([CO_3^{2-}] \cdot [H^+]/[HCO_3^-]) \cdot ([HCO_3^-] \cdot [OH^-]/[CO_3^-])$$
$$= [H^+] \cdot [OH^-] = K_w = 10^{-14} . \tag{5.6}$$

Daher ist:

$$pK_{s1} + pK_{b1} = 14 . \tag{5.7}$$

Für das Hydrogenkarbonat ist $pK_{s1} = 10,4$, sodass $pK_{b1} = 3,6$ oder

$$pK_{b1} = -\log(10^{-3,6}) \rightarrow K_{b1} = 0,000251 .$$

Wenn die Karbonatkonzentration nach Gl. (5.2) und (5.3) der halben anfänglichen Hydroxidkonzentration entspricht, ist das Hydroxid der Natronlauge aufgebraucht. Weiteres Hydroxid bildet sich aufgrund der Gleichgewichtsbeziehung (5.4).

Die verbleibenden Hydroxid- und Karbonatanionen wandeln sich mit dem Kohlendioxid zu Hydrogenkarbonat um.

Schließlich besteht die Lösung nur noch aus $[Na^+]$-Kationen und $[HCO_3^-]$-Anionen. Die Lösung kann nun kein weiteres Kohlendioxid als Hydrogenkarbonat mehr binden. Der Hauptteil des eingeleiteten Kohlendioxids entweicht nun als freies Kohlendioxid aus der Lösung.

Die Konzentrationsverhältnisse von [OH⁻], [CO$_3$²⁻] und [HCO$_3$⁻]

Aufgrund der Ladungsneutralität in der Lösung muss die Konzentration der $[Na^+]$-Ionen immer genau identisch mit der Konzentration aller Anionen ($[OH^-]$, $[CO_3^{2-}]$ und $[HCO_3^-]$) sein [3]. Da die $[CO_3^{2-}]$-Ionen eine doppelt negative Ladung besitzen, muss die Karbonatkonzentration mit dem Faktor zwei multipliziert werden.

Durch eine genaue Einwaage ist die $[Na^+]$-Konzentration in einer NaOH-Lösung bekannt. Will man aus einer vorgegebenen $[CO_3^{2-}]$-Konzentration in einer Lösung die

$[OH^-]$- und $[HCO_3^-]$-Konzentrationen bestimmen, sind folgende Gleichungen zu beachten.

Es gilt:

$$[Na^+] = [OH^-] + 2 \cdot [CO_3^{2-}] + [HCO_3^-] \tag{5.8}$$

oder durch Umformung

$$[OH^-] = [Na^+] - 2 \cdot [CO_3^{2-}] - [HCO_3^-] \tag{5.9}$$

bzw.

$$[HCO_3^-] = [Na^+] - 2 \cdot [CO_3^{2-}] - [OH^-] . \tag{5.10}$$

Im Bereich hoher $[OH^-]$-Konzentrationen ist die $[HCO_3^-]$-Konzentration sehr gering, sodass zu Beginn der Einleitung näherungsweise

$$[OH^-] = [Na^+] - 2 \cdot [CO_3^{2-}] . \tag{5.11}$$

Falls die $[OH^-]$-Konzentration entsprechend dieser Gleichung gering wird, muss die $[OH^-]$-Konzentration über die Beziehung

$$K_{b1} = \frac{[HCO_3^-] \cdot [OH^-]}{[CO_3{}^{2-}]} \tag{5.12}$$

ermittelt werden.

Zur Ermittlung der $[HCO_3^-]$-Konzentration in Abhängigkeit von der $[CO_3^{2-}]$-Konzentration wird statt $[OH^-]$ die Gl. (5.9) eingesetzt:

$$K_{b1} = \frac{[HCO_3^-] \cdot \left([Na^+] - 2 \cdot [CO_3^{2-}] - [HCO_3^-]\right)}{[CO_3^{2-}]} . \tag{5.13}$$

Die Umformung dieser Gleichung ergibt:

$$K_{b1} \cdot [CO_3^{2-}] = [HCO_3^-] \cdot ([Na^+] - 2 \cdot [CO_3^{2-}]) - [HCO_3^-]^2$$

oder

$$[HCO_3^-]^2 - [HCO_3^-] \cdot ([Na^+] - 2 \cdot [CO_3^{2-}]) + K_{b1} \cdot [CO_3^{2-}] = 0 ;$$

bzw. durch Umformung der Gleichung (nach Addition beider Seiten der Gleichung mit $(([Na^+] - 2 \cdot [CO_3^{2-}])/2)^2$ und Subtraktion mit $K_{b1} \cdot [CO_3^{2-}]$):

$$[HCO_3^-]^2 - [HCO_3^-] \cdot ([Na^+] - 2 \cdot [CO_3^{2-}]) + (([Na^+] - 2 \cdot [CO_3^{2-}])/2)^2$$
$$= (([Na^+] - 2 \cdot [CO_3^{2-}])/2)^2 - K_{b1} \cdot [CO_3^{2-}]$$

oder in binomischer Form

$$([HCO_3^-] - (([Na^+] - 2 \cdot [CO_3^{2-}])/2))^2 = (([Na^+] - 2 \cdot [CO_3^{2-}])/2)^2 - K_{b1} \cdot [CO_3^{2-}]$$

und nach Wurzelziehen und Addition von $([Na^+] - 2 \cdot [CO_3^{2-}])/2$ auf beiden Seiten der Gleichung

$$[HCO_3^-] = \sqrt{\left(\frac{[Na^+] - 2 \cdot [CO_3^{2-}]}{2}\right)^2 - K_{b1} \cdot [CO_3^{2-}]} \quad (5.14)$$

$$+ ([Na^+] - 2 \cdot [CO_3^{2-}])/2 \,.$$

Entsprechend dieser Beziehung lässt sich bei bekannter $[Na^+]$-Konzentration und vorgegebener $[CO_3^{2-}]$-Konzentration die $[HCO_3^-]$- Konzentration berechnen.

Zu Beginn der Kohlendioxideinleitung wendet man diese Formel zur Berechnung der $[OH^-]$-Konzentration an, nach Überschreiten der vollständigen Umwandlung in Natriumkarbonat verwendet man die Formel in der angegebenen Form zur Berechnung der Hydrogenkarbonatkonzentration.

Mit einem Tabellenkalkulationsprogramm lassen sich die entsprechenden Konzentrationen ($[HCO_3^-]$, $[OH^-]$) leicht bestimmen.

Die Kohlendioxidmenge der Luft verteilt sich bei angenommener vollständiger Umsetzung auf die Karbonatkonzentration und die Hydrogenkarbonatkonzentration:

$$[CO_2] = [HCO_3^-] + [CO_3^{2-}] \,. \quad (5.15)$$

Nach anfänglicher Bildung von Karbonat aus dem Hydroxid wird sich später hauptsächlich Hydrogenkarbonat bilden. Diese Konzentration wurde im Tabellenkalkulationsprogramm nur anhand der Leitfähigkeitsmessung näherungsweise abgeschätzt. Anhand der hohen Leitfähigkeit von Hydroxidionen und der geringeren Leitfähigkeiten von Karbonationen und Hydrogenkarbonationen lassen sich die Konzentrationen im späteren Verlauf der Messung genau abschätzen.

5.9 Einfluss der Diffusion über die Oberfläche

Wird ein einfaches Becherglas mit Natronlauge für das Experiment verwendet, so dringen Kohlendioxidmoleküle auch über die Flüssigkeitsoberfläche in die Natronlauge. Die Leitfähigkeit ändert sich in diesem Falle ohne eine zusätzliche Lufteinleitung. Der Effekt ist gering, für genaue Messungen muss der Effekt aber berücksichtigt werden.

Der Durchmesser des Becherglases beim Versuch betrug 8,4 cm, der Radius beträgt also 4,2 cm. Die Oberfläche des Becherglases ist:

$$O = \pi \cdot r \cdot r = 3,14 \cdot 4,2 \cdot 4,2 \, \text{cm}^2 = 55,4 \, \text{cm}^2 \,.$$

Nach Abschätzung der Diffusion mit einem Tabellenkalkulationsprogramm diffundierten in 5,8 h etwa 0,000 73 mol Kohlendioxid in die 0,02-M-Natronlauge. Pro Stunde sind dies etwa 0,000 125 mol Kohlendioxid oder 1,2 % der für die vollständige Umsetzung zu Natriumhydrogenkarbonat benötigten Gesamtkohlendioxidmenge.

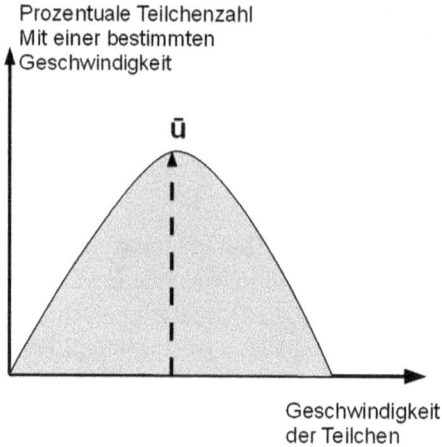

Prozentuale Teilchenzahl
Mit einer bestimmten
Geschwindigkeit

$\bar{u}$

Geschwindigkeit
der Teilchen

Abb. 5.2: Geschwindigkeitsverteilung von Gasteilchen.

Für genauere Messungen im Becherglas ist es sinnvoll, den laufenden Kohlendioxideintrag durch die Flüssigkeitsoberfläche im Tabellenkalkulationsprogramm zu berücksichtigen.

5.9.1 Berechnung der Diffusion von Kohlendioxid der Luft in die Flüssigkeit

In der physikalischen Chemie kann aus Kenntnis der Temperatur eines Gases auch die durchschnittliche Geschwindigkeit der Teilchen berechnet werden. In der kinetischen Gastheorie stellt man sich Gasmoleküle als Kugeln vor, die durch thermische Bewegung gegeneinanderstoßen. Die Moleküle besitzen durch die Stöße unterschiedliche Geschwindigkeiten. Es gibt sehr schnelle und sehr langsame Teilchen, und es bildet sich – in Abb. 5.2 aufgezeigt – eine Geschwindigkeitsverteilung aus.

Die Geschwindigkeitsverteilung von Gasmolekülen ist abhängig von der Temperatur und dem Druck. Die mittlere Geschwindigkeit ist eine Wahrscheinlichkeitsdichte, die sich nach der kinetischen Gastheorie berechnen lässt.

Die mittlere Geschwindigkeit $\bar{u}$ der Gasmoleküle [4] berechnet sich zu:

$$\bar{u} = \sqrt{\frac{8 \cdot R \cdot T}{\pi \cdot M}} \; . \tag{5.16}$$

R: 8,31 J/(K · mol) (Gaskonstante);
T: absolute Temperatur in K;
π: ≈ 3,14;
M: Molekulargewicht des Gases.

Auch die Zahl der Stöße von Gasmolekülen gegen eine Oberfläche lässt sich über eine Formel der physikalischen Chemie [5] bestimmen:

$$Z_w = \frac{1}{4} \cdot (N_A / V_{mol}) \cdot \bar{u} \,. \tag{5.17}$$

N_A: Loschmidtsche Konstante;
V_{mol}: Molvolumen des Gases;
Z_w: Zahl der Stöße auf Oberfläche.

Da an der Phasengrenzfläche Gas/Flüssigkeit nicht alle Kohlendioxidteilchen, die auf die Oberfläche der wässrigen Schicht treffen, in die Schicht eindringen können, wird diese verminderte Teilchenzahl mit dem Diffusionskoeffizienten D ($cm^2 \cdot s$) über das erste Ficksche Gesetz [6] beschrieben:

$$dN/A \cdot dt = -D \cdot dN/dz \,. \tag{5.18}$$

dN: differenzielle Zahl der Teilchen;
dt: Zeitintervall;
dz: differenzielle durchdrungene Schichtdicke;
D: Diffusionskoeffizient.

Zu Beginn der Diffusion sind in der oberen Flüssigkeitsschicht sehr viel mehr Kohlendioxidmoleküle in Form von als Karbonat gelöste Ionen vorhanden als in den weiter darunter liegenden Flüssigkeitsschichten. Es bildet sich ein Konzentrationsprofil aus, das die weitere Nachlieferung von Gasteilchen in die Flüssigkeitsoberfläche bald erschwert, da die obere Flüssigkeitsschicht mit Gas und Karbonat gesättigt ist. Die Weiterleitung der Gasteilchen von der Oberflächenschicht in das Flüssigkeitsinnere erfolgt durch Diffusion.

Das zweite Ficksche Gesetz beschreibt diesen Sachverhalt:

$$\partial N/\partial t = -D \cdot \partial^2 N/\partial^2 t \,. \tag{5.19}$$

Je länger die Gasdiffusion in die Flüssigkeit fortgesetzt wird, desto mehr bildet sich ein linearer Zusammenhang der Karbonatkonzentration in der Flüssigkeit in Relation zum Oberflächenabstand nach dem ersten Fickschen Gesetz aus.

5.9.2 Berechnungen für den Versuch

Für das konkrete Beispiel einer 0,02-molaren Natronlauge (0,5 L) mit einer Oberfläche von 55 cm^2 lässt sich der Diffusionskoeffizient leicht ermitteln [7]. Zunächst wird die mittlere Geschwindigkeit nach Gl. (5.16) berechnet.

Bei 15 °C ist $T = 288\,K$, $M_{CO_2} = 44$, sodass:

$$\bar{u} = \sqrt{\frac{8 \cdot 8{,}31 \cdot 288}{3{,}14 \cdot 44}} = 11{,}8\,\text{cm/s} \,.$$

Die Teilchendichte je Quadratzentimetervolumen eines einheitlichen Gases bei Raumtemperatur ergibt sich aus:

$$V_{\text{mol}}(283\,\text{K},\ 15\,°\text{C}) = 0{,}082\,(\text{L} \cdot \text{atm/K} \cdot \text{mol}) \cdot 288\,\text{K} = 23{,}6\,\text{L} \,,$$

$$N_A / V_{\text{mol}} = 6{,}023 \cdot 10^{23}/23.600\,\text{cm}^3 = 2{,}55 \cdot 10^{19}\ \text{Teilchen/cm}^3 \,.$$

Die Zahl der Teilchenstöße gegen die Oberfläche von $1\,\text{cm}^2$ beträgt damit nach Gl. (5.17):

$$Z_w = 0{,}25 \cdot 2{,}55 \cdot 10^{19}\ \text{Teilchen/cm}^3 \cdot 11{,}8\,\text{cm/s} = 7{,}5 \cdot 10^{19}\ (1/(\text{s} \cdot \text{cm}^2)) \,.$$

Für das Kohlendioxid, das nur eine Konzentration von 0,055 % in der Luft aufweist, ergibt sich für die Zahl der Teilchenstöße auf eine Flüssigkeitsoberfläche von $1\,\text{cm}^2$:

$$Z_{w(CO_2)} = 0{,}00055 \cdot 7{,}5 \cdot 10^{19}\ (1/(\text{s} \cdot \text{cm}^2)) = 4{,}1 \cdot 10^{16}\ (1/(\text{s} \cdot \text{cm}^2)) \,.$$

Zu beachten ist, dass die Leitfähigkeitsmessung nach 1 h Stehenlassen unternommen wurde. Die Flüssigkeitsoberfläche betrug 55 cm². Die Kohlendioxidzunahme lag nach 1 h etwa bei 0,00012 mol/h.

Die Zahl der Stöße von Kohlendioxidgasteilchen auf die Flüssigkeitsoberfläche ist höher als die Zahl der in die Flüssigkeit eintretenden Teilchen. Die Proportionalitätskonstante ergibt den Diffusionskoeffizienten.

Nach Gl. (5.18) ist:

$$\Delta N / \Delta t = 0{,}00012\,\text{mol/h} = 0{,}00012 \cdot 6{,}023 \cdot 10^{23}/3600\,\text{mol/s}$$

$$= 2{,}0 \cdot 10^{16}\,\text{mol/s} = D \cdot 55\,\text{cm}^2 \cdot 4{,}1 \cdot 10^{16}\ (1/(\text{s} \cdot \text{cm}^2)) \,,$$

$$D = 0{,}0089\,\text{cm}^2 \cdot \text{s} \,.$$

Dieser Diffusionskoeffizient für Kohlendioxid der genannten Konzentration gilt nur für 0,02-molare Natronlauge. Beim Eintritt in neutrales Wasser ergibt sich natürlich ein anderer Diffusionskoeffizient.

Nach Angaben vom D'Ans-Lax [8] wurde für reines Kohlendioxidgas in Wasser ein Diffusionskoeffizient von $1{,}6 \cdot 10^{-5}\ \text{cm}^2/\text{s}$ ermittelt. Möglicherweise ist diese Angabe veraltet.

Interessant ist die Gasdiffusion auch für viele Gebiete der technischen Chemie.

5.10 Auswertung der Messergebnisse mit einem Tabellenkalkulationsprogramm

Zur Berechnung wird ein Tabellenkalkulationsprogramm verwendet.

Zunächst wird eine Zelle mit der Angabe der Luftmenge in Liter pro Minute gesetzt. Weiterhin wird eine Spalte mit der Lufteinleitung in einem Zeitabschnitt angegeben, ferner eine Spalte mit dem prozentualen Gehalt des Kohlendioxids in der Luft. Aus der Multiplikation der Luftmenge in Liter pro Minute mit dem Zeitraum in Minuten, dem Gehalt des Kohlendioxids in der Luft dividiert durch 23,2 L (das Gasvolumen, das ein Mol Gas bei 10 °C enthält) kann der Gehalt von Mol Kohlendioxid in der eingefügten Luftmenge in einer neuen Spalte für jeden Zeitabschnitt berechnet werden. In der Spalte des Molgehaltes von Kohlendioxid muss der darüber liegende Wert des Molgehaltes der vorangegangen Zeitperiode addiert werden, damit der Gesamtgehalt des Kohlendioxids richtig angegeben wird (Tab. 5.2).

Der Gehalt von Kohlendioxid wurde nun in der Spalte berechnet.

Der Vorratsbehälter der Natronlauge hat einen Inhalt von 0,5 L-Lösung.

Die Natronlauge hat eine Konzentration von 0,02 mol/L.

Wird das Kohlendioxid aus der Luft in der Lösung in Karbonat umgewandelt, so muss die Molmenge mit dem Faktor zwei multipliziert werden, um die Konzentration von Karbonat in Mol pro Liter zu erhalten, da das Flüssigkeitsvolumen der Lösung nur 0,5 L beträgt.

Für die Konzentration von Karbonat in Mol pro Liter wird eine neue Spalte angelegt (Spalte D) [9].

Diese Spalte muss in der Formulierung komplexer gestaltet werden.

Die Konzentration der Natronlauge ist 0,02 mol/L. Die maximale Konzentration der Natriumkarbonatlösung könnte nur maximal bei 0,01 mol/L liegen, da das Karbonatanion zwei negative Ladungen trägt und das Hydroxidanion nur eine negative Ladung.

Auch eine maximale Konzentration von 0,01 mol/L könnte die Natriumkarbonatlösung in der angegebenen Lösung niemals erreichen, da in einer Lösung aus Natri-

Tab. 5.2: Tabellenkalkulation des Kohlendioxidgehaltes der Luft.

	A	B	C
1		0,1950	**Luftdurchsatz (L/min)**
2	*Einleitung Luft in*	*Zeitdauer*	
3	*Lösung (CO$_2$ [mol/L])*	*Lufteinleitung (min)*	*CO$_2$-Gehalt der Luft*
4	0,0000	0	0,00058
5	0,00091	180	0,00058
6	0,00197	211	0,00058

Mit   A6 = A5+B6*C6*$B$1/23,4   A7 = A6+B7*C6*$B$1/23,4   usw.

umkarbonat auch Hydrogenkarbonat und Hydroxidionen als Anionen – entsprechend den Gleichgewichtsbedingungen – vorliegen müssen.

Nach den Ausführungen in Abschnitt 5.8 lassen sich die Hydroxidkonzentration und die Hydrogenkarbonatkonzentration einer 0,01-M-NaCO₃-Lösung berechnen (Spalte E):

$$pOH = \frac{3,5 - \log(0,01)}{2} = 2,75 \ .$$

Die Hydroxid- und die Hydrogenkarbonatkonzentration betragen jeweils

$$[OH^-] = [HCO_3^-] = 10^{-2,75} = 0,00178 \, mol/L$$

Die maximale Konzentration von Karbonatanionen beträgt $c_{CO_3^{2-}} = 0,0082 \, mol/L$ in dieser solchen Lösung.

In der Spalte F, Zeile 6 könnte die Karbonatkonzentration mit dem logischen Befehl

```
Wenn(2*A6<0,0072;2*A6,(0,0082+(0,0072 -2*A6/2)))
```

näherungsweise abgeschätzt werden.

Die letztere Bedingung in der Wenn-Funktion ist der Tatsache geschuldet, dass zu Beginn der Umsetzung in der Lösung bereits eine 0,001-M-Natriumkarbonatlösung neben der Natriumhydroxidlösung vorlag. Zur Erreichung der Maximalkonzentration von Karbonat mit 0,0082 mol/L wird folglich nur noch eine Konzentrationserhöhung um 0,0072 mol/L benötigt.

Zu beachten ist ferner, dass zu Beginn Zelle A5 in diesem Falle nicht 0,000, sondern 0,001 ist.

Die folgenden Werte für die Berechnungen der Hydroxidkonzentration und der Hydrogenkarbonatkonzentration gestalten sich nach Abschnitt 5.8 weniger kompliziert.

Für eine überschlägige Rechnung kann die Formel

$$[OH^-] = ([Na^+] - 2 \cdot [CO_3^{2-}])/2$$

oder als konkrete Rechenvorschrift für die Zelle G6 der Tabelle [9]

```
G6 = (0,020-2*E6)/2
```

im Bereich einer höheren Hydroxidkonzentration verwendet werden.

Analoges gilt dann für den Bereich der höheren Hydrogenkarbonatkonzentrationen.

Die nun jeweils fehlenden Werte für Hydroxid- oder Hydrogenkarbonat werden aus der Differenzbildung ermittelt.

Für exakte Ergebnisse müssen die Rechenvorschriften nach Abschnitt 5.8 verwendet werden. Zur Berechnung der Äquivalentleitfähigkeit aus der Grenzleitfähigkeit muss ein Korrekturfaktor ermittelt werden. Dieser beträgt wie in Abschnitt 5.6

gezeigt etwa 0,95 für die höheren Konzentrationen bis 0,02 mol/L oder 0,98–1,00 für die Konzentrationen unter 0,05 mol/L.

Die einzelnen Leitfähigkeitsbestandteile der Ionensorten lassen sich aus der Multiplikation der Äquivalentleitfähigkeit mit der molaren Konzentration dividiert durch 1000 ermitteln.

$$\chi = c \cdot \Lambda_0 \cdot f_L / 1000 \, . \tag{5.20}$$

f_L: Leitfähigkeitskoeffizient;
c: mol/L der Ionensorte;
Λ_0: der Grenzleitfähigkeit der Ionensorte bei unendlicher Verdünnung.

Durch Summenbildung der einzelnen Leitfähigkeitsbestandteile wird die theoretische Leitfähigkeit ermittelt.

Durch Anpassung des Luftgehaltes der Kohlendioxidkonzentration in Spalte C kann der theoretisch bestimmte Leitfähigkeitswert für die Gesamtkonzentration abgeglichen werden.

5.11 Bestimmung des Kohlendioxidgehaltes mit der Berechnungsvorschrift

Entsprechend der in Abschnitt 5.10 dargestellten Berechnungsvorschriften wurde am 21.–23. März 2014 in Berlin/Zehlendorf eine Bestimmung des Kohlendioxidgehaltes der Außenluft vorgenommen.

Die Außenluft schwankte zwischen 19–8 °C. Durch einen mathematischen Abgleich entsprechend der Eichmessung sind die Temperaturunterschiede auf 25 °C angepasst worden.

Der Kohlendioxidgehalt der Luft der ersten Waschphase wurde mit 0,045 % bestimmt. Die zweite Waschphase ergab einen Gehalt von 0,008 %. Die Hauptmenge des Kohlendioxids wird bereits nach einer ersten Reinigungsphase herausgefiltert.

Tab. 5.3 zeigt die berechneten und gemessenen Ergebnisse des Versuchs.

Der gesamte Kohlendioxidgehalt der Luft betrug am 21.3.2014 in Berlin etwa:

$$0,045\,\% + 0,0085\,\% + 0,002\,\% = 0,055\,\% \, .$$

Die Konduktometrie ermöglicht viele sehr präzise Messungen in der Chemie. Mit der Hilfe eines Tabellenkalkulationsprogrammes lassen sich Berechnungen und Messungen vergleichen.

Tab. 5.3: Berechnete und gemessene Leitfähigkeiten bei der Kohlendioxidbestimmung der Luft.

Lufteinleitung Zeitdauer (min)	$[OH^-]$ (mol/L)	$[CO_3^{2-}]$ (mol/L)	$[HCO_3^-]$ (mol/L)	κNa^+ (mS/cm)	κOH^- (mS/cm)	κCO_3^{2-} (mS/cm)	κHCO_3^- (mS/cm)	κ berechnet (mS/cm)	κ gemessen (mS/cm)
0	0,0201	0,0000	0,0000	0,91	3,59	0,00	0,00	4,50	4,49
180	0,0166	0,0017	0,0000	0,91	3,03	0,18	0,00	4,12	4,12
211	0,0125	0,0038	0,0001	0,91	2,36	0,36	0,00	3,63	3,75
669	0,0065	0,0066	0,0003	0,91	1,30	0,59	0,01	2,81	2,83
745	0,0015	0,0024	0,0138	0,91	0,30	0,21	0,41	1,83	1,83
900	0,0000	0,0015	0,0171	0,91	0,00	0,13	0,47	1,52	1,59
Leitfähigkeit der zweiten Waschflasche nach 1805 min Lufteinleitung									
1805	0,0135	0,0025	0,0000	0,91	2,68	0,26	0,00	3,85	3,88

Literatur

[1] Luftmembranpumpe der Firma Seliger, conrad.de.

[2] Leitfähigkeitsmessgerät GLF 100 der Firma Greisinger, Bezugsquelle: conrad.de.

[3] Kunze UR. *Grundlagen der quantitativen Analyse.* Stuttgart: Georg Thieme Verlag, 1980. S. 55. ISBN 3-13-5855801-4.

[4] Wedler G. *Lehrbuch der physikalischen Chemie.* Weinheim: Verlag Chemie GmbH, 1982. S. 675. ISBN 3-527-25880-9.

[5] Wedler G. *Lehrbuch der physikalischen Chemie.* Weinheim: Verlag Chemie GmbH, 1982. S. 680.

[6] Wedler G. *Lehrbuch der physikalischen Chemie.* Weinheim: Verlag Chemie GmbH, 1982. S. 698.

[7] Labhart H. *Einführung in die physikalische Chemie.* Berlin – Heidelberg – New York: Springer Verlag, 1975. S. 33. Bde. Band III, Molekülstatistik. ISBN 3-540-07283-7.

[8] Lax E, D'Ans J. *Taschenbuch für Chemiker und Physiker.* s. l.: Springer Verlag, 1949.

[9] Aus Platzgründen ist eine derart komplexe Tabelle leider nicht für normale Buchseiten geeignet. Die Tabelle wird in späterer Zeit im Excel-Format im Internet verfügbar sein.

6 Diffusion von Elektrolytlösungen

6.1   Zellkammern für Diffusionsexperimente, Versuchsvorbereitungen —— 112

6.2   Mathematische Grundlagen zur Diffusion —— 113

6.3   Versuche zur Diffusion —— 116
       6.3.1   Versuche mit einer Vierkammern-Zelle —— 116
       6.3.2   Versuche mit einer Zweikammernzelle, kleines Loch —— 117
       6.3.3   Versuche mit einer Zweikammernzelle, eingesetztes Rohr —— 118

6.4   Bestimmung der Diffusionskoeffizienten —— 118

6.5   Strömung durch ein Rohr —— 122

6.6   Schlussfolgerungen —— 123

https://doi.org/10.1515/9783110425666-007

Die Diffusion ist ein sehr wichtiger Transportprozess von gelösten Stoffen in flüssigen Medien mit hoher Konzentration in Richtung der geringer konzentrierten benachbarten Raumteile. Der osmotische Druck ist eine treibende Kraft, ferner das elektrische Feld und damit die Beweglichkeit von Einzelionen. Die Bedeutung der Diffusion wird jedem bewusst, der ein Salz in Wasser auflösen möchte. Wird Salz in ein Becherglas mit Wasser gefüllt, so verstreicht viel Zeit mit der Auflösung, wenn die Lösung nicht verrührt wird. Wird der Inhalt des Becherglases mit einem Löffel verrührt, so kann der Auflösungsprozess verkürzt werden. Im ersten Fall lösen sich die Salzkristalle an der Oberfläche der Salzschicht, dadurch entsteht eine gesättigte Lösung über den darunter liegenden Salzkristallen, die eine weitere Auflösung von Salzkristallen erschwert. Durch die Wanderung der konzentrierten Lösung in die weniger konzentrierten Raumteile der Lösung durch Diffusion wird das Salz nach längerer Zeit aufgelöst. Beim Umrühren wird der Vorgang abgekürzt. Salzkristalle befinden sich durch den Rührprozess in einer gleichmäßig konzentrierten Lösung; die gering konzentrierten Raumteile der Lösung kommen sofort in Kontakt mit Salzkristallen und lösen diese auf.

Bei hohen Konzentrationen, schon bevor die Sättigungskonzentration erreicht wird, verlängert sich der Auflösungsprozess mit der Zeit, und eine Restmenge an Salz bleibt weiterhin ungelöst. In diesem Fall ist der Konzentrationsgradient, d. h. die Differenz der Sättigungskonzentration direkt vor den Salzkristallen und der Konzentration in der Lösung, sehr klein geworden. Solche Effekte können auch bei schwachem Umrühren eintreten. Durch Zugabe von destilliertem Wasser zur hochkonzentrierten Lösung lässt sich die Auflösung beschleunigen, da der Konzentrationsgradient größer wird.

Auch in elektrolytischen Stoffumsetzungen hat die Diffusion einen bedeutenden Einfluss. Werden weder die Elektroden noch die Lösung gerührt, bleibt der Stromfluss bei einer gewählten Spannung häufig gering. Bei hoher Drehzahl der Kathode (200–300 Umdrehungen pro Minute [upm]) steigert sich der Stromfluss mitunter um den Faktor drei. Für elektrogravimetrische Stoffabscheidungen werden daher in der Regel rotierende Elektroden eingesetzt. Bei ungerührter Elektrolyse kann die Flüssigkeitsschicht vor der Elektrode an abscheidbaren Elektrolyten verarmen. Die Nachlieferung des Stoffes erfolgt durch Diffusion. Bei der rotierenden Elektrode hat die Schicht vor der Oberfläche der Elektrode ständig eine gleichbleibende Konzentration.

Die heutige Kenntnis der Diffusion und der Diffusionskoeffizienten von Ionen basiert auf älteren Gedankenmodellen. Zur Ermittlung der Diffusionskoeffizienten wurden in früher Zeit Experimente mit zwei Halbkammern mit einem Volumeninhalt von jeweils 1 L gemacht. Die Halbkammern waren durch eine Trennwand mit einer Lochbohrung, die zunächst verschlossen wurde, verbunden. In eine Kammer wurde eine Lösung mit einem Salz, einer Säure oder einer Base von 1-M-Äquivalent eingeführt. In die zweite Kammer wurde destilliertes Wasser eingeführt. Dann wurde die verschlossene Lochbohrung geöffnet und längere Zeit gewartet. Nach 24 h waren Salzteilchen in die zweite Kammer diffundiert. Der Salzgehalt der zweiten Kammer wurde dann untersucht.

Durch die Zahl der Teilchen in Lösung entsteht ein osmotischer Druck gegenüber der anderen Kammer, die keine Teilchen enthält. Der osmotische Druck wird dadurch abgebaut, dass Salzteilchen in das destillierte Wasser wandern. Umgekehrt wandern auch Wassermoleküle aus der Kammer 2 in die Salzlösung. Dieser Effekt ist deutlich sichtbar, da sich schnell Schlieren bilden. Die Einzelionen besitzen ein elektrostatisches Potenzial, das für eine Anziehung ungleicher Ladungsträger und eine Abstoßung gleicher Ladungsträger sorgt. Würden bei Säuren zunächst nur Oxoniumionen aufgrund ihrer Abstoßung und hohen Beweglichkeit wandern, so würde ein positives elektrisches Feld in der Kammer 1 entstehen, das den weiteren Fortgang der Wanderung von positiven Ladungsträgern verhindert. Daher ziehen die positiven Ladungsträger die negativen Ladungsträger bei der Wanderung mit. Ein sehr langsames Anion, beispielsweise Sulfat, vermindert die Wanderungsgeschwindigkeit erheblich.

W. Nernst hat die mathematischen Grundlagen zum osmotischen Druck und elektrischen Potenzial auf die Wanderung von Ionen sehr ausführlich in seinem Lehrbuch beschrieben. Die Formel für Diffusionskoeffizienten ermöglicht eine Bestimmung auf Basis der Äquivalentleitfähigkeit in unendlicher Verdünnung. Nernst hatte damals erkannt, dass der Diffusionskoeffizient nur formaler Natur ist und bei anderen Konzentrationsverhältnissen durchaus auch andere Werte annehmen kann [1]. Lange Diffusionszeiten von einem Tag, auf die alle Diffusionskoeffizienten normiert wurden, begrenzten den Fehler, der durch den Dichteunterschied von Lösungen entsteht.

Im Gegensatz zu früheren Zeiten lassen sich heute mit konduktometrischen Messungen und Formeln für die Äquivalentleitfähigkeiten sehr leicht auch die Konzentrationen von Lösungen bestimmen, sodass sich die Konduktometrie für eine genauere Beschreibung der Diffusionsvorgänge hervorragend eignet.

Eine große Lochbohrung stellt ein Hindernis für exakte Ergebnisse dar. Vor jeder konduktometrischen Messung muss der Kammerinhalt durch kurzes Rühren vermischt werden. Beim Rühren kann aber Elektrolytlösung durch Strömungsprozesse in die benachbarte Kammer wandern. Um diese Strömung zu vermindern, sollte die Lochbohrung möglichst klein gewählt sein oder vor dem Rühren verschlossen werden.

6.1 Zellkammern für Diffusionsexperimente, Versuchsvorbereitungen

Für einfache Experimente lassen sich Mehrkammernsysteme mit Lochbohrungen zu den benachbarten Zellkammern verwenden.

Neben den Zellkammern mit Lochbohrungen durch eine Wand können auch Zellkammern (Abb. 6.2) mit kleinen Rohren in der Zellwand genutzt werden.

Für die folgenden Experimente wurden die Vierkammernzelle aus Abb. 6.1 und eine Zweikammernzelle nach Abb. 6.2 verwendet. Die Vierkammernzelle hat Lochbohrungen von 0,5 cm Durchmesser zu den benachbarten Zellen. Die Zweikammernzelle hat

Abb. 6.1: Diffusionskammer mit vier Zellkompartimenten mit jeweils 100 mL Rauminhalt, die durch Wandbohrungen verbunden sind.

Abb. 6.2: Diffusionskammer mit zwei Zellkompartimenten mit jeweils 1000 mL Rauminhalt, die durch normierte Rohre verbunden sind.

ein Fassungsvermögen von 1000 mL und nach Abb. 6.2 eine Lochbohrung von 0,2 cm Durchmesser bzw. ein kurzes Rohr von 0,74 cm Innendurchmesser.

Für die Experimente werden die Lochbohrungen einer Kammer mit einem Klebeband abgedeckt und bis zum oberen Kammerrand hochgezogen, damit zu Versuchsbeginn der Streifen leicht entfernt werden kann. Zum Verschluss einer Lochbohrung eignet sich auch etwas Knete. In eine Kammer wird dann eine Elektrolytlösung mit 1 mol Äquivalent pro Liter eingeführt. Die anderen Kammern werden mit destilliertem Wasser gefüllt. Anschließend werden das Klebeband oder die Knete entfernt, der Startzeitpunkt notiert und nach frei gewählten Zeitabschnitten mit einem Konduktometer durch kurzes Verrühren der Kammern die Leitfähigkeit gemessen.

6.2 Mathematische Grundlagen zur Diffusion

Die Strömung durch eine Lochbohrung mit der Fläche F wird durch Abb. 6.3 dargestellt.

Aus dem Durchmesser der Bohrung lässt sich der Flächeninhalt (F) berechnen, durch den die Teilchen von der Kammer 2 (Konzentration: 1 mol Äquivalent/L) in die Kammer 1 (Konzentration: 0,0 mol/L) strömen.

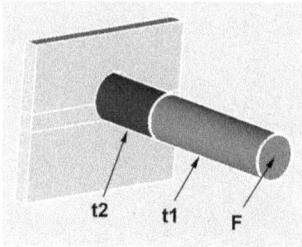

Abb. 6.3: Strömung durch eine Lochbohrung.

Die Dicke der Wand wird mit Δx (cm) bezeichnet. Je länger die Strecke Δx, desto mehr Zeit benötigen die Teilchen, in Kammer 1 einzudringen.

Zu Beginn besitzt Kammer 2 eine Konzentration $C2 = 1\,\text{mol/L}$, die Kammer 1 hat die Konzentration $C1 = 0,00\,\text{mol/L}$.

Damit wird der Streckenkonzentrationsgradient zu Beginn des Experimentes

$$\frac{dc}{dx} = (1 - 0)\,/\Delta x\;. \tag{6.1}$$

Im Laufe der Zeit ändert sich dieser Streckenkonzentrationsgradient, da der Konzentrationsunterschied zwischen Kammer 2 und Kammer 1 immer geringer wird.

Die differenzielle Konzentrationsänderung mit der Zeit dc/dt in Kammer 1 ist abhängig von der Fläche der Lochbohrung (F) und dem Streckenkonzentrationsgradienten dc/dx. Die Proportionalitätskonstante wird als Diffusionskoeffizient D ($\text{cm}^2 \cdot \text{s}^{-1}$) bezeichnet [2].

Das erste Ficksche Gesetz hat die Form:

$$\frac{dc}{dt} = D \cdot F \cdot \frac{dc}{dx}\;. \tag{6.2}$$

Zum Zeitpunkt t_0 wird die Öffnung durch das Abziehen des Schutzstreifens freigegeben. Nach einer Zeitperiode t_1 ist in die Kammer 1 (mit anfangs destilliertem Wasser) die ionische Lösung eingedrungen. Die Strömungsgeschwindigkeit u multipliziert mit der Fläche A der zylindrischen Öffnung ist die Volumenmenge pro Zeiteinheit, die durch die zylindrische Öffnung fließt.

Natürlich wird die KCl-Lösung nicht als zylinderförmiger Körper in die Kammer 1 eindringen, sondern wird sich schnell im Raum der Kammer verteilen. Ferner wandern nicht die Lösung selbst, sondern nur die Ionen in der Lösung. Für das gedankliche Modell bleiben die Grundlagen dennoch bestehen, da die Ionen durch eine Fläche wandern müssen, und Fläche multipliziert mit Geschwindigkeit bildet einen zylindrischen Raumkörper pro Zeiteinheit ab.

Nach einer weiteren Zeitperiode t_2 strömen weitere Ionen durch die Öffnung.

Gilt für die Zeitperioden $t_2 = t_1$, so ist $u_1 > u_2$.

In der ersten Periode t_1 wandern die Ionen mit einer hohen Geschwindigkeit u_1 in die Kammer 1. In der zweiten Periode t_2 ist der Konzentrationsunterschied geringer geworden, sodass der osmotische Druck eine geringere Kraft ausübt und die Teilchen mit der langsameren Geschwindigkeit u_2 durch die Lochbohrung strömen.

Wie lässt sich die Strömungsgeschwindigkeit u ermitteln?

An einem gedanklichen Modell lassen sich die Zusammenhänge verstehen.

Zur Ermittlung der Strömungsgeschwindigkeit muss zunächst der Raumkörper des hypothetischen Zylinders berechnet werden. Durch die Kenntnis der Leitfähigkeit lässt sich die Konzentration einer Lösung ermitteln. Die Kammer 2 hat ein Raumvolumen von 1000 mL und eine Konzentration von 1 mol/L, Kammer 1 hat ein Raumvolumen von 1000 mL und eine Konzentration von 0,000 mol/L. Beide Kammern sind durch eine Lochbohrung mit einem Querschnitt von $0,2\ \text{cm}^2$ verbunden.

Nach Abziehen des Schutzstreifens dringt Salzlösung in Kammer 1 ein. Nach 60 s beträgt die Äquivalentkonzentration in der Halbkammer 1 beispielsweise 0,012 mol/L. Wären statt der Diffusion 12 mL einer 1-M-Lösung mit einer Bürette in die Kammer 1 eingetropft worden, würde die Konzentration nahezu identisch sein.

12 mL oder $12\ \text{cm}^3$ einer 1-M-Lösung stellt eine Beziehung zu einer Raumgröße her.

Eine gedankliche Bürette mit einem Durchmesser von 0,5 cm oder einem Flächenquerschnitt von $0,2\ \text{cm}^2$ sollte eine Länge von etwa 60 cm haben.

Wird die Länge der gedanklichen Bürette durch die Zeitperiode von 60 s dividiert, so wird die Strömungsgeschwindigkeit $u = 1,0$ cm/s erhalten.

Die Änderung der Äquivalentkonzentration pro Zeiteinheit in Kammer 1 lässt sich recht leicht aus den Ergebnissen der Leitfähigkeitsmessung berechnen.

Annahme 1:

Die Teilchen auf der Wegstrecke Δx von Kammer 2 zu Kammer 1 erfahren eine beschleunigte Bewegung:

$$\frac{dc}{dt} = k_\text{D} \cdot \Delta c \cdot A \cdot \frac{du}{dt} = k_\text{D} \cdot \Delta c \cdot c \cdot \left(t^{-2}\right) .$$

Die Integration liefert:

$$\int_{CI}^{CII} \frac{dc}{c} = k_\text{D} \cdot \Delta c \cdot \int_{tI}^{tII} \frac{1}{t^2} dt ,$$

$$\ln(CII/CI) = k_\text{D} \cdot [(-1/tII) + (1/tI)] \cdot \Delta c = k_\text{D} \cdot [(1/tI) - (1/tII)] \cdot \Delta c .$$

Da $1/tI$ bei $tI = 0$ nicht definiert ist, geht dieser Term in die Konstante mit ein:

$$-\ln(CII/CI) \cdot [tII] /\Delta c = k_\text{D} . \tag{6.3}$$

Dabei ist CI die Konzentration der gering konzentrierten Lösung, CII die Konzentration der hochkonzentrierten Lösung. Gl. (6.3) gilt für große Lochdurchmesser. Vor und hinter der Öffnung ist genügend Raum, sodass die Teilchen wie Autos auf einer mehrspurigen Autobahn beschleunigen können.

Annahme 2:

Die Teilchen auf der Wegstrecke Δx von Kammer 2 zu Kammer 1 bewegen sich mit konstanter Geschwindigkeit (u):

$$\frac{dc}{dt} = k_D \cdot A \cdot u = k_{D2} \cdot c \cdot \frac{\Delta c}{t} .$$

Die Integration liefert:

$$\int_{CI}^{CII} \frac{dc}{c} = k_{D2} \cdot \Delta c \int_{tI}^{tII} \frac{1}{t} dt .$$

Der Integrationsbereich für $t = 0\,\text{s}$ ist nicht definiert; die Integration der Umkehrfunktion liefert:

$$\ln(CII/CI) = k_{D2} \cdot [1/(\ln(tII))] \cdot \Delta c ,$$
$$\ln(CII/CI) \cdot \ln(tII)/(CII - CI) = k_{D2} . \tag{6.4}$$

Die Gl. (6.4) gilt für sehr kleine Lochbohrungen.

Die Teilchen geraten durch die Verengung in einen Stau. Wie bei einer Autobahn, die auf eine Spur verengt wird, müssen alle Teilchen eine möglichst gleichförmige Geschwindigkeit beibehalten, um den Stau aufzulösen.

Im Unterschied zu Gl. (6.3) ist in der Konstante k_D nach Gl. (6.4) die Dimension der Zeit nur noch sehr versteckt in logarithmischer Form enthalten.

6.3 Versuche zur Diffusion

6.3.1 Versuche mit einer Vierkammern-Zelle

Nach Abschnitt 6.1 wurde eine Vierkammernzelle mit Lochbohrungen von 0,5 cm Durchmesser für erste Experimente benutzt. Die Lochbohrung zwischen Kammer 1 und Kammer 2 wurde mit zwei Schutzstreifen überklebt. Dann wurden 90 mL 1-M-KCl-Lösung in Kammer 1 eingefüllt, in die anderen Kammern wurde destilliertes Wasser eingefüllt. Nach Abziehen des Schutzstreifens wurden die Leitfähigkeitsänderungen in den Kammern verfolgt. Dazu wurde vor jeder Messung kurz umgerührt. Aus den Ergebnissen der Leitfähigkeitsmessungen wurden die Konzentrationen abgeschätzt (Tab. 6.1).

Die große Lochbohrung ergibt in Bezug auf die zeitliche Konzentrationsabhängigkeit entsprechend Gl. (6.3) immer eine Konstante (Tab. 6.2). Die Salzteilchen werden also während der Wanderung beschleunigt.

Tab. 6.1: Leitfähigkeiten und Konzentrationen von KCl-Lösung (geschätzt) in der Trennkammer in Abhängigkeit zur Zeit (Vierkammernzelle, Lochdurchmesser: 0,5 cm) (kursiv: Schätzwerte).

Uhrzeit	Zeit (s)	Leitfähigkeitsmessungen (mS/cm)				Konzentrationen KCl (mol/L)			
		$K1$	$K2$	$K3$	$K4$	$K1$	$K2$	$K3$	$K4$
00:37:00	0	115			0,006	0,95			
00:38:00	60	–	15,5		0,011	*0,83*	0,120		
00:39:10	130		19,3			*0,80*	0,151		
00:40:00	180		21,7			*0,77*	0,18		
00:40:30	210		24,8			*0,75*	0,200		
00:41:10	250		28,1			*0,72*	0,23		
00:41:50	290		30,0			*0,67*	0,25		
00:43:00	360		36,1			*0,62*	0,301	*0,030*	
00:44:00	420			4,6		*0,61*	*0,310*	0,033	
00:45:00	480		38,0	5,0		*0,60*	0,322	0,037	
00:45:30	510					*0,59*	*0,325*	*0,042*	
00:46:00	540			6,21		*0,57*	*0,329*	0,046	
00:46:40	580			6,82		*0,56*	*0,334*	0,052	
00:47:30	630		40,5			*0,55*	*0,343*	*0,056*	*0,0070*
00:48:10	670			7,92		*0,54*	*0,345*	*0,0605*	*0,0085*
00:49:10	730			8,53		*0,53*	*0,348*	*0,0651*	*0,0105*
00:49:30	750				1,77	*0,51*	*0,353*	*0,069*	*0,0126*
00:50:30	810		41,2			*0,50*	*0,355*	*0,075*	*0,0140*
00:52:00	900			10,9	2,25	*0,50*	*0,355*	*0,0838*	*0,0163*
00:53:00	960			11,28		*0,49*	*0,354*	*0,0874*	*0,020*
00:54:00	1020				3,33	*0,49*	*0,353*	*0,0900*	*0,024*
00:54:30	1050			11,96		*0,48*	*0,349*	*0,0927*	*0,026*
00:55:00	1080		40,5			*0,48*	*0,349*	*0,0950*	*0,028*
00:56:00	1140				4,12	*0,47*	*0,350*	*0,0970*	*0,0303*
00:56:30	1170			13		*0,47*	*0,349*	*0,1016*	*0,0340*
00:57:00	1200				4,79	*0,46*	*0,346*	*0,1045*	*0,0355*
00:57:30	1230			13,6		*0,46*	*0,343*	*0,1063*	*0,0375*
00:59:00	1320	53,4	39,5			*0,45*	*0,341*	*0,1090*	*0,0405*
01:00:00	1380				5,7	*0,45*	*0,338*	*0,1140*	*0,0425*
01:00:30	1410			14,98		*0,45*	*0,335*	*0,1180*	*0,0460*
01:01:15	1455				6,48	*0,45*	*0,333*	*0,1195*	*0,0487*
01:02:00	1500			15,38		*0,45*	*0,332*	*0,1211*	*0,050*
01:03:00	1560		38,4			*0,44*	*0,330*	*0,1235*	*0,0530*
01:03:30	1590			15,9		*0,44*	*0,328*	*0,1252*	*0,0550*
01:04:00	1620				7,61	*0,44*	*0,325*	*0,1270*	*0,0581*
01:04:30	1650		37,6			*0,44*	*0,321*	*0,1295*	*0,061*

6.3.2 Versuche mit einer Zweikammernzelle, kleines Loch

Der Durchmesser der Lochbohrung durch die Trennwand dieser Kammer beträgt 0,2 cm, das Fassungsvermögen der Zellkammern beträgt jeweils etwa 1000 mL. Die

Tab. 6.2: Berechnung der logarithmischen Konzentrationsverhältnisse nach Gl. (6.2) für die Trennkammern 1 und 2 (Vierkammernzelle, Lochdurchmesser 0,5 cm).

t (s)	C_2 (mol/L)	C_1 (mol/L)	C_2/C_1	$\ln(C_2/C_1)$	$t \cdot \ln(C_2/C_1) = k$	$k \cdot \zeta$
0	0,94	0,01	94	4,54	272	0,82
60	0,83	0,12	6,91	1,93	251	0,75
130	0,80	0,151	5,3	1,67	300	0,90
180	0,774	0,176	4,38	1,48	310	0,93
210	0,745	0,205	3,64	1,29	322	0,97
250	0,718	0,232	3,09	1,13	327	0,98
290	0,674	0,250	2,7	0,99	357	1,07
360	0,619	0,308	2,06	0,72	303	0,91
420	0,607	0,312	1,96	0,67	322	0,97
480	0,591	0,322	1,83	0,61	310	0,93
510	0,588	0,320	1,8	0,59	318	0,95
540	0,573	0,330	1,74	0,55	320	0,96
580	0,568	0,330	1,72	0,54	342	1,03
630	0,549	0,343	1,60	0,45	314	0,94

wässrigen Lösungen 1-M-KCl (Tab. 6.3), 1-M-1/2-H_2SO_4 (Tab. 6.4), 1-M-1/2-$MgCl_2$ (Tab. 6.5) wurden für die Diffusionsexperimente genutzt.

6.3.3 Versuche mit einer Zweikammernzelle, eingesetztes Rohr

Der Innendurchmesser des eingesetzten Rohres in die Zwischenwand beträgt 0,7 cm. Das Rohr hat eine Länge von 1,0 cm. Die Zwischenwand trennt zwei Halbkammern, die ein Fassungsvolumen von jeweils etwa 1 L besitzen. Das Rohr lässt sich gut mit einem kleinen Stück aus kugelförmiger Knete abdichten.

In die eine Halbkammer wird destilliertes Wasser eingefüllt, in die andere Halbkammer wird 1-M-1/2-$MgCl_2$-Lösung eingefüllt. Dann wird die Knete abgenommen, und nach bestimmten Zeitperioden wird die Knete wieder aufgesetzt, und die Leitfähigkeiten werden bestimmt.

6.4 Bestimmung der Diffusionskoeffizienten

Diffusionskoeffizienten können nach dem ersten Fickschen Gesetz nach Gl. (6.2) bestimmt werden (Tab. 6.6).

Durch Auflösen der Gleichung nach D wird die folgende Gl. (6.5) erhalten:

$$D = -\Delta x/\Delta c \cdot \Delta c/\Delta t \cdot (1/F) \,. \tag{6.5}$$

Die Konzentrationsänderungen (Δc) sind durch die Konzentrationsangabe $C1$ in den Tabellen angegeben, ebenso die Zeitperioden (Δt).

Tab. 6.3: Berechnung der Konzentrationsverhältnisse und k nach Gl. (6.3) für die Trennkammern 1 und 2, 1-M-KCl-Lösung (Zweikammernzelle, Lochdurchmesser 0,2 cm).

Zeit (s)	χ (mS/cm)	C1 (mol/L)	C2 (mol/L)	C1/C2	$L =$ $\ln(C1/C2)$	$z =$ $\ln(t)$	$L \cdot z$	$k = L \cdot z /$ $(C1-C2)$
0	0	0,00000	1,00000	0,0000				
60	0,97	0,00680	0,99320	0,0068	−4,98	4,09	−20,41	20,69
120	1,18	0,00840	0,99160	0,0085	−4,77	4,79	−22,84	23,23
180	1,54	0,01100	0,98900	0,0111	−4,5	5,19	−23,36	23,89
240	1,93	0,01400	0,98600	0,0142	−4,25	5,48	−23,32	23,99
300	2,18	0,01600	0,98400	0,0163	−4,12	5,7	−23,49	24,27
360	2,61	0,01900	0,98100	0,0194	−3,94	5,89	−23,22	24,13
420	2,97	0,02150	0,97850	0,0220	−3,82	6,04	−23,06	24,1
480	3,26	0,02400	0,97600	0,0246	−3,71	6,17	−22,88	24,03
540	3,66	0,02700	0,97300	0,0277	−3,58	6,29	−22,55	23,84
600	3,89	0,02850	0,97150	0,0293	−3,53	6,4	−22,57	23,94
660	4,28	0,03150	0,96850	0,0325	−3,43	6,49	−22,24	23,74
840	5,7	0,04250	0,95750	0,0444	−3,11	6,73	−20,97	22,92
960	6,29	0,04700	0,95300	0,0493	−3,01	6,87	−20,67	22,81
1230	7,66	0,05800	0,94200	0,0616	−2,79	7,11	−19,83	22,44
1260	7,97	0,06000	0,94000	0,0638	−2,75	7,14	−19,64	22,32
1440	9,07	0,06900	0,93100	0,0741	−2,6	7,27	−18,92	21,95
1500	9,47	0,07200	0,92800	0,0776	−2,56	7,31	−18,7	21,84
1560	9,71	0,07400	0,92600	0,0799	−2,53	7,35	−18,58	21,81
1680	10,31	0,07850	0,92150	0,0852	−2,46	7,43	−18,29	21,7
3660	11,39	0,08700	0,91300	0,0953	−2,35	8,21	−19,29	23,35
6420	12,93	0,10000	0,90000	0,1111	−2,2	8,77	−19,26	24,08
16.200	15,28	0,11900	0,88100	0,1351	−2	9,69	−19,4	25,46
47.160	22,5	0,17900	0,82100	0,2180	−1,52	10,76	−16,39	25,53
59.040	29,3	0,23700	0,76300	0,3106	−1,17	10,99	−12,84	24,42
86.580	34,6	0,28200	0,71800	0,3928	−0,93	11,37	−10,62	24,37
136.320	40,1	0,33000	0,67000	0,4925	−0,71	11,82	−8,37	24,63
170.520	42,9	0,35600	0,64400	0,5528	−0,59	12,05	−7,14	24,79
232.620	45,5	0,38000	0,62000	0,6129	−0,49	12,36	−6,05	25,21

Der Streckenkonzentrationsgradient ($\Delta c/\Delta x$) ist bei den gewählten Versuchen zu Beginn der Experimente immer:

$$\Delta x/\Delta c = 0,3 \text{ cm}/1 \text{ mol/cm}^3 = 0,3 \text{ cm} \cdot \text{cm}^3/\text{mol} \,.$$

Die Fläche F der Lochbohrung bei der kleinen Bohrung von $d = 0,2$ cm ist $F = 0,031$ cm^2.

Um die zeitlichen Konzentrationsänderungen von unterschiedlichen Lösungen vergleichbar zu machen, werden die Zeitperioden gewählt, bis Kammer 1 nahezu eine Konzentration von 0,1 mol Äquivalent/L besitzt.

Wählt man für die Diffusion der 1-M-1/2-MgCl$_2$-Lösung die Konzentration von nahezu 0,1 mol Äquivalent/L in Kammer 1 entsprechend Tab. 6.4 nach 21.840 s, ergibt

Tab. 6.4: Berechnung der Konzentrationsverhältnisse und k nach Gl. (6.3) für die Trennkammern 1 und 2, 1-M-1/2-MgCl$_2$ (Zweikammernzelle, Lochdurchmesser 0,2 cm).

Zeit (s)	κ (mS/cm)	$C1$ (mol/L)	$C2$ (mol/L)	$C1/C2$	$L =$ ln($C1/C2$)	$z =$ ln(t)	$L \cdot z$	$k = L \cdot t/(C1 - C2)$
210	0,75	0,0067	0,993	0,007	−5,00	5,35	−26,7	27,1
360	1,14	0,0102	0,990	0,010	−4,58	5,89	−26,9	27,5
840	1,66	0,0153	0,985	0,016	−4,16	6,73	−28,0	28,9
2480	2,66	0,0250	0,975	0,026	−3,66	7,82	−28,6	30,1
3360	3,35	0,0322	0,968	0,033	−3,40	8,12	−27,6	29,5
5820	4,39	0,0430	0,957	0,045	−3,10	8,67	−26,9	29,4
8220	5,64	0,0566	0,943	0,060	−2,81	9,01	−25,4	28,6
21.840	9,42	0,0992	0,901	0,110	−2,21	9,99	−22,0	27,5

Tab. 6.5: Berechnung der Konzentrationsverhältnisse und k nach Gl. (6.3) für die Trennkammern 1 und 2, 1-M-1/2-H$_2$SO$_4$ (Zweikammernzelle, Lochdurchmesser 0,2 cm).

Zeit (s)	χ (mS/cm)	$C1$ (mol/L)	$C2$ (mol/L)	$C1/C2$	$L =$ ln($C1/C2$)	$z =$ ln(t)	$L \cdot z$	$k = L \cdot t/(C1 - C2)$
150	4,16	0,0126	0,9874	0,013	−4,36	5,01	−21,9	22,4
240	5,53	0,0170	0,9830	0,017	−4,06	5,48	−22,2	23,0
420	7,81	0,0250	0,9750	0,026	−3,66	6,04	−22,1	23,3
600	9,08	0,0292	0,9708	0,030	−3,5	6,4	−22,4	23,8
840	10,34	0,0339	0,9661	0,035	−3,35	6,73	−22,6	24,2
1920	15,56	0,0526	0,9474	0,056	−2,89	7,56	−21,9	24,5
3000	17,21	0,0587	0,9413	0,062	−2,77	8,01	−22,2	25,3
4440	19,05	0,0657	0,9343	0,070	−2,65	8,4	−22,3	25,8
7440	21,8	0,0766	0,9234	0,083	−2,49	8,91	−22,2	26,4
9240	23,7	0,0840	0,9160	0,092	−2,39	9,13	−21,8	26,5
11.640	26,4	0,0950	0,9050	0,105	−2,25	9,36	−21,1	26,4
17.700	31	0,1150	0,8850	0,130	−2,04	9,78	−20,0	26,4
28.140	37,7	0,1430	0,8570	0,167	−1,79	10,24	−18,3	26,6
53.640	49,1	0,1950	0,8050	0,242	−1,42	10,89	−15,4	27,4
66.840	54,2	0,2200	0,7800	0,282	−1,27	11,11	−14,1	28,2

Tab. 6.6: Zweikammernzelle mit Diffusionsrohr. Berechnungen der Konzentrationen und der Konstante k, 1-M-1/2-MgCl$_2$-Lösung.

Zeit (s)	κ (mS/cm)	$C1$ (mol/L)	$C2$ (mol/L)	$C2/C1$	$L =$ ln($C2/C1$)	$P = t \cdot L$	$k = P/(C2 - C1)$
150	3,62	0,05	0,96	21,22	3,06	458,3	417,0
270	11,89	0,12	0,88	7,33	1,99	538,0	408,8
510	18,11	0,20	0,8	4,03	1,39	710,2	427,5
1530	26,1	0,30	0,7	2,33	0,85	1296,4	518,5
4320	31,5	0,38	0,61	1,63	0,49	2101,8	493,9

sich eine zeitliche Konzentrationszunahme von

$$\Delta c/\Delta t = 0,0992 \, \text{mol}/21.840 \, \text{s} = 4,54 \cdot 10^{-6} \, \text{mol/s} \,.$$

Durch Einsetzen in die Gl. (6.5) ergibt sich für den Diffusionskoeffizienten der MgCl$_2$-Lösung:

$$D = -\frac{\Delta x}{\Delta c} \cdot \frac{\Delta c}{\Delta t} \cdot \left(\frac{1}{F}\right) = 0,3 \, \left(\text{cm} \cdot \text{cm}^3/\text{mol}\right) \cdot 4,54 \cdot 10^{-6} \, \text{mol/s} \,/\left(0,031 \, \text{cm}^2\right)$$
$$D = 4,4 \cdot 10^{-5} \, \left(\text{cm}^2/\text{s}\right) \,.$$

Der Streckenkonzentrationsgradient $\Delta x/\Delta c$ ändert sich während des Versuches laufend, sodass er nicht einheitlich sein kann und daher die Berechnung nur eine Näherung darstellen kann.

Für die Diffusion der Schwefelsäure ergibt sich nach 11.640 s eine Konzentrationszunahme von:

$$\Delta c/\Delta t = 0,0950 \, \text{mol}/11.640 \, \text{s} = 8,16 \cdot 10^{-6} \, \text{mol/s} \,.$$

Der Diffusionskoeffizient der Schwefelsäure beträgt nach analoger Berechnung:

$$D = 0,3 \, \left(\text{cm} \cdot \text{cm}^3/\text{mol}\right) \cdot 8,16 \cdot 10^{-6} \, \text{mol/s}/\left(0,031 \, \text{cm}^2\right)$$
$$D = 7,81 \cdot 10^{-5} \, \text{cm}^2/\text{s} \,.$$

Für die KCl-Lösung ergibt sich nach bereits 6420 s eine Konzentration von 0,1 mol/L. Die zeitliche Konzentrationszunahme ist:

$$\Delta c/\Delta t = 0,1 \, \text{mol}/6420 \, \text{s} = 1,56 \cdot 10^{-5} \, \text{mol/s} \,.$$

Der Diffusionskoeffizient für die 1-M-KCl-Lösung ist $D = 1,49 \cdot 10^{-4} \, \text{cm}^2/\text{s}$.

Nach 86.584 s (entspricht etwa einem Tag) entsprechend Tab. 6.3 ergibt sich ein Diffusionskoeffizient von $D = 3,1 \cdot 10^{-5} \, \text{cm}^2/\text{s}$.

Dieser Wert ist sehr ähnlich dem Literaturwert, der aus der Äquivalentleitfähigkeit berechnet wurde (Tab. 6.7).

Nach längerer Zeit weist die Kaliumchloridlösung eine höhere Diffusionsgeschwindigkeit als die Schwefelsäure- oder Magnesiumchloridlösung auf. Wird der Diffusionskoeffizient aber nach einer kurzen Zeitperiode nach Kammeröffnung bestimmt, weisen Schwefelsäure- und Kaliumchloridlösung fast identische Diffusionskoeffizienten auf.

Nach 600 s betragen die Diffusionskoeffizienten in beiden Lösungen etwa D = $4,5 \cdot 10^{-4} \, \text{cm}^2/\text{s}$.

Diffusionskoeffizienten sind erheblich von der Messperiode abhängig. Standardisiert wurde der Koeffizient auf einen Tag.

In der Literatur werden die Diffusionskoeffizienten für Einzelionen entsprechend den Berechnungen von Nernst aus den Äquivalentleitfähigkeiten bei unendlicher Verdünnung bestimmt. Im *Handbook of Chemistry and Physics* [3] werden die Berechnungsvorschriften für Salze aus Einzelionen angegeben.

Tab. 6.7: Vergleich der Diffusionskoeffizienten aus den berechneten Äquivalentleitfähigkeiten und aus Messungen nach unterschiedlichen Zeiten.

Ion/Salz	Literatur D (cm²/s)	Gemessen ca. 600 s D (cm²/s)	Gemessen ca. 3–5 h D (cm²/s)	Gemessen 1 Tag D (cm²/s)
H^+	$9,3 \cdot 10^{-5}$			
K^+	$1,96 \cdot 10^{-5}$			
$1/2\,Mg^{2+}$	$7,1 \cdot 10^{-6}$			
Cl^-	$2,03 \cdot 10^{-5}$			
$1/2\,SO_4^{2-}$	$1,07 \cdot 10^{-5}$			
$1/2\,H_2SO_4$	$2,6 \cdot 10^{-5}$	$4,64 \cdot 10^{-4}$	$7,8 \cdot 10^{-5}$	
KCl	$1,99 \cdot 10^{-5}$	$4,54 \cdot 10^{-4}$	$1,49 \cdot 10^{-4}$	$3 \cdot 10^{-5}$
$1/2\,MgCl_2$	$1,3 \cdot 10^{-5}$	$1,74 \cdot 10^{-4}$	$4,4 \cdot 10^{-5}$	

6.5 Strömung durch ein Rohr

In Abschnitt 6.2 wurden die Strömungsgeschwindigkeit und der Volumenstrom durch ein Gedankenmodell berechnet.

Gibt es auch andere Möglichkeiten, die Geschwindigkeit einer Strömung zu berechnen, wenn der Druckunterschied zwischen dem Rohreingang und dem Rohrausgang bekannt ist?

Das Hagen-Poiseuillsche Gesetz [3] ist ein grundlegendes Gesetz zur Berechnung der Strömungsgeschwindigkeiten in Rohren aufgrund von Druckunterschieden. In einführenden Lehrbüchern der physikalischen Chemie wird es daher häufig ausführlich behandelt [4].

Das gedankliche Modell basiert auf einer laminaren Strömung im Rohr. Durch die Reibung und Viskosität des Lösungsmittels bewegen sich die Flüssigkeitsteilchen nahe der Rohrwandung nur sehr langsam. Teilchen die sich in größerer Entfernung zur Rohrwandung befinden, bewegen sich schneller. Die höchste Geschwindigkeit haben Teilchen direkt im Rohrzentrum.

Das Hagen-Poiseuillesche Gesetz lautet:

$$\frac{dV}{dt} = \frac{\pi}{8 \cdot \eta_V \cdot l} \cdot (p2 - p1) \cdot r^4. \tag{6.6}$$

dV/dt: Volumenstrom pro Zeitperiode;
η_V: Viskosität des Lösungsmittels (g/(cm/s), Einheit Poise);
l: Rohrlänge;
$p2 - p1$: Druckdifferenz zwischen Rohreingang und Rohrausgang;
r: Rohrradius.

Die Druckdifferenz wird über die unterschiedlichen Dichten der beiden Lösungen bestimmt, die einen osmotischen Druck erzeugen.

Notwendige Daten zur Berechnung
- Eine 1-M-1/2-MgCl$_2$-Lösung hat eine Dichte von: d = 1,0381 g/cm^3.
- Die Viskosität der 1-M-1/2-MgCl$_2$-Lösung ist nach Literaturangaben [5]: η_V = 0,0122 g/(cm/s).
- Die Rohrlänge beträgt im Versuch: l = 1,0 cm.
- Der Radius des Rohres liegt bei: r = 0,37 cm.
- Der Druck hat die Einheit Pascal:
  N/m^2 = kg/(m · s^2) = 10 · d(g/cm^3) · 1 cm^3/cm · s^2.
- Für die 1-M-1/2-MgCl$_2$-Lösung ist:
  $p2$ = 10 · 1,0381 g/(cm · s^2) = 10,381 g/(cm · s^2).
- Für destilliertes Wasser ist: $p1$ = 10,00 g/(cm · s^2).
- Die Druckdifferenz ist $p2 - p1$ = 0,381 g/(cm · s^2).

Setzt man die Daten in die Gl. (6.6) ein, so ergibt sich für den Volumenstrom:

$$dV/dt = 3,14 \cdot (0,381\ \text{g}/(\text{cm/s}^2)) \cdot (0,37)^4\ \text{cm}^4/(8 \cdot 0,0122\ \text{g}/(\text{cm/s}) \cdot 1,0\ \text{cm})$$
$$= 0,23\ \text{cm}^3/\text{s}.$$

Die Strömungsgeschwindigkeit ist:

$$dV/(dt \cdot F) = u = 0,53\ \text{cm/s}.$$

Nach Berechnungen über die in Abschnitt 6.2 aufgestellten Beziehungen über die hypothetische Bürette liegt die Strömungsgeschwindigkeit in der Anfangsphase bei etwa u = 0,91 cm/s.

Da sich nicht die Flüssigkeit bewegt und eine Reibung an der Gefäßwand kaum vorhanden ist, kann das Hagen-Poiseuillesche Gesetz nur eingeschränkt gültig sein. Für Lochbohrungen mit Durchmessern ab 0,5 cm und einer Wandstärke von 3 mm liefert das Gesetz eine gute Übereinstimmung mit den gefundenen Strömungsgeschwindigkeiten. Bei dieser Berechnung ist die Wand sehr dünn und die Reibung an der Wand daher minimal.

Bei Berechnungen für sehr kleine Lochbohrungen wird eine ungefähre Strömungsgeschwindigkeit von u = 0,13 cm/s nach dem Hagen-Poiseuilleschen Gesetz erhalten. Tatsächlich liegen die ungefähren Strömungsgeschwindigkeiten auch bei kleinen Löchern über 1,0–1,5 cm/s in der Anfangsphase. Eine Reibung an der Rohrwandung ist kaum vorhanden.

6.6 Schlussfolgerungen

Mit der Konduktometrie lassen sich Strömungsvorgänge durch die Diffusion gut verfolgen.

Mit den Vierkammernsystemen lassen sich Wahrscheinlichkeiten für Stoffbewegungen besser überprüfen. Nach weniger als 60 s sind bereits erste Ionen in die vierte

Zellkammer eingedrungen, sodass destilliertes Wasser dem gelösten Ion auf der Wanderung kaum ein Hindernis darstellt. Ähnlich wie das Vakuum für ein Gas besitzt destilliertes Wasser für Ionen nur einen sehr geringen Reibungswiderstand. Die Maximalgeschwindigkeit von Ionen kann über 1 cm/s betragen. Je konzentrierter eine Lösung ist, desto geringer wird die mittlere freie Weglänge von Ionen in Lösung, da es zu Wechselwirkungen mit den anderen Teilchen kommt.

Im Vergleich zur Ionenwanderung im elektrischen Feld ist die Diffusion von Ionen durch Konzentrationsunterschiede in der Regel mit höheren Geschwindigkeiten verknüpft.

Die Konzentrationsänderung der Kammer, die anfänglich keine Ionen enthält, ist proportional zur Konzentration in der salzhaltigen Lösung. Die Integration über Zeit und Konzentration ergibt immer eine Konstante k_D. Wird k_D durch die Fläche der Öffnung dividiert, erhält man eine charakteristische Konstante für jede Lösung. Bei einigen Lösungen, z. B. für Schwefelsäure, ist keine Konstante feststellbar. Dies liegt daran, dass sich durch die schnellere Wanderung von Oxoniumionen bald ein positives Potenzial aufbaut, das die weitere Diffusion von Oxonumionen behindert und nun vollständig abhängig von der Wanderung des Sulfats wird.

Der Diffusionskoeffizient ist eine veränderliche Größe, er ist abhängig vom Konzentrationsunterschied der Lösung. Nach kurzen Messzeiten besitzt er höhere Werte als nach längeren Messzeiten. Der Grund liegt in den unterschiedlichen osmotischen Drücken und Dichten der Lösungen; diese Kräfte bewirken zu Beginn eine hohe Strömungsgeschwindigkeit.

Literatur

[1] Nernst W. *Theoretische Chemie vom Standpunkte der Avogadroschen Regel und der Thermodynamik.* Stuttgart: Verlag von Ferdinand Enke, 1907. S. 369–371, 157.
[2] Wedler G. *Lehrbuch der Physikalischen Chemie.* Weinheim: Verlag Chemie GmbH, 1982. S. 698.
[3] Weast RC. *Handbook of Chemistry and Physics, 85th Edn.* 94. Boca Raton: CRC Press, 2013. S. 5–76/77. ISBN 978-1-4665-7114-3.
[4] Wedler G. *Lehrbuch der Physikalischen Chemie.* Weinheim: Verlag Chemie GmbH, 1982. S. 707.
[5] Weast RC. *Handbook of Chemistry and Physics.* Florida: CRC Press, 1979. S. D-244.

7 Bestimmung der Gasvolumina an Elektroden

7.1   Einleitung —— 126

7.2   Benötigte Geräte und Materialien —— 126

7.3   Versuchsvorbereitung und Versuchsdurchführung —— 126

7.4   Versuchsauswertung —— 128

7.5   Ergänzende Auswertungen zur Abhängigkeit der Stromstärke
        von der Elektrodenfläche der Anode —— 130

https://doi.org/10.1515/9783110425666-008

7.1 Einleitung

Die Wasserelektrolyse mit der Bildung von Sauerstoff und Wasserstoff ist aus dem Schulunterricht gut bekannt. An der Anode entwickelt sich Sauerstoff, an der Kathode Wasserstoff. Die Gasmengen an den Elektroden lassen sich beispielsweise mit dem Hofmannschen Zersetzungsapparat bestimmen. Die entstehenden Gasvolumina von Wasserstoff zu Sauerstoff stehen im Verhältnis 2 : 1.

Im Wesentlichen dient der folgende Versuch dazu, die Vorteile des Faradayschen Gesetzes zur Berechnung des Stoffumsatzes zu verdeutlichen.

Die von mir entwickelten Elektrodenhalterungen mit Gasbürette ermöglichen interessante Elektrolysen mit anderen Elektrodenmaterialien als Platin. Für einen Elektrolyseversuch zur Gasbestimmung ist es von großem Vorteil, wenn die Stromstärke über einen möglichst langen Zeitraum annähernd konstant bleibt, damit nach dem Faradayschen Gesetz der Umsatz möglichst exakt bestimmt werden kann. Da während der Elektrolyse das entstehende Gas den Draht freilegt, sollte sich auch die Stromstärke ändern. Interessant wäre es, die Abhängigkeit der Stromstärke zur Elektrodenfläche bei konstanter Spannung zu ergründen.

Ein kleines Experiment soll die Nützlichkeit der Elektrodenhalterungen verdeutlichen.

7.2 Benötigte Geräte und Materialien

- Ein Netzgerät;
- zwei Anschlusskabel;
- mehrere Klemmen;
- zwei Multimeter;
- zwei Elektrodenhalterungen mit Gasbürette (Platinblech, platinierter Titandraht);
- 50 mL-Plastikspritze;
- Uhr;
- Elektrolysezelle (mit zwei Halbzellen [jeweils etwa 95 mL], die durch eine kreisrunde Öffnung von 1 cm Durchmesser verbunden sind);
- 200 mL 1-M-Schwefelsäure.

7.3 Versuchsvorbereitung und Versuchsdurchführung

Nach Anschluss von Kabeln, Klemmen, Elektrodenhaltern, Netzgerät (analog Kapitel 2, Abb. 2.4, 2.8) wird die Elektrolysezelle mit 180 mL 1-M-Schwefelsäure gefüllt. Die Elektrodenhalter mit Gasbürette werden mit 30–50 mL Lösungsmittel gefüllt, dann wird der Schlauch mit einem Quetschhahn wieder verschlossen, sodass die Elektrodenhalter gasdicht sind. Als Anode für den einen Elektrodenhalter (Skalierung: oben

Abb. 7.1: Elektrolysezelle mit Elektrodenhaltern.

0 mL, unten 50 mL) wurde ein platinierter Titandraht, der lotrecht mit einem Durchmesser von 2 mm und einer Länge von 12 cm in die Lösung hineinragt, gewählt. Als Kathode dient ein Platinblech.

Nach Ansaugen mit der Spritze zeigte sich ein Gasvolumenstand von 13,5 mL auf der Skala. Die Spitze des platinierten Titandrahtes ragte bis zum Balken der Skalierung von 45 mL (genauer 45,5 mL) in den unteren Teil der Gasbürette hinein. Insgesamt tauchen 32 mL der Skalierung in die verdünnte Schwefelsäure; 1 mL auf der Skalierung entspricht einer tatsächlichen Länge von 0,18 cm auf dem Draht. Das Platinblech der kathodischen Gasbürette befindet sich vollständig (bei ca. 48 mL) in der Lösung.

Der Bürettenstand der Kathode liegt zu Beginn bei 5 mL. Der Startzeitpunkt der Elektrolyse wird durch Ablesung der Uhrzeit notiert. Mit dem Netzgerät wird nun eine Spannung von 3,64 V eingestellt, die Stromstärke liegt bei I = 0,056 A (Abb. 7.1). Im weiteren Verlauf der Elektrolyse werden nun nach frei gewählten Zeitperioden die Zeit, die Stromstärke, die Spannung, der Bürettenstand der Anode, der Bürettenstand der Kathode notiert (Abb. 7.2). Die Tab. 7.1 zeigt die gemessenen Werte an.

Tab. 7.1: Entstandene Gasvolumina einer Elektrolyse mit 1-M-Schwefelsäure.

Uhrzeit	I (A)	H_2 (mL) abgelesen	H_2 (mL) entstanden	O_2 (mL) abgelesen	O_2 (mL) entstanden
16:44:00	0	5	0	13,5	0
17:01:00	0,056	12	7	16,5	3
17:10:00	0,054	16	11	18,5	5
17:20:00	0,053	20,5	15,5	20,5	7
17:35:00	0,052	26	21	23,5	10
17:45:00	0,051	30,5	25,5	25,5	12
18:03:00	0,050	37	32	28,5	15
18:20:00	0,051	6,5	38,5	32,5	19
18:50:00	0,051	19,5	51,5	32,5	19
19:07:00	0,045	25,5	57,5	41,5	28

(a)   (b)

(c)   (d)

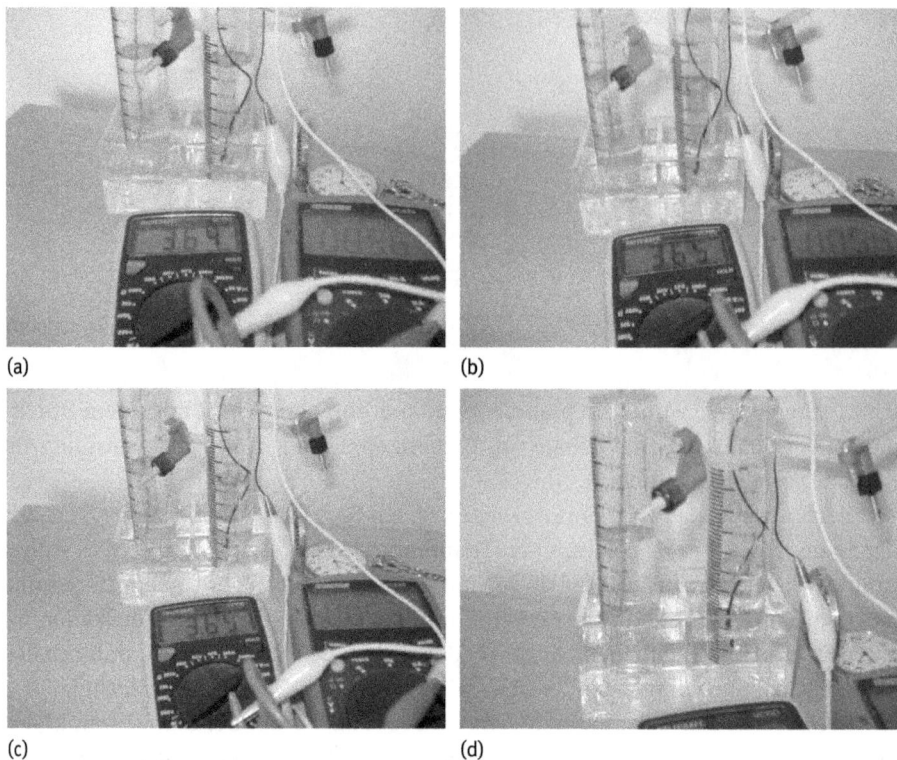

Abb. 7.2: Elektrolyse mit abnehmender Anodenfläche. Veränderung der Stromstärke nach a: 17 min, b: 26 min, c: 36 min, d: 56 min.

7.4 Versuchsauswertung

Entsprechend dem Faradayschen Gesetz können anhand der Stromstärke die Gasvolumina von Wasserstoff und Sauerstoff auch theoretisch berechnet werden.

Das Faradaysche Gesetz, Gl. (1.4) lautet:

$$n_i = m/M = I \cdot t/(F \cdot z) \, .$$

Für die Reduktion an der Kathode gilt:

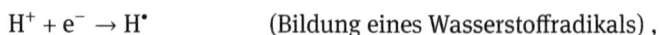

$$H^+ + e^- \rightarrow H^\bullet \qquad \text{(Bildung eines Wasserstoffradikals)} \, ,$$
$$H^\bullet + H^\bullet \rightarrow H_2 \qquad \text{(Bildung eines Wasserstoffmoleküls)} \, .$$

Für die Kathodenreaktion ist $z = 1$, weil genau ein Elektron ausreicht, um das Wasserstoffkation zum Wasserstoffradikal zu reduzieren.

Da zwei Wasserstoffatome ein Molekül Wasserstoffgas unter Normalbedingungen ergeben, muss die Äquivalentmenge mit zwei multipliziert werden, um die Molmenge des Wasserstoffgases zu erhalten.

Zur Berechnung der Molmenge Wasserstoffgas ergibt sich nach dem Faraday-schen Gesetz:

$$n_i = I \cdot t/(2 \cdot 96.485\,\text{As/mol})\,.$$

Für die Oxidation des Sauerstoffanions an der Anode gilt:

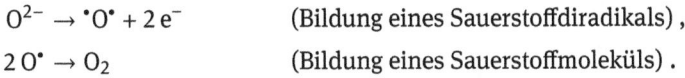

$$O^{2-} \rightarrow {}^{\bullet}O^{\bullet} + 2\,e^- \qquad \text{(Bildung eines Sauerstoffdiradikals)}\,,$$
$$2\,O^{\bullet} \rightarrow O_2 \qquad \text{(Bildung eines Sauerstoffmoleküls)}\,.$$

Bei der anodischen Oxidation eines Sauerstoffdianions werden zwei Elektronen an die Anode abgegeben; folglich ist nach dem Faradayschen Gesetz $z = 2$. Analog zum Wasserstoffmolekül werden auch für das Sauerstoffmolekül zwei Sauerstoffdiradikale benötigt.

Daher ergibt sich nach dem Faradayschen Gesetz:

$$n_i = I \cdot t/(4 \cdot 96.485\,\text{As/mol})\,.$$

Nach dem allgemeinen Gasgesetz gilt ferner:

$$p \cdot V_{El} = n_i \cdot R \cdot T \qquad (7.1)$$

oder auch

$$V_{El} = n_i \cdot R \cdot T/p\,.$$

Nach Einsetzen von R, T, p in die Gl. (7.1) berechnet sich das Gasvolumen an den Elektroden bei 22 °C und Normaldruck ($p^0 = 1,013 \cdot 10^5\,\text{N} \cdot \text{m}^2 = 1\,\text{atm}$) zu:

$$V_{El} = n_i \cdot (8,31 \cdot 295/1,013 \cdot 10^5\,\text{m}^3/\text{mol}) = n_i \cdot 24.200\,\text{mL/mol}\,. \qquad (7.2)$$

Dabei sind V_{El} das Volumen (mL) der Ablesung auf der Gasbürette, n_i (mol) die Molzahl eines entstandenen Gases bei einer Elektrolyse (Berechnung nach dem Faradayschen Gesetz).

Aus dem Faradayschen Gesetz in Verbindung mit dem allgemeinen Gasgesetz lässt sich daher sehr einfach das Gasvolumen während einer Elektrolyse berechnen, falls nur Wasserstoff und Sauerstoff während der Elektrolyse entstehen.

Die Tab. 7.2 zeigt eine gute Übereinstimmung mit den ermittelten Gasvolumina der Elektrodenhalter.

Falls auch der gegenwärtige Luftdruck (relativer Fehler liegt bei etwa 2 %) vor Beginn der Messung exakt bestimmt worden ist, können sehr exakte Ergebnisse erhalten werden, sodass beispielsweise ein Amperemeter geeicht werden könnte.

Tab. 7.2: Theoretische Berechnung der Gasvolumina nach dem Faradayschen Gesetz.

Uhrzeit	I (A)	Mol H_2	mL (H_2)	Mol O_2	mL (O_2)
16:44:00	0,056	0,0000	0	0,0000	0
17:00:00	0,056	0,00028	6,8	0,00014	3,4
17:10:00	0,054	0,00017	10,9	0,00008	5,4
17:20:00	0,053	0,00016	15,0	0,00008	7,5
17:35:00	0,052	0,00024	20,9	0,00012	10,4
17:45:00	0,051	0,00016	24,8	0,00008	12,4
18:03:00	0,050	0,00028	31,7	0,00014	15,8
18:20:00	0,053	0,00028	38,5	0,00014	19,2
18:50:00	0,051	0,00047	50,0	0,00023	25,0
19:07:00	0,045	0,00024	55,8	0,00012	27,9

7.5 Ergänzende Auswertungen zur Abhängigkeit der Stromstärke von der Elektrodenfläche der Anode

Da die Kathodenfläche während der Elektrolyse konstant bleibt, ändert sich ausschließlich die Anodenfläche. Die Berechnung der Elektrodenfläche des lotrechten Drahtes, der in die Elektrolytlösung eintaucht, ist sehr einfach.

In Abschnitt 7.3 wurden bereits Angaben zur platinierten Titananode gemacht. Die Drahtlänge, die in die Lösung taucht, beträgt zu Beginn der Elektrolyse $L = 32$ Einheiten $\cdot$ 0,18 cm = 5,76 cm.

Aus der Formel zur Oberfläche eines Zylinders (ohne obere Kreisfläche!) lässt sich zu jedem Zeitpunkt der Elektrolyse die Elektrodenfläche berechnen.

Nimmt man an, dass die Änderung der Stromstärke (dI) zum Quotienten der Flächenänderung (dA) proportional (mit Konstante CF) zur Änderung der Stromstärke (I) ist, könnte die Abhängigkeit in die folgende Differenzialgleichung gefasst werden:

$$dI/dA = CF \cdot I$$

oder

$$\frac{dI}{I} = CF \cdot dA .$$

Integration der Differenzialgleichung ergibt:

$$\int \frac{dI}{I} = CF \cdot \int dA ,$$

$$\ln I = CF \cdot A ,$$

$$I = C2 \cdot e^{CF \cdot A} ,$$

$$C2 = \frac{I}{e^{CF \cdot A}} . \tag{7.3}$$

Für CF = 0,05 beträgt die Konstante C2 = 0,043 (Tab. 7.3).

Tab. 7.3: Abhängigkeit der Stromstärke von der Elektrodenoberfläche.

Uhrzeit	Zeit (min)	I (A)	Äquivalente nach Faraday	Milliliter O_2-Gas	Einheiten	A (cm^2)	I/A	I / Exp(0,05 · A)
16:44:00	0	0,0580	0,00000	0	32	3,67		0,0435
17:00:00	16	0,0560	0,00028	3,41	28,59	3,28	0,0171	0,0433
17:10:00	10	0,0540	0,00017	2,06	26,53	3,05	0,0177	0,0425
17:20:00	10	0,0530	0,00016	2,02	24,51	2,82	0,0188	0,0425
17:35:00	15	0,0520	0,00024	2,97	21,54	2,48	0,0209	0,0428
17:45:00	10	0,0510	0,00016	1,94	19,6	2,26	0,0225	0,0428
18:03:00	18	0,0500	0,00026	3,24	16,36	1,9	0,0264	0,0432
18:20:00	17	0,0530	0,00030	3,63	12,73	1,48	0,0357	0,0473
18:50:00	30	0,0490	0,00046	5,6	7,13	0,85	0,0578	0,0460
19:00:00	10	0,0450	0,00014	1,71	5,41	0,65	0,0688	0,0429
19:07:00	7	0,0430	0,00009	1,15	4,27	0,52	0,0821	0,0414
Pause bis 19:46								
19:50:00	4	0,0340	0,00004	0,52	3,75	0,465	0,0731	0,0329
20:00:00	10	0,0280	0,00009	1,07	2,68	0,344	0,0813	0,0273
20:13:00	13	0,0270	0,00011	1,34	1,35	0,193	0,1401	0,0267
20:17:00	4	0,0270	0,00003	0,41	0,94	0,146	0,1849	0,0268
20:18:00	1	0,0240	0,00001	0,09	0,84	0,136	0,1769	0,0238
20:20:00	2	0,0230	0,00001	0,18	0,67	0,116	0,1986	0,0229
20:22:00	2	0,0210	0,00001	0,16	0,51	0,098	0,2150	0,0209
20:23:00	1	0,0200	0,00001	0,08	0,43	0,089	0,2247	0,0199
20:24:00	1	0,0190	0,00001	0,07	0,36	0,081	0,2351	

Die Konstanten CF und C2 sind rein empirisch hergeleitet und basieren auf keiner mathematischen Berechnungsvorschrift (Tab. 7.3). Denkbar wäre es, dass die Konstante CF mit dem oxidierten Raumvolumen pro Sekunde (ΔV), dem Diffusionskoeffizienten (D) und der Wanderungsgeschwindigkeit von Wasserteilchen (u) in Zusammenhang steht (z. B. CF = $\Delta V \cdot u/D$).

Betrachtet man nicht die Elektrodenfläche vor der Elektrode, sondern den sehr dünnen Zylindermantel, der sich bei abnehmender Elektrodenfläche etwas in den Raum ausdehnt, wird die angegebene Differenzialgleichung verständlicher.

Bei einer sehr kleinen Anodenfläche führt die Diffusionsüberspannung zu einer Abweichung der Differenzialgleichung (Widerstandserhöhung zwischen Faktor eins bis zwei).

Bei der angelegten Spannung von 3,64 V wird die Stromdichte niemals größer als 0,27 A/cm^2. Dies ist also die Grenzstromdichte bei der gewählten Säurekonzentration für die Oxidation von Wassermolekülen zu Sauerstoff in 1-M-H_2SO_4.

Zu Beginn der Elektrolyse nimmt die Stromdichte je Zeitabschnitt deutlich zu. Am Ende der Elektrolyse ändert sich die Stromdichte kaum noch. Die Stromdichte ist bei konstanter Spannung und veränderlicher Anodenfläche daher keine konstante Größe.

Interessant ist die Berechnung der Zahl von oxidierten Teilchen in einer Zylinderschicht.

Für das Volumen einer Zylinderschale gilt:

$$\Delta V = \pi \cdot \left(R_{OX}^2 - a^2 \right) \cdot h \; . \tag{7.4}$$

R_{OX}: Radius der Elektrode + Länge (cm) der aufliegenden Schicht mit Wasser, die pro
   Sekunde an der Elektrode zu Gas umgesetzt wird;
a: Radius der Elektrode (cm);
h: Eintauchtiefe (cm) einer Drahtelektrode.

Nimmt man an, dass alle Wassermoleküle in der Zylinderschale oxidiert werden, dann muss die Zahl der in ΔV enthaltenen Wassermoleküle genau der nach dem Faraday-Gesetz errechneten Molmenge entsprechen. Da die eintauchende Fläche des Drahtes während der Elektrolyse immer weiter abnimmt, muss sich der Durchmesser der Zylinderschale immer weiter erhöhen. Zum Ende der Elektrolyse werden nur noch Wassermoleküle durch Diffusion in die Zylinderschale herangeschafft.

Die Zahl der pro Sekunde oxidierten Wasserteilchen ($Z1$) ist:

$$Z1 = I/ \left(F \cdot 2 \right) = I \left(A \right) / \left(2 \cdot 96.485 \, As \right) \; . \tag{7.5}$$

Für das differenzielle Volumenelement des Zylindermantels
berechnet sich die Zahl der Wassermoleküle ($Z2$) im Raumelement:

$$Z2 = \Delta V \left(cm^3 \right) \cdot 1/18 \left(g/cm^3 \right) \cdot \left(6{,}023 \cdot 10^{23} \right) \tag{7.6}$$

und nach Gleichsetzung von $Z1 = Z2$

$$I \left(A \right) / \left(2 \cdot 96.485 \, As \right) = \Delta V \left(cm^3 \right) \cdot 1/18 \left(g/cm^3 \right) \cdot \left(6{,}023 \cdot 10^{23} \right) \; . \tag{7.7}$$

Für ΔV wird das Volumen der Zylinderschale nach Gl. (7.4) eingesetzt, und nach dieser Berechnungsvorschrift lässt sich der entsprechende Radius des Zylindermantels (ΔV) mit oxidierten Wassermolekülen je Sekunde berechnen. Die nachfolgende Tab. 7.4 gibt Aufschluss über die Berechnungen.

Die Sauerstoffatome des Wassers, die in jeder Sekunde durch elektrolytische Prozesse aus der Zylinderschicht vor der Elektrode entzogen werden, müssen durch neue Wasserteilchen ersetzt werden, damit die elektrolytische Bilanz vor der Elektrode konstant bleibt. $Z2$ muss durch die Elektrodenfläche dividiert werden, um die Diffusion ($D1$) bezogen auf 1 cm² zu erhalten. Aus den ermittelten Zahlen von $D1$ lässt sich der jeweilige Diffusionskoeffizient (D) für Wasser zu jedem Zeitpunkt bestimmen.

Es ist:

$$D = D1/ (N_A \cdot 1/18) \; .$$

Der maximale Diffusionskoeffizient (20:22:00) für Wasser bestimmt sich bei dieser Elektrolyse etwa zu $D = 4 \cdot 10^{-5}$ cm²/s, wenn die Bildung von Sauerstoffgasbläschen vor der Elektrode nicht beachtet werden würde. Da Gl. (7.3) im Bereich der kleinen Elektrodenfläche zunehmend Mängel aufweist, ist mit einer Beeinflussung der Gasentwicklung zu rechnen.

Tab. 7.4: Bestimmung des Zylindermantels der Wasseroxidationsschicht.

Uhrzeit	I (A)	Dicke des Zylindermantels (cm)	Volumen des Zylindermantels (cm³)	Zahl Wasserteilchen im Zylinder (Z2)	Nach Faraday Zahl der umgesetzten Wassermoleküle (Z1)	D1 Diffusion von Wassermolekülen durch 1 cm²
16:44:00						
17:00:00	0,056	$1{,}62 \cdot 10^{-6}$	$5{,}24 \cdot 10^{-6}$	$1{,}75 \cdot 10^{17}$	$1{,}75 \cdot 10^{17}$	$5{,}41 \cdot 10^{16}$
17:10:00	0,054	$1{,}68 \cdot 10^{-6}$	$5{,}04 \cdot 10^{-6}$	$1{,}69 \cdot 10^{17}$	$1{,}69 \cdot 10^{17}$	$5{,}62 \cdot 10^{16}$
17:20:00	0,053	$1{,}79 \cdot 10^{-6}$	$4{,}96 \cdot 10^{-6}$	$1{,}66 \cdot 10^{17}$	$1{,}65 \cdot 10^{17}$	$5{,}97 \cdot 10^{16}$
17:35:00	0,052	$1{,}99 \cdot 10^{-6}$	$4{,}85 \cdot 10^{-6}$	$1{,}62 \cdot 10^{17}$	$1{,}62 \cdot 10^{17}$	$6{,}67 \cdot 10^{16}$
17:45:00	0,051	$2{,}10 \cdot 10^{-6}$	$4{,}65 \cdot 10^{-6}$	$1{,}56 \cdot 10^{17}$	$1{,}59 \cdot 10^{17}$	$7{,}19 \cdot 10^{16}$
18:03:00	0,050	$2{,}50 \cdot 10^{-6}$	$4{,}62 \cdot 10^{-6}$	$1{,}55 \cdot 10^{17}$	$1{,}56 \cdot 10^{17}$	$8{,}44 \cdot 10^{16}$
18:20:00	0,053	$3{,}50 \cdot 10^{-6}$	$5{,}04 \cdot 10^{-6}$	$1{,}68 \cdot 10^{17}$	$1{,}65 \cdot 10^{17}$	$1{,}15 \cdot 10^{17}$
18:50:00	0,049	$5{,}70 \cdot 10^{-6}$	$4{,}59 \cdot 10^{-6}$	$1{,}54 \cdot 10^{17}$	$1{,}53 \cdot 10^{17}$	$1{,}90 \cdot 10^{17}$
19:00:00	0,045	$6{,}80 \cdot 10^{-6}$	$4{,}16 \cdot 10^{-6}$	$1{,}39 \cdot 10^{17}$	$1{,}40 \cdot 10^{17}$	$2{,}29 \cdot 10^{17}$
19:07:00	0,043	$8{,}30 \cdot 10^{-6}$	$4{,}00 \cdot 10^{-6}$	$1{,}34 \cdot 10^{17}$	$1{,}34 \cdot 10^{17}$	$2{,}78 \cdot 10^{17}$
Pause bis 19:46						
19:50:00	0,034	$7{,}50 \cdot 10^{-6}$	$3{,}18 \cdot 10^{-6}$	$1{,}06 \cdot 10^{17}$	$1{,}06 \cdot 10^{17}$	$2{,}50 \cdot 10^{17}$
20:00:00	0,028	$8{,}60 \cdot 10^{-6}$	$2{,}61 \cdot 10^{-6}$	$8{,}73 \cdot 10^{16}$	$8{,}74 \cdot 10^{16}$	$2{,}88 \cdot 10^{17}$
20:13:00	0,027	$1{,}66 \cdot 10^{-5}$	$2{,}53 \cdot 10^{-6}$	$8{,}45 \cdot 10^{16}$	$8{,}43 \cdot 10^{16}$	$5{,}54 \cdot 10^{17}$
20:17:00	0,027	$2{,}38 \cdot 10^{-5}$	$2{,}52 \cdot 10^{-6}$	$8{,}42 \cdot 10^{16}$	$8{,}43 \cdot 10^{16}$	$7{,}97 \cdot 10^{17}$
20:18:00	0,024	$2{,}35 \cdot 10^{-5}$	$2{,}24 \cdot 10^{-6}$	$7{,}50 \cdot 10^{16}$	$7{,}49 \cdot 10^{16}$	$7{,}85 \cdot 10^{17}$
20:20:00	0,023	$2{,}84 \cdot 10^{-5}$	$2{,}15 \cdot 10^{-6}$	$7{,}18 \cdot 10^{16}$	$7{,}18 \cdot 10^{16}$	$9{,}50 \cdot 10^{17}$
20:22:00	0,021	$3{,}40 \cdot 10^{-5}$	$1{,}95 \cdot 10^{-6}$	$6{,}54 \cdot 10^{16}$	$6{,}55 \cdot 10^{16}$	$1{,}14 \cdot 10^{18}$
20:23:00	0,020	$3{,}80 \cdot 10^{-5}$	$1{,}86 \cdot 10^{-6}$	$6{,}21 \cdot 10^{16}$	$6{,}24 \cdot 10^{16}$	$1{,}28 \cdot 10^{18}$
20:24:00	0,019	$4{,}35 \cdot 10^{-5}$	$1{,}77 \cdot 10^{-6}$	$5{,}92 \cdot 10^{16}$	$5{,}93 \cdot 10^{16}$	$1{,}46 \cdot 10^{18}$
20:25:00	0,018	$5{,}10 \cdot 10^{-5}$	$1{,}68 \cdot 10^{-6}$	$5{,}62 \cdot 10^{16}$	$5{,}62 \cdot 10^{16}$	$1{,}70 \cdot 10^{18}$
20:26:00	0,017	$6{,}20 \cdot 10^{-5}$	$1{,}59 \cdot 10^{-6}$	$5{,}32 \cdot 10^{16}$	$5{,}31 \cdot 10^{16}$	$2{,}07 \cdot 10^{18}$
20:27:00	0,016	$2{,}64 \cdot 10^{-3}$	$1{,}49 \cdot 10^{-6}$	$5{,}00 \cdot 10^{16}$	$4{,}99 \cdot 10^{16}$	$2{,}60 \cdot 10^{18}$

Abhängigkeit der Stromstärke von dem die Elektrode umgebenden Zylindermantel mit oxidierbaren Wassermolekülen

Die Schichtdicke des Zylindermantels mit Wassermolekülen zu Beginn der Elektrolyse beträgt nur $1,6 \cdot 10^{-6}$ cm, d. h., die benötigte Schichtdicke des Zylindermantels beträgt etwa 160 Lagen mit Wassermolekülen, die für die elektrolytische Oxidation pro Sekunde benötigt werden. Diese Schicht kann sich während der Elektrolyse auf bis zu 5000 Lagen mit Wassermolekülen verbreitern.

Die Geschwindigkeit, mit der Wassermoleküle die Elektrode erreichen und als Gas die Elektrode wieder verlassen, muss sehr hoch sein. Unter Umständen findet der Elektronentranfer auch über einen breiteren Raumbereich vor der Elektrode und nicht ausschließlich auf der Oberfläche der Elektrode statt.

Einige Anoden besitzen eine Oxidschicht (Bleioxid, Eisenoxid) und erlauben die Sauerstoffentwicklung an der Oxidschicht, sodass der metallische Charakter und die Elektrodenfläche nicht alleiniges Merkmal von Anoden sein können. Es gibt viele Metalle, die sich besonders schlecht als Anoden eignen, z. B. Aluminium, Niob und Tantal. Diese Metalle besitzen eigentlich keine sehr schlechte elektrische Leitfähigkeit, sodass andere Faktoren den Ladungsdurchtritt erschweren müssen.

Mögliche Faktoren für eine verschlechterte Sauerstoffbildung an Anoden könnten das magnetische Moment oder die magnetische Suszeptibilität sein. Für Aluminium und Niob ist das magnetische Moment sehr groß, für Silber und Kupfer ist es eher klein.

Das entstehende Sauerstoffmolekül besitzt zwei ungepaarte Elektronen; es ist paramagnetisch.

Bei jeder Art von Strom baut sich auch ein magnetisches Feld auf. Widerstände bewirken eine Spannung und vermindern den Strom. Bei einer Elektrolyse setzt sich die Gesamtspannung vermutlich aus zwei Komponenten zusammen: eine Teilspannung durch den Kehrwert der Leitfähigkeit der Lösung (U_{EL}) und eine magnetische Induktivität (U_I, erzeugt aus dem magnetischen Beitrag der Elektrode [L: Induktivität] und dem Sauerstoffdiradikal, die dem Strom entgegenwirkt).

Für einen Widerstand und eine Spule sind die Gesetze in einführenden Lehrbüchern der Physik [1] beschrieben.

$$R \cdot I = U_{EL} + U_I \, ,$$
$$R \cdot I = U_{EL} - L \cdot dI/dt \, ,$$
$$R \cdot I - U_{EL} = -L \cdot dI/dt \, ,$$
$$R \cdot (I - (U_{EL}/R)) = -L \cdot dI/dt \, ,$$
$$R/L \cdot dt = dI/(I - (U_{EL}/R)) \, ,$$
$$(-R/L) \cdot \int dt = \int dI/(I - (U_{EL}/R)) \, . \tag{7.8}$$

Nach Integration der Zeit t zwischen 0 und t und der Stromstärke zwischen 0 und I ergibt sich:

$$\ln e^{(-R/L)\cdot t} = \ln (I - (U_{EL}/R)) - \ln (-U_{EL}/R)$$

oder

$$(-U_{EL}/R) \cdot e^{(-R/L)\cdot t} = I - (U_{EL}/R) \ ,$$
$$I = (U_{EL}/R) \cdot \left(1 - e^{(-R/L)}\right) . \tag{7.9}$$

Die Stromstärke der Anode sinkt, wenn die magnetische Induktivität L der Elektrode durch Sauerstoffbildung beeinflusst wird.

Die charakteristische Überspannung an dem Anodenmetall könnte im Zusammenhang mit dem magnetischen Moment des Elektrodenmaterials stehen.

Betrachtet man den Faktor $(1 - e^{(-R/L)}) = T$ und wählt $R = 0,1$ und für L verschiedene Induktivitäten von $L1$–$L4$, z. B. $L1$(Aluminium) $= 3,6$, $L2$(Platin) $= 0,6$, $L3$(Silber) $= 0,1$, $L4$(Gold) $= 0,15$, so erhält man für $T1 = 0,03$, $T2 = 0,15$, $T3 = 0,49$, $T4 = 0,63$. Die Faktoren $T1$–$T4$ sollten direkt mit der Stromstärke proportional sein. Für Aluminium, Platin, Silber, Gold wurden die Zahlenwerte der kernmagnetischen Momente aus dem *Handbook of Chemistry and Physics, 60th Edition* gewählt. Möglicherweise ist es ein Zufall, dass Aluminium eine sehr schlechte Anode, Platin eine hohe Sauerstoffüberspannung, dagegen Gold und Silber nur geringe Sauerstoffüberspannungen aufweisen. Bei anderen metallischen Elementen ist dieser Zusammenhang jedoch weniger leicht zu führen. Möglicherweise ist die magnetische Suszeptibilität ebenfalls von Bedeutung.

Die Konstante CF in der entwickelten Differenzialgleichung nach Gl. (7.3) könnte auch im Zusammenhang mit der veränderten Induktivität L durch die Raumelemente mit den paramagnetischen Sauerstoffmolekülen stehen.

Literatur

[1] Finn E, Alonso M. *Physik*. Amsterdam: Inter European edn., 1977. S. 484–485.

8 Messung des Zellwiderstandes mit einer Wheatstoneschen Brückenschaltung

8.1   Wheatstonesche Brückenschaltung —— 137

8.2   Widerstand einer 1-M-KCl-Lösung —— 141

8.3   Simulationssoftware —— 144

https://doi.org/10.1515/9783110425666-009

Eine Elektrolysezelle verhält sich in einem Stromkreis wie ein Widerstand. Die Spannung zwischen den Elektroden wird durch die Art des Elektrolyten, den Elektrodenabstand, die Flächen und die Geometrie der Elektroden, durch das chemische Potenzial einer Reaktion, die Überspannungen an Kathode und Anode bestimmt.

Entsprechend der Gl. (1.2) in Kapitel 1 ist das benötigte Gesamtpotenzial einer Elektrolysereaktion:

$$\Delta U = \Delta E^0 + \eta_{\text{Kathode}} + \eta_{\text{Anode}} + R_z \cdot I_z \ .$$

Für den Zellwiderstand gilt die Gl. (1.11):

$$R_z = (1/\chi) \cdot d/A \ .$$

Dabei sind $\chi(1/\Omega \cdot cm)$ die Leitfähigkeit der Flüssigkeit, d der Elektrodenabstand (cm), A die Elektrodenfläche (cm^2).

Der Spannungsabfall bzw. der Widerstand einer Elektrolysezelle ist mit einer Wheatstoneschen Brückenschaltung messbar. Durch einen Wechselstrom lassen sich alle chemischen Umsetzungen und die Überspannungen an den Elektroden vermeiden. Dadurch wird nur der Zellwiderstand der Elektrolysezelle bestimmt. Natürlich lässt sich auch die Leitfähigkeit einer Lösung mit dieser Methode bestimmen.

8.1 Wheatstonesche Brückenschaltung

Entsprechend der physikalischen Definition fließt der elektrische Strom vom Pluszum Minuspol.

Nach dem ersten Kirchhoffschen Gesetz ist an jedem Verzweigungspunkt die Summe aller zufließenden Ströme gleich der Summe aller abfließenden Ströme.

Aus dem zweiten Kirchhoffschen Gesetz folgt, dass die Summe aller Potenzialunterschiede in einem geschlossenen Weg null ist. Mit diesen Gesetzen lassen sich Stromstärken, Spannungsabfälle durch Widerstände in einem Stromkreis leicht berechnen.

Seit einiger Zeit sind Simulationsprogramme für elektronische Schaltungen auf dem Markt [1].

Bei der Wheatstoneschen Brücke (Abb. 8.1) wird ein Widerstand derart abgeglichen, dass die Spannung am Voltmeter zwischen den Widerstandspaaren null wird.

Nach dem zweiten Kirchhoffschen Gesetz ist die Summe der Potenzialunterschiede in einem geschlossenen Weg null.

Für den mit Pfeilen markierten Weg gilt:

$$R_2 \cdot I_2 + (\text{Spannung Voltmeter}) + R_1 \cdot (-I_1) = 0 \ .$$

Da der Pfeil bei R_1 auf dem geschlossenen Weg gegen die physikalische Stromrichtung weist, muss das Vorzeichen bei I_1 negativ sein.

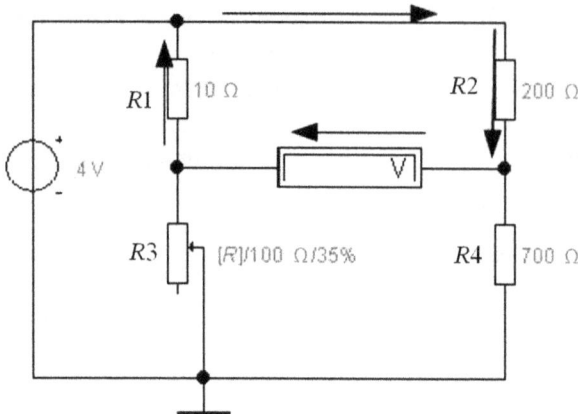

Abb. 8.1: Wheatstonesche Brückenschaltung.

Ebenso lässt sich der zweite Weg über den Widerstand R_4 und das Potenziometer R_3 formulieren:

$$R_4 \cdot I_4 + R_3 \cdot (-I_3) + (-\text{Spannung Voltmeter}) = 0 .$$

Ist die Brücke abgeglichen, so zeigt das Voltmeter eine Spannung von 0 V an. Somit sind:

$$R_2 \cdot I_2 = R_1 \cdot I_1 \tag{8.1}$$

und

$$R_4 \cdot I_4 = R_3 \cdot I_3 . \tag{8.2}$$

Wird das erste Kirchhoffsche Gesetz für die Maschenpunkte zwischen R_2 und R_4 bzw. R_1 und R_3 angewendet, so müssen die eingehenden und ausgehenden Ströme an jedem Maschenpunkt identisch sein.

Es wird:

$$I_2 = I_4 \quad \text{und} \quad I_1 = I_3 .$$

Für Gl. (8.1) kann auch folgende Formulierung angewendet werden:

$$R_2 \cdot I_4 = R_1 \cdot I_3$$

oder auch

$$I_4 = R_1 \cdot I_3 / R_2 .$$

Nach Einsetzen von I_4 in Gl. (8.2) und Kürzen von I_3 auf beiden Seiten wird Gl. (8.2) zu:

$$R_4 / R_2 = R_3 / R_1 . \tag{8.3}$$

Beim Brückenabgleich sind die Widerstandsverhältnisse (hinterer zu vorderem Widerstand) auf beiden Seiten identisch.

Die Brücke nach Abb. 8.1 ist abgeglichen, wenn für R_3 ein 100 Ω-Potenziometer auf ca. 35 % (35 Ω) steht.

Die Stromstärken zwischen R_4/R_2 und R_3/R_1 ergeben sich aus $U/R = I$.

$$U/(R_4+R_2) = 4\,V/(700 + 200\,\Omega) = 4,44\,mA \,,$$

$$U/(R_3+R_1) = 4\,V/(35 + 10\,\Omega) = 88,9\,mA \,.$$

Wird statt des bekannten Widerstandes R_1 eine Elektrolysezelle gewählt, so kann mit dem Potenziometer der Gesamtwiderstand der Elektrolysezelle ermittelt werden.

Bei Gleichstrommessungen zeigt eine strom- und spannungslose Brücke die Abgleichung an. Der abgelesene Widerstand enthält neben der Zellspannung auch die Überspannungen an den Elektroden. Häufig liegt das Interesse ausschließlich beim Zellwiderstand der Elektrolysezelle. Bei einer Wechselstrommessung findet keine Elektrolyse statt, sondern nur eine fortwährende wechselnde Aufladung der Elektroden mit Ladungsträgern aus der Lösung. Dies erkannte bereits Kohlrausch im Jahr 1879. Bei Wechselstrom werden die Elektroden schnell positiv oder negativ aufgeladen. Die beiden Elektroden verhalten sich ähnlich wie zwei Kondensatoren im Wechselstrom, die Elektrolytlösung verhält sich wie ein einfacher Widerstand im Wechselstrom. In der Regel werden die Messungen bei einem Wechselstrom zwischen 50–20.000 Hz durchgeführt. Mit dem Potenziometer lässt sich das Spannungsminimum bei der gewählten Frequenz auffinden.

Da Strom und Spannung des Wechselstroms durch einen Kondensator phasenversetzt sind, lässt sich die Brückenschaltung nur vollständig mit einem Drehkondensator abgleichen.

Durch ein elektronisches Simulationsprogramm kann das gefundene Spannungsminimum mit dem berechneten Minimum verglichen werden. Die Kapazität und der Widerstand müssen bei der Rechnung angepasst werden.

Versuchsmaterialien [2] zur Messung von Zellwiderständen

- Zwei Potenziometer (z. B. 100 Ω, 25 Ω);
- zwei Widerstände (47 Ω, 10 Ω);
- ein Funktionsgenerator;
- eine Steckplatine, Schaltlitzen (Draht mit Kunststoffumhüllung);
- flexible Steckbrücken;
- ein Labornetzgerät oder ein Batterieclip 9 V;
- Netzkabel;
- sechs Abgreifklemmen, Lötkolben und Lötzinn;
- fünf Präparategläser (10 mL), ein Präparateglas mit durchbohrtem Deckel;
- 1-M-KCl, 25 %ige wässrige HCl, 50 %ige wässrige Schwefelsäure;
- Klebstoff (z. B. Epoxidharz) zum Befestigen der Platinbleche nach Verlötung im Präparateglas;

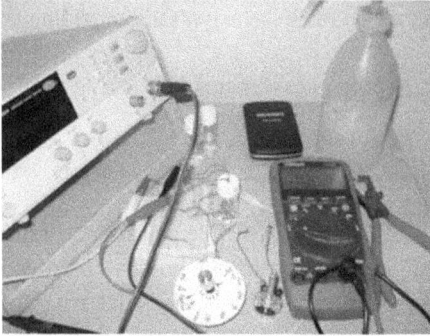

Abb. 8.2: Geräte und Materialien zur Bestimmung des Widerstandes einer Elektrolysezelle.

–   Elektrodenhalter: zwei kleine Platinbleche (je $1,5\,\text{mm} \cdot 3,0\,\text{mm} = 0,045\,\text{cm}^2$); Abstand: 4 mm;
–   ein Multimeter;
–   ein Waage, Spritzflasche mit destilliertem Wasser.

Versuchsaufbau und Durchführung

Die Widerstände und das Potenziometer werden entsprechend den obigen Vorgaben auf der Steckplatine angeordnet. Statt Widerstand R$_3$ wird eine Elektrolysezelle, d. h. das Präparategläschen mit zwei kleinen Platinelektroden und einer Elektrolytlösung, verwendet.

Der Elektrodenhalter wird durch Verlötung der isolierten Drähte mit den Platinblechen hergestellt. Anschließend werden die freien Metallteile des Lötzinns und der Schaltlitze mit Epoxidharz sorgfältig geschützt (Abb. 8.2).

Für exakte Bestimmung von Leitfähigkeiten mit einer Brückenschaltung sollten die beiden Platinelektroden eine Fläche von $1\,\text{cm}^2$ besitzen. Der Elektrodenabstand sollte 1 cm betragen.

Die beiden Widerstände R_1 und R_2 wurden mit dem Widerstandsbereich des Multimeters geprüft. Ferner wurden auch mit einer 9 V-Batterie die Stromstärke durch die Widerstände bestimmt und nach dem Ohmschen Gesetz die Widerstände berechnet.

Ein Multimeter besitzt bei Stromstärkemessungen einen Gerätewiderstand – dieser Widerstand muss zunächst bestimmt werden.

Die gekauften Widerstände besaßen nach Angaben des Herstellers Widerstandswerte von $R_1 = 10\,\Omega$ und $R_2 = 47,5\,\Omega$ mit einer Fehlertoleranz von 5 %.

Mit dem Multimeter wurden zunächst die Widerstände mit dem Widerstandsbereich des Multimeters getestet (Fehlerbereich ca. 4 %). Es ergaben sich für die Widerstände $R_1 = 10,3\,\Omega$ und $R_2 = 47,1\,\Omega$.

Anschließend wurde mit einer 9 V-Batterie die Stromstärke (durch Zwischenschaltung des Multimeters mit Strommessung in der 20 A-Buchse) durch die Widerstände bestimmt.

Bei einer Batteriespannung von 8,82 V wurden die Stromstärken von $I_1 = 691$ mA (durch R_1) und $I_2 = 181$ mA (durch R_2) bestimmt.

Das Ohmsche Gesetz muss durch den Geräteinnenwiderstand des Multimeters bei Stromstärkemessung ergänzt werden.

Die Widerstände kann man über die Formel

$$R = (U_{\text{(Batterie)}} - U_{\text{(Gerätespannung)}})/I_{\text{(gemessene Stromstärke)}}$$

bestimmen.

Für die Gerätespannung gilt:

$$U_{(G)} = R_G \cdot I_{\text{(gemessene Stromstärke)}} \cdot$$

Für das Multimeter im Bereich der Stromstärkemessung wurde ein Widerstand von etwa $R_G = 2{,}5\ \Omega$ geschätzt.

Damit ergibt sich für den tatsächlichen Widerstand:

$$R_1 = (U_{\text{(Batterie)}} - R_G \cdot I_{\text{(gemessene Stromstärke)}})/I_{\text{(gemessene Stromstärke)}}$$
$$= (8{,}82\ \text{V} - (2{,}5 \cdot 0{,}691)\text{V})/0{,}691\ \text{A} = 10{,}26\ \Omega$$

und

$$R_2 = (8{,}82\ \text{V} - (2{,}5 \cdot 0{,}181)\text{V})/0{,}181\ \text{A} = 46{,}2\ \Omega\ .$$

Der Gerätewiderstand von 2, 5 Ω des Multimeters gibt eine recht gute Übereinstimmung mit den Messwerten bei der Strommessung.

In den folgenden Berechnungen wurden die Widerstandsmesswerte des Multimeters benutzt, um den Zellwiderstand in der Brückenschaltung zu bestimmen. Die Ungenauigkeit je Widerstand kann ca. 2 % ausmachen.

8.2 Widerstand einer 1-M-KCl-Lösung

Ein Präparategläschen wird mit 1-M-KCl-Lösung gefüllt und die Kappe mit den Elektroden aufgesetzt. Mit dem Funktionsgenerator lassen sich bequem verschiedene Frequenzen einstellen. Vom Digitalmultimeter wird der Effektivwert der Spannung abgelesen. Mit dem Tastknopf kann auf Wechselspannung (Anzeige AC) umgestellt werden.

Durch die Messfühler kann die Spannung (V) zwischen der Brücke – wie in der Abb. 8.3 gezeigt – gemessen werden. Mit dem Potenziometer lässt sich die Spannung minimieren. Dieser Spannungswert wird notiert.

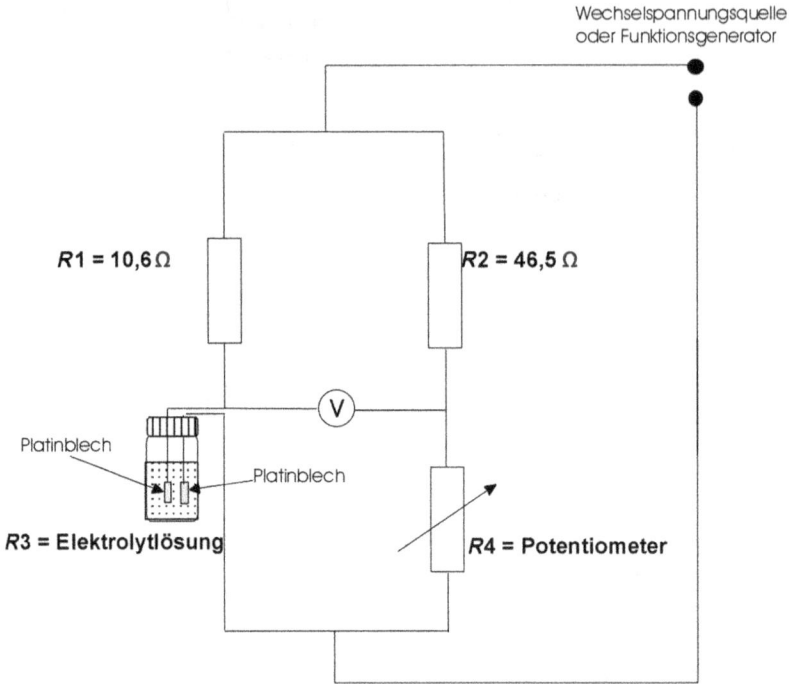

Abb. 8.3: Wheatstonesche Brückenschaltung mit Elektrolytlösung.

Dann bestimmt und notiert man alle Spannungsabfälle zwischen den einzelnen Widerständen mit dem Digitalmultimeter. Schließlich wird der Widerstand am Potenziometer ermittelt. Die Klemmen des Funktionsgenerators werden entfernt, das Multimeter wird auf Widerstandsmessung umgeschaltet und der gemessene Widerstand wird notiert.

Die nächste Frequenz wird eingestellt, die Spannung zwischen der Brücke mit dem Potenziometer minimiert, die Spannungswerte notiert usw.

Alle Messungen erfolgten bei einer Temperatur von 22 °C.

Nach den ersten Messungen zeigte sich bald eine dunkle Schicht auf der Platinoberfläche. Auch die Messergebnisse änderten sich durch diese dunkle Schicht auf der Platinoberfläche. Die nachfolgenden Widerstandswerte des Potenziometers wurden etwas geringer ausgewiesen. Die störenden Einflüsse des sogenannten Platinschwarz auf der Elektrodenoberfläche sind aus der Literatur bekannt [3]. Abhilfe kann durch eine Platinierung der Elektrodenoberfläche geschaffen werden.

Aus der Tab. 8.1 ist ersichtlich, dass die Widerstandswerte von R_4 frequenzabhängig sind. Im Frequenzbereich oberhalb von 10 kHz ist der frequenzabhängige Teil des Widerstandes (ein Kondensator in Reihe mit dem Widerstand) nur noch gering. Für eine korrekte Bestimmung des Zellwiderstandes werden die gemessenen Widerstände von R_4 für die Spannungsminima am Potenziometer in Abhängigkeit vom Kehrwert

Tab. 8.1: Widerstand in Abhängigkeit zur Frequenz von einer 1-M-KCl-Lösung.

Frequenz (Hz)	$\Delta U_{Brücke}$ (V)	R_1 (Ω)	R_2 (Ω)	R_4, Potenzio-meter (Ω)	R_3, berechnet (Ω)
30.000	0,0130	10,30	47,10	86,60	18,94
20.000	0,0500	10,30	47,10	88,50	19,35
10.000	0,1300	10,30	47,10	91,40	19,99
5000	0,2150	10,30	47,10	95,20	20,82
1000	0,3570	10,30	47,10	126,10	27,58
100	0,3770	10,30	47,10	191,00	41,77

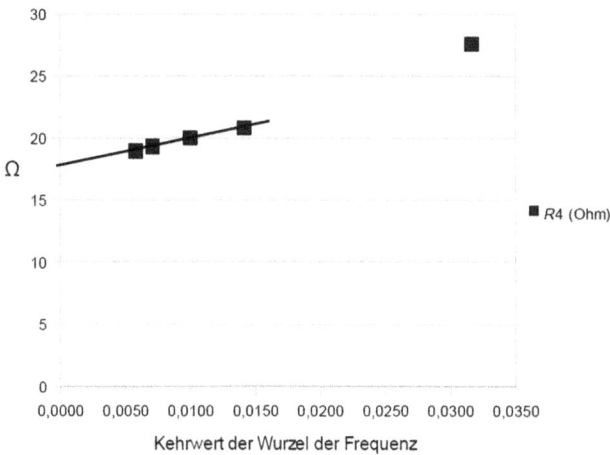

Abb. 8.4: Ermittlung des Widerstandes einer 1-M-KCl-Lösung.

der Wurzel der Frequenz aufgetragen. Die Grafik gibt eine Gerade, deren Extrapolation im korrekten Widerstandswert der Lösung mündet.

Für die 1-M-KCl-Lösung (ohne Pt-Schwarz) ergibt sich für die verwendeten Elektroden ein Widerstand von ca. $17,8$–$18\,\Omega$.

Dieser Wert ist ca. 8 % geringer als der Widerstandwert bei der 20 kHz-Messung. In guter Näherung lässt sich die 20 kHz-Messung mit einem Korrekturfaktor verwenden. Nach Gl. (1.8) gilt:

$$\chi \cdot R(z) = (d/A) .$$

Die Zellkonstante d/A einer elektrolytischen Zelle bestimmt sich aus dem Produkt aus gemessenem Widerstand und der spezifischen Leitfähigkeit einer Lösung. Für die 1-M-KCl-Lösung wurde eine spezifische Leitfähigkeit von $\chi = 0,106\,\text{mS/cm}$ bestimmt. Die Zellkonstante beträgt:

$$\chi \cdot R(z) = 0,106 \cdot 17,9\,\text{cm}^{-1} = 1,90\,\text{cm}^{-1} .$$

Tab. 8.2: Leitfähigkeit der Schwefelsäure in Abhängigkeit von der Konzentration.

H_2SO_4	50 %	29 %	20,9 %	18,9 %	15,3 %	11,8 %	7,35 %	5,4 %
Mol H_2SO_4	18	10,4	7,5	6,8	5,5	4,2	2,6	1,94
R_4 (Ω)	26,6	15,4	13,6	14,3	14,8	16,4	23,5	25,2
R_z (Ω)	5,5	3,2	2,8	2,97	3,07	3,4	4,9	5,2
χ (S/cm)	0,62	1,32	1,54	1,44	1,38	1,21	0,75	0,68

Bei abweichender Geometrie und sehr geringer Elektrodengröße ist es möglich, dass die Zellkonstante nicht mehr aus der theoretischen Berechnung aus Elektrodenfläche und Abstand berechnet werden kann. Daher ist die Kontrolle über eine Widerstandsmessung häufig notwendig.

Es ist ratsam, für genaue Messungen Elektroden mit standardisierten Größen zu verwenden. Diese relativ großen Elektroden sind zwar teuer beim Kauf, führen aber zu Messergebnissen, die keine Korrekturen benötigen.

Mit der hergestellten Messzelle wurde in einer weiteren Versuchsreihe die Leitfähigkeit der Schwefelsäure im höheren Konzentrationsbereich untersucht (Tab. 8.2).

Im Bereich der hohen Leitfähigkeit musste eine Korrekturformel zum Ausgleich der gemessenen Abweichungen benutzt werden:

$$1/\chi = R \cdot (0,180) \cdot e^{(0,085 \cdot R)} \ .$$

Die gemessenen Werte können nur als ungefähre Richtwerte angesehen werden, da die Elektroden keine Standardgrößen besaßen.

Schwefelsäure hat ein Leitfähigkeitsmaximum bei etwa 20 %iger Konzentration.

8.3 Simulationssoftware

Mit einem Simulationssoftwareprogramm lassen sich gut die Verhältnisse in einer Elektrolysezelle berechnen.

Die Elektrolysezelle lässt sich – im einfachen Fall – durch einen Widerstand und einen Kondensator in Reihe nach Abb. 8.5 ersetzen.

Bei der Simulation können die bekannten Widerstände der Brücke und der Potenziometerwiderstand eingesetzt werden. Die Spannungsdifferenz im Wechselstrom muss durch Wahl des Kondensators und des Widerstandes optimiert werden.

In Abhängigkeit von verschiedenen Frequenzen können Elektrodenvorgänge abgeleitet werden. Das tatsächliche Schaltbild einer Elektrolysezelle ist noch etwas komplizierter [4].

Durch den simulierten Kondensator erfährt man mehr über den elektrochemischen Stofftransport und die Adsorption von Ionen auf der Elektrode, der simulierte Widerstand gibt Aufschluss zur Durchtrittsspannung.

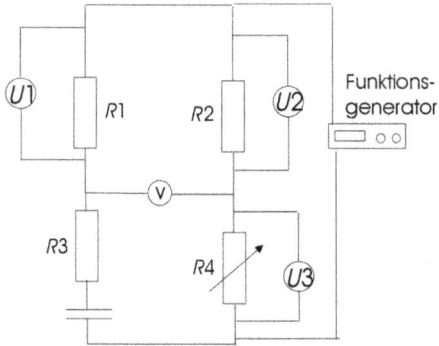

Abb. 8.5: Simulation einer Elektrolysezelle durch eine elektronische Schaltung.

Solche Simulationen dienen der Aufklärung von Reaktionsmechanismen an Elektroden.

Literatur

[1] Bernstein H. *PC-Elektronik Labor.* s. l.: Franzis Verlag. Das Buch enthält eine sehr gute Simulationssoftware für elektronische Schaltkreise.
[2] www.conrad.de (23.06.2017).
[3] Hamann CH, Vielstich W. *Elektrochemie.* Weinheim, Wiley-VCH GmbH, 2005.
[4] Kortüm G. *Lehrbuch der Elektrochemie.* Weinheim, Verlag Chemie, 1972. S. 405–407.

9 Bestimmung von Gasen bei einer Elektrolyse

9.1   Ermittlung von Gasvolumina und Gasdichten —— 147

9.2   Modell mit Berechnungsvorschriften zur Gasdichtemessung —— 148

9.3   Der Einfluss der Stromstärke und der Gastemperatur —— 153

9.4   Überprüfung des Modells durch Messungen —— 153

https://doi.org/10.1515/9783110425666-010

9.1 Ermittlung von Gasvolumina und Gasdichten

Nach dem Faradayschen Gesetz ist die abgeschiedene Stoffmenge bei einer Elektrolyse proportional zur Stromstärke und der Elektrolysezeit. Werden die Stoffe als Gase abgeschieden, kann zur Bestimmung der Gasmenge ein Elektrodenhalter mit Gasbürette verwendet werden.

In der Regel wird Wasserstoff an der Kathode abgeschieden, Sauerstoff an der Anode. Bei der Wasserelektrolyse ist das gebildete Volumen des Wasserstoffgases doppelt so groß wie das Volumen des Sauerstoffgases.

Aus der gebildeten Gasmenge lässt sich nicht die Art des Gases ermitteln. Erst durch Bestimmung der Gasdichte des entstandenen Gases lässt sich die Gasart in vielen Fällen überprüfen. Ist die gebildete Gasmenge geringer als berechnet, so lassen sich Vermutungen über die Nebenreaktion bei einer Elektrolyse anstellen. Beispielsweise können Metallionen an der Kathode reduziert und an der Anode oxidiert werden. Falls dieser Anteil sehr gering ist und nur wenige Prozent beträgt, ist die volumenmäßige Gasbestimmung mitunter zu ungenau. Zeitabhängige Dichtemessungen können in einigen Fällen zu genaueren Resultaten führen oder die Messwerte von volumetrischen Bestimmungen absichern.

Für die Bestimmung der Gasdichte lässt sich ein Elektrodenhalter mit Gasbürette (Abb. 9.1) verwenden. Das im Elektrodenhalter entstandene Gas kann in einen Vorratsbehälter für Gase geleitet werden. Durch eine Gewichtsbestimmung der im Vorratsbehälter enthaltenen Gase lässt sich das spezifische Gewicht der Gasart ermitteln. Der Elektrodenhalter mit Gasbürette kann mit einem Quetschhahn vollständig verschlossen werden. Unter diesen Bedingungen lässt sich das entstehende Gasvolumen pro Zeiteinheit bestimmen.

Verbindet man den Gasprobebehälter mit dem Elektrodenhalter mittels eines Silikonschlauches, so strömt das entstehende Gas in den Gasprobebehälter. An der zweiten Öffnung des Gasprobebehälters befindet sich eine kleine Waschflasche. Ein Gas kann nur aus dem Probebehälter ausströmen, die Luft kann nicht in den Behälter eindringen (s. Abb. 2.8 und Abb. 9.1).

Während der Elektrolyse entweichen die Luft und das bei der Elektrolyse gebildete Gas aus dem Gasprobebehälter über die Waschflasche. Zu Beginn entweicht hauptsächlich Luft. Je weiter die Elektrolyse fortschreitet, entweichen auch beträchtliche Anteile des Elektrolysegases über die Waschflasche. Nach vielen Stunden ist der Probebehälter dann vollständig mit dem Elektrolysegas befüllt.

Aus der Massendifferenz der Molgewichte von Luft und Elektrolysegas und der Multiplikation mit der Stoffmenge des Gasvolumens lässt sich die maximale Gewichtsänderung des Gasprobebehälters ermitteln.

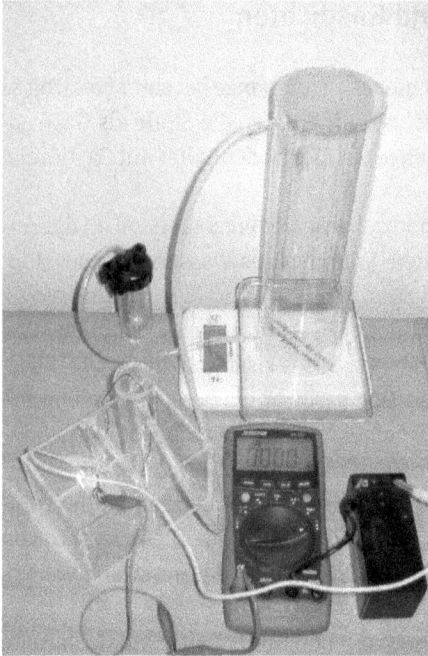

Abb. 9.1: Elektrodenhalter mit Gasbürette und angeschlossenem Gasbehälter zur Untersuchung der Gasdichte.

9.2 Modell mit Berechnungsvorschriften zur Gasdichtemessung

Ein Beispiel macht die Berechnung verständlich.

Ein zylindrischer Vorratsbehälter hat eine Höhe von 25 cm und einen Durchmesser von 7,4 cm.

Das Volumen beträgt folglich:

$$V_z = 3{,}14 \cdot 3{,}7 \cdot 3{,}7 \cdot 25 = 1075 \, mL \, .$$

Falls der Zylinder mit Luft gefüllt ist, können das Gasgewicht und die Molmenge leicht berechnet werden.

Im Beispiel betragen die Temperatur 17 °C (290 K), der Luftdruck 1 atm.

Es ist:

$$n_i = p \cdot V/RT = (1 \, atm \cdot 1{,}075 \, L)/(0{,}082 \, (L \cdot atm/(K \cdot mol)) \cdot 290 \, K) = 0{,}0452 \, mol \, .$$

Folglich beträgt das Gewicht der Luft im Behälter:

$$m_{Luft} = 0{,}0452 \, mol \cdot 29 \, g/mol = 1311 \, mg \, .$$

Wäre der Behälter vollständig mit Wasserstoff gefüllt, ergäbe sich für das Gasgewicht:

$$m_{H_2} = 0{,}0452 \, mol \cdot 2 \, g/mol = 90 \, mg \, .$$

Die Differenz der Gasgewichte beträgt somit $\Delta m = 1221$ mg.

Falls der Gasbehälter 10 % Wasserstoffgas und 90 % Luft enthält, beträgt die Gewichtsabnahme im Vergleich zur Luft 122 mg, bei 20 % Wasserstoffgas 244 mg.

Welcher Fehler ergibt sich bei einer Wägung?

Bei jeder Wägung wird ein Körper auf die Waage gelegt, der ein bestimmtes Volumen besitzt.

Es wird ein bestimmter räumlicher Luftanteil durch den aufgelegten Körper verdrängt. Im Normalfall hat der aufgelegte Körper eine recht hohe Dichte, sodass der verdrängte Luftanteil getrost vernachlässigt wird (der prozentuale Fehler liegt für Wasser bei ca. 0,12 %). Bei einem relativ leichten Vorratsbehälter, der unterschiedliche Gase enthält, führt eine Vernachlässigung des Luftauftriebs zu ungenauen Ergebnissen. Für einen Vorratsbehälter mit einem Fassungsinhalt von 1 L kann eine Schwankung des Luftdruckes von 20 mbar zu einer Gewichtsänderung von 24 mg führen, wenn der Behälter vor und nach der Luftdruckänderung verschlossen bleibt.

Auch die Temperatur eines Gases kann Dichtemessungen beeinflussen. Bei Elektrolysen mit hoher Stromstärke (1 A) kann das sich entwickelnde Gas eine deutlich höhere Temperatur als die Umgebung haben. Ein erwärmtes Gas nimmt nach dem allgemeinen Gasgesetz ein größeres Volumen ein, sodass auch für diesen Fall ein Fehler bei kleineren Gasbehältern auftritt.

Da der Vorratsbehälter für Gas nicht evakuiert wird, gestaltet sich die Berechnung der Änderung der Zusammensetzung im Gasraum des Probebehälters etwas komplizierter.

Ein gedankliches Modell kann helfen, den Vorgang klar zu beschreiben.

Auf der Basis von richtigen gedanklichen Modellen können Formeln abgeleitet werden, die die Verhältnisse noch präziser beschreiben. Bevor mathematische Modelle für einen Versuch entwickelt werden, müssen alle Einflussfaktoren im Experiment und die möglichen Fehlerbereiche auf die Messgröße bestimmt werden, damit das Experiment nicht zu fehlerhaften Resultaten führt.

Zu Beginn der Elektrolyse enthält der Gasbehälter nur Luft. Der Kathodenhalter mit Gasbürette produziert reines Wasserstoffgas, welches in den Vorratsbehälter eindringt.

Das Wasserstoffgas, das in den Vorratsbehälter eindringt, erzeugt einen leichten Überdruck bei der Waschflasche, und dieser sorgt dafür, dass die Waschflasche ein gleiches Gasvolumen an die Umgebung abgibt.

Am Anfang der Elektrolyse dringt durch einen leichten Überdruck Wasserstoff in den Vorratsbehälter und verdrängt die Luft aus dem Vorratsbehälter. Die Luft wird über die Waschflasche abgegeben. Im Verlauf der Elektrolyse wird der Wasserstoffanteil im Vorratsbehälter ansteigen.

Bei einer Stromstärke von 0,25 A und nach einer Zeitperiode von 1 min befindet sich nur ganz wenig Wasserstoffgas im Vorratsbehälter.

Die Gasmenge lässt sich nach dem Faradayschen Gesetz berechnen.

Es gilt nach Gl. (1.4):

$$n_i = (0,25 \text{ A} \cdot 60 \text{ s}) / \left(96.485 \text{ As} \cdot \text{mol}^{-1}\right) = 0,000155 \text{ mol Wasserstoff}.$$

Da Wasserstoffteilchen als Moleküle vorliegen, werden $n_1 = 7,77 \cdot 10^{-5}$ mol Wasserstoffmoleküle erhalten.

Bezogen auf die vorhandene Stoffmenge (Molmenge) des Vorratsbehälters ergibt sich im Probegefäß ein prozentualer Gehalt von $7,77 \cdot 10^{-5}/0,0452 = 0,172\,\%$.

In der zweiten Minute Wasserstoffelektrolyse wird der Wasserstoffanteil im Probegefäß bei ca. 0,34 % liegen.

Zwischen der ersten und der zweiten Minute steigt der Wasserstoffanteil von 0,17 auf 0,34 % an, der zeitliche Durchschnittswert dieser Periode liegt bei $1,5 \cdot 0,172\,\% = 0,258\,\%$.

Wenn Gas aus dem Probegefäß zwischen der ersten und zweiten Minute entweicht, so hat es einen durchschnittlichen Wasserstoffanteil von etwa 0,258 %.

In der zweiten Minute sollte der Wasserstoffgehalt (n_2) folglich bei

$$n_2 = 2 \cdot 7,77 \cdot 10^{-5} - (0,00172 \cdot 1,5 \cdot 7,7 \cdot 10^{-5}) = 0,000155 \text{ mol}$$

liegen.

Mit diesen Vorgaben lässt sich leicht eine Tabelle (Tab. 9.1 und 9.2) aufstellen, die für bestimmte Stromstärken und Zeitperioden den prozentualen Wasserstoff- und Sauerstoffgehalt im Probegefäß angibt.

Mit steigendem Wasserstoffanteil sinkt natürlich auch der Faktor (1,5). Für exakte Ergebnisse bei der Bestimmung der Gasdichte des Anodengases empfiehlt es sich, den Vorratsbehälter vorher mit Wasserstoff zu befüllen. Die absolute Gewichtsänderung wird in diesem Falle genauer bestimmbar.

Das einfache Modell weist einige gedankliche Fehler auf. Die Zusammensetzung der Gasmischung im Vorratsbehälter wurde als einheitlich angenommen. Tatsächlich steigt ein leichteres Gas aber nach oben, das schwerere sinkt nach unten. Das Zuleitungsrohr für das leichtere Gas sollte sich daher im oberen Teil des Vorratsbehälters befinden. Die mittlere Geschwindigkeit der Wasserstoffteilchen ist höher als die der Stickstoffteilchen, sodass zunehmend mehr Wasserstoffteilchen aus dem Behälter entweichen müssen.

Im Modell wird zu Beginn eine mögliche Diffusion von Gasmolekülen über den Schlauch nicht beachtet. Ferner wird der benötigte Überdruck durch die Waschflasche nicht berücksichtigt. Auch Strömungsgeschwindigkeiten und Stöße der Gasteilchen gegen Gefäßwandungen können Einfluss auf die Verteilung im Gasraum haben. Die Geschwindigkeit der Wasserstoffteilchen ist höher als die der Stickstoffteilchen, sodass zunehmend mehr Wasserstoffteilchen aus dem Behälter entweichen müssen.

Tab. 9.1: Modellrechnungen für den Gasgehalt in einem Probebehälter mit 1075 mL Rauminhalt bei einer Stromstärke von I = 250 mA.

Elektrolysezeit (min)	1	2	4	16	32	64
H$_2$ Faraday-Umsatz (mol)	0,00008	0,00016	0,00031	0,00122	0,00239	0,00459
O$_2$ Faraday-Umsatz (mol)	0,00004	0,00008	0,00016	0,00062	0,00122	0,00239
Gas Vorratsbehälter (mol)	0,0452	0,0452	0,0452	0,0452	0,0452	0,0452
H$_2$-Gas im Vorratsbehälter (%)	0,17	0,34	0,69	2,70	5,29	10,16
O$_2$-Gas im Vorratsbehälter (%)	0,09	0,17	0,34	1,36	2,70	5,29
Gewichtsdifferenz (Luft) zu Wasserstoff (mg)	-2,1	-4,2	-8,4	-32,9	-64,5	-123,9
Gewichtsdifferenz (Luft) zu Sauerstoff (mg)	0,1	0,2	0,5	1,9	3,6	7,2
Gewichtsdifferenz (H$_2$) zu Sauerstoff (mg)	1,2	2,3	4,7	18,5	36,6	71,7
Inverser Faraday-Faktor für H$_2$	1,00	1,00	1,00	0,98	0,96	0,92
Inverser Faraday-Faktor für O$_2$	1	1	1	0,99	0,98	0,96

Zeitdauer (min)	128	192	256	512	1024	2048
H$_2$ Faraday-Umsatz (mol)	0,0085	0,0120	0,0149	0,0243	0,0355	0,0431
O$_2$ Faraday-Umsatz (mol)	0,0046	0,0064	0,0086	0,0152	0,0243	0,0332
Gas Vorratsbehälter (mol)	0,0452	0,0452	0,0452	0,0452	0,0452	0,0452
H$_2$-Gas im Vorratsbehälter (%)	18,81	26,45	32,93	53,77	78,63	95,43
O$_2$-Gas im Vorratsbehälter (%)	10,19	14,06	19,04	33,55	53,81	73,46
Gewichtsdifferenz (Luft) zu Wasserstoff (mg)	-229,5	-322,7	-401,7	-656,1	-959,3	-1164,3
Gewichtsdifferenz (Luft) zu Sauerstoff (mg)	13,9	19,1	25,9	45,6	73,2	99,9
Gewichtsdifferenz (H$_2$) zu Sauerstoff (mg)	138,2	190,6	258,2	454,9	729,7	996,1
Inverser Faraday-Faktor für H$_2$	0,85	0,8	0,75	0,61	0,45	0,27
Inverser Faraday-Faktor für O$_2$	0,93	0,85	0,86	0,76	0,61	0,42

Tab. 9.2: Modellrechnungen für den Gasgehalt in einem Probebehälter mit 1075 mL Rauminhalt bei einer Stromstärke von I = 1000 mA.

Elektrolysezeit (min)	1	2	4	16	32	64
H_2 Faraday-Umsatz (mol)	0,00031	0,00062	0,00122	0,00461	0,00851	0,01462
O_2 Faraday-Umsatz (mol)	0,00016	0,00031	0,00062	0,00239	0,00460	0,00853
Gas Vorratsbehälter (mol)	0,0452	0,0452	0,0452	0,0452	0,0452	0,0452
H_2-Gas im Vorratsbehälter (%)	0,69	1,38	2,71	10,19	18,83	32,34
O_2-Gas im Vorratsbehälter (%)	0,34	0,69	1,37	5,30	10,17	18,86
Gewichtsdifferenz (Luft) zu Wasserstoff (mg)	-8,4	-16,8	-33,1	-124,4	-229,7	-394,6
Gewichtsdifferenz (Luft) zu Sauerstoff (mg)	0,5	0,9	1,9	7,2	13,7	25,7
Gewichtsdifferenz (H_2) zu Sauerstoff (mg)	4,7	9,3	18,5	71,8	137,9	255,8
Inverser Faraday-Faktor für H_2	1,00	0,99	0,98	0,93	0,86	0,73
Inverser Faraday-Faktor für O_2	1	1	0,99	0,96	0,92	0,86

Zeitdauer (min)	128	192	256	512	1024	2048
H_2 Faraday-Umsatz (mol)	0,0224	0,0280	0,0316	0,0386	0,0442	0,0452
O_2 Faraday-Umsatz (mol)	0,0148	0,0165	0,0233	0,0316	0,0371	0,0383
Gas Vorratsbehälter (mol)	0,0452	0,0452	0,0452	0,0452	0,0452	0,0452
H_2-Gas im Vorratsbehälter (%)	49,46	61,96	69,81	85,31	97,84	99,95
O_2-Gas im Vorratsbehälter (%)	32,81	36,43	51,63	69,94	82,16	84,67
Gewichtsdifferenz (Luft) zu Wasserstoff (mg)	-603,4	-755,9	-851,7	-1040,7	-1193,7	-1219,4
Gewichtsdifferenz (Luft) zu Sauerstoff (mg)	44,6	49,5	70,2	95,1	111,7	115,1
Gewichtsdifferenz (H_2) zu Sauerstoff (mg)	444,9	494,0	700,1	948,4	1114,1	1148,1
Inverser Faraday-Faktor für H_2	0,56	0,47	0,4	0,24	0,14	0,07
Inverser Faraday-Faktor für O_2	0,75	0,55	0,59	0,4	0,23	0,12

9.3 Der Einfluss der Stromstärke und der Gastemperatur

Wird eine Lösung von 200 mL bei einer Raumtemperatur von 17 °C und bei einer Stromstärke von 1,0 A elektrolysiert, so erwärmt sich die Lösung nach einiger Zeit sehr kräftig (Tab. 9.3). Nach 100 min Elektrolysezeit beträgt die Temperatur der Lösung bereits 34,5 °C, die Temperatur des gebildeten Wasserstoffgases liegt bei 28,1 °C (Gasbehälter: 40 mL).

Bei extrem kleinen Lösungsmittelmengen und hohen Stromstärken wird auch der gebildete Wasserdampf einen Einfluss auf die Dichtebestimmung haben, soweit nicht durch Gaskühlung oder durch ein Kalziumchloridrohr der Feuchtigkeitsgehalt gesenkt wird.

Bei Gasdichtemessungen muss der Temperatureinfluss des gebildeten Gases mitberücksichtigt werden, da bei höherer Temperatur die Gasdichte geringer ist. Der Temperatureinfluss ist aber für große Probebehälter geringer als für kleine Probebehälter, da sich das aufgefangene Gas im Behälter auch wieder abkühlt. Nach längerem Stehenlassen kühlt sich das Gas auf Raumtemperatur ab.

Tab. 9.3: Lösungsmittel- und Gastemperatur bei hoher Stromstärke.

	30 min	60 min	100 min	240 min
Temperatur (°C) Lösungsmittel	29,5	32	34,5	36
Temperatur (°C) Wasserstoff	25,4	27,1	28,1	28,5

9.4 Überprüfung des Modells durch Messungen

Mit einer Messapparatur, wie in Abschnitt 9.1 beschrieben, wurden an einem Bleioxidelektrodenhalter (Anode) und einem Bleielektrodenhalter (Kathode) in 10 %iger Schwefelsäure Gasdichtebestimmungen von Wasserstoff und Sauerstoff vorgenommen.

Der Gasvorratsbehälter bestand aus Plexiglas mit einer Wandstärke von 3 mm. Für die Wägungen wurde eine Waage (Messbereich 300 g, Genauigkeit 1 mg) verwendet.

Eine Schwierigkeit bereitete die Berücksichtigung des Volumens des Elektrodenhalters mit Gasbürette. Wenn zu Beginn die Gasbürette nur mit Luft gefüllt ist, müssen Luftmoleküle zunächst aus der Gasbürette vollständig verdrängt werden, bevor das Wasserstoffgas in den Vorratsbehälter dringen kann. In 4 min entstehen – bei einer Stromstärke von 0,250 A – etwa 8 mL Wasserstoff, sodass die Gasbürette erst nach ca. 16 min vollständig mit Wasserstoffgas gefüllt sein konnte (Tab. 9.4).

Zur Befreiung des restlichen Wasserstoffs wurde noch 1 h bei 0,250 A elektrolysiert.

Tab. 9.4: Bestimmung der Gasdichte des Kathodengases (Wasserstoff) an einer Bleikathode im Vergleich zur Theorie.

Elektrolysezeit (min)	Stromstärke (A)	Massendifferenz (mg)		Abweichung (%)
		Theoriewert	Messung	
16	0,245	−32	−27	−16
32	0,240	−62	−58	−6
64	0,236	−116	−108	−7
128	0,227	−206	−193	−6

Tab. 9.5: Bestimmung der Gasdichte des Kathodengases (Wasserstoff) an einer Platinelektrode.

Elektrolysezeit (min)	Stromstärke (A)	Massendifferenz (mg)		Abweichung (%)
		Theoriewert	Messung	
32	0,250	−64	−62	−3
64	0,250	−123	−128	4
128	0,248	−227	−235	4

Wurde die Elektrolyse von 10 %iger Schwefelsäure an Platinelektroden durchgeführt, so wurden deutlich andere Messergebnisse erhalten (Tab. 9.5).

An Platinelektroden ist die Substitution von Luft durch Wasserstoff annähernd ähnlich, wie nach dem Modell berechnet. An Bleielektroden ist die Substitution von Luft um 6 % geringer als nach dem Modell berechnet.

Etwa 6 % der Stromarbeit werden nicht zur Wasserstoffbildung genutzt. Im Elektrodenhalter haben sich sichtbare Mengen eines schwärzlichen Pulvers gebildet. Möglicherweise ist Bleioxid von der Anode als Bleidihydroxidsulfat zur Kathode gewandert und wurde dort zu Bleisulfat und Blei reduziert.

Bei der Elektrolyse unter Verwendung von Blei- bzw. Bleioxidelektroden in 10 %iger Schwefelsäure werden auch für Sauerstoff andere Werte als nach der Theorie berechnet (Tab. 9.6).

Der Grund liegt mit großer Wahrscheinlichkeit in der Ozonbildung an Bleioxidanoden bei hoher Stromstärke. Der Ozongeruch ist im Anodengas deutlich wahrnehmbar. Der Ozongehalt dürfte bei 1,2 A etwa bei 5 % liegen.

Tab. 9.6: Elektrolyse einer 10 %igen Schwefelsäure mit Bleielektroden; Dichtebestimmung des Anodengases im Vergleich zur Modellberechnung.

Elektrolysezeit (min)	Stromstärke (A)	Massendifferenz (mg)		Abweichung (%)
		Theoriewert	Messwert	
64	1,2	26	33	27
182	1,2	58	71	22
477	1,2	67	88	31

Nur mit einem Großbehälter von 5 L Volumeninhalt (PE-Behälter) war es möglich, nach 64 min Elektrolysezeit bei einer mittleren Stromstärke von I = 0,254 A nahe an die theoretisch berechnete Gewichtsabnahme – entsprechend dem Gesetz von Faraday – von 135 mg (gefunden: 136 mg) für Wasserstoff zu gelangen.

Die Versuche mit kleineren Behältern liefern aufgrund der Ausführung in Abschnitt 9.2 immer geringere Werte.

10 Prüfungen von Gasen, Stoffumsetzungen an Anoden

10.1   Prüfung von Gasen —— 157

10.2   Stoffumsetzungen an der Nickelanode —— 161
        10.2.1 Grundlegende Eigenschaften der passivierten Nickelanode —— 162
        10.2.2 Elektrolysen mit Nickelanoden —— 163

10.3   Weitere Anodenmaterialien —— 167

https://doi.org/10.1515/9783110425666-011

10.1 Prüfung von Gasen

Elektrochemische Methoden lassen sich gut für die Testung des Gehaltes von Gasen nutzen. In Kapitel 5 wurde die konduktometrische Gehaltsbestimmung von Kohlendioxid behandelt. Der quantitative Nachweis von einigen anderen Gasen (z. B. HCl, NH_3) ist auf konduktometrischer Basis möglich. Dabei sind Kenntnisse zur Leitfähigkeit von Salzlösungen sehr hilfreich. Zum Nachweis von Ammoniak könnte eine Essigsäurelösung verwendet werden, da die Leitfähigkeit von Essigsäure sehr gering ist, das Ammoniumacetat eine beträchtliche Leitfähigkeit besitzt und sich daher Ammoniak gut bestimmen lässt.

Komplizierter sind gaschemische Untersuchungen bei der Umsetzung an festen Stoffen oder in flüssiger Phase. Ist ein Forscher beispielsweise an der Umsetzung von Methan zu Kohlendioxid interessiert, so muss er mehrere Oxidationsmittel einer Prüfung unterziehen. Soll die Umsetzung von Methan im Luftstrom an unterschiedlichen Oxidationsmitteln untersucht werden, so muss die Luft zunächst von Kohlendioxid befreit werden, damit der konduktometrische Nachweis nicht gestört wird. Analog wie in Kapitel 5 beschrieben, könnte die Gasreinigung mittels Waschflaschen vorgenommen werden. Der von Kohlendioxid befreiten Luft wird Methan beigemengt und beispielsweise durch ein erwärmtes U-Rohr, gefüllt mit Oxidationsmittel, oder eine Waschflasche mit Oxidationslösung geleitet. Hinter dem Oxidationsrohr könnten sich zwei weitere Gaswaschflaschen, gefüllt mit etwas destilliertem Wasser, befinden. Diese fangen stark saure Reaktionsprodukte ab, die den konduktometrischen Nachweis stören könnten. Möglicherweise entstehen andere Oxidationsprodukte, beispielsweise Formaldehyd oder Methanol. Nach der Reaktion könnten die Lösungen in diesen Waschflaschen untersucht werden, z. B. mit 0,01-M-1/5-$KMnO_4$-Lösung oder mit einem Leitfähigkeitsmessgerät. Hinter diesen Waschflaschen befindet sich eine weitere Gaswaschflasche mit 50 mL 0,02-M-NaOH-Lösung. Diese dient dem Abfang von Kohlendioxid aus dem Luftstrom. Nach Tab. A 4.3 kann der Gehalt im Gas quantifiziert werden.

Durch die richtige Anordnung von Waschflaschen lassen sich Stoffumsetzungen nachvollziehbar aufklären. Die Konduktometrie leistet wichtige Beiträge zur Aufklärung von Stoffumsetzungen in der Gasphase.

Auch bei Elektrolysen besteht ein Interesse, die entstandenen Gase mit chemischen Nachweismethoden zu analysieren. Vorab muss ein gutes Bestimmungsverfahren für einzelne Gase gefunden werden. Sehr vorteilhaft lässt sich ein Gasometer nach Kapitel 2 (Abschnitt 2.10) verwenden.

An den Beispielen von zwei Gasen sollen die verwendeten Methoden aufgezeigt werden.

Zur Darstellung von kleinen genau quantifizierbaren Gasproben (z. B. Methan, Kohlenmonoxid) werden mehrere Tropfflaschen, dünne Plexiglasröhrchen, Silikonschläuche, ein Spiritusbrenner, Epoxidklebstoff und ein Gasometer benötigt.

Tropfflaschen sind recht preiswert. Falls sie nach dem Versuch nicht entsorgt werden sollen, können sie auch nach den Versuchen gesammelt und gereinigt werden.

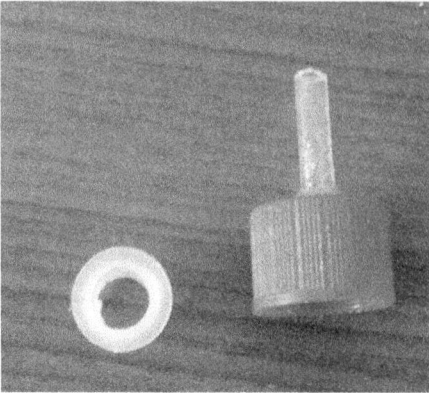

Abb. 10.1: Verschluss einer Tropfflasche mit eingefügtem Plexiglasrohr.

Enthalten sie nach dem Versuch Säuren (z. B. Schwefelsäure), so müssen diese unbedingt mit einer Sodalösung neutralisiert werden, bevor eine weitere Reinigung erfolgt.

In den Schraubverschluss einer Tropfflasche werden mit einem Bohrer passende Löcher in die Dichtung der Schraubkappe und des Schraubverschlusses gebohrt. Dabei dürfen weder das Gewinde der Schraubkappe noch die Dichtungsauflage beschädigt werden, da dann das Gas an den Seiten herausströmen würde. Nun wird das kleine Plexiglasrohr in die Schraubkappe eingeführt und mit Epoxidharz verklebt (Abb. 10.1). Sehr wichtig ist die nachfolgende Prüfung bezüglich des korrekten Verschlusses, da austretende Gase vielfach nicht ungefährlich sind. Dazu kann die verschlossene Tropfflasche beispielsweise in ein Wasserbad gelegt werden.

Bei einigen Umsetzungen muss eine Säure in flüssiger Form zu einem Feststoff zugetropft werden, damit sich ein Gas entwickelt. Dafür lässt sich eine kleine Glas- oder Plexiglasröhre verwenden, die an der Unterseite eine kleine Lochbohrung enthält. Die Bohrung wird mit einer dünnen Folie zugeklebt. Bei leichtem Erhitzen schmilzt die Folie, und aus der Öffnung kann Säure austreten. Die Röhre kann auch mit ein wenig Watte gefüllt werden, sodass der Austritt einer Flüssigkeit verzögert wird. Wenn konzentrierte Schwefelsäure in das Röhrchen gegeben wird, tropft die Säure nur sehr langsam aus dem Loch heraus.

Die Darstellung von verschiedenen anorganischen Gasen ist beispielsweise im Lehrbuch von Jander-Blasius beschrieben [1]. Nach den Abbildungen werden sehr erhebliche Gasmengen mit diesen Apparaturen erzeugt. Ein systematischer Fehler entsteht durch die große Raumfülle von Kolben und Waschflaschen. In den Gefäßen sind erhebliche Luftmengen enthalten, die bei der Gasentwicklung mit austreten können. Auch bei der Gaserzeugung in Tropfflaschen sind noch kleine Luftmengen enthalten – dies muss bei allen Experimenten beachtet werden.

Zur Speicherung eines Gases benötigt man ein Gasometer. Im Versuch muss die Gasometerzuleitung mit der Öffnung des Plexiglasrohres der Schraubkappe über einen Silikonschlauch verbunden werden, damit das entstehende Gas ins Gasometer eintreten kann (Abb. 10.2). Je nach Versuchsbedingungen wird entweder ein Spiri-

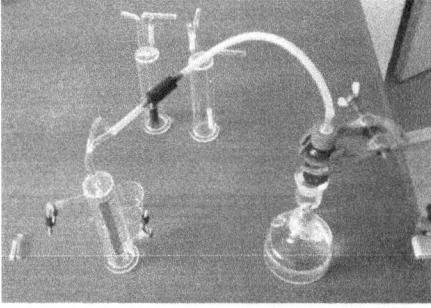

Abb. 10.2: Gasentwicklung mit einer Tropfflasche mit nachfolgender Speicherung in einem Gasometer. Im Silikonschlauch zwischen
Tropfflasche und Gasometer ist ein Rückschlagventil angebracht.

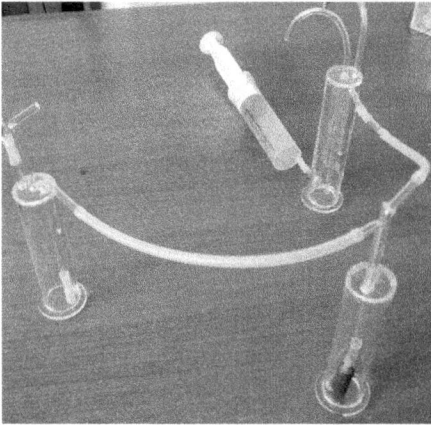

Abb. 10.3: Das im Gasometer enthaltene Gas
wird durch Gaswaschflaschen gereinigt.

tusbrenner oder ein Wasserbad für die Erwärmung benötigt. Um zu verhindern, dass
nach erfolgter Erwärmung Wasser vom Gasometer in die Tropfflasche zurücksteigt,
sollte ein Rückschlagventil zwischen Tropfflasche und Gasometer im Schlauch angebracht werden (Abb. 10.2).

Durch die Herstellung von Methan aus wasserfreiem Natriumacetat und Natriumhydroxid kann das Gasometer getestet werden. Dazu werden 172 mg (2,1 mmol) Natriumacetat und 150 mg NaOH in eine Tropfflasche überführt. Entsprechend Abb. 10.2
wird ein mit Wasser gefülltes Gasometer mit der Öffnung der Tropfflasche verbunden.
Nach Erhitzung über dem Spiritusbrenner strömt bald Methan in das Gasometer, das
überschüssige Wasser entweicht aus dem Ableitungsrohr. Bei längerem Erhitzen haben sich etwa 51 mL (104 % der Theorie) Gas im Gasometer entwickelt. Neben dem
Methan ist auch Luft aus der Tropfflasche in das Gasometer eingetreten.

Denkbar ist es, dass im nachfolgenden Schritt das erzeugte Gas gereinigt oder konduktometrisch untersucht werden soll. Zu diesem Zweck wird das im Gasometer ge-
sammelte Gas durch Waschflaschen, die Wasser, Ethanol oder NaOH-Lösung enthalten, geleitet (Abb. 10.3). Die Gaswaschflaschen können in kleiner Größe aus Plexiglas
hergestellt werden, damit nicht große Luftmengen den Nachweis beeinträchtigen.

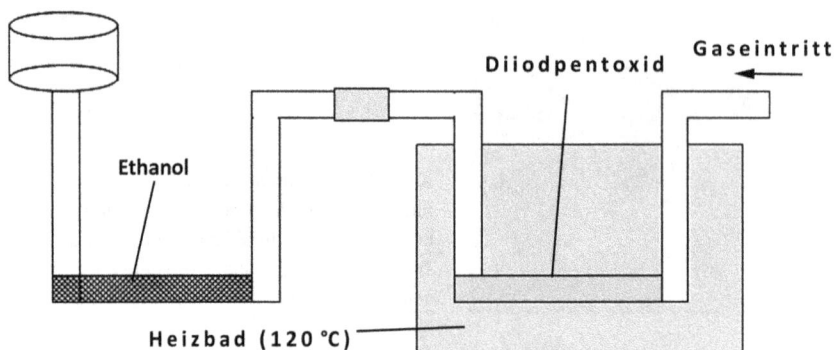

Abb. 10.4: Nachweis von Kohlenmonoxid durch die Bildung von Iod. Die alkoholische Lösung wird nachfolgend mit Thiosulfat titriert.

Die Darstellung von Kohlenmonoxid erfolgt aus Natriumformiat und konzentrierter Schwefelsäure. *Vorsicht! Kohlenmonoxid ist ein sehr giftiges Gas.* Der MAK-Wert (maximale Arbeitsplatzkonzentration) beträgt 33 mg/m³.

Der quantitative Nachweis von Kohlenmonoxid aus einem Gasometer ist ebenfalls leicht möglich.

Für den quantitativen Nachweis von Kohlenmonoxid wird das Analysegas durch ein erwärmtes Glasrohr, gefüllt mit I_2O_5, geleitet. Falls das Analysegas Kohlenmonoxid enthält, wird dieses in Kohlendioxid umgewandelt. Bei dem Oxidationsprozess entsteht aus I_2O_5 Iod.

$$I_2O_5 + 5\,CO \rightarrow I_2 + 5\,CO_2 \,.$$

Dieser Nachweis ist sehr spezifisch. Wasserstoff reagiert nicht mit I_2O_5. Iod lässt sich durch Erwärmung leicht sublimieren und kann in eine alkoholische Lösung geleitet werden. Durch Titration mit Thiosulfat kann der Gehalt an Kohlenmonoxid ermittelt werden. Zusätzlich kann das entstandene Gas auch durch Einleitung in eine $Ba(OH)_2$-Lösung oder konduktometrisch – entsprechend dem Kapitel 5 – durch Einleitung in 0,02-M-NaOH geprüft werden (s. Anhang, Tab A 4.3). In Abb. 10.4 ist eine einfache Apparatur zur Kohlenmonoxidbestimmung dargestellt.

An Grafitelektroden kann Kohlenmonoxid oder Kohlendioxid entstehen. Die Speicherung und Analyse von Gasen bei Elektrolysen kann über eine Elektrodenhalterung erfolgen (Abb. 10.5).

Da der hydrostatische Druck in einer Elektrodenhalterung mit Gasbürette unzureichend ist, um das entstandene Gas durch eine Gaswaschflasche zu leiten, wird ebenfalls ein Gasometer genutzt.

Durch die Gasanalyse des Anodengases einer 17 %igen Na_2CO_3-Lösung an einer Grafitanode ($I = 175$ mA, $U = 8,6$ V) lässt sich nachweisen, dass sich in 40 min etwa 0,16 mmol Kohlendioxid bilden. Das entspricht etwa 15 % des Faraday-Umsatzes (FE)

Abb. 10.5: Gasanalyse des Elektrolysegases mit einem Gasometer.

der Sauerstoffentwicklung. Der Kohlenmonoxidgehalt des Anodengases ist geringer als 2 %.

In einer 1-M-Essigsäurelösung, die 10 % Natriumsulfat enthält, beträgt die Bildung von Sauerstoff bei einer Elektrolyse unter analogen Bedingungen weniger als 50 % der Theorie. Das Kohlenmonoxid ist zu 25 % im Analysengas enthalten. In saurer Lösung wird Grafit folglich zum großen Teil zu Kohlendioxid und Kohlenmonoxid abgebaut.

10.2 Stoffumsetzungen an der Nickelanode

Vor dem Beginn von elektrochemischen Experimenten ist es von fundamentaler Bedeutung, eine ausreichende Kenntnis über die möglichen Vorgänge an Elektroden zu besitzen. Wichtig ist es, mit möglichst einfachen Verfahren schnell und sicher die Vorgänge an den Elektroden zu bestimmen. Anodenmetalle können sich auflösen, neben Sauerstoff auch Ozon und Wasserstoffperoxid bilden oder mit einigen Lösungsmitteln, Salzen durchaus unerwartete Nebenreaktionen ermöglichen. Bevor ein anorganisches Salz oder eine organische Verbindung einer elektrolytischen Stoffumwandlung unterzogen wird, ist es sinnvoll, zunächst nur Lösungsmittel und das Leitsalz unter den gewünschten Bedingungen einzusetzen und auf mögliche Nebenreaktionen zu prüfen. Dabei sollten Spannung und Stromstärke und Elektrodengröße exakt eingehalten werden, damit die Ergebnisse unter Zusatz anderer Stoffe nicht abweichen.

10.2.1 Grundlegende Eigenschaften der passivierten Nickelanode

Passivanoden wie Nickel haben eine große Bedeutung in der elektrochemischen Stoffumsetzung im alkalischen Milieu. Dies liegt am Materialpreis und an der geringeren Überspannung zur Sauerstoffbildung im Vergleich zu Platin.

Schon im 18. Jahrhundert untersuchte James Keir das Verhalten eines Eisendrahtes in Salpetersäure. Das Eisen blieb nach anfänglicher Oxidation im späteren Verlauf der Reaktion unversehrt. Schönbein erkannte im Jahr 1836, dass Eisenanoden in wässrigen Sauerstoffsäuren einer Auflösung trotzten. Er prägte den Begriff der Passivität. Faraday machte einen ersten wegweisenden Vorschlag zum chemischen Vorgang der Passivität. Er nahm an, dass sich auf der Oberfläche eine dünne Eisenoxidschicht bildet, die verhindert, dass sich weitere Eisenionen ablösen. Die Oxidationstheorie wurde von späteren Forschern bestätigt.

Metalle der Eisengruppe (Fe, Ni, Co) bilden als Anoden Oxidschichten aus:

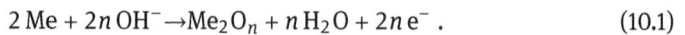

$$2\,Me + 2n\,OH^- \rightarrow Me_2O_n + n\,H_2O + 2n\,e^- \, . \tag{10.1}$$

Nach Ausbildung einer sauerstoffhaltigen Deckschicht, die elektronenleitende Eigenschaften aufweist, wird die anodische Sauerstoffentwicklung möglich. Nickelanoden bleiben in der Regel während der Elektrolyse völlig blank. Daher kann vermutet werden, dass die Oxidschicht auf der Oberfläche nur aus einer Lage Metall-Sauerstoffatom-Bindungen besteht.

Metalle wie Aluminium, Tantal, Niob bilden als Anoden Oxidschichten aus, die kaum elektronenleitende Eigenschaften aufweisen. Diese Anoden bleiben über einen sehr weiten Spannungsbereich passiv. In hochkonzentrierten Natriumhydroxidlösungen können diese Metalle bei Spannungen ab 50 V einen Funkendurchschlag an den Elektroden ermöglichen, wobei die Metalle im Wasser zu den entsprechenden Oxiden abbrennen.

Auch andere Anodenmetalle (Chrom, Wolfram) bilden sauerstoffhaltige Deckschichten aus, in der Praxis werden aber nur Metalle der Eisengruppe als Anoden verwendet.

In älteren Lehrbüchern zur Elektrochemie findet der Leser nicht immer positive Beurteilungen zu Passivanoden [2].

Natürlich darf nicht vergessen werden, dass die Passivität durch Halogenionen wie Chlorid nahezu völlig aufgehoben wird. Im Bereich des analytischen Probenaufschlusses werden bekanntlich erhebliche Mengen Salzsäure benötigt, sodass elektroanalytische Verfahren mit Nickelanoden nicht ratsam sind. Nach Abtrennung der Kationen auf einem Ionenaustauscherharz zur Befreiung von störenden Anionen könnte eine anschließende Elektrogravimetrie mit Nickelanoden durchgeführt werden. Dieses Verfahren ist aber zeitaufwendig.

Sinnvoll wäre eine Quantifizierung der Auflösbarkeit von Passivanoden, damit der Anwender eine Richtschnur im Gebrauch hat.

In den folgenden Experimenten soll dieser Mangel behoben werden, damit der Leser die Vorteile der Eisenmetalle in basischer Lösung kennenlernt.

Dies setzt aber voraus, dass nicht extreme Spannungswerte (über 10 V) eingestellt werden, bei denen sich die oxidische Deckschicht möglicherweise doch ablösen kann.

10.2.2 Elektrolysen mit Nickelanoden

Vorbereitungen zum Experiment

Ein Nickeldraht (d = 0,03 cm, Phywe GmbH) von 300 cm Länge wird auf einem Bleistift zu einer Spule gewickelt. Durch diese Art der Wicklung wird der Raumbedarf der Elektrode im Experiment minimal. In einem kleinen Schälchen mit Spiritus wird der Draht von möglicherweise anhaftenden fetthaltigen Verbindungen gereinigt und dann 24 h an der Luft getrocknet. Anschließend wird der Nickeldraht gewogen, das Gewicht beträgt 1,956 g.

Für die späteren Berechnungen ist es vorteilhaft, die Oberfläche und das Volumen des Drahtes zu ermitteln.

Der Draht hat ein Volumen von:

$$V = \pi \cdot r^2 \cdot h = 3,14 \cdot (0,015 \cdot 0,015) \cdot 300 = 0,212 \, \text{cm}^3 .$$

Die Dichte von Nickel beträgt ρ = 8,90 g/cm^3, sodass ein Gewicht von m = 1,89 g zu erwarten ist. Das gemessene Gewicht liegt bei m' = 1,956 g. Vermutlich liegt der genaue Durchmesser des Drahtes bei d = 0,0305 cm.

Die Länge des Nickeldrahtes, die sich nachfolgend in Lösung befindet, beträgt etwa 290 cm.

Die Oberfläche des in der Lösung befindlichen Drahtes ist daher:

$$O = \pi \cdot d \cdot h = 3,14 \cdot 0,0305 \cdot 290 = 26,8 \, \text{cm}^2 .$$

Als Gegenelektrode dient ein Platinblech mit einer Fläche von etwa 1,5 cm^2. Das Gewicht der Platinelektrode beträgt 1,597 g. Die Herstellung der Elektrode erfolgt nach Abschnitt 2.6.

Eine Elektrolysekammer mit einer Kationenaustauscherharzmembran wird für die Experimente verwendet. Das Volumen je Halbkammer beträgt etwa 90 mL. Entsprechend dem Kapitel 2, Abb. 2.4 werden die Spannungsversorgung und die Strommessung für die Experimente vorgenommen.

Versuchsdurchführungen

1. Elektrolyse einer 0,5-M-NaOH-Lösung

Eine Lösung von 0,5-M-NaOH wird in die Elektrolysekammern eingefüllt. Die Leitfähigkeit der Lösung beträgt χ = 96,6 mS/cm.

Die Elektrolysespannung wird auf etwa U = 6,65 V eingestellt. Die Stromstärke bleibt mit I = 0,014 A zunächst minimal. Gasblasen sind kaum sichtbar. Nach 3 min springt die Stromstärke abrupt auf $I = 0,119\,A$, die Spannung sinkt auf $U = 6,42\,V$ ab. Die Stromstärke bleibt konstant und sinkt später auf $I = 0,117\,A$. Nach einem Stromdurchgang von $Q = 1600\,As$ beträgt die Leitfähigkeit im Anodenraum $\chi = 52,6\,mS/cm$, im Kathodenraum $\chi = 128,4\,mS/cm$.

Nach Herausnahme und Trocknung der Anode wird das Gewicht des Drahtes geprüft. Keine Gewichtsänderung.

Die Elektrode wird wieder in den Elektrodenhalter eingesetzt und eine erneute Elektrolyse bei einer Spannung von $7,89\,V$ und einer Stromstärke von $I = 0,043\,A$ gestartet. Nach etwa 2–3 min steigt die Stromstärke auf $I = 0,191\,A$ an. Die Elektrolyse wird 60 min fortgesetzt.

Nach Beendigung des Versuches werden 60 mL Anodenflüssigkeit mit 2-M-1/2-Schwefelsäure angesäuert (80 mL) und tropfenweise mit 0,01-M-1/5-KMnO$_4$-Lösung versetzt. Nach Zugabe von 400 mg KMnO$_4$-Lösung zeigte sich im Becherglas eine bleibende Rosafärbung der Lösung. In einer Blindprobe waren für eine erste sichtbare Rosafärbung etwa 150 mg 0,01-M-1/5-KMnO$_4$-Lösung notwendig.

Die verbleibende Anodenflüssigkeit wird mit Diacetyldioximlösung und Ammoniumsulfidlösung auf möglicherweise entstandene Nickelionen untersucht. Es konnte kein Nickel in der Anodenflüssigkeit nachgewiesen werden.

Die beiden Elektroden werden mit Wasser abgespült, kurz in Spiritus gelegt und 10 min im Trockenschrank bei 100 °C aufbewahrt. Nach Wägung der Elektroden zeigt sich keine Gewichtsänderung der Elektroden.

2. Elektrolyse einer gesättigten K$_2$SO$_4$/NaHCO$_3$-Lösung

Etwa 20 g K$_2$SO$_4$ und 4 g NaHCO$_3$ werden in 250 mL destilliertem Wasser gelöst. Die Leitfähigkeit der Lösung beträgt $\chi = 105,9\,mS/cm$. Die Versuchsvorbereitung und Durchführung erfolgt wie in 1. beschrieben. Die Nickelelektrode hat ein Gewicht von 1,956 g und wurde aus Experiment 1. übernommen.

Bei einer Elektrolysespannung von $U = 7,65\,V$ beträgt die Stromstärke $I = 22\,mA$. Nach 4 min und 30 s steigt die Stromstärke abrupt auf $I = 139\,mA$ (6,90 V) an. Nach 5 min liegt die Stromstärke bei $I = 148\,mA$. Nach Elektrolyse mit einer Strommenge von $Q = 1000\,As$ hat die Anodenflüssigkeit eine Leitfähigkeit von $\chi = 97,9\,mS/cm$, die Kathodenflüssigkeit eine Leitfähigkeit von $\chi = 112,6\,mS/cm$.

20 mL Anodenflüssigkeit werden angesäuert und mit drei Tropfen (ca. 100 mg) 0,1-M-1/5-KMnO$_4$ getestet. Bleibende Rosafärbung.

Die Nickelelektrode wird wie unter 1. gesäubert und getrocknet. Gewicht Anode: 1,951 g (Gewichtsrückgang: 5 mg).

Auswertungen und Versuchsergebnisse

Versuch 1. Elektrolyse von 0,5-M-NaOH

Nimmt man an, dass zu Beginn der Elektrolyse, bei einer Stromstärke von $I = 0,013\,A$, die Nickelatome der Oberflächenschicht mit jeweils einem Sauerstoffatom nach Gl. (10.1) beladen werden und sobald eine vollständige Bedeckung erfolgt ist, der Stromfluss kräftig zunimmt, da die Deckschicht nun elektronenleitend ist, so sollte sich die Zahl der Nickelatome auf der Oberfläche nach dem Faradayschen Gesetz berechnen lassen.

Die Elektrodenoberfläche der Nickelanode beträgt $26,8\,cm^2$.

Nach dem Faradayschen Gesetz sollten

$$n_i = I \cdot t/(F \cdot n) = 0,013 \cdot 180/(96.485 \cdot 2) = 1,2 \cdot 10^{-5}\,mol\ Sauerstoffatome$$

die Oberfläche des Nickeldrahtes bedecken.

Die Zahl der Nickelatome auf der Drahtoberfläche könnte berechnet werden, wenn man annimmt, dass die Drahtoberfläche auch bei sehr starker Vergrößerung eine zylindrische Gestalt hätte. Bei einem Durchmesser eines Nickelatoms von $1,1 \cdot 10^{-10}$ m und einer Drahtoberfläche von $26,8\,cm^2$ beträgt die Zahl der Nickelteilchen auf der Oberfläche etwa $2,2 \cdot 10^{17}$ Teilchen oder $3,6 \cdot 10^{-7}$ mol.

Vergleicht man diese Berechnung mit dem Ergebnis der elektrolytischen Stoffumsetzung nach dem Faradayschen Gesetzes, so sollte die reale Oberfläche des Nickeldrahtes um den Faktor 20–30 größer sein als die berechnete zylindrische Oberfläche, wenn eine monoatomare Schicht angenommen wird. Im Elektronenmikroskop zeigen viele Metalloberflächen eine Struktur, die aus Hügeln und Tälern besteht.

In den ersten drei Minuten der Elektrolyse wird die Oberfläche des Nickels vermutlich nach Gl. (10.1) mit Sauerstoffatomen besetzt. Wenn der Vorgang abgeschlossen ist, sinkt der Widerstand durch die verbesserte Leitfähigkeit der Nickelkationen auf der Oberfläche, die Stromstärke steigt abrupt um den Faktor neun an.

Neben Sauerstoff könnte sich nach Abschnitt 1.5 auch Wasserstoffperoxid an der Nickelanode bilden. Die Prüfung auf Wasserstoffperoxid erfolgte über eine 0,01-M-1/5-$KMnO_4$-Lösung.

Der Verbrauch von 1 ml einer 0,01-M-1/5-$KMnO_4$-Lösung würde 5 µmol H_2O_2 in der Lösung entsprechen. Da nur maximal 0,3 mL 0,01-M-1/5-$KMnO_4$-Lösung entfärbt wurden, sollte die gebildete Menge an Wasserstoffperoxid unter 1,5 µmol H_2O_2 in der Lösung liegen.

Bezieht man die maximale Wasserstoffperoxidbildung auf den gesamten Faraday-Umsatz während der Elektrolyse (0,011 mol), so ergibt sich eine maximale Wasserstoffperoxidbildung von weniger als 0,1 %. Eine Peroxidbildung ist unter den angegebenen Bedingungen auszuschließen.

Anders als bei Eisendrähten, an denen sich deutlich sichtbares Eisenoxid bildet, bleiben Nickeldrähte unter den angegebenen Reaktionsbedingungen nahezu blank. Nach Abspülen und Wägung konnte keine Gewichtsänderung (Genauigkeit: ±1 mg) gemessen werden.

Die Änderung der Leitfähigkeit zwischen Anoden- und Kathodenkammer ist recht bemerkenswert. Durch eine Kationenaustauschermembran können vorwiegend nur Kationen wandern, für Anionen ist die Membran sehr schwer passierbar. An der Kathode sollte auf ein Äquivalent abgegebener Elektronen genau ein Äquivalent Hydroxidionen gebildet werden. Ferner wandert ein Äquivalent Natriumionen in den Kathodenraum, um die entstandene negative Ladung auszugleichen. Zunahme und Abnahme von Hydroxidionen sollten sich ausgleichen, daher sollte in der Anodenkammer ein Äquivalent Hydroxidionen weniger vorhanden sein. Zusätzlich wandert noch ein Äquivalent Natriumionen aus der Anodenkammer. Theoretisch sollten die Differenzen der Zu- und Abnahme der Äquivalentleitfähigkeiten von Kathoden- und Anodenkammer bezogen auf die Ausgangslösung identisch sein, wenn nur Natriumionen wandern würden. Dies ist nicht der Fall. Die Abnahme aus dem Anodenraum ist deutlich höher als die Zunahme aus dem Kathodenraum.

$$\text{Kathodenraum:} \quad \Delta\chi_K = (128,4 - 96,6) = 31,8 \, \text{mS/cm} \,;$$

$$\text{Anodenraum:} \quad |\Delta\chi_A| = |52,6 - 96,6| = 44 \, \text{mS/cm} \,.$$

Nach dem Faradayschen Gesetz berechnet sich die Stoffmenge zu:

$$n_i = 1600 \, As/96.485 \, As/mol = 0,017 \, \text{mol} \,.$$

Die Leitfähigkeiten nach Gl. (1.13) (unter Berücksichtigung der Konzentration $c = n/90$ mL und $\Lambda_C = 0,79 \cdot \Lambda_0$, s. Anhang) sind dann:

$$\text{Kathodenraum:} \quad \Delta\chi_K = 0,017 \cdot 0,79 \cdot (197 + 50)/90 = 36 \, \text{mS/cm} \,;$$

$$\text{Anodenraum:} \quad |\Delta\chi_A| = 0,017 \cdot 0,79 \cdot (197 + 50)/90 = 36 \, \text{mS/cm} \,.$$

Versuch 2. Elektrolyse einer gesättigten $K_2SO_4/NaHCO_3$-Lösung
Auch unter diesen Bedingungen ist im Anfangsbereich der Elektrolyse der Stromfluss sehr gering, nach 4 min und 30 s steigt die Stromstärke abrupt an.

Die Leitfähigkeitsdifferenzen von Kathoden- und Anodenflüssigkeit gegenüber der Ausgangslösung sind nach 1000 As nahezu identisch:

$$\text{Kathodenraum:} \quad \Delta\chi_K = (112,6 - 105,9) = 6,7 \, \text{mS/cm} \,;$$

$$\text{Anodenraum:} \quad |\Delta\chi_A| = |97,9 - 105,9| = 8 \, \text{mS/cm} \,.$$

Eine analoge Kontrollberechnung für $NaHCO_3$ und Na_2CO_3 entsprechend Versuch 1 mit $\Lambda_{C(NaHCO_3)} = 75$ (0,1 mol/L) und $n = 0,010$ mol sowie $\Lambda_{C(Na_2CO_3)} = 90$ (0,05 mol/L) und $n = 0,005$ mol ist:

$$\text{Kathodenraum:} \quad \Delta\chi_K = 0,005 \cdot (2 \cdot 90 - 75)/90 = 5,8 \, \text{mS/cm} \,;$$

$$\text{Anodenraum:} \quad |\Delta\chi_A| = 0,010 \cdot (75)/90 = 8,3 \, \text{mS/cm} \,.$$

An der Anode wird aus $NaHCO_3$ Kohlendioxid gebildet, die Natriumionen wandern in Richtung Kathode. An der Kathode entstehen Wasserstoff und Hydroxid. Die Hydroxidionen reagieren mit Hydrogenkarbonat zu Karbonat.

Der Test mit Kaliumpermanganat ergibt ein negatives Resultat, die Wasserstoffperoxidbildung ist geringer als 0,1 %.

In der angegebenen Lösung ist die Nickelelektrode weniger stabil als in 0,5-M-NaOH.

Würde sich Nickel zu 100 % der Stromarbeit auflösen, so wären

$$n_i = I \cdot t/(F \cdot z) = 1000/(96.485 \cdot 2) = 0,005 \text{ mol Nickel}$$

gelöst worden.

Die Molmasse von Nickel ist $M = 58,7$ g/mol; folglich sollte die Masse des maximal gelösten Nickels etwa $m = 304$ mg betragen. Da sich nur 5 mg gelöst haben, beträgt die Auflösung der Nickelelektrode bezogen auf den Faraday-Umsatz (FE) etwa 1,6 %.

10.3 Weitere Anodenmaterialien

Weitere wichtige Anodenmaterialien sind Platin, Grafit, Silber, Bleioxid.

In den nachfolgenden Beschreibungen wurden nur die Gewichtsreduktion durch Auflösung der Elektrode und die Bildung von Wasserstoffperoxid durch den Kaliumpermanganattest berücksichtigt (Tab. 10.1). Versuchsvorbereitung, Durchführung und Auswertung wurden mit kleinen Abänderungen ähnlich wie im Abschnitt 10.2.1 vorgenommen.

Platin

Oberfläche der verwendeten Platinanode: $1,5$ cm^2.

Elektrolyse in 0,5-M-NaOH-Lösung ($\chi = 96,3$ mS/cm)

Elektrolysezeit: 74 min; Spannung: 8,14 V; Stromstärke: 175 mA; Kathode: Goldblech 1,8 cm^2.

$$\text{Kathodenraum:} \quad \Delta\chi_K = (109,4 - 96,3) = 13,1 \text{ mS/cm};$$
$$\text{Anodenraum:} \quad |\Delta\chi_A| = |80,6 - 96,3| = 15,7 \text{ mS/cm}.$$

Theoretisch berechnete Leitfähigkeitsänderung: $\Delta\chi = 17,5$ mS/cm.

Test von 20 mL Anodenflüssigkeit mit 0,15 mL 0,01-M-1/5-KMnO$_4$-Lösung: keine Entfärbung. H$_2$O$_2$-Bildung bezogen auf Stromarbeit < 0,1 %.

Elektrolyse in 2-M-1/2-H$_2$SO$_4$

Elektrolysezeit: 60 min; Stromstärke: 157 mA; Kathode: Goldblech 1,8 cm^2.

Test von 20 mL Anodenflüssigkeit mit 0,15 mL 0,01-M-1/5-KMnO$_4$-Lösung: keine Entfärbung. H$_2$O$_2$-Bildung bezogen auf Stromarbeit < 0,1 %.

Versilberter Kupferdraht

Elektrolyse in 0,5-M-NaOH-Lösung (χ = 96,3 mS/cm)
Anode: versilberter Kupferdraht: Länge 50 cm, d = 2 mm (F = 31 cm^2), Drahtgewicht 4,280 g.

Elektrolysezeit: 70 min; Spannung: 5,23 V; Stromstärke: 152 mA; Kathode: Goldblech (F = 1,8 cm^2).

Drahtgewicht nach Elektrolyse: 4,266 g (–14 mg). Auflösung von Silber bezogen auf die Stromarbeit: 4 %.

Bleioxid

Elektrolyse in 2-M-1/2-H$_2$SO$_4$
Anode: Bleiblech (Eintauchfläche: 22 cm^2), Gewicht 45,424 g.

Elektrolysezeit: 70 min; Spannung: 3,10 V; Stromstärke: 100 mA; Kathode: Bleiblech (F = 8 cm^2).

Test von 20 mL Anodenflüssigkeit mit 0,15 mL 0,01-M-1/5-KMnO$_4$-Lösung: keine Entfärbung. H$_2$O$_2$-Bildung bezogen auf Stromarbeit < 0,1 %.

Bleigewicht: 45,405 g (–20 mg).

Elektrolyse in gesättigter K$_2$SO$_4$/NaHCO$_3$-Lösung
Anode: Bleioxid aus vorhergehendem Versuch (Eintauchfläche: 22 cm^2), Gewicht 45,405 g.

Lösung: 2 g NaHCO$_3$ werden in 200 mL destilliertem Wasser gelöst, und bei Magnetrührung wird Kaliumsulfat bis zur Sättigung zugegeben.

Elektrolysezeit: 100 min; Spannung: 4,16 V; Stromstärke: 94 mA; Kathode: Bleiblech (F = 8 cm^2).

Test von 20 mL Anodenflüssigkeit mit 0,15 mL 0,01-M-1/5-KMnO$_4$-Lösung: keine Entfärbung. H$_2$O$_2$-Bildung bezogen auf Stromarbeit < 0,1 %.

Test auf gelöstes Blei mit Ammoniumsulfidlösung: kein Niederschlag.

Bleigewicht: 45,400 g (Auflösung: –5 mg, 0,8 % der Stromarbeit).

Grafit

Anoden aus Grafit weisen Besonderheiten gegenüber allen anderen Elektroden auf. Eine wichtige Besonderheit ist die erhebliche Bildung von Peroxokarbonaten. Bei Elektrolysen mit Grafitanoden in Natriumkarbonat- und Natriumhydrogenkarbonat-lösungen bilden sich die Peroxokarbonate in erheblichem Umfang. Die Bildung von Peroxokarbonaten aus Hydrogenkarbonat ist auch an anderen Elektroden möglich, bei Grafit ist sie aber sehr ausgeprägt. Peroxokarbonate lassen sich leicht durch Titration mit Kaliumpermanganatlösung nachweisen. Die verwendeten Grafitanoden haben die Peroxokarbonate auf der Oberfläche gespeichert. Überführt man die Grafitanode nach der Elektrolyse in ein Becherglas mit verdünnter Schwefelsäure, so bilden sich bald Gasperlen am Grafit.

Elektrolyse in 10 %iger Na₂CO₃-Lösung

Anode: Grafitstab (Faber Castell TK 9071, Eintauchfläche: $4\,cm^2$), Gewicht 0,796 g.

Eine 10 %ige Na_2CO_3-Lösung ($\chi = 80,5\,mS/cm$) wird in die Elektrolysekammer gegeben.

Elektrolysezeit: 68 min; Spannung: 6,10 V; Stromstärke: 161 mA; Kathode: Goldblech ($F = 1,5\,cm^2$).

Nach der Elektrolyse (Anodenkammer $\chi_A = 78,6\,mS/cm$, Kathodenkammer $\chi_K = 87,6\,mS/cm$) wird die Grafitanode gewogen. Gewicht: 0,796 g (unverändert).

Zweite Elektrolyse mit Gasbürette:

Elektrolysezeit: 49 min; Stromstärke: 59 mA; entstandenes Gasvolumen: 11 mL.

Die Leitfähigkeitsänderungen aus der ersten Elektrolyse ergeben sich zu:

$$\text{Kathodenraum:} \quad \Delta\chi_K = (87,8 - 80,5) = 7,3\,mS/cm\,;$$

$$\text{Anodenraum:} \quad |\Delta\chi_A| = |78,6 - 80,5| = 1,9\,mS/cm\,.$$

In den Kathodenraum wandern Natriumionen, die sich mit den an der Anode entstehenden Hydroxidionen zu Natriumhydroxid verbinden. Aus dem Anodenraum wandern Natriumionen ab, es bildet sich aus Karbonat Hydrogenkarbonat.

Nach dem Faraday-Gesetz werden 6,8 mmol Elektronen während der Elektrolyse umgesetzt, daher berechnen sich die theoretischen Leitfähigkeitsänderungen (NaOH $\Lambda_c = 230$, (NaHCO₃–Na₂CO₃) $\Lambda_c = 92 - 77 = 15$) zu:

$$\text{Kathodenraum:} \quad \Delta\chi_K = 0,0068 \cdot 230/90 = 17,4\,mS/cm\,;$$

$$\text{Anodenraum:} \quad |\Delta\chi_A| = 0,0068 \cdot 20/90 = 1,5\,mS/cm\,.$$

Die theoretische Leitfähigkeitsänderung des Kathodenraumes ist höher als gemessen, weil es ionische Wechselwirkungen zwischen Hydroxid und dem Natriumkarbonat gibt.

Die anodische Gasentwicklung in der zweiten Elektrolyse entspricht recht exakt dem theoretisch berechneten Wert:

$$V[mL] = 23.500 \, mL \cdot 0{,}0018/4 = 10{,}5 \, mL \ .$$

Test von 20 mL Anodenflüssigkeit + verdünnte Schwefelsäure + 1 mL 0,01-M-1/5-KMnO$_4$-Lösung: Entfärbung. Es bildet sich Wasserstoffperoxid an der Anode.

Elektrolyse in gesättigter NaHCO$_3$-Lösung

Anode: Grafitstab (Faber Castell TK 9071, Eintauchfläche: 4 cm^2), Gewicht 0,798 g.

Eine gesättigte NaHCO$_3$-Lösung wird in die Elektrolysekammer gegeben.

Elektrolysezeit: 80 min; Spannung: 6,10 V; Stromstärke: 89 mA; Kathode: Goldblech ($F = 1{,}5$ cm^2).

Gewicht Anode nach Elektrolyse: 796 mg (-2 mg).

KMnO$_4$-Test

50 mL Anodenflüssigkeit werden mit verdünnter Schwefelsäure angesäuert. 0,01-M-1/5-KMnO$_4$-Lösung wird bis zum Ende der Entfärbung zugetropft. Verbrauch: 2,3 mL. Bezogen auf die gesamte Lösung von 90 mL ergibt sich ein Verbrauch von 4,2 mL 0,01-M-1/5-KMnO$_4$-Lösung. Der KMnO$_4$-Verbrauch entspricht 21 μmol H$_2$O$_2$ (1 % der Stromarbeit).

Gasentwicklung an der Anode

Elektrolyse mit Gasbürette. Elektrolysezeit: 26,5 min; Spannung: 7,0 V; Stromstärke: 48 mA; Kathode: Goldblech ($F = 1{,}5$ cm^2). Gebildetes Gasvolumen unter der Annahme, ein Äquivalent Elektronen erzeugt 1 mol Äquivalent Kohlendioxid: 12 mL (65 % der Theorie).

Elektrolyse in 0,1-M-NaOH-Lösung

Anode: Grafitstab (Faber Castell TK 9071, Eintauchfläche: 4 cm^2), Gewicht 0,792 g.

Elektrolysezeit: 80 min; Spannung: 8,60 V; Stromstärke: 65 mA; Kathode: Goldblech ($F = 1{,}5$ cm^2).

Gewicht Anode nach Elektrolyse: 780 mg (-12 mg).

50 mL Anodenflüssigkeit werden mit 0,15 mL 0,01-M-1/5-KMnO$_4$-Lösung und verdünnter Schwefelsäure versetzt. Keine Entfärbung. H$_2$O$_2$-Bildung bezogen auf Stromarbeit < 0,1 %.

Elektrolyse in 0,5-M-NaOH-Lösung

Anode: Grafitstab (Faber Castell TK 9071, Eintauchfläche: $4\,cm^2$), Gewicht 0,802 g.

Elektrolysezeit: 60 min; Spannung: 4,39 V; Stromstärke: 90 mA; Kathode: Goldblech ($F = 1,5\,cm^2$).

Gewicht Anode nach Elektrolyse: 798 mg (−4 mg, 10 % der Stromarbeit bezogen auf Kohlendioxid).

50 mL Anodenflüssigkeit werden mit 0,15 mL 0,01-M-1/5-$KMnO_4$-Lösung und verdünnter Schwefelsäure versetzt. Keine Entfärbung. H_2O_2-Bildung bezogen auf Stromarbeit: FE < 0,1 %.

Tab. 10.1: Die Nebenreaktionen an Anoden in verschiedenen Lösungen.

Anode	Oberfläche (cm^2)	I (A)	Lösung	Auflösung (% FU/mg)	H_2O_2 (%)
Nickeldraht	27	0,119	0,5-M-NaOH	< 0,5	< 0,2
Nickeldraht	27	0,148	$NaHCO_3/K_2SO_4$	1,6	< 0,2
Nickeldraht	27	0,067	$HOAc/K_2SO_4$	3,6	< 0,2
Nickeldraht	27	0,077	K_2SO_4/H_2SO_4	15	< 0,2
Platinblech	1,5	0,175	0,5-M-NaOH	< 0,1	< 0,2
Platinblech	1,5	0,175	2-M-1/2-H_2SO_4	< 0,1	< 0,2
Ag/Cu-Draht	31	0,152	0,5-M-NaOH	4	< 0,2
Blei	22	0,100	2-M-1/2-H_2SO_4	−	< 0,2
Bleioxid	22	0,094	$K_2SO_4/NaHCO_3$	0,8	< 0,2
Grafit	4	0,161	10 % Na_2CO_3	< 0,1 mg	> 0,5
Grafit	4	0,089	Gesättigte $NaHCO_3$	2 mg	1
Grafit	4	0,065	0,1-M-NaOH	12 mg	< 0,2
Grafit	4	0,090	0,5-M-NaOH	4 mg	< 0,2

Literatur

[1] Jander G, Blasius E. *Lehrbuch der analytischen und präperativen Chemie.* 10. Auflage. Stuttgart: Hirzel Verlag, 1976. S. 442–444, ISBN-3-7776-0246-9.

[2] Classen A, Danneel H. *Quantitative Analyse durch Elektrolyse.* 7. Auflage. Berlin: Verlag von J. Springer, 1927. S. 83.

11 Die elektrolytische Oxidation von Natriumacetat

11.1   Zur Geschichte der elektrolytischen Oxidation
       von Karbonsäuresalzen —— 173

11.2   Versuche zur Oxidation von Natriumacetat —— 174
       11.2.1   Oxidation von Natriumacetat unter stark basischen
                Bedingungen, hohe Stromdichte —— 174
       11.2.2   Oxidation von Natriumacetat bei hoher Stromdichte, schwach
                basisch —— 175

11.3   Zusammenfassung —— 177

https://doi.org/10.1515/9783110425666-012

11.1 Zur Geschichte der elektrolytischen Oxidation von Karbonsäuresalzen

In der Frühphase der Chemie (1849) unterzogen Herrmann Kolbe und E. Frankland die Salze der Valeriansäure und der Essigsäure der Elektrolyse. Das Bestreben der Forscher war es, die Radikaltheorie von Berzelius zu bestätigen. Nach dieser Theorie sollten auch viele organische Moleküle aus elektropositiven und elektronegativen Teilchen zusammengesetzt sein. Die elektropositiven und elektronegativen Teile des organischen Moleküls sollten als Radikale elektrolytisch darstellbar sein. Zu diesem Zeitpunkt der Geschichte der Chemie herrschten noch große Unklarheiten in der Zusammensetzung von anorganischen und organischen Stoffen. Kolbe fand heraus, dass statt dem Isobutyl das Diisobutyl und statt dem Methylradikal das Ethan gebildet wurden.

Von den nachfolgenden Chemikern ist die Elektrolyse von Karbonsäuren weiter intensiv untersucht worden. In älteren Lehrbüchern zur Elektrochemie wurde die elektrolytische Oxidation von Karbonsäuresalzen sehr ausgiebig beschrieben [1, 2].

Die Elektrolyse von Acetatsalzen kann zur Darstellung von Ethan, Methan, Methanol, Ethen eingesetzt werden. Durch die Reaktionsbedingungen können die Stoffumwandlungen an der Elektrode abgeändert werden. Die Stärke der Basizität, die Konzentrationen, die Stromstärke, die Temperatur und die Elektroden haben einen bedeutsamen Einfluss auf die Art der stofflichen Umwandlung.

Für die anodische Oxidation von Acetat sind die folgenden Reaktionen entsprechend den Beschreibungen von Fritz Förster [1] denkbar:

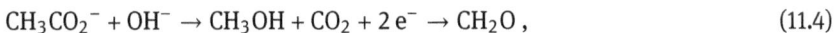

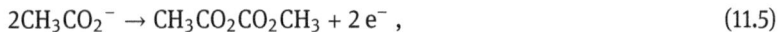

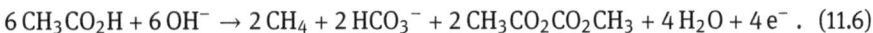

$$2\,CH_3CO_2^- \rightarrow C_2H_6 + 2\,CO_2 + 2\,e^-\,, \tag{11.1}$$

$$2\,CH_3CO_2^- \rightarrow CH_3CO_2CH_3 + CO_2 + 2\,e^-\,, \tag{11.2}$$

$$4\,CH_3CO_2^- \rightarrow 2\,CH_3CO_2H + 2\,CO_2 + CH_2CH_2 + 4\,e^-\,, \tag{11.3}$$

$$CH_3CO_2^- + OH^- \rightarrow CH_3OH + CO_2 + 2\,e^- \rightarrow CH_2O\,, \tag{11.4}$$

$$2CH_3CO_2^- \rightarrow CH_3CO_2CO_2CH_3 + 2\,e^-\,, \tag{11.5}$$

$$6\,CH_3CO_2H + 6\,OH^- \rightarrow 2\,CH_4 + 2\,HCO_3^- + 2\,CH_3CO_2CO_2CH_3 + 4\,H_2O + 4\,e^-\,. \tag{11.6}$$

Neben diesen Reaktionen kann auch die Oxidation von Wasser zu Sauerstoff erfolgen.

Die Stoffumsetzungen (11.1)–(11.4) sind aus der älteren Literatur bekannt. Die Bildung von Methan (11.6) aus Diacetylperoxid wurde von Fichter und Krumbacher untersucht [2]. Seit den 30er-Jahren des letzten Jahrhunderts ist vermutet worden, dass das Diacetylperoxid als Zwischenprodukt (11.5) der Elektrolyse von Acetat auftritt.

Es ist erstaunlich, dass sich aus einem einzigen Ausgangsstoff derart viele Produkte bilden können. Das Verständnis für die Mechanismen der elektrolytischen Umsetzungen hat bei vielen Chemikern daher hohe Priorität. Die Methoden der Stoffnachweise und die Abänderung von Reaktionsbedingungen sollen in den nachfolgenden Versuchen zum besseren Verständnis beschrieben werden.

11.2 Versuche zur Oxidation von Natriumacetat

11.2.1 Oxidation von Natriumacetat unter stark basischen Bedingungen, hohe Stromdichte

Es werden 8,0 g $CH_3CO_2Na \cdot H_2O$, 20 mL 0,1-M-NaOH in etwa 50 mL destilliertem Wasser gelöst. Die Lösung wird bei $I = 0,190$ A (12 V) etwa 43 min mit einer Grafitanode (Bleistiftmine Faber Castell, TK 9071, $d = 2$ mm) und einer Nickelkathode elektrolysiert. Zur Bestimmung der Gasdichte wird eine Apparatur nach Abschnitt 2.9 verwendet, die in einen Elektrodenhalter mit Gasbürette nach Abb. 2.7 eingeführt worden ist. Zur Abtrennung von Kohlendioxid dient eine kleine Waschflasche, die 0,5-M-NaOH-Lösung enthält. Da der Gasdruck im Elektrodenhalter unzureichend ist, um im Steigrohr der Waschflasche erhebliche Flüssigkeitsmengen zu verdrängen, darf in der Waschflasche nur wenig NaOH-Lösung enthalten sein. Das Steigrohr sollte nur 0,5–1 cm in die Lösung der Waschflasche eintauchen. Das Gleiche gilt für den Ausgang am Gasbehälter.

Eine sehr exakte Bestimmung des Kohlendioxidgehaltes in der Gasprobe des Elektrodenhalters lässt sich mit dem Gasometer vornehmen. Dazu wird das Gas aus dem Probebehälter in das Gasometer überführt und von dort mit nachgeschalteten Waschflaschen einer 0,02-M-NaOH-Lösung vom Kohlendioxid befreit (Kapitel 10, Abb. 10.3). Der Kohlendioxidgehalt der Probe lässt sich aus Tab. (A 4.3) exakt bestimmen.

Der Gasvorratsbehälter ist vor Beginn der Elektrolyse mit Luft gefüllt und besitzt ein Gesamtgewicht von 146,705 g. Er hat ein Fassungsvolumen für 0,0233 mol Gas. Nach der Elektrolyse beträgt das Behältergewicht 146,708 g.

Mit dem verschlossenen Elektrodenhalter wird das gebildete Gasvolumen bei einer Stromstärke von $I = 0,206$ A bestimmt. In 4 min haben sich etwa 4 mL Gas gebildet.

Auswertung von Experiment 11.2.1

Gasdichte
Unter der Annahme, dass sich das Acetat in Ethan nach Gl. (11.1) umwandelt, lässt sich der Stoffumsatz über das Faradaysche Gesetz berechnen.

Die Äquivalentmenge ist:

$$n_i = I \cdot t/z \cdot F = 0,190 \cdot 60 \cdot 43/(96.485 \cdot 2) = 0,0025 \text{ mol}.$$

Die mittlere Molmasse der Luft beträgt $M = 29$ g/mol, die mittlere Molmasse von Ethan nach Gl. (11.1) ist $M = 30$ g/mol. Die Dichtedifferenz beträgt $\Delta M = 1$ g/mol.

Nach dem Faradayschen Gesetz sollte das Gasgewicht im Vorratsbehälter folglich etwa um

$$\Delta m = n_i \cdot \Delta M = 0,0025 \text{ mol} \cdot 1 \text{ g/mol} = 2,5 \text{ mg}$$

zunehmen.

Tatsächlich betrug die Gewichtsänderung 2 mg. Im Rahmen der Messgenauigkeit der Waage ist das Ergebnis zufriedenstellend.

Gasvolumen nach Faraday
Im zweiten Experiment wird die Gasbildung an der Elektrode untersucht.

Da im Versuch in der Lösung NaOH eingesetzt wurde, sollte das Kohlendioxid aus Gl. (11.1) zu Karbonat umgewandelt werden.

Nach dem Faradayschen Gesetz müsste die folgende Äquivalentmenge entstanden sein:

$$n_i = I \cdot t/(z \cdot F) = 0{,}206 \cdot 60 \cdot 4/(96.485 \cdot 2) = 2{,}6 \cdot 10^{-4}\,\text{mol} .$$

Das entstandene Gasvolumen bezogen auf Ethan berechnet sich zu:

$$\Delta V = n_i \cdot 23{,}8\,\text{L/mol} = 2{,}6 \cdot 10^{-4}\,\text{mol} \cdot 23.800\,\text{mL/mol} = 6{,}4\,\text{mL} .$$

Die gemessene Volumenmenge lag mit 4 mL Gas in der Gasbürette etwas unter dem berechneten Ergebnis. Es entsteht auch etwas Kohlendioxid (Gl. (11.2)). Dies lässt sich auch durch die Leitfähigkeitsänderung in der Gaswaschflasche nachweisen.

11.2.2 Oxidation von Natriumacetat bei hoher Stromdichte, schwach basisch

Es werden 8,0 g $CH_3CO_2Na \cdot 1H_2O$, 1,0 g $NaHCO_3$, 2,0 g Na_2CO_3 und 6–7,5 g Na_2SO_4 in 50 mL destilliertem Wasser gelöst. Die Lösung wird in einem zylinderförmigen Behälter mit einem Fassungsinhalt von 70 mL Flüssigkeit bei I = 610 mA und 6,8 V etwa 60 min elektrolysiert. Als Anode dient ein Grafitstab (Bleistiftmine Faber Castell, TK 9071, d = 2 mm) mit einer Eintauchlänge von 6 cm, die Stromdichte liegt bei I_F = 0,160 A/cm^2. Als Kathode wird ein Nickelblech mit einer Fläche von 8 cm^2 verwendet. Kathode und Anode sollten einen Abstand von etwa 0,5–1,0 cm haben.

Bestimmung der oxidierbaren Stoffe durch Titration
Vom Anodenraum wird eine Probe von 4,1 g Lösung (von 48 g Lösung) abgenommen, die Probe wird mit 10 mL 0,5-M-NaOH und 39,6 mL 0,1-M-1/5-KMnO$_4$ versetzt und 20 min bei 60 °C erwärmt. Nach Abkühlung wird die Lösung mit 25 mL 10 %iger Schwefelsäure angesäuert und mit 0,1-M-1/2-Oxalsäure bis zur Entfärbung titriert. Verbrauch 0,1-M-1/2-Oxalsäure: 31,4 mL. Folglich hat ein Überschuss von 8,2 mL 0,1-M-1/5-KMnO$_4$ organische Verbindungen wie Methanol oder Formaldehyd oxidiert.

Bestimmung durch Destillation
Formaldehyd polymerisiert sehr leicht. Unter schwach basischen Bedingungen destilliert nur eine wässrige Lösung aus Trioxan über. Die wässrige Lösung hat einen Bre-

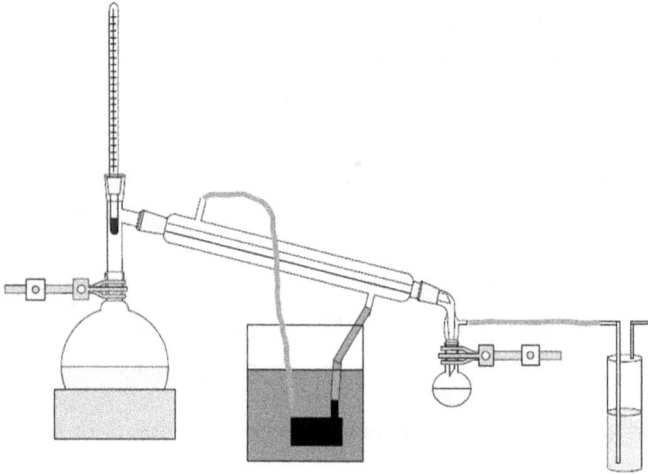

Abb. 11.1: Destillationsapparatur zur Bestimmung organischer Stoffumsetzungen bei einer Elektrolyse.

chungsindex von n_D = 1,3333 (den gleichen Brechungsindex zeigt eine 1 %ige Methanollösung oder eine 0,5 %ige Essigsäurelösung) und unterscheidet sich vom Brechungsindex von destilliertem Wasser (n_D = 1,3330). Bei einer Bestimmung des Brechungsindex muss bedacht werden, dass auch andere Stoffe (Salze, Säuren) bei einer Destillation mit übertreten können. Nur wenn die Leitfähigkeit der Probe sehr gering ist, kann diese mögliche Fehlbestimmung ausgeschlossen werden.

Wird die Lösung mit 10 %iger Schwefelsäure angesäuert, so entsteht bei kräftigem Erwärmen auf 100 °C Formaldehyd. Um zu vermeiden, dass Formaldehyd in die Raumluft übertritt, muss an die Destillationsapparatur eine Waschflasche mit wässriger NaOH-Lösung angeschlossen werden (Abb. 11.1).

Auswertungen von Experiment 11.2.2

Nach dem Faradayschen Gesetz wird der theoretische Stoffumsatz für eine Elektrolysezeit von 60 min bei I = 0,610 A bestimmt.

Nach Gl. (11.4) ist:

$$n_i = I \cdot t/(F \cdot 2) = 0,610 \cdot 60 \cdot 60/(96.485 \cdot 2) = 0,0114 \, \text{mol} \, .$$

Falls der Stoffumsatz nach Gl. (11.4) als Hauptprodukt Methanol liefert, wäre diese Stoffmenge korrekt. Tatsächlich wird bei der Destillation hauptsächlich Formaldehyd nachgewiesen. Methanol wird unter den angegebenen Bedingungen sofort zu Formaldehyd an der Anode oxidiert. Für diese Stoffumsetzung werden nochmals zwei Elektronen pro Molekül durch die Anode entfernt.

Die tatsächliche Stoffumwandlung ist daher:

$$n_i = I \cdot t/(F \cdot 4) = 0,0057 \, \text{mol} \, .$$

Die Titration mit Kaliumpermanganat ergibt:

$$0,82 \text{ mmol Elektronen} \cdot 12 = 9,8 \text{ mmol Elektronen} .$$

Wenn Formaldehyd durch die 0,1-M-1/5-$KMnO_4$-Lösung zu Kohlendioxid oxidiert wird, ist der Stoffumsatz:

$$FE = 9,8 \text{ mmol}/4 \cdot 5,7 \text{ mmol} = 43 \% .$$

11.3 Zusammenfassung

Durch Messungen von Gasvolumina und Gasdichten lassen sich stoffliche Umsetzungen während einer Elektrolyse berechnen. Erst durch eine Destillation können mitunter eindeutige Angaben zur Art der Stoffumwandlung angegeben werden. Methanol wird an der Anode sehr schnell zu Formaldehyd aufoxidiert. Die Umwandlung zu Ameisensäure und Kohlendioxid erfolgt deutlich langsamer.

Literatur

[1] Förster F. *Elektrochemie wässriger Lösungen*. Leipzig: Verlag von Johann Ambrosius Barth, 1915. S. 767–771.
[2] Fichter F. *Organische Elektrochemie*. Leipzig – Dresden: Verlag von Theodor Steinkopf, 1942. S. 17–33.

12 Leitfähigkeitstitration von Salzen zur Gehaltsbestimmung

12.1   Die Hydroxidfällung —— 179

12.2   Berechnungen zur konduktometrischen Titration —— 180

12.3   Ionenstärke, Aktivitätskoeffizient —— 184

https://doi.org/10.1515/9783110425666-013

12.1 Die Hydroxidfällung

Von vielen Salzen muss die Reinheit durch analytische Verfahren untersucht werden.

Die Konduktometrie eignet sich zu diesem Zweck sehr gut. Es können beispielsweise Verdünnungsreihen der Salzlösungen aufgestellt werden und die gemessenen Werte mit den Literaturangaben überprüft werden. Diese Methode ist nicht spezifisch, da mitunter andere Salzproben ähnliche Ergebnisse liefern.

Fällungsverfahren eignen sich zur Reinheitsprüfung sehr viel besser. Das Gebiet der Gravimetrie hatte eine außerordentlich wichtige Bedeutung bei der Ermittlung der Atomgewichte von Elementen.

Jöns Jakob Berzelius ermittelte die Atomgewichte von vielen chemischen Elementen auf der Basis von gravimetrischen Bestimmungen. Erst durch viele unterschiedliche Fällungsmethoden ließen sich die relativen Atomgewichte der Elemente sehr genau bestimmen.

Häufig wird im analytischen Praktikum die Sulfidfällung angewendet, um die Metallkationen einer Lösung zu bestimmen. Je nach pH-Wert der Lösung werden die Sulfide ausgefällt.

Die Hydroxidfällung ist ebenfalls geeignet, um Metallkationen aus einer Lösung selektiv abzuscheiden. Auch bei der Hydroxidfällung wird die pH-Abhängigkeit genutzt, um die Elemente selektiv abzuscheiden.

Möchte ein Chemiker den Gehalt eines Salzes mit Metallkationen bestimmen und dieses in ein anderes Salz umwandeln, so ist die Hydroxidfällung sehr vorteilhaft. Mit einem pH-Meter und einem Konduktometer wird der Fällungsverlauf während der Zugabe der Base verfolgt.

Das ausgefallene Hydroxid kann mit einer kleinen Laborzentrifuge von der überstehenden Lösung abgetrennt werden. Durch Titration mit einer frei gewählten Säure wird das Metallhydroxid dann in eine andere Salzform überführt.

Die Fällung von Magnesium(II)-hydroxid beginnt bei pH = 9,8 und ist bei pH = 10,6 abgeschlossen. Die pH-Abhängigkeit der Fällungsreaktion vieler Metallkationen ist häufig recht spezifisch, sodass sich das Metallkation mit recht hoher Sicherheit qualitativ und quantitativ bestimmen lässt. Das Chrom(III)-hydroxid wird zwischen pH = 4,6 bis pH = 5,6 gefällt.

Die unterschiedlichen pH-Werte bei Fällungsbeginn und Fällungsende ermöglichen sowohl die Gehaltsbestimmung eines Salzes wie auch die Prüfung der Stoffidentität.

Zur Konzentrationsbestimmung können 10 mmol eines Salzes in etwa 50 mL destilliertem Wasser gelöst werden und mit einer Lösung von 1-M-NaOH bis zum Fällungsendpunkt titriert werden. Der Fällungsendpunkt ist erkennbar am Anstieg der Leitfähigkeit und an einer deutlichen pH-Änderung.

Der Fällungsverlauf muss sorgfältig protokolliert werden. Zu der zugegebenen Menge von Natronlauge müssen der pH-Wert und die Leitfähigkeit notiert werden.

In der folgenden Beschreibung wird die konduktometrische Fällung in Tabellenform genau beschrieben, damit der Leser die Vorteile dieses Verfahrens versteht. Von entscheidender Bedeutung ist die mathematische Berechnung der Äquivalentleitfähigkeiten von Lösungen.

Erst durch den mathematischen Zugang einer Berechnungsvorschrift können viele wichtige Zusammenhänge erschlossen werden.

12.2 Berechnungen zur konduktometrischen Titration

Zu Beginn der Berechnung muss überlegt werden, welche Stoffkonzentrationen konduktometrisch verfolgt werden sollen. Bei der Zugabe von Natriumhydroxidlösung zu einer Magnesiumchloridlösung bilden sich als neue Stoffe Magnesiumhydroxid und Natriumchlorid. Die Magnesiumchloridkonzentration sinkt während der Zugabe. Das Magnesiumhydroxid fällt als flockiger Niederschlag sofort aus, es hat – sofern es völlig unlöslich ist – ab Fällungsbeginn keinen Beitrag zur Leitfähigkeit der Lösung.

Das gelöste Magnesiumchlorid in der Lösung vermindert sich laufend in der Lösung durch zwei Effekte. Durch die Zugabe von Natriumhydroxid über die Bürette vermindert sich entsprechend der zugegebenen Menge das Magnesiumchlorid, da das Salz in Magnesiumhydroxid umgewandelt wird. Durch die Zugabe von Natriumhydroxidlösung erhöht sich auch das Volumen der Lösung. Diese beiden Effekte bewirken, dass die Magnesiumchloridkonzentration in der Lösung sinkt.

Zunächst werden die reinen Stoffmengen bestimmt.

Die Stoffmenge des Magnesiumchlorid-Hexahydrats beträgt 10 mmol. Die Äquivalentmenge bezogen auf die Titration ist:

$$n^{eq}(MgCl_2) = 20\,mmol\;.$$

In 1 mL einer 1-M-NaOH ist genau 1 mmol Natriumhydroxid enthalten. Ist t_v die Volumenmenge Titrant (NaOH-Lösung) in Milliliter, die in die Lösung getropft wird, so kann die Äquivalentmenge durch die folgende Formel beschrieben werden:

$$n^{eq}(MgCl_2) = 0{,}020 - t_v \cdot 0{,}001\;. \tag{12.1}$$

Um die Konzentration in Mol pro Liter zu erhalten, muss die Äquivalentmenge durch das Lösungsmittelvolumen der Gesamtlösung dividiert werden. Das Gesamtvolumen setzt sich aus dem Volumen zu Beginn ($V1$) der Titration plus des Volumens der zugefügten Natronlauge (t_v) zusammen.

Diese Volumenmenge muss mit dem Faktor 0,001 multipliziert werden, um die Konzentration in Mol pro Liter zu erhalten.

Damit wird die Konzentration (c) von Magnesiumchlorid:

$$c(MgCl_2) = n(MgCl_2)/((V1 + t_v) \cdot 0{,}001)$$
$$= (0{,}02 - t_v \cdot 0{,}001)/((V1 + t_v) \cdot 0{,}001)\;. \tag{12.2}$$

Bei der Einwaage werden entsprechend dem Formelgewicht (MG = 203,33 g/mol) 2,033 g Magnesiumchlorid-Hexahydrat eingewogen und in 50 mL destilliertem Wasser gelöst.

Dabei ist zu beachten, dass das Magnesiumchlorid-Hexahydrat bezogen auf das Formelgewicht über 1,1 g Hydratwasser enthält. Das Hydratwasser führt im Falle einer Magnesiumchloridlösung zu einer Volumenzunahme von etwa 1 mL in der Lösung, sodass das Gesamtvolumen der Lösung 51 mL beträgt.

Von dieser Lösung lassen sich die Äquivalentleitfähigkeiten mit der folgenden Formel bei höheren Konzentrationen berechnen:

$$\Lambda_c(\text{MgCl}_2) = (53,1 + 76,3) - 64 \cdot C^{0,27} \,. \tag{12.3}$$

Die spezifische Leitfähigkeit der Magnesiumchloridlösung lässt sich für jede Konzentration durch die Gl. (1.13) nach Kapitel 1 bestimmen:

$$\chi(\text{MgCl}_2) = \Lambda_c \cdot c/1000. \tag{12.4}$$

Während der Titration entsteht auch Natriumchlorid.

Die Natriumchloridkonzentration der Lösung lässt sich über die Formel

$$c(\text{NaCl}) = (t_v \cdot 0,001)/((V1 + t_v) \cdot 0,001) \tag{12.5}$$

ermitteln.

Die Äquivalentleitfähigkeiten von höher konzentrierten Natriumchloridlösungen lassen sich über die Formel

$$\Lambda_c(\text{NaCl}) = (50,1 + 76,3) - 42 \cdot C^{0,30} \tag{12.6}$$

berechnen.

Während der Zugabe von Natriumhydroxidlösung ändert sich der pH-Wert der Lösung kaum. Aufgrund des Löslichkeitsproduktes bildet sich aus freien Magnesiumionen mit dem Hydroxid sofort das Metallhydroxid. Schon nach der Zugabe der ersten Tropfen von Natriumhydroxidlösung ist eine weiße Fällung von Mg(OH)_2 sichtbar.

Mg(OH)_2 ist im Gegensatz zu Natriumhydroxid in wässriger Lösung kaum löslich. Dies wird durch die sichtbare Ausfällung von Mg(OH)_2 deutlich. Die konduktometrische Messung zeigt, dass die Leitfähigkeit der Lösung bei Natriumhydroxidzugabe sinkt. Wäre das Hydroxid löslich, so müsste die Leitfähigkeit der Lösung deutlich zunehmen, da das Hydroxidion eine hohe Äquivalentleitfähigkeit besitzt. Die Leitfähigkeit der Lösung nimmt jedoch ab, und zwar noch stärker als die Summe aus den berechneten Einzelleitfähigkeiten der MgCl_2- und NaCl-Lösungen.

Obgleich die Hydroxidkonzentration in der Lösung sehr gering ist, weil konduktometrisch keine Leitfähigkeitszunahme auftritt, wird mit der pH-Elektrode die Hydroxidkonzentration messbar.

Das Löslichkeitsprodukt (Lp) von Mg(OH)_2 in wässriger Lösung lässt sich wie folgt beschreiben:

$$\text{Lp} = [\text{Mg}^{++}] \cdot [\text{OH}^-]^2 / [\text{Mg(OH)}_2] \,. \tag{12.7}$$

Tab. 12.1: Fällung von Mg(OH)$_2$ aus einer MgCl$_2$-Lösung durch 1-M-NaOH. Berechnete und gemessene Leitfähigkeiten.

Titrant (t_v) 1-M-NaOH	Gemessener pH-Wert	Gemessene Leitfähigkeit (mS/cm)	Lösungs-volumen (mL)	Berechnete Leitfähigkeit	Gemessene Leitfähigkeit	Schwä-chungs-faktor, NaCl-Lösung
0,0	6,96	32,3	51	0,0319	0,0318	0,5
1,2	9,8	31,6	52,2	0,0312	0,0311	0,5
3,1	9,73	30,9	54,1	0,0303	0,0304	0,65
3,9	9,79	30,7	54,85	0,0301	0,0302	0,68
4,6	9,78	30,5	55,6	0,0300	0,0300	0,72
6,3	9,78	30	57,25	0,0295	0,0296	0,76
7,5	9,81	29,6	58,5	0,0291	0,0292	0,78
9,1	9,82	29,1	60,1	0,0286	0,0287	0,8
12,5	9,94	28,2	63,5	0,0278	0,0278	0,86
15,1	10,03	27,6	66,1	0,0272	0,0272	0,9
15,8	10,03	27,5	66,8	0,0273	0,0271	0,92
16,4	10,05	27,5	67,4	0,0272	0,0271	0,93
16,8	10,05	27,4	67,8	0,0272	0,0270	0,94
17,4	10,1	27,3	68,4	0,0271	0,0269	0,95
18,2	10,14	27,2	69,15	0,0269	0,0268	0,96
18,6	10,17	27,1	69,6	0,0269	0,0267	0,97
19,4	10,27	27	70,4	0,0266	0,0266	0,98
19,6	10,33	26,8	70,6	0,0266	0,0264	0,985
19,80	10,38	26,8	70,8	0,0266	0,0264	0,99
19,95	10,41	26,8	70,95	0,0264	0,0264	

Magnesiumhydroxid liegt als unlösliches Hydroxid vor, daher bleibt die Konzentration konstant und kann mit 1 angegeben werden.

Die Hydroxidkonzentration lässt sich nach der Beziehung:

$$K_W = 10^{-14} = [OH^-] \cdot [H^+]$$

oder

$$[OH^-] = K_W/[H^+]$$

bestimmen.

Dabei ist K_W das Ionenprodukt des Wassers.

Das Löslichkeitsprodukt ist nach Gl. (12.7) folglich:

$$Lp = [Mg^{++}] \cdot K_W^2/[H^+]^2 . \tag{12.8}$$

Zur exakten Bestimmung des Löslichkeitsproduktes werden in der Gleichung die Aktivitäten statt der Konzentrationen eingesetzt. Für eine erste Berechnung des Löslichkeitsproduktes ist die Verwendung der Konzentrationen zunächst ausreichend.

Tab. 12.2: Berechnung der Äquivalentleitfähigkeiten, spezifischen Leitfähigkeiten und Konzentrationen von $MgCl_2$ und $NaCl$.

Konz. $MgCl_2$ (C2) mol/($z \cdot$ L)	$64 \cdot$ (C2)^{0,27}	Λ_c($MgCl_2$)	κ $MgCl_2$ (S/cm)	Konz. NaCl (C1) mol/L	45(C1)^{0,30}	Λ_c(NaCl)	κ NaCl, (S/cm)
0,4020	50,04	79,36	0,0319	0,0000	0	126,4	0,0000
0,3697	48,92	80,48	0,0298	0,0221	14,33	112,07	0,0015
0,3216	47,12	82,28	0,0265	0,0550	18,85	107,55	0,0038
0,3036	46,39	83,01	0,0252	0,0674	20,03	106,37	0,0049
0,2860	45,64	83,76	0,0240	0,0794	21,05	105,35	0,0060
0,2489	43,97	85,43	0,0213	0,1048	22,87	103,53	0,0082
0,2222	42,64	86,76	0,0193	0,1231	24	102,4	0,0098
0,1897	40,86	88,54	0,0168	0,1454	25,23	101,17	0,0118
0,1260	36,58	92,82	0,0117	0,1890	27,3	99,1	0,0161
0,0817	32,54	96,86	0,0079	0,2193	28,54	97,86	0,0193
0,0704	31,26	98,14	0,0069	0,2271	28,84	97,56	0,0204
0,0608	30,05	99,35	0,0060	0,2336	29,09	97,31	0,0211
0,0546	29,19	100,21	0,0055	0,2379	29,25	97,15	0,0217
0,0453	27,76	101,64	0,0046	0,2442	29,48	96,92	0,0225
0,0340	25,68	103,72	0,0035	0,2520	29,76	96,64	0,0234
0,0273	24,21	105,19	0,0029	0,2566	29,92	96,48	0,0240
0,0156	20,82	108,58	0,0017	0,2645	30,2	96,2	0,0249
0,0127	19,71	109,69	0,0014	0,2665	30,26	96,14	0,0252
0,0099	18,4	111	0,0011	0,2685	30,33	96,07	0,0255
0,0078	17,23	112,17	0,0009	0,2699	30,38	96,02	0,0255

Die Konzentrationen von [Mg^{++}] und [H^+] können aus Tab. 12.1 und Tab. 12.2 abgelesen werden. Aus diesen Werten kann dann für jede Konzentration das Löslichkeitsprodukt berechnet werden. Aus der Tab. 12.3 ist ersichtlich, dass das Löslichkeitsprodukt nicht über den gesamten Konzentrationsbereich konstant ist.

Bei einer Konzentration des [Mg^{++}] von 0,2–0,1 mol/L liegt das Löslichkeitsprodukt zur Magnesiumhydroxidbildung zwischen $2,5 \cdot 10^{-10}$ und $5 \cdot 10^{-10}$ oder als pK_L = 9,1–9,6, wenn nur mit Konzentrationen gerechnet wird.

Im Fällungsbereich von $Mg(OH)_2$ liegt der pH-Wert zwischen 9,8–10,4. Die zugegebene Natriumhydroxidmenge in diesem Bereich spiegelt den Gehalt an Mg^{2+}-Ionen in Lösung wider.

In der Literatur wird der Fällungsbereich zwischen pH = 9,6–11,1 angegeben. Der pK_L-Wert wurde nach Literaturangaben zu pK_L = 10,9 bestimmt [1].

Tab. 12.3: Bestimmung des Löslichkeitsproduktes von $Mg(OH)_2$ aus dem pH-Wert und der $MgCl_2$-Konzentration.

Titrant (t_v) 1-M-NaOH	Gemessener pH-Wert	Konzentration $MgCl_2$ (C2) mol/($z \cdot$ L)	Löslichkeitsprodukt	pK_L-Wert
0,0	6,96	0,4020		
1,2	9,8	0,3697	$7,36 \cdot 10^{-10}$	9,13
3,1	9,73	0,3216	$4,64 \cdot 10^{-10}$	9,33
3,9	9,79	0,3036	$5,77 \cdot 10^{-10}$	9,24
4,6	9,78	0,2860	$5,19 \cdot 10^{-10}$	9,28
6,3	9,78	0,2489	$4,52 \cdot 10^{-10}$	9,34
7,5	9,81	0,2222	$4,63 \cdot 10^{-10}$	9,33
9,1	9,82	0,1897	$4,14 \cdot 10^{-10}$	9,38
12,5	9,94	0,1260	$4,78 \cdot 10^{-10}$	9,32
15,1	10,03	0,0817	$4,69 \cdot 10^{-10}$	9,33
15,8	10,03	0,0704	$4,04 \cdot 10^{-10}$	9,39
16,4	10,05	0,0608	$3,83 \cdot 10^{-10}$	9,42
16,8	10,05	0,0546	$3,44 \cdot 10^{-10}$	9,46
17,4	10,1	0,0453	$3,59 \cdot 10^{-10}$	9,44
18,2	10,14	0,0340	$3,24 \cdot 10^{-10}$	9,49
18,6	10,17	0,0273	$2,99 \cdot 10^{-10}$	9,52
19,4	10,27	0,0156	$2,71 \cdot 10^{-10}$	9,57
19,6	10,33	0,0127	$2,91 \cdot 10^{-10}$	9,54
19,80	10,38	0,0099	$2,84 \cdot 10^{-10}$	9,55
19,95	10,41	0,0078	$2,56 \cdot 10^{-10}$	9,59

12.3 Ionenstärke, Aktivitätskoeffizient

In Abschnitt 12.2 wurde darauf hingewiesen, dass die gemessenen Leitfähigkeiten nicht mit den berechneten Leitfähigkeiten übereinstimmen.

Diese Abweichung wird durch den Leitfähigkeitskoeffizienten oder in diesem Falle als Schwächungsfaktor (SF) beschrieben. Diese Berechnung erfolgte empirisch, um eine gute Übereinstimmung zwischen den berechneten und gemessenen Leitfähigkeiten zu erreichen.

Der Schwächungsfaktor bezieht sich auf die Konzentration der Natriumchloridlösung. Mit diesem Schwächungsfaktor muss die berechnete Konzentration einer NaCl-Lösung multipliziert werden (Tab. 12.4).

Ein sehr wichtiger Begriff zum Verständnis der Wechselwirkungen in einer Lösung ist die Ionenstärke.

Dieser Begriff wurde von Lewis geprägt und beschreibt die empirisch gefundene Abweichung der realen Lösung. Durch eine höhere Ladung der Kationen und Anionen wird die Ionenstärke gegenüber Lösungen mit einfachen Ladungsträgern angehoben.

Tab. 12.4: : Über die Ionenstärke berechnete Schwächungsfaktoren und gemessene Schwächungsfaktoren.

Konzentration MgCl$_2$ (C2) mol/($z \cdot$ L)	Konzentration NaCl (C3) mol/L	Ionenstärke MgCl$_2$	Ionenstärke NaCl	Berechnete Schwächung nach Ionenstärke	Gemessene Schwächung
0,4020	0,0000	0,3015	0,0000		
0,3697	0,0221	0,2773	0,0221	0,59	0,50
0,3216	0,0550	0,2412	0,0550	0,64	0,65
0,3036	0,0674	0,2277	0,0674	0,66	0,68
0,2860	0,0794	0,2145	0,0794	0,68	0,72
0,2489	0,1048	0,1867	0,1048	0,72	0,76
0,2222	0,1231	0,1667	0,1231	0,75	0,78
0,1897	0,1454	0,1423	0,1454	0,78	0,80
0,1260	0,1890	0,0945	0,1890	0,85	0,86
0,0817	0,2193	0,0613	0,2193	0,9	0,90
0,0704	0,2271	0,0528	0,2271	0,92	0,92
0,0608	0,2336	0,0456	0,2336	0,93	0,93
0,0546	0,2379	0,0409	0,2379	0,93	0,94
0,0453	0,2442	0,0340	0,2442	0,94	0,95
0,0340	0,2520	0,0255	0,2520	0,95	0,96
0,0273	0,2566	0,0205	0,2566	0,96	0,97
0,0156	0,2645	0,0117	0,2645	0,98	0,98
0,0127	0,2665	0,0096	0,2665	0,98	0,99
0,0099	0,2685	0,0074	0,2685	0,99	0,99

Nach Lewis gilt:

$$I = 0,5 \cdot \sum_{1}^{i} c_i \cdot z_i \,. \tag{12.9}$$

I: Ionenstärke;
c_i: molare Konzentration der Ionen;
z_i: Ionenladung [2].

Beispiele:
a) 0,2-M-NaCl-Lösung: $I = 0,5 \cdot (0,2 \cdot 1^2 + 0,2 \cdot 1^2) = 0,2$;
b) 0,10-M-1/2-MgCl$_2$-Lösung: $I = 0,5 \cdot (0,10 \cdot 2^2 + 0,2 \cdot 1^2) = 0,30$.

Die Ionenstärke einer NaCl-Lösung ist im Vergleich zu einer gleich konzentrierten MgCl$_2$-Lösung um den Faktor $1/1,5 = 0,67$ schwächer.

Die Ionenstärke bildet sich auch als Ergebnis der Leitfähigkeitstitration ab. Aus dem Natriumhydroxid bildet sich sofort das Natriumchlorid, das unlösliche Magnesiumhydroxid fällt sofort aus. Es werden die Konzentrationen von Magnesiumchlorid und Natriumchlorid bei der Leitfähigkeitstitration gemessen.

Bei minimaler Zugabe der NaOH-Lösung bildet sich sofort eine stark verdünnte NaCl-Lösung im Gemisch mit der MgCl$_2$-Lösung. Diese verdünnte Lösung verhält sich bezüglich der Leitfähigkeit nicht wie eine verdünnte NaCl-Lösung in destilliertem Wasser. Die Leitfähigkeit wird geschwächt, weil Wechselwirkungen zwischen den Natrium- und den Magnesiumionen bestehen. Bei weiterer Zugabe von Natriumhydroxid – das in Natriumchlorid umgewandelt wird – ändert sich die Ionenstärke der Lösung. Die Ionenstärke der Lösung setzt sich additiv aus der Summe der Ionenstärken von MgCl$_2$- und NaCl-Lösung zusammen. Im späteren Verlauf der NaOH-Zugabe nimmt die Lösung zunehmend die Ionenstärke einer NaCl-Lösung an. Der Schwächungsfaktor bei der Titration strebt dann gegen 1.

Es hat sich gezeigt, dass der Schwächungsfaktor (SF) oder Leitfähigkeitskoeffizient [3] der NaCl-Lösung gegenüber einer Magnesiumchloridlösung über die Ionenstärken nach der Formel

$$SF = 1 - 0,44 \cdot I_{(MgCl_2)}/I_{ges} \tag{12.10}$$

bestimmt wird.

Im Anfangsbereich ergibt sich ein Schwächungsfaktor von etwa 0,56; dieser Wert ist von der Größe sehr ähnlich dem nach Lewis berechneten Wert von 0,65.

Wird der Schwächungsfaktor der Ionenstärke mit der spezifischen Leitfähigkeit der ermittelten NaCl-Lösung multipliziert, so stimmt die berechnete Leitfähigkeit im Anfangsbereich sehr gut mit der gemessenen Leitfähigkeit überein.

Es ist bekannt, dass die realen Salzlösungen häufig andere Eigenschaften zeigen als die idealen Salzlösungen. Statt der Konzentration gibt der Chemiker daher die Aktivität der entsprechenden Lösung an. Das Verhältnis zwischen realem Messwert zu theoretisch erwartetem Messwert beschreibt der Aktivitätskoeffizient.

Es gibt verschiedene Verfahren die Aktivitätskoeffizienten von Lösungen zu bestimmen, beispielsweise durch EMK-Messungen mit galvanischen Elementen oder durch Löslichkeitsmessungen.

Sind in einer Lösung hohe Konzentrationen von verschiedenen Metallionen vorhanden, so steigt die Ionenstärke der Lösung. Der Aktivitätskoeffizient für die Ausfällung bezogen auf die Konzentration des gewünschten Metallions sinkt durch den Fremdionenzusatz [4]. Durch den Zusatz von Fremdionen wird die Löslichkeit eines Salzes daher erhöht.

Der Leitfähigkeitskoeffizient weicht vom Aktivitätskoeffizienten ab.

Nach der Debye-Hückel-Theorie entsprechend der Gl. (1.29) kann der Aktivitätskoeffizient aus der Ionenstärke einer Lösung direkt berechnet werden.

Die Konzentration von Mg^{2+}-Ionen beträgt zu Versuchsbeginn 0,2 mol/L, die Konzentration der Cl$^-$-Ionen beträgt 0,4 mol/L. Die Ionenstärke der Lösung ist zu Beginn folglich:

$$I = 0,5 \cdot (4 \cdot 0,2 + 1 \cdot 0,4) = 0,600 .$$

Die mittlere Ladungszahl aus Magnesium- und Chloridionen beträgt 5/3, sodass diese Lösung entsprechend Gl. (1.29) als mittleren Aktivitätskoeffizienten etwa

$$\log f_{+-} = \frac{0,51 \cdot \left(\frac{5}{3}\right) \cdot \sqrt{0,60}}{1 + \sqrt{0,60}} = -0,371 \text{ oder } f_{+-} = 0,426 \text{ hat} .$$

Für eine 0,4-M-1/2-$MgCl_2$-Lösung ist der mittlere Aktivitätskoeffizient nach Literaturangaben tatsächlich $f_{+-} = 0,475$ [5].

Das Löslichkeitsprodukt für $Mg(OH)_2$ berechnet sich folglich zu

$$K_{L, Mg(OH)_2} = f_{+-} \cdot c_{(Mg^{++})} \cdot \left(f_{+-} \cdot c_{OH^-}\right)^2 = (f_{+-})^3 \cdot c_{(Mg^{++})} \cdot (c_{OH^-})^2 ,$$

$$K_{L, Mg(OH)_2} = 0,107 \cdot 2,7 \cdot 10^{-10} = 2,9 \cdot 10^{-11} (pK_L = 10,5) .$$

Literatur

[1] Kunze U. *Grundlagen der quantitativen Analyse.* Stuttgart – New York: Georg Thieme Verlag, 1980. S. 212. ISBN 3-13-585801-4.
[2] Kunze U. *Grundlagen der quantitativen Analyse.* Stuttgart – New York: Georg Thieme Verlag, 1980. S. 19.
[3] Kunze U. *Grundlagen der quantitativen Analyse.* Stuttgart – New York: Georg Thieme Verlag, 1980. S. 177 (243).
[4] Jander G,Blasius E. *Lehrbuch der analytischen und präparativen anorganischen Chemie.* Stuttgart: S. Hirzel Verlag, 1976. S. 76. ISBN 3-7776-0246-9.
[5] Haynes WM. *Handbook of Chemistry and Physics.* Boca Raton: CRC-Press, 2013. S. 5–104. ISBN 978-1-4665-7114-3.

13 Oxidationen mit Kaliumpermanganat

13.1   Die Oxidation von Oxalsäure —— **189**
      13.1.1 Versuch zur Oxidation von Oxalsäure —— **189**
      13.1.2 Auswertung der Versuchsergebnisse —— **191**
      13.1.3 Über die Kinetik der Oxalsäureoxidation —— **192**
      13.1.4 Über die Kinetik von Reaktionen zweiter Ordnung —— **193**
      13.1.5 Aktivierungsenergie der Oxidation mit Kaliumpermanganat —— **194**

13.2   Die Oxidation von Ameisensäure mit Kaliumpermanganat —— **196**

13.3   Die Oxidation von Methanol und Ethanol durch Kaliumpermanganat —— **199**

13.4   Kaliumpermanganat auf Anionenaustauscherharz —— **200**

13.5   Die Wirkung von Kaliumpermanganat auf Gase —— **201**

https://doi.org/10.1515/9783110425666-014

Kaliumpermanganat ist ein wichtiges Produkt der oxidativen Elektrolyse von Manganat zu Permanganat. Manganat wird aus Braunstein (MnO_2) und Kaliumhydroxid gewonnen. In der analytischen Chemie werden Redoxtitrationen mit Kaliumpermanganat zur quantitativen Bestimmung von Fe^{2+}, H_2O_2, NO_2^-, Mn^{2+}, HCO_2^-, RCH_2OH verwendet.

13.1 Die Oxidation von Oxalsäure

Die Einstellung einer Kaliumpermanganatlösung erfolgt mit einer Oxalatlösung.
Die Redoxgleichungen lauten:

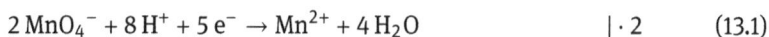

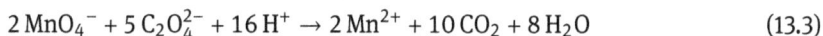

$$2\,MnO_4^- + 8\,H^+ + 5\,e^- \rightarrow Mn^{2+} + 4\,H_2O \qquad |\cdot 2 \qquad (13.1)$$

$$C_2O_4^{2-} \rightarrow 2\,CO_2 + 2\,e^- \qquad |\cdot 5 \qquad (13.2)$$

$$2\,MnO_4^- + 5\,C_2O_4^{2-} + 16\,H^+ \rightarrow 2\,Mn^{2+} + 10\,CO_2 + 8\,H_2O \qquad (13.3)$$

Zur Untersuchung dieser Umsetzung lässt sich die Konduktometrie nur dann verwenden, wenn die zugegebene Säuremenge sehr klein ist. In der Literatur wird die Umsetzung mit dem Einsatz von hochkonzentrierter Schwefelsäurelösung und der Anwendung von höheren Temperaturen beschrieben.

Wird Oxalsäure statt Oxalat zur Einstellung verwendet, so ist die Lösung schon zu Beginn sauer. Die Oxoniumionen zur Reduktion von MnO_4^- zu Mn^{2+} können nach der Redoxgleichung nicht ausschließlich von der Oxalsäure stammen, es muss zusätzlich eine andere Säure vorhanden sein, um die vollständige Umsetzung zu ermöglichen. Würde eine geringe Menge an Schwefelsäure zugesetzt, so sollte nach Gl. (13.3) die Reduktion von MnO_4^- zu Mn^{2+} möglich sein.

Eine 0,1-M-1/2-$(CO_2H)_2$-Lösung hat eine bedeutend höhere spezifische Leitfähigkeit im Vergleich zu einer 0,1-M-1/5-$KMnO_4$-Lösung. Durch die Konduktometrie lässt sich in diesem Fall die Änderung der Oxalsäurekonzentration mit der Zeit gut verfolgen.

13.1.1 Versuch zur Oxidation von Oxalsäure

Es werden 20,0 mL 0,1-M-1/2-$C_2O_4H_2$-Lösung in 60 mL destilliertem Wasser gelöst. Anschließend werden noch 1,5 mL einer 0,02-M-1/2-H_2SO_4-Lösung zugegeben. Die Leitfähigkeit dieser Lösung beträgt 4,50 mS/cm (17 °C).

Über eine Bürette wird 1,0 mL 0,1-M-1/5-$KMnO_4$-Lösung zugegeben. Auf dem Wasserbad wird die Lösung auf etwa 50 °C erwärmt. Bei etwa 49 °C entfärbt sich die Lösung vollständig. Nach Herausnahme der Lösung aus dem Wasserbad wird das Becherglas etwa 25 min stehen gelassen. Die Temperatur liegt bei 29,1 °C und die Leitfähigkeit beträgt 3,70 mS/cm.

Die Kompensation des Konduktometers zur Bestimmung der Leitfähigkeit ist nur in einem engen Temperaturbereich möglich. Die Kompensation weist bei über 40 °C zu geringe Werte für die Leitfähigkeit auf. Die Leitfähigkeit der Lösung bei 25 °C dürfte etwa 3,9 mS/cm betragen.

Zur Lösung werden 12 mL einer 0,1-M-1/5-$KMnO_4$-Lösung zugegeben. Die Leitfähigkeit der Lösung wird nach jeder Minute notiert.

Nach Tab. 13.1 nimmt die Leitfähigkeit mit fast konstanten Beträgen ab.

Tab. 13.1: Oxidation von Oxalsäure mit Permanganat unter Zusatz von katalytischen Mengen von Schwefelsäure.

Minuten nach Zugabe von 12 mL 0,1-M-1/5-$KMnO_4$	Spezifische Leitfähigkeit (mS/cm)	Temperatur (°C)	Minuten nach Zugabe von 12 mL 0,1-M-1/5-$KMnO_4$	Leitfähigkeit (mS/cm)	Temperatur (°C) / Bemerkung
0	3,7	29,1	25	1,75	Rot
1	3,62	29,1	26	1,67	–
2	3,55	28,9	27	1,59	–
3	3,48	28,5	28	1,5	–
4	3,41	28,2	29	1,42	–
5	3,35	–	30	1,34	–
6	3,28	–	31	1,25	Hellrot
7	3,23	27,3	32	1,17	22,8
8	3,14	–	33	1,08	–
9	3,06	27	34	0,99	–
10	2,98	–	35	0,91	–
11	2,91	–	36	0,82	Hellorange
12	2,83	–	37	0,73	–
13	2,76	26,3	38	0,62	–
14	2,68		39	0,52	–
15	2,6	25,5	40	0,43	Gelb
16	2,51	–	41	0,43	–
17	2,43	–	42	0,43	–
18	2,34	25			
19	2,26	–			
20	2,18	–			
21	2,1	24,5			
22	1,99	–			
23	1,91	24,1			
24	1,83	–			

13.1.2 Auswertung der Versuchsergebnisse

Oxalsäure ermöglicht die Reduktion von MnO_4^- zu Mn^{2+} auch ohne Zusatz von katalytischen Mengen an Schwefelsäure [1]. Nach Ende der Reaktion ist die Leitfähigkeit der Lösung auf 426 µS/cm abgesunken.

Die Ionen von Mn^{2+} und $C_2O_4^{2-}$ müssen in der Lösung nach Ende der Reaktion noch vorhanden sein und Beiträge zur Leitfähigkeit der Lösung leisten.

Die spezifische Leitfähigkeit der Einzelionen lässt sich über Gl. (1.13) berechnen.

Die spezifische Leitfähigkeit für Mn^{2+} in der Lösung ist:

$$\chi(Mn^{2+}) = 53{,}5 \cdot (13/93) \cdot (0{,}1/2{,}5)/1000 \, (S/cm) = 299 \, \mu S/cm \,.$$

Die spezifische Leitfähigkeit für Oxalat in der Lösung ist:

$$\chi(1/2 \, C_2O_4^{2-}) = 74 \cdot (7/93) \cdot 0{,}1/1000 \, (S/cm) = 557 \, \mu S/cm \,.$$

Die spezifische Leitfähigkeit für die Kaliumionen des Kaliumpermanganats in der Lösung ist:

$$\chi(1/5 \, K^+) = 73{,}5 \cdot (13/93) \cdot (0{,}1/5)/1000 \, (S/cm) = 205 \, \mu S/cm \,.$$

Nach Addition der beiden Einzelleitfähigkeiten ergibt sich eine Gesamtleitfähigkeit von 1061 µS/cm. Die gemessene Leitfähigkeit beträgt nur 426 µS/cm. Vermutlich liegt das Mn^{2+} in einem Koordinationskomplex mit Oxalat vor, sodass die spezifische Leitfähigkeit des Komplexes sehr geringe Werte aufweist. Komplexe aus $Mn^{2+}C_2O_4^{2-}$ sind möglicherweise recht reaktiv und bedeutsam für die Reduktion von Permanganat in einer Lösung. Es ist bekannt, dass bei der Oxidation mit Permanganat die Bildung von Mn^{2+}-Ionen eine wichtige Rolle spielt. Bei der Oxidation von Formiat mit Kaliumpermanganat tritt keine restlose Entfärbung auf. Das bedeutet, dass sich zwar ein Manganatkomplex mit dem Formiat bildet, dieser reagiert aber nicht unter Kohlendioxidabspaltung. Erst wenn der $Mn^{2+}(C_2O_4^{2-})_2$ Komplex gebildet wird, kann das Oxalat oxidiert werden.

Kann die aufgestellte Redoxgleichung richtig sein, wenn die Oxoniumionen fast ausschließlich von der Oxalsäure stammen?

Statt der theoretisch benötigten 20 ml 0,1-M-1/5-$KMnO_4$ wurden im Versuch nur 13 mL 0,1-M-1/5-$KMnO_4$ zugegeben. Nach Multiplikation der Oxoniumionen nach Gl. (13.1) mit dem Faktor 1,3/2,0 = 0,65 ergibt sich:

$$H^+ = 8 \cdot 0{,}65 \cdot 2 = 10{,}4 \,.$$

Die aufgestellte Redoxgleichung ist korrekt. Die Oxoniumionen der Oxalsäure werden bei der Umsetzung fast vollständig aufgebraucht, sodass die restliche Oxalsäure der Lösung anionisch im Mangankomplex vorliegen sollte. Zur weiteren Oxidation der Oxalsäure wird neben dem Kaliumpermanganat nun auch Schwefelsäure benötigt.

Zusammenfassung

Oxidationen mit Kaliumpermanganat lassen sich auch unter sehr milden sauren Bedingungen durchführen, sodass Nebenreaktionen durch das Vorhandensein von starker Schwefelsäure vermieden werden könnten. Die Umsetzung bei sehr geringer Erwärmung dauert jedoch derart lange, dass sie häufig unpraktisch ist. Daher wird in der Regel etwas verdünnte Schwefelsäure zugesetzt und leicht erwärmt (40–50 °C).

13.1.3 Über die Kinetik der Oxalsäureoxidation

Die Kinetik der Entfärbung von Kaliumpermanganat durch Oxalsäure wurde bereits im 19. Jahrhundert erforscht. Hartcourt und Esson untersuchten diese Reaktion bereits 1865 (*Philosophical Transactions*, London, 1865, S. 196). Die Kinetik ist nur von der Konzentration eines Stoffes abhängig, daher wird sie als Reaktion erster Ordnung bezeichnet, in früherer Literatur auch als unimolekulare Reaktion. Beide Begriffe bezeichnen die Zahl der Stoffe, die in Reaktion treten. Der ältere Begriff vermeidet Missverständnisse über die Art der Differenzialgleichung. Auch die mathematischen Behandlungen der Kinetiken von höhermolekularen Stoffumwandlungen unterliegen einer Differenzialgleichung erster Ordnung. Die Konzentrationen der an der Reaktion beteiligten Stoffe müssen bei Auflösung der Differenzialgleichung berücksichtigt werden.

Es ist:

$$d\,[C_2O_4H_2]\,/dt = k \cdot [C_2O_4H_2] \tag{13.4}$$

oder

$$d\,[C_2O_4H_2]\,/\,[C_2O_4H_2] = k \cdot dt \,.$$

Nach Integration mit $c = [C_2O_4H_2]$ ergibt sich:

$$\int \frac{dc}{c} = k \int dt \,.$$

Nach Integration im Bereich $t = 0$ bis t und c_0 bis $c_0 - x$:

$$\ln((c_0 - x)/c_0) = k \cdot t. \tag{13.5}$$

Zur Berechnung wird statt der Konzentration die spezifische Leitfähigkeit in Gl. (13.5) eingesetzt. Die spezifischen Leitfähigkeiten von Kaliumpermanganat (365 µS/cm) und Schwefelsäure (ca. 110 µS/cm) müssen von der Gesamtleitfähigkeit der Lösung subtrahiert werden, um die spezifische Leitfähigkeit der Oxalsäure zu erhalten.

Die Geschwindigkeitskonstante k – die gebildeten Mn^{2+}-Ionen haben einen Einfluss auf die Reaktionsgeschwindigkeit – bleibt über den Zeitbereich nicht konstant. Mit einem empirischen Faktor

$$F = 1 - [(\chi(\text{gemessen}) - 0,42\,\text{mS/cm})/3,23\,(\text{mS/cm})] \quad \text{und} \quad t2 = t \cdot (1 + F)$$

wurde eine Geschwindigkeitskonstante k2 berechnet.

Tab. 13.2: Berechnete Geschwindigkeitskonstanten nach Gl. (13.5).

Minuten	*k*	*k2*
3	−0,0231	−0,0217
6	−0,0228	−0,0202
9	−0,0241	−0,0202
12	−0,0257	−0,0203
15	−0,0272	−0,0204
18	−0,0298	−0,0210
21	−0,0319	−0,0214
24	−0,0352	−0,0224
27	−0,0383	−0,0233
30	−0,0426	−0,0247

Nach Auswertung der Messwerte nach Tab. 13.1 ergibt sich die Geschwindigkeitskonstante entsprechend Tab. 13.2.

J. Habermann errechnete um 1902 eine Geschwindigkeitskonstante von $k = -0,0175$ für eine ähnliche Umsetzung mit Kaliumpermanganat.

13.1.4 Über die Kinetik von Reaktionen zweiter Ordnung

Bei einer Reaktion zweiter Ordnung (nach älterer Literatur die bimolekulare Reaktion) gilt:

$$A + B \rightarrow P \,.$$

Es ist:

$$-\frac{d[A]}{dt} = -\frac{d[B]}{dt} = \cdot [A] \cdot [B] \,.$$

Mit den Ausgangskonzentrationen $[A^0]$ und $[B^0]$ wird nach Integration über die Stoffabnahme x die folgende Gleichung erhalten:

$$\frac{1}{[A^0] - [B^0]} \cdot \ln \frac{[B^0] \cdot ([A^0] - x)}{[A^0] \cdot ([B^0] - x)} = k \cdot t. \tag{13.6}$$

Bei gleichen Ausgangskonzentrationen ist:

$$\frac{1}{([A^0] - x)} - \frac{1}{[A^0]} = k \cdot t \,. \tag{13.7}$$

Die Oxidation von Oxalsäure ist tatsächlich eine autokatalytische Reaktion [2]. Spuren von gebildetem Mn^{2+} wirken als Katalysator für die Reaktion. Im Korrekturfaktor wurde die autokatalytische Wirkung des Mn^{2+} teilweise berücksichtigt. Nach einer Anlaufphase ist die Konzentration der Mn^{2+}-Ionen ausreichend, sodass der Reaktionsfortgang beschleunigt wird.

13.1.5 Aktivierungsenergie der Oxidation mit Kaliumpermanganat

Die Oxidation von Oxalsäure durch Kaliumpermanganat erfolgt nicht, wenn die Temperatur unter 20 °C bleibt und die Ausgangskonzentrationen beider Komponenten gering sind. Erst durch Erwärmung erfolgt die Stoffumwandlung.

Mit einer Redoxelektrode kann die Umsetzung verfolgt werden.

Versuchsbeschreibung

Eine Lösung aus 20 mL 0,1-M-1/2-Oxalsäure, 20 mL destilliertem Wasser und 10 mL 0,2-M-1/2-H_2SO_4 hat eine Leitfähigkeit von χ = 18,68 mS/cm (17 °C).

Nach Zugabe von 19,6 mL 0,1-M-1/5-$KMnO_4$ sinkt die Leitfähigkeit der Lösung sofort auf χ = 15,04 mS/cm. In die Lösung wird zusätzlich eine Redoxelektrode eingetaucht. EMK und Leitfähigkeit bleiben bei 17 °C konstant.

Die Lösung wird nun in ein Wasserbad von 35 °C eingestellt.

Temperatur, EMK und Leitfähigkeit der Lösung werden nach bestimmten Perioden gemessen (Tab. 13.3, Abb. 13.1).

Die EMK bleibt nach Abb. 13.1 im Anfangsbereich konstant. Nach 7 min erfolgt ein leichter Anstieg der EMK von 1 mV, nach 8 min liegt der Anstieg bei 2 mV, nach 9 min bei 5 mV, nach 10 min bei 8 mV, nach 11 min um 32 mV. Zwischen der elften und zwölften Minute steigt die EMK rasch an und fällt kurz danach auf ein sehr geringes Niveau zurück.

Es bildet sich bei der Reaktion ein aktivierter Komplex. Dieser Übergangszustand besitzt eine höhere Energie als die Ausgangsstoffe. Wenn er sich gebildet hat, wird das übrige Kaliumpermanganat sehr schnell entfärbt. Durch die Temperaturerhöhung auf

Tab. 13.3: Änderung von EMK und Leitfähigkeit durch die Oxidation von Oxalsäure durch Kaliumpermanganat.

Zeit (min)	Temperatur (°C)	χ (mS/cm)	EMK (mV)
1	19,5	15,07	1179
2	22,6	14,49	1177
3	–	13,45	1175
4	29	13	1173
5	30	12,6	1173
6	31	12,21	1173
7	30,6	11,7	1174
8	30	11,18	1175
9	–	10,81	1178
10	–	10,32	1181
11	–	–	1205
11,5	–	–	1283
12	–	–	988
13	–	5,46	818

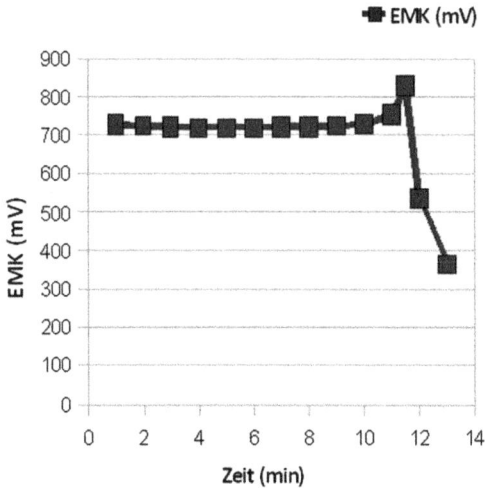

Abb. 13.1: Die Änderung der EMK bei der Oxidation von Oxalsäure durch Kaliumpermanganat.

30 °C gelingt die Entfärbung von Kaliumpermanganat in wenigen Minuten. Bei etwa 50 °C erfolgt die Umsetzung in wenigen Sekunden.

Nach Van't Hoff führt eine Temperaturerhöhung um 10 °C zu einer Verdoppelung (oder Vervierfachung) der Reaktionsgeschwindigkeit (RGT-Regel).

Nach Arrhenius hat die Geschwindigkeitskonstante einer Reaktion eine exponentielle Abhängigkeit zum Kehrwert der Temperatur.

Es gilt:

$$k = A \cdot e^{\frac{-E}{T}}.$$ (13.8)

E und A sind empirische Faktoren, T ist die Temperatur in Kelvin.

Nach Arbeiten von Boltzmann über Reaktionen von Gasen wurde der empirische Faktor E als Energiebetrag (E_a: Aktivierungsenergie) gedeutet, den Teilchen überschreiten müssen, um eine Reaktion zu bewirken. Damit im Zähler und Nenner Energiegrößen stehen, wird die Temperatur noch mit der Gaskonstante R multipliziert. Der Exponentialterm ist somit eine Wahrscheinlichkeit der Teilchen, die die nötige Energie für eine Reaktion besitzen.

Die Reaktionsgeschwindigkeit konnte damit in der verbesserten Form

$$k = A \cdot e^{\frac{-E_a}{RT}}$$ (13.9)

beschrieben werden.

Im Falle der Kaliumpermanganatoxidation ist die Aktivierungsenergie anschaulich als Energieberg in Form der ansteigenden EMK fassbar. Für komplexere Modelle müssen jedoch andere Methoden angewendet werden, um die Aktivierungsenergie zu ermitteln.

Für die Kinetik von Gasen wurde der Faktor A in der Stoßtheorie genauer untersucht.

A setzt sich dabei aus der Zahl der Zusammenstöße (Z) und einem sterischen Faktor (S) zusammen.

Lindemann verbesserte die Stoßtheorie 1925 mit einem Modell eines aktivierten Zwischenkomplexes. Für die Reaktion muss ein energetisch höher liegender aktivierter Komplex entstehen, der sich dann nach kurzer Zeit in energetisch stabilere Endprodukte umwandelt. Dabei wird Reaktionsenthalpie frei, damit der Vorgang ablaufen kann.

Die Theorie des aktivierten Komplexes wurde in den 30er-Jahren des letzten Jahrhunderts von Evans und Polanyi verfeinert. Mit weiteren Verbesserungen dieser Theorie lassen sich die aktivierten Komplexe in Lösung aus den Ionenstärken berechnen [3].

13.2 Die Oxidation von Ameisensäure mit Kaliumpermanganat

In früherer Zeit wurden zur Gehaltsbestimmung von Ameisensäure mit Kaliumpermanganat sehr unterschiedliche und teilweise drastische Methoden gewählt. Ameisensäure lässt sich in saurer und basischer Lösung quantitativ bestimmen. Eine erste basische Bestimmung wurde von *A.* Lieben im Jahr 1893 durchgeführt [3]. Lieben führte aus, dass die genaue Bestimmung von Ameisensäure im sauren Medium mit Schwierigkeiten verbunden ist. Von anderen Autoren ist die Ameisensäurebestimmung mit Erfolg im sauren Medium durchgeführt worden. Es wurde berichtet, dass sich in sauren Lösungen braunes Mangandioxid bildet. Nur durch Rücktitration mit Oxalsäure nach J. Klein konnte der Gehalt exakt bestimmt werden [4]. Diese Methode wurde auch in späteren Arbeiten zur Bestimmung von Ameisensäure genutzt [5]. In einigen späteren Büchern der Chemie fehlt der Hinweis auf Rücktitration mit Oxalsäure [6, 7].

Die Redoxgleichung könnte im sauren Medium folgende Form annehmen:

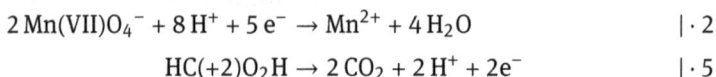

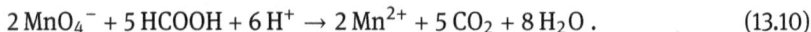

$$2\,Mn(VII)O_4^- + 8\,H^+ + 5\,e^- \rightarrow Mn^{2+} + 4\,H_2O \qquad\qquad |\cdot 2$$

$$HC(+2)O_2H \rightarrow 2\,CO_2 + 2\,H^+ + 2e^- \qquad\qquad |\cdot 5$$

$$2\,MnO_4^- + 5\,HCOOH + 6\,H^+ \rightarrow 2\,Mn^{2+} + 5\,CO_2 + 8\,H_2O\,. \qquad\qquad (13.10)$$

Versuchsbeschreibung der Bestimmung von Ameisensäure mit KMnO$_4$

Es werden Lösungen aus Ameisensäure, Kaliumpermanganat und Oxalsäure mit folgenden Konzentrationen hergestellt:

a) 0,1-M-HCOOH = 0,2-M-1/2-HCOOH (χ = 1833 µS/cm, pH = 2,33);

b) KMnO$_4$: 0,1-M-1/5-KMnO$_4$ (χ = 2460 µS/cm);

c) 0,1-M-1/2-(CO$_2$H)$_2$ = 0,05-M-(CO$_2$H)$_2$ (χ = 13,50 mS/cm).

Jeweils 10 mL 0,2-M-1/2-HCOOH werden mit unterschiedlichen Mengen von 0,1-M-1/5-KMnO$_4$ bei 17 °C versetzt. Die Änderungen von EMK und Leitfähigkeit werden nach Vermischung notiert. Nach Abklingen der Änderungen von EMK und Leitfähigkeit werden die Lösungen mit 20 mL 0,2-M-H$_2$SO$_4$ versetzt und kurze Zeit auf etwa 30 °C erwärmt und mit 0,1-M-1/2-Oxalsäure bis zur Entfärbung titriert.

Versuch 1:

10 mL 0,2-M-1/2-HCOOH; 25 mL 0,1-M-1/5-KMNO$_4$; Verbrauch 0,1-M-1/2-Oxalsäure: 9,9 mL.

EMK

4 s: 1195 mV; 30 s: 1216 mV; 180 s: 1181 mV; 240 s: 1164 mV; 300 s: 1127 mV; 360 s: 1071 mV; 420 s: 1049 mV; 480 s: 1034 mV; 540 s: 1025 mV; 600 s: 1015 mV; 660 s: 1007 mV; 780 s: 994 mV.

Leitfähigkeit

30 s: 2,12 mS/cm; 180 s: 1,722 mS/cm; 240 s: 1,611 mS/cm; 300 s: 1,490 mS/cm; 360 s: 1,404 mS/cm; 420 s: 1,370 mS/cm; 480 s: 1,339 mS/cm; 540 s: 1,318 mS/cm; 600 s: 1,296 mS/cm; 780 s: 1,279 mS/cm.

Versuch 2:

10 mL 0,2-M-1/2-HCOOH; 20 mL 0,1-M-1/5-KMNO$_4$; Verbrauch 0,1-M-1/2-Oxalsäure: 7,7 mL.

EMK

60 s: 1218 mV; 120 s: 1201 mV; 240 s: 1168 mV; 300 s: 1143 mV; 600 s: 1058 mV; 1080 s: 922 mV.

Leitfähigkeit

30 s: 2,37 mS/cm; 60 s: 2,26 mS/cm; 120 s: 1,96 mS/cm; 240 s: 1,609 mS/cm; 600 s: 1,362 mS/cm; 1080 s: 1,355 mS/cm.

Versuch 3:

10 mL 0,2-M-1/2-HCOOH; 35 mL 0,1-M-1/5-KMNO$_4$; Verbrauch 0,1-M-1/2-Oxalsäure: 15,4 mL.

EMK

45 s: 1217 mV; 120 s: 1196 mV; 180 s: 1136 mV; 240 s: 1055 mV; 300 s: 1028 mV; 360 s: 1018 mV; 720 s: 999 mV.

Leitfähigkeit

15 s: 2,54 mS/cm; 120 s: 1,879 mS/cm; 180 s: 1,624 mS/cm; 240 s: 1,446 mS/cm; 300 s: 1,360 mS/cm; 480 s: 1,264 mS/cm; 720 s: 1,228 mS/cm.

Versuchsergebnis

Wenn die Gl. (13.10) den Stoffumsatz der Reaktion korrekt beschreiben würde, müssten in Versuch 1 bei der Rücktitration 5 mL Oxalsäure verbraucht werden. Es wurden aber etwa 10 mL 0,1-M-1/2-Oxalsäure benötigt.

Versuch 2 enthält einen Kaliumpermanganatgehalt, der nach der Gl. (13.10) tatsächlich benötigt wird. Bei korrekter Formel wäre ein Verbrauch von 0,0 mL 0,1-M-1/2-Oxalsäure bei der Rücktitration zu erwarten. Der Verbrauch lag jedoch bei 7,5 mL 0,1-M-1/2-Oxalsäure. Von den 20 mL 0,1-M-1/5-KMNO$_4$ sind nur 12,5 mL für die Oxidation von Ameisensäure verbraucht worden. Die restlichen 7,5 mL wurden für die Rücktitration mit Oxalsäure verbraucht.

Versuch 3 weist einen Überschuss von 75 % Kaliumpermanganat auf. Die Rücktitration mit Oxalsäure gibt den Ameisensäuregehalt recht genau an.

Die Reaktionsgleichung für die Oxidation von Ameisensäure durch Kaliumpermanganat lautet folglich:

$$7 \, MnO_4^- + 10 \, HCOOH + 21 \, H^+ \rightarrow 7 \, Mn^{2+} + 10 \, CO_2 + 8 \, H_2O \, . \tag{13.11}$$

Diese Formel gibt den tatsächlichen Reaktionsverlauf nur unvollständig an.

Es bildet sich deutlich sichtbar ein brauner Mangankomplex, der durch Erwärmung nicht entfärbt wird. In allen drei Versuchen sinkt die EMK um über 200 mV innerhalb von 15 min ab. Besonders hoch ist die Reaktionsgeschwindigkeit in Versuch 3, bei diesem Versuch liegen die Reaktionspartner in einem richtigen Verhältnis zueinander. Da das Kaliumion seine Leitfähigkeit bei der Umsetzung nicht verlieren sollte, kann vermutet werden, dass der Rückgang der Leitfähigkeit von der MnO_4^--Konzentration abhängig ist. Der Mn-Komplex kann 1–1,5 Moleküle Ameisensäure koordinativ aufnehmen, sodass die Leitfähigkeit sinkt. Dieser Komplex bleibt auch bei Erwärmung stabil; er kann mit Oxalsäure restlos reduziert werden. Durch die Verwendung eines Überschusses an Kaliumpermanganatlösung, die von der Oxalsäure bei der Rücktitration entfärbt wird, bleibt die formale Gültigkeit der Gl. (13.10) für analytische Berechnungen erhalten.

Schlussfolgerungen

Auf Basis der zeitlichen Änderung der Leitfähigkeit lassen sich wertvolle Zusammenhänge zu stofflichen Umsetzungen ableiten. Mitunter lassen sich sogar Summenformeln für Stoffumsetzungen ermitteln.

Ameisensäure lässt sich unter sehr milden Bedingungen im schwach sauren Milieu mit einem Überschuss von mindestens 75 % Kaliumpermangantlösung quantitativ bestimmen. Die Komplexbildung ist nach etwa 15–20 min bei Raumtemperatur abgeschlossen. Zur Oxidation des unlöslichen braunen Mangankomplexes ist eine Rücktitration erforderlich. Die Lösung wird gegebenenfalls mit etwas Schwefelsäure versetzt und auf etwa 30–35 °C erwärmt, dann wird mit Oxalsäure bis zur Entfärbung des Mangankomplexes zurücktitriert.

13.3 Die Oxidation von Methanol und Ethanol durch Kaliumpermanganat

Oxidationen von Alkoholen mit Kaliumpermanganat werden häufig in schwefelsaurer Lösung durchgeführt.

Redoxgleichung:

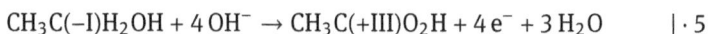

$$Mn(VII)O_4^- + 8\,H^+ + 5\,e^- \rightarrow Mn^{2+} + 4\,H_2O \qquad | \cdot 4$$

$$CH_3C(-I)H_2OH + 4\,OH^- \rightarrow CH_3C(+III)O_2H + 4\,e^- + 3\,H_2O \qquad | \cdot 5$$

$$4\,MnO_4^- + 5\,CH_3CH_2OH + 12\,H^+ \rightarrow 4\,Mn^{2+} + 5\,CH_3CO_2H + 31\,H_2O\,. \qquad (13.12)$$

Bei dieser Reaktion stellt sich sehr schnell eine Entfärbung von Permanganat bei Raumtemperatur ein. Falls andere funktionelle Gruppen eine derartige Behandlung nicht vertragen, kann die Oxidation auch in schwach basischer Lösung – beispielsweise verdünnter $NaHCO_3$-Lösung oder NaOH-Lösung – erfolgen.

Die Bestimmung des Ethanol- oder Methanolgehaltes einer Probe kann auf diese Art ausgeführt werden. Bei der Erwärmung der Lösung ist jedoch Vorsicht geboten. Methanol und Ethanol besitzen einen Siedepunkt, der durch die Erwärmung der Lösung leicht überschritten wird. Um Fehlbestimmungen zu vermeiden, muss die Erwärmung in einem Glaskolben mit aufgesetztem Rückflusskühler durchgeführt werden [8].

Versuchsbeschreibung der Oxidation von Ethanol

43 mg Ethanol (destilliert über Kalziumchlorid) in 20 mL destilliertem Wasser, 5 mL 1-M-NaOH-Lösung und 64,5 mL 0,1-M-1/5-Kaliumpermanganatlösung werden in einen Rundkolben mit Rückflusskühler überführt und 1 h auf dem Wasserbad bei 70 °C er-

wärmt. Am Anfang der Erwärmung bilden sich kleine Kondenstropfen (vermutlich Ethanol) an der Wandung des Rundkolbens.

Mit destilliertem Wasser aus einer Spritzflasche werden die Kondenstropfen wieder in die Lösung befördert. Dieser Prozess muss zweimal wiederholt werden. Am Ende des Versuches sollten sich keine Kondenstropfen mehr an der Gefäßwandung befinden. Die Lösung ist nun bräunlich geworden.

Der Kolben wird nun aus dem Wasserbad herausgenommen und noch 20 min bei Raumtemperatur stehen gelassen. Die Lösung hat nun eine Temperatur von etwa 45 °C. Die Lösung wird in ein Becherglas überführt und mit 50,8 mL 0,1-M-1/2-Oxalsäurelösung und 10 mL 1-M-1/2-Schwefelsäure versetzt. Die Lösung entfärbt sich nach kurzer Zeit vollständig.

Mittels einer Bürette wird mit 0,1-M-1/5-$KMnO_4$-Lösung zurücktitriert.

Verbrauch: 24,2 mL 0,1-M-1/5-$KMnO_4$-Lösung.

Gesamtverbrauch: 64,5 mL 0,1-M-1/5-$KMnO_4$-Lösung – 50,8 mL 0,1-M-1/2-Oxalsäurelösung + 24,2 mL 0,1-M-1/5-$KMnO_4$-Lösung = *37,9 mL*.

Vier Äquivalente M-1/5-$KMnO_4$ oxidieren etwa 1 mmol Ethanol.

13.4 Kaliumpermanganat auf Anionenaustauscherharz

Manganatanionen einer Kaliumpermangantlösung binden sich an ein stark basisches Anionenaustauscherharz. Dabei wird die Lösung entfärbt und das Manganation färbt das Harz violett bis schwarz. Unter milden Bedingungen (0,05-M-1/2-H_2SO_4) bei Erwärmung unter 60 °C (40–50 °C) bleibt die Färbung des Manganatanions auf dem Anionenaustauscherharz erhalten.

Da Anionenaustauscherharze noch freie Aminogruppen besitzen, empfiehlt es sich, das Harz zweimal mit $KMnO_4$-Lösung zu beladen. Die Lösung wird dann mit verdünnter Schwefelsäure versetzt und auf 60 °C erwärmt.

Das Manganation ist sehr fest im Anionenaustauscherharz verbunden. Wird ein Anionenaustauscherharz, das mit Mangantionen beladen ist, in eine hochkonzentrierte Natriumsulfatlösung gebracht, so bleibt die Färbung erhalten.

Permangantanionen auf Anionenaustauscherharzen können zur Abschätzung des Gehaltes an oxidierbaren Stoffen in einer Lösung genutzt werden.

Wird 1 g Anionenaustauscherharz in 10 mL 0,1-M-1/5-Kaliumpermanganatlösung überführt, wird die Lösung entfärbt und das Harz nimmt eine violette bis schwarze Farbe an. Der Gehalt an Manganatanionen beträgt 1 mmol Äquivalent.

Werden 10,2 mL 0,1-M-1/2-Oxalsäure und etwas verdünnte Schwefelsäure bei 40 °C zum Harz gegeben, so wird das Harz vollständig entfärbt.

Für quantitative Untersuchungen des Gehaltes an oxidierbaren Stoffen sind Lösungssysteme mittels Titration besser geeignet. Es sind Anwendungsfälle vorstellbar, in denen das beschriebene Verfahren Vorteile aufweisen könnte.

Denkbar sind Untersuchungen in Elektrolysezellen. Ein Plexiglasrohr – gefüllt mit Manganatanionenaustauscherharz – könnte an eine kleine Pumpe mit Zeitschaltuhr angeschlossen werden. In bestimmten Zeitintervallen strömt eine dosierte Flüssigkeitsmenge durch das Rohr, und aus der Entfärbung lässt sich der Gehalt an oxidierbaren Stoffen in einer Elektrolysezelle abschätzen.

13.5 Die Wirkung von Kaliumpermanganat auf Gase

Viele Oxidationsmittel sind erst bei erhöhter Temperatur wirksam. Das I_2O_5 wandelt Kohlenmonoxid bei 80–130 °C in Kohlendioxid um. Auch Kaliumpermanganat zeigt bei vielen Oxidationsprozessen erst bei erhöhter Temperatur eine ausreichende Wirksamkeit.

Zur Kontrolle von Stoffumsetzungen lassen sich in sinnvoller Weise die Ideen aus den Kapitel 5 und 10 nutzen.

Um ein Gas im Luftstrom mit Kaliumpermanganat bei hohen Temperaturen umzusetzen, muss die Luft zuvor vom Kohlendioxid befreit werden, damit der konduktometrische Nachweis nicht beeinflusst wird. Vorteilhaft lässt sich eine Apparatur nach Abb. 13.2 nutzen.

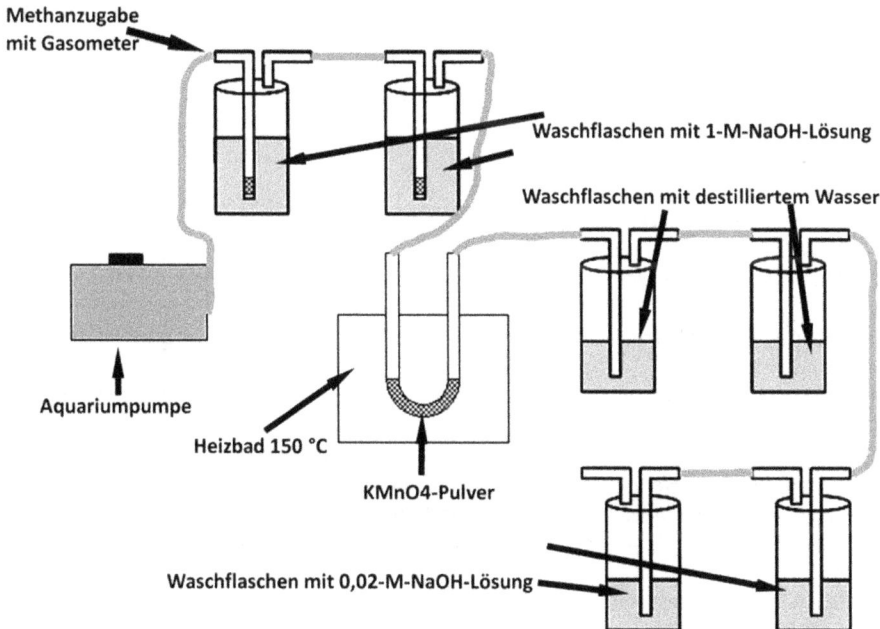

Abb. 13.2: Apparatur zur Bestimmung der Oxidation von Gasen mit Kaliumpermanganat.

Eine Aquariumluftpumpe ist für diesen Versuch notwendig. In den ersten beiden Waschflaschen wird die Luft aus der Pumpe von Kohlendioxid befreit. Dann gelangt das Gas in das auf 150 °C erwärmte Glasrohr mit Kaliumpermanganat. In der dritten und vierten Waschflasche können saure oder andere Oxidationsprodukte bestimmt werden. In der fünften und sechsten Waschflasche wird auf konduktometrischer Basis das Kohlendioxid bestimmt.

Zunächst wird die Apparatur ohne eine Gasprobe etwa 10 min getestet. Die Leitfähigkeit der fünften Waschflasche wird konduktometrisch überprüft. Die 0,02-M-NaOH-Lösung sollte sich in der Leitfähigkeit nicht ändern, da der Luftstrom von Kohlendioxid befreit worden ist.

Nach Abschaltung der Pumpe kann als Testgas nun 20 mL Methan über ein Gasometer in die erste Waschflasche eingeführt werden. Dann wird die Pumpe angestellt und das Gasgemisch aus Luft/Methan wird etwa 10 min durch die Waschflaschen geleitet. Nach Abschaltung der Pumpe wird die fünfte Gasflasche konduktometrisch überprüft. Die Lösung weist eine nahezu unveränderte Leitfähigkeit auf. Die Reaktionstemperatur von 150 °C ist unzureichend, um Methan zu Kohlendioxid zu oxidieren.

Die dritte und vierte Waschflasche werden mit 0,01-M-$KMnO_4$ auf oxidierbare Stoffe getestet. Die Lösung aus $KMnO_4$ wird entfärbt. Es sind also oxidierbare Stoffe entstanden.

Auch andere Gase könnten mit einer derartigen Apparatur untersucht werden. Die Konduktometrie kann in vielen Einsatzgebieten der Chemie sehr vorteilhaft eingesetzt werden.

Literatur

[1] Fleischer. Über die Reaktion von übermangansauren Kali auf Oxalsäure. *Ber. d. deutsch. chem. Ges.* Bd. 5, S. 352.

[2] Holze R. *Experimental Electrochemistry.* Weinheim: Wiley-VCH Verlag GmbH & Co. KGaA, 2009. S. 32.

[3] Lieben A. Über die Bestimmung von Ameisensäure. *Monatshefte für Chemie.* 1893, Bd. 14, S. 746.

[4] Klein J. Die Bestimmung der Ameisensäure mit Kaliumpermanganat. *Archiv der Pharmazie.* 1887, Bd. 225, S. 522.

[5] Andersen TN, Eyring H, W. Paik. Kinetik studies of the electrolytic reduction of carbon dioxide on mercury electrode. *Electrochimica Acta.* 1959, Bd. 14, S. 1219.

[6] Müller GO. *Lehrbuch der angewandten Chemie.* Leipzig: S. Hirzel Verlag, 1978. S. 530. Bd. 3.

[7] Raaf H. *Organische Chemie im Probierglas.* Stuttgart: Franckh'sche Verlagshandlung, 1975. S. 78.

[8] Hepter J. Über die Bestimmung des Methylalkohols in Spirituosen. *Zeitschrift f. Untersuchung der Nahrungs- und Genussmittel.* 11. 12 1912, Bd. 24, S. 731–737.

14 Löslichkeiten von Salzen bei unterschiedlichen Temperaturen

14.1 Bestimmung der Löslichkeit durch die Konduktometrie am Beispiel einer gesättigten Natriumhydrogenkarbonatlösung —— 204

14.2 Bestimmung der Löslichkeiten von Salzen durch Berechnungen —— 208

14.3 Vorteile der Konduktometrie zur Bestimmung der Löslichkeiten von Salzen —— 210

https://doi.org/10.1515/9783110425666-015

14.1 Bestimmung der Löslichkeit durch die Konduktometrie am Beispiel einer gesättigten Natriumhydrogenkarbonatlösung

Die Löslichkeit von Salzen in wässrigen Lösungen ist temperaturabhängig.

Häufig löst sich mehr Salz, wenn die Lösung erwärmt wird. Kaliumnitrat wird in kaltem Wasser sehr schlecht gelöst, in heißem Wasser sehr gut. Es gibt jedoch auch Ausnahmen, beispielsweise Lithiumkarbonat oder Mangan(II)-sulfat. Salze wie Natriumchlorid zeigen nur eine sehr geringe Temperaturabhängigkeit der Löslichkeit in Wasser. Bei anderen Salzen wie Natriumkarbonat oder Natriumsulfat nimmt die Löslichkeit im Bereich zwischen 0–30 °C sehr stark zu. Bei 35 °C bleibt die Löslichkeit dann konstant.

Eine einfache Bestimmungsmethode der gelösten Salzmenge ist durch die Konduktometrie möglich.

Falls eine Formel zur Berechnung der Äquivalentleitfähigkeiten einer Salzlösung bei höheren Konzentrationen vorhanden ist, lässt sich die gelöste Salzmenge in einer Probe leicht berechnen.

Für die Natriumhydrogenkarbonatlösung wurde die folgende Berechnungsvorschrift im Bereich von Konzentrationen zwischen 0,05–0,5 mol/L für die Äquivalentleitfähigkeiten gefunden:

$$\Lambda_c = 94,6 - 47 \cdot c^{0,38} \, . \tag{14.1}$$

Die spezifische Leitfähigkeit der Lösung errechnet sich aus der Multiplikation von Äquivalentleitfähigkeit und Konzentration entsprechend der Gl. (1.13):

$$\chi \cdot 1000 = c \cdot \Lambda_c \, .$$

Da die Formel zur Äquivalentleitfähigkeit einen konzentrationsabhängigen Teil besitzt, muss durch eine Iterationsmethode die richtige Äquivalentleitfähigkeit aufgefunden werden.

Durch ein einfaches Beispiel soll die Methode bei einer gesättigten Natriumhydrogenkarbonatlösung dargestellt werden.

Versuch

In ein 100 mL-Becherglas werden 25–50 g destilliertes Wasser gegeben. Auf eine Heizplatte wird ein mit Wasser gefülltes Aluminiumgefäß gestellt. In das Gefäß wird ein großer – mit Wasser gefüllter – Glasbecher gesetzt. Der letztere Vorgang dient der Verhinderung von einseitigen Überhitzungen am Unterrand des Aluminiumgefäßes. In diesen Glasbecher wird das Becherglas mit destilliertem Wasser eingestellt. Da der Flüssigkeitsspiegel im Becherglas etwas geringer als im Glasbecher ist, schwimmt das Becherglas in der Lösung. Nach einer Heizperiode hat das destillierte Wasser eine bestimmte Temperatur (z. B. 60 °C) erreicht. Nun fügt man etwa 12 g $NaHCO_3$ in die Lösung und rührt die Lösung etwa 4 min. Mit einer zuvor abgewogenen Plastikspritze entnimmt man ca. 2 g dieser Lösung. Die Gewichtsmenge der abgenommenen Lösung muss exakt ermittelt werden. Die Probemenge wird schnell in ein kleines Becherglas überführt, das etwa 20 mL destilliertes Wasser enthält. Auch die Gewichtsmenge des destillierten Wassers muss exakt bekannt sein.

Sorgfältig sollte darauf geachtet werden, dass keine Salzteilchen von der Spritze eingesaugt werden. Nach der Zugabe der gesättigten Lösung zum destillierten Wasser sollte die Plastikspritze mit dieser Lösung noch mehrmals gespült werden.

Löslichkeit von NaHCO₃ bei 60 °C

Im ersten Versuch erfolgt die Probenahme bei 60 °C. 2,05 g gesättigte NaHCO₃-Lösung wurden in 18,00 g destilliertes Wasser gegeben. Das Leitfähigkeitsmessgerät zeigt χ = 11,17 mS/cm (21 °C) für diese Lösung an.

Die Probenahme wird etwa 6 min nach der Zugabe von NaHCO₃ bei 60 °C vorgenommen.

Zweite Bestimmung bei 65 °C

Eine zweite Messung erfolgte nach einer Erwärmungsperiode (bei 65 °C) von etwa 90 min. Es wurden 2,211 g gesättigte NaHCO₃-Lösung abgenommen und in 19,563 g destilliertem Wasser gelöst. Die Leitfähigkeit zeigt χ = 16,25 mS/cm (22 °C) an.

Auswertungen

Beim ersten Versuch wird zur ersten Abschätzung der Konzentration die Äquivalentleitfähigkeit Λ_c = 94,6 (S · cm²/mol) gewählt. Nach Gl. (1.13) berechnet sich für die Konzentration:

$$c = 0,01117(\text{S/dm}) \cdot 10^3/94,6(\text{S} \cdot \text{dm}^2/\text{mol}) = 0,118\,\text{mol/L} .$$

Aus diesem Konzentrationswert lässt sich ein verbesserter Wert für die tatsächliche Äquivalentleitfähigkeit nach Gl. (14.1) finden:

$$\Lambda_c = 94,6 - 47 \cdot c^{0,38} = 94,6 - 47 \cdot 0,44 = 73,7\,\text{S} \cdot \text{cm}^2/\text{mol} .$$

Mit einer Äquivalentleitfähigkeit von 73,7 S · cm²/mol wird die Konzentration nach Gl. (1.13) zu c = 0,151 mol/L bestimmt.

Durch eine weitere Iteration mit dieser Konzentration bestimmt sich die Äquivalentleitfähigkeit zu 71,7 S · cm²/mol.

Die Konzentration der Lösung beträgt bei noch genauerer Bestimmung etwa c = 0,156 mol/L und die Äquivalentleitfähigkeit 71,4 S · cm²/mol.

Mit einem Tabellenkalkulationsprogramm lassen sich iterative Rechenoperationen sehr schnell umsetzen.

Aus dieser Konzentrationsangabe lässt sich recht einfach die gelöste Salzmenge bestimmen.

Natriumhydrogenkarbonat hat ein Formelgewicht von 84,0 g/mol.

Folglich wären in 1 L Lösung etwa

$$m = 0,156\,\text{mol/L} \cdot 84\,\text{g/mol} = 13,1\,\text{g/L NaHCO}_3$$

gelöst.

Diese Konzentration entspricht der verdünnten Lösung. Es wurden im Versuch 2,05 g gesättigte Lösung in 18,00 g destilliertes Wasser überführt, und von dieser Lösung wurde die Konzentration durch eine Leitfähigkeitsmessung bestimmt. Die tatsächliche Konzentration der gesättigten Lösung ist ungefähr um den Faktor 10 größer als in der Verdünnung.

Die Dichte einer gesättigten $NaHCO_3$-Lösung bei 60 °C ist unbekannt. Wenn 2,05 g abgenommen worden sind, könnte das Volumen der abgenommenen Lösung ca. 1,9 mL betragen. Folglich sollte das Gesamtvolumen nach Lösung von 18 g Wasser etwa 19,9 mL entsprechen. Daher berechnet sich die gelöste Salzmenge zu

$$m' = 13,1 \cdot (19,9/1000) = 0,260\,\text{g NaHCO}_3$$

in der abgenommenen Lösung.

In der anfangs abgenommenen Probemenge von 2,05 g waren 0,260 g $NaHCO_3$ gelöst. Folglich müssen neben den 0,260 g $NaHCO_3$ noch etwa 1,790 g Wasser enthalten sein. Das Wasservolumen nimmt bei einer Erwärmung auf 60 °C um den Faktor 1,02 gegenüber 4 °C zu. Daher sollte das hypothetische Volumen von destilliertem Wasser 1,826 mL in der Probe betragen. Die gelösten Ionen des Salzes dehnen die räumliche Struktur der wässrigen Lösung aus, sodass das Volumen um etwa 4,5–4,8 % erhöht wird. Dies ergibt ein tatsächliches Volumen von etwa 1,911 mL. Die Ausdehnung der Wasserstruktur kann recht genau abgeschätzt werden, da die Dichte einer 6 %igen $NaHCO_3$ (6,24 g gelöstes $NaHCO_3$) bei 20 °C etwa 1,041 g/cm^3 beträgt und sich das Volumen durch das Salz um 2,2 % vergrößert hat. Dividiert man die abgenommene Probemenge durch das hypothetische Lösungsvolumen, so ist die Dichte bei 60 °C etwa $d = 1,073$ g/mL. Je Milliliter Lösung sind folglich etwa 136 mg $NaHCO_3$ gelöst.

In 107 g gesättigter $NaHCO_3$-Lösung (entspricht etwa 100 mL Lösung, $d \approx$ 1,07 g/cm^3) sind bei 60 °C demnach etwa 13,6 g $NaHCO_3$ enthalten. Die Dichte der Lösung bei 60 °C ist im Versuch nur hypothetisch abgeschätzt worden.

Löslichkeit von NaHCO$_3$ bei 65 °C nach 90 min

Für die zweite Messung nach 90 min Erwärmung wird eine sehr viel höhere Löslichkeit von 22,8 g $NaHCO_3$ pro 100 mL Lösungsmittel berechnet. Der Grund für die hohe

Leitfähigkeit kann in der Zersetzung von $NaHCO_3$ zu Na_2CO_3 seine Ursache haben. Na_2CO_3 weist eine recht hohe Löslichkeit in Wasser auf.

Falls dieser Grund für die hohe Löslichkeit verantwortlich ist, so müsste ein zusätzlicher Leitfähigkeitsbeitrag von etwa 55 % der Leitfähigkeit des $NaHCO_3$ für Na_2CO_3 bestimmt werden. Bei der zweiten Messung wäre daher nur ein Beitrag von $\chi = 10,48\,mS/cm$ verantwortlich für die Leitfähigkeit des $NaHCO_3$ und $5,77\,mS/cm$ für die Leitfähigkeit von Na_2CO_3. Folglich wäre die Natriumkarbonatkonzentration dieser Lösung $c^{eq} = 5,77/93 = 0,062\,mol/L$ oder $c_{Na_2CO_3} = 0,031\,mol/L$. In diesem Fall befänden sich in den 100 mL Wasser nach 90 min Erwärmung bei 65 °C neben 14,7 g $NaHCO_3$ zusätzlich etwa 3,9 g Na_2CO_3.

Löslichkeit von NaHCO₃ bei 17,6 °C

Bei 17,6 °C wird ein analoger Versuch mit gesättigter Natriumhydrogenkarbonatlösung gemacht.

1,453 g der gesättigten Lösung wurden in 18,709 g Wasser gelöst.

Die Leitfähigkeit dieser Lösung ist $\chi = 5,44\,mS/cm$.

Aus diesen Werten ergibt sich nach analoger Berechnung eine Löslichkeit von 8,8 g Natriumhydrogenkarbonat pro 100 mL Lösung.

Mit diesen Berechnungsvorschriften kann die Löslichkeit von Salzen bis zu einer Genauigkeit von 3 % in der Lösung bestimmt werden. Die Methode ist vom Versuchsaufwand weniger beschwerlich als alle anderen Methoden und kann daher sehr vorteilhaft zur Konzentrationsbestimmung von Salzen in einer gesättigten Lösung eingesetzt werden.

In der älteren Literatur [1] findet man folgende Löslichkeitsangaben für Natriumhydrogenkarbonat:

$$6,9\,g/100\,mL\ (0\,°C), \quad 16,4\,g/100\,mL\ (60\,°C)\,.$$

Nach neueren Angaben lagen die gelösten Mengen von $NaHCO_3$ in Wasser bei 8,73 g/100 mL (20 °C), 13,70 g/100 mL (60 °C) [2].

Die Übereinstimmung der $NaHCO_3$-Löslichkeit nach den Literaturwerten ist recht befriedigend. Es fehlen in dieser Literatur Angaben über eine mögliche Zersetzung von $NaHCO_3$ in wässriger Lösung. In einer anderen Literaturquelle befindet sich der Hinweis, dass $NaHCO_3$ als Feststoff bei Temperaturen über 65 °C langsam Kohlendioxid abgibt [3].

Bestimmung der Löslichkeit von schwer löslichen Stoffen

Auch die Löslichkeit von schwer löslichen Salzen kann aus konduktometrischen Messungen bestimmt werden.

Nach Kapitel 1, Gl. (1.13) und Gl. (1.15) kann die Konzentration eines schwer löslichen Salzes in Lösung bestimmt werden:

$$c^{eq} = \chi / \left(\nu \cdot \Lambda_0^+ + \nu \cdot \Lambda_0^- \right) . \tag{14.2}$$

Von der gemessenen spezifischen Leitfähigkeit (χ) muss die Eigenleitfähigkeit des verwendeten destillierten Wassers noch subtrahiert werden.

Für AgCl in destilliertem Wasser ergibt die Messung beispielsweise χ = 2,7 µS/cm, für destilliertes Wasser 1 µS/cm. Die spezifische Leitfähigkeit von AgCl ist folglich 1,7 µS/cm.

Die AgCl-Konzentration in wässriger Lösung ist:

$$c^{eq}(\text{AgCl}) = 1{,}7 \cdot 10^{-6}(1/(\Omega \cdot \text{cm}))/(62 + 76)(\text{cm}^2/\Omega \cdot \text{mol}) = 1{,}23 \cdot 10^{-8} \, \text{mol/cm}^3 .$$

In 100 mL destilliertem Wasser werden demnach nur 0,18 mg AgCl gelöst.
Das Löslichkeitsprodukt für AgCl ist:

$$\text{Lp}(\text{AgCl}) = 1{,}23 \cdot 10^{-5}(\text{mol/L}) \cdot 1{,}23 \cdot 10^{-5}(\text{mol/L}) = 1{,}5 \cdot 10^{-10} \text{mol}^2/\text{L}^2 .$$

14.2 Bestimmung der Löslichkeiten von Salzen durch Berechnungen

Die Löslichkeiten von Salzen in Wasser lassen sich auch über die freie Enthalpie berechnen [4].

Ein Gleichgewicht von chemischen Stoffen, das sich unter Temperatureinfluss ineinander umwandelt, kann wie folgt beschrieben werden:

$$aA + bB \rightarrow cC + dD .$$

Die Gleichgewichtskonstante bei der Umwandlung ist dann:

$$K = C^c \cdot D^d / A^a \cdot B^b .$$

Die freie Reaktionsenthalpie (ΔG_r) des Gleichgewichtes ist:

$$\Delta G_r = \Delta G_{r^0} + R \cdot T \cdot \ln(C^c \cdot D^d / A^a \cdot B^b). \tag{14.3}$$

ΔG_{r^0} ist die freie Reaktionsenthalpie unter Standardbedingungen (T = 25 °C, p = 1 bar).

Für die Temperatur von 25 °C und p = 1 bar ist ΔG_r = 0.
Es folgt:

$$- \Delta G_{r^0} = 2{,}477(\text{kJ/mol}) \cdot \ln(C^c \cdot D^d / A^a \cdot B^b). \tag{14.4}$$

Die Löslichkeit von Stoffen in Wasser ist ein spezieller Fall einer Gleichgewichtsreaktion.

Aus den Einzelstoffen, beispielsweise Natriumhydrogenkarbonat als ungelöstes Salz und Natriumhydrogenkarbonat als gelöstes Salz, kann eine Gleichgewichtsreaktion formuliert werden.

Je negativer ΔG_{r^0}, desto leichter löst sich das Salz in Wasser.

Das Gleichgewicht, das Löslichkeitsprodukt (Lp), von ungelöstem und gelöstem Natriumhydrogenkarbonat kann wie folgt beschrieben werden:

$$K = Lp = [Na^+] \cdot [HCO_3^-]/[NaHCO_3]. \tag{14.5}$$

Im Zustand der gesättigten Lösung wird $[NaHCO_{3\,unlöslich}] = 1$.
Folglich ist:

$$Lp = [Na^+] \cdot [HCO_3^-], \tag{14.6}$$

$$- \Delta G_{r^0} = 2{,}477 (kJ/mol) \cdot \ln(Lp). \tag{14.7}$$

Nach Literaturangaben bestimmt sich das Löslichkeitsprodukt von $NaHCO_3$ (Wikibooks – Tabellensammlung Chemie/Thermodynamische Daten, freie Enthalpien von Na^+(aq): $\Delta G = -261{,}9$ kJ/mol; HCO_3^-(aq): $\Delta G = -587{,}0$ kJ/mol; $NaHCO_{3\,(fest)}$: $\Delta G = -851{,}9$ kJ/mol) [5] wie folgt:

$$-((-261{,}9 - 587) + 851{,}9) = -3\,kJ = 2{,}477 \cdot \ln(Lp) \,.$$

Es wird:

$$-1{,}21 = \ln(Lp) \quad \text{und} \quad Lp = 0{,}298 \,.$$

Die gelöste Menge Natriumhydrogenkarbonat entspricht der Molmenge der gelösten Natriumionen.

Die Wurzel des Löslichkeitsproduktes gibt die Konzentration der gelösten Natrium- oder Hydrogenkarbonationen an:

$$\sqrt{Lp} = [Na^+]_{gelöst} = [HCO_3^-]_{gelöst} = 0{,}55 \, mol/L \,.$$

In 1000 mL gesättigter $NaHCO_3$-Lösung wären folglich

$$m = 0{,}55 \, mol \cdot 84 \, g/mol = 45{,}8 \, g \, NaHCO_3 \,,$$

und in 100 mL gesättigter Lösung wären demnach 4,6 g $NaHCO_3$ gelöst.

Die Angaben durch die Berechnung der freien Enthalpie zeigen in diesem speziellen Fall leichte Abweichungen der Löslichkeit gegenüber den Messungen. Bei vielen anderen Salzen ergeben sich gute Übereinstimmungen mit den thermodynamischen Daten.

Eine recht gute Übereinstimmung wurde in diesem Fall durch Berechnungen mit der Konduktometrie erzielt.

Bei 17,6 °C liegt die Löslichkeit von Natriumhydrogenkarbonat bei 8,8 g in 100 g Wasser. Folglich ist das Löslichkeitsprodukt bei dieser Temperatur:

$$Lp = 1{,}05^2 = 1{,}10$$

und

$$\Delta G_r - \Delta G_r^0 = +236 \, J/mol \,.$$

14.3 Vorteile der Konduktometrie zur Bestimmung der Löslichkeiten von Salzen

Die Löslichkeitsbestimmungen über die Konduktometrie sind sehr exakt und können für sehr präzise Löslichkeitsbestimmungen in Abhängigkeit von der Temperatur gut verwendet werden. Sind Salze bei höherer Temperatur in Lösung instabil, lassen sich zeitliche Aussagen zur Umwandlung machen.

Leitfähigkeitsmessungen können dazu verwendet werden, um thermodynamische Daten noch exakter zu bestimmen.

Literatur

[1] Weast RC. *Handbook of Chemistry and Physics*. Boca Raton, Florida: CRC Press inc., 1979. S. B-126.

[2] Haynes WM. *Handbook of Chemistry and Physics*. 94th. Boca Raton: CRC Press, 2013. S. 5–194. 978-1-4665-7114-3.

[3] Neumüller OA. *Römpps Chemie-Lexikon*. 8. Stuttgart: Franckh'sche Verlagshandlung, W. Keller & Co., 1985. S. 2737. Bd. 4. ISBN 3-440-04514-5.

[4] Christen HR. *Grundlagen der allgemeinen und anorganischen Chemie*. Frankfurt a. M.: Otto Salle Verlag GmbH & Co. KG, 1976. S. 307–311. 3-7935-5394-9.

[5] Wikibooks. Tabellensammlung Chemie/Thermodynamische Daten. [Online] Wikipedia. [Zitat vom: 10. Mai 2015.] de.m.wikibooks.org.

[6] Kunze UR. *Grundlagen der quantitativen Analyse*. Stuttgart: Georg Thieme Verlag, 1980. S. 93. ISBN 3-13-585801-4.

15 Messung der EMK

15.1   Einleitende Vorbemerkungen —— **212**

15.2   Herstellung einer Haber-Luggin-Kapillare —— **212**

15.3   Bestimmung von Elektrodenpotenzialen —— **220**

15.4   Zusammenhang von chemischer Arbeit und EMK —— **221**

https://doi.org/10.1515/9783110425666-016

15.1 Einleitende Vorbemerkungen

Die Kenntnis der EMK bei elektrolytischen Stoffumwandlungen ist vielfach von Interesse. Mit der elektromotorischen Kraft lassen sich das Normalpotenzial und die freie Enthalpie eines Systems bestimmen. Auch an den Elektroden bei einer Elektrolyse lassen sich die elektromotorischen Kräfte messen.

Aus den EMK-Messungen lassen sich mitunter Vorgänge an den Elektroden besser verstehen. Mit den EMK-Messungen bei Elektrolysen können die Überspannungen von Sauerstoff- und Wasserstoffbildung an Elektroden bestimmt werden. Außerdem kann verfolgt werden, ob bei einer angelegten bestimmten Spannung eine andere Stoffumsetzung einsetzt.

Mit einigen käuflichen Redoxelektroden ist die EMK-Messung an Elektroden nicht möglich, da diese Redoxelektroden nicht genau an kleinere Metallelektroden angelegt werden können. Nach Möglichkeit sollten Redoxelektroden mit einer ähnlichen Elektrolytlösung gefüllt sein wie die Elektrolytflüssigkeit bei der Elektrolyse. Dadurch wird verhindert, dass Diffusionspotenziale oder der Austritt von der Elektrolytlösung der Redoxelektrode die Messergebnisse verfälschen.

Zur Messung von Elektrodenpotenzialen wird eine Haber-Luggin-Kapillare verwendet. Mit derartigen Kapillaren lässt sich direkt die Oberfläche einer Elektrode erreichen. Die Kapillare besteht aus einem sehr dünn ausgezogenen Glasrohr. Die Herstellung solcher Kapillaren ist sehr einfach.

15.2 Herstellung einer Haber-Luggin-Kapillare

Eine Pasteurpipette wird an der Verengung mit der Flamme eines Spiritusbrenners unter leichtem Drehen erhitzt (Abb. 15.1a). Wenn das Glas zu schmelzen beginnt, wird die Pipette an den jeweiligen Enden mit gleichmäßigem Druck auseinandergezogen.

Für bestimmte Einsatzbereiche ist es vorteilhaft, eine leicht gewinkelte Redoxelektrode zu haben. Beim Schmelzen des Pipettenauslaufs und Ausziehen ist die Ausgangsöffnung leicht bis zu 90°zu biegen. Das verlängerte Glasstück(Abb. 15.1b) weist eine Verengung auf, die durch leichten Druck gebrochen werden kann.

Die sehr dünne Kapillare ist sehr leicht zerbrechlich. Zum Schutz der Kapillare kann die äußere Glashülle der Kapillare mit wenig Epoxidharz vor leichtem Zerbrechen geschützt werden(Abb. 15.1c). Besondere Vorsicht ist natürlich an der Öffnung der Kapillare nötig, es darf kein Klebstoff auf diese Öffnung geraten.

Die gewünschte Öffnungsgröße der Kapillare muss mit destilliertem Wasser überprüft werden.
Nach der Befüllung der Pipette mit Lösungsmittel sollte keine Flüssigkeit auslaufen. Auf einem trockenen Taschentuch sollte sich aber ein kleiner Feuchtigkeitsfleck bilden. Erfüllt die Kapillare diese Anforderungen nicht, muss eine neue Kapillare hergestellt werden.

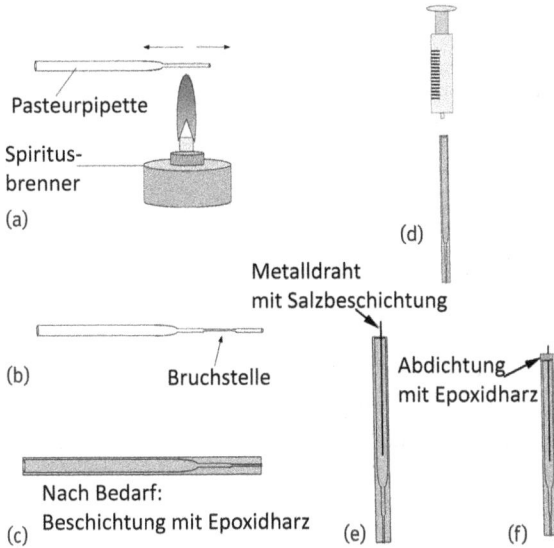

Abb. 15.1: Herstellung einer Haber-Luggin-Kapillare.

Sehr gute Kapillaren können für 5 min in ein Becherglas mit 0,1-M-1/5-$KMnO_4$ gestellt werden. Es dringt keine $KMnO_4$-Lösung in das Innere der Pipette. Gute Kapillaren halten das Lösungsmittel über eine sehr lange Zeit. Sie sollten aber immer in einer entsprechenden Elektrolytlösung aufbewahrt werden, damit die Flüssigkeit in der Kapillare nicht eintrocknet und ein Kontakt zur Elektrolytlösung unmöglich wird.

In Abb. 15.2 ist die Spitze einer Haber-Luggin-Kapillare abgebildet. Durch den Blitz während der Fotografie erscheint die mit Flüssigkeit gefüllte Kapillare etwas dunkler als die Glaswandung.

Redoxelektroden bestehen aus einem Metall, das mit einem unlöslichen Salz in einer Elektrolytlösung bedeckt ist. Das Salz besteht aus dem Metallkation des Metalls und dem Anion der Elektrolytlösung.

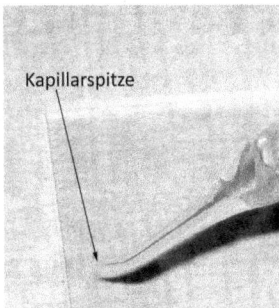

Abb. 15.2: Haber-Luggin-Kapillarspitze.

Gebräuchliche Redoxsysteme sind:

a) Ag / AgCl / wässrige KCl-Lösung (1-M-KCl, Bezugspotenzial +236,8 mV);

b) Hg / Hg_2Cl_2 / wässrige KCl-Lösung (1-M-KCl, Bezugspotenzial +280,7 mV);

c) Pb / $PbSO_4$ / wässrige H_2SO_4 (1-M-H_2SO_4, Bezugspotenzial –276 mV) [1].

Zur Herstellung einer Ag/AgCl-Redoxelektrode kann ein Silberdraht für ca. 30 min als Anode in einer wässrigen 1-M-KCl-Lösung bei 20 mA elektrolysiert werden. Dabei bildet sich eine Silberchloridschicht auf dem Draht. Eine derartige Elektrode verändert sich durch den Einfluss von Licht in ihrer EMK noch ein wenig.

Die Herstellung einer Pb/$PbSO_4$-Redoxelektrode ist ebenfalls wenig kompliziert. Ein schmales Bleiblech oder ein Bleidraht lässt sich mit Bleisulfat ebenfalls elektrolytisch beschichten. In wässriger 10 %iger H_2SO_4 wird das Bleiblech als Kathode geschaltet und längere Zeit bei hoher Stromstärke elektrolysiert. Nach längerer Lagerung in dieser Lösung hat sich auf der Oberfläche eine Bleisulfatschicht gebildet. Statt einer 1-M-1/2-Lösung wurde jedoch eine 2-M-1/2-H_2SO_4-Lösung verwendet.

Der Glaskörper muss mit einer Elektrolytlösung gefüllt werden (Abb. 15.1(4)). Zu diesem Zweck eignet sich eine Plastikspritze. Zur EMK-Messung von neutralen Lösungen kann beispielsweise die Silber/Silberchlorid-Elektrode genutzt werden. In diesem Falle kann der Glaskörper mit einer 1-M-KCl oder einer gesättigten KCl-Lösung befüllt werden.

Im nächsten Schritt wird eine passende Elektrode eingeführt(Abb. 15.1(5)).

Im letzten Arbeitsschritt wird die obere Öffnung der Pasteurpipette mit Epoxidharz verklebt, sodass das Auslaufen verhindert wird (Abb. 15.1(6)).

Die Qualität der Redoxelektrode muss noch getestet werden. Neben der Redoxelektrode wird noch die Gegenelektrode für Messungen benötigt.

Ein kleines Platinblech kann mit einem isolierten Draht durch Anlöten mit Zinn verbunden werden. Freier Metalldraht soll durch Epoxidharz vollständig abgedeckt sein. Das Platinblech wird als Gegenelektrode eingesetzt.

Der Kontakt des Kabels mit dem Platinblech erfolgt über eine Abgreifklemme, die mit einem elektronischen Voltmeter (Buchse: V / Ω) verbunden ist. Die Verbindung der Redoxelektrode erfolgt über die COM-Buchse des elektronischen Voltmeters; die Redoxelektrode ist nun messbereit. Als Elektrodenhalterung kann ein kleines Plexiglasgestell dienen (Abb. 15.3).

Testung der Redoxelektroden

Für die Testung der Haber-Luggin-Kapillare können Redoxlösungen verwendet werden. Mit einer käuflichen Redoxelektrode werden Vergleichsmessungen durchgeführt und die Abweichungen zu dieser Redoxelektrode notiert.

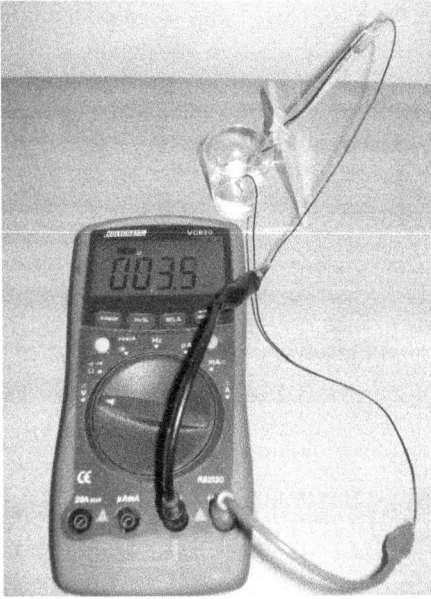

Abb. 15.3: Testung der Haber-Luggin-Kapillare.

Versuch 1

Zur Bestimmung des Redoxpaares Zn/Zn^{2+} wird eine 1-M-1/2-$ZnCl_2$-Lösung hergestellt. Zusätzlich wird ein kleines Stück Zink benötigt. Da Zink sich nach längerer Lagerung mit einer Oxidschicht bedeckt, muss diese Schicht mit einem scharfen Messer entfernt werden.

Zinklösung und Zink werden in ein kleines Becherglas gegeben.

Eine käufliche Redoxelektrode (R1) [2] besitzt am unteren Teil eine Metallbeschichtung. Diese Metallbeschichtung muss das blanke Zinkstück in der Redoxlösung berühren. Das Redoxpotenzial stellt sich nicht immer sofort ein. Mitunter muss eine Zeitperiode von 15–30 min gewartet werden, bis sich das Redoxpotenzial stabilisiert hat.

Die käufliche Ag/AgCl-Elektrode (R1) zeigt einen Messwert von $U = -997$ mV (17 °C).

Bei der hergestellten Haber-Luggin-Kapillare (R2) liegt der Wert bei $U = -998$ mV (17 °C). Das kleine Platinblech muss das Zinkmetall berühren.

Zur Ermittlung der EMK muss noch das Bezugspotenzial der Elektrode addiert werden ($E = +235$ mV).

Die EMK(Zn/Zn^{2+}) = -762 mV der Redoxelektrode (R1) ist somit in guter Übereinstimmung mit dem Normalpotenzial nach der Literatur ($E^0 = -0,762$ mV) [3].

Bei beiden Redoxelektroden bleibt das gemessene Elektrodenpotenzial schon nach recht kurzer Zeit (5–10 min) konstant.

Die dritte EMK-Bestimmung wurde mit der Pb/PbSO$_4$-Haber-Luggin-Kapillare (mit einer 2-M-1/2-H$_2$SO$_4$-Lösung, R3) durchgeführt. Sie wies ein Potenzial von U = −479 mV auf. Nach Addition des Bezugswertes von −276 mV hat die EMK ein Potenzial von E = −755 mV. Die gemessene EMK hat eine Abweichung von 7 mV zur Ag/AgCl-Elektrode.

Versuch 2

Durch Verdünnung der ZnCl$_2$-Lösung um den Faktor 1/10 kann eine 0,1 M-1/2-ZnCl$_2$-Lösung hergestellt werden. Mit der Redoxelektrode R1 wird ein Potenzial von E = −1025 mV bestimmt. Nach Addition des Bezugspotenzials ergibt sich E = −790 mV. Die Stabilisierung des Messwertes dauert deutlich länger als bei der 1-M-1/2-ZnCl$_2$-Lösung.

Entsprechend der Nernstschen Gl. (1.6) ist das Potenzial:

$$E = -0,762 + (0,059/2)\log(Zn^{2+}) = -0,762 - 0,030 = -0,792\,V\,.$$

Die Übereinstimmung zwischen berechneter und gemessener EMK ist gut.

Zur Testung von Redoxelektroden sollten zur Sicherheit noch weitere Redoxlösungen bestimmt werden.

Diffusionspotenzial

Bei zwei unterschiedlichen Lösungen gibt es an der Phasengrenzfläche zwischen den Lösungen ein Diffusionspotenzial. Sind eine 0,1-M-KCl-Lösung und eine 0,01-M-KCl-Lösung über ein enges Rohr verbunden, so wandern die Ladungsträger der höher konzentrierten Lösung in Richtung der gering konzentrierten Lösung.

Sind eine 0,1-M-HCl-Lösung und eine 0,1-M-KCl-Lösung über ein enges Rohr verbunden, so kommt es ebenfalls zu einer Diffusionsspannung. Die H$^+$-Ionen haben eine höhere Wanderungsgeschwindigkeit als die Kaliumionen. Daher wandern die H$^+$-Ionen in die 0,1-M-KCl-Lösung ein. Aufgrund dieser Wanderung entsteht ein Spannungsunterschied zwischen beiden Lösungen.

Das Diffusionspotenzial, das durch die Verdünnung von 1/10 der Zinklösung (Ladungszahl 2) entsteht, hat eine negative Spannung von etwa −30 mV.

Potenzialänderungen gibt es auch zwischen der Lösung der Redoxelektrode und der gemessenen Lösung, wenn die Redoxelektrode andere Ladungsträger oder Konzentrationen als die gemessene Lösung besitzt.

Das Diffusionspotenzial (Δu_{Diff}) errechnet sich aus der Nernstschen Gleichung für Konzentrationsketten:

$$-\Delta u_{Diff} = \sum_i (R \cdot T/F) \cdot (t_i/z_i) \cdot \ln(a_i)\,. \tag{15.1}$$

Diese Gleichung hat Nernst im Jahre 1889 abgeleitet [4].

In einfachen Fällen kann die Aktivität (a_i) durch die Konzentration ersetzt werden. Für schwach verdünnte Lösungen von 1,1-Elektrolyten stimmen die Werte recht gut überein. In höher konzentrierten Lösungen wird meist der mittlere Aktivitätskoeffizient genutzt.

Beispiele

Die Gleichung wird für zwei Kationen und zwei Anionen bei 298 °C:

$$\Delta u_{\mathrm{DiffKA}} = -0{,}058 \cdot (t_{K1}/z_{K1}) \cdot \log(c_{K1}) + 0{,}058 \cdot (t_{K2}/z_{K2}) \cdot \log(c_{K2}) \,,$$

$$\Delta u_{\mathrm{DiffAN}} = -0{,}058 \cdot (t_{A1}/z_{A1}) \cdot \log(c_{K1}) + 0{,}058 \cdot (t_{A2}/z_{A2}) \cdot \log(c_{K2}) \,,$$

$$\Delta u_{\mathrm{Diff}} = \Delta u_{\mathrm{DiffKA}} + \Delta u_{\mathrm{DiffAN}} \,.$$

Dabei bezeichnen die Indizes K1 und K2 die beiden Kationen, A1 und A2 die Anionen. $\Delta u_{\mathrm{DiffKA}}$ ist das Kationendiffusionspotenzial, $\Delta u_{\mathrm{DiffAN}}$ das Anionendiffusionspotenzial.

Zwischen einer 0,1-M-KCl-Lösung und einer 0,01-M-KCl-Lösung ist das Diffusionspotenzial bei 298 °C bezogen auf das K^+-Ion:

$$\Delta u_{\mathrm{Diff(K+)}} = -0{,}058 \cdot (0{,}49/1) \cdot \log(0{,}1) + 0{,}058 \cdot (0{,}49/1) \cdot \log(0{,}01) \,,$$

$$\Delta u_{\mathrm{Diff(K+)}} = -0{,}058 \cdot 0{,}49 \cdot (-1+2) = -0{,}0284 \,\mathrm{V} \,.$$

Bezogen auf das Cl^- ergibt sich:

$$\Delta u_{\mathrm{Diff(Cl-)}} = -0{,}058 \cdot 0{,}51 \cdot (-1+2) = -0{,}0296 \,\mathrm{V} \,.$$

Für die Gesamtlösung ist:

$$\Delta u_{\mathrm{Diff(KCl)}} = \Delta u_{\mathrm{Diff(K+)}} + \Delta u_{\mathrm{Diff(Cl-)}} = -0{,}0284 + (-0{,}0296 \, V) = -0{,}058 \,\mathrm{V} \,.$$

Für 0,1-M-HCl-Lösung und eine 0,1-M-KCl-Lösung ist das Diffusionspotenzial:

$$\Delta u_{\mathrm{Diff(H+,K+)}} = -0{,}058 \cdot (0{,}82/1) \cdot \log(0{,}1) + 0{,}058 \cdot (0{,}49/1) \cdot \log(0{,}1) = -0{,}019 \,\mathrm{V} \,,$$

$$\Delta u_{\mathrm{Diff(Cl-)}} = -0{,}058 \cdot 0{,}18 \cdot (-1) + 0{,}058 \cdot 0{,}51 \cdot (-1) = -0{,}019 \,\mathrm{V} \,,$$

$$\Delta u_{\mathrm{Diff\,Ges}} = -0{,}038 \,\mathrm{V} \,.$$

Für 0,1-M-HCl-Lösung und eine 4-M-KCl-Lösung ist das Diffusionspotenzial:

$$\Delta u_{\mathrm{Diff(H+,K+)}} = -0{,}058 \cdot (0{,}82/1) \cdot \log(0{,}1) + 0{,}058 \cdot (0{,}49/1) \cdot \log(4) = -0{,}0305 \,\mathrm{V} \,,$$

$$\Delta u_{\mathrm{Diff(Cl-)}} = -0{,}058 \cdot 0{,}18 \cdot (-1) + 0{,}058 \cdot (0{,}51/1) \cdot \log(4) = +0{,}0282 \,\mathrm{V} \,,$$

$$\Delta u_{\mathrm{DiffGes}} = -0{,}0023 \,\mathrm{V} \,.$$

Das Diffusionspotenzial wird durch eine 4-M-KCl-Lösung sehr stark vermindert. Daher verwendet man zur Ermittlung von Redoxpotenzialen zwischen zwei Halbzellen immer Salzbrücken. Das Diffusionspotenzial wird durch eine hochkonzentrierte

KCl-Lösung an jeder Halbzelle stark vermindert. Das Verfahren wurde von Bjerrum im Jahr 1905 mit Erfolg angewendet [5].

Für hohe Konzentrationen darf das Diffusionspotenzial nicht mehr mit der Konzentration bestimmt werden.

Statt den Konzentrationen wird das Produkt aus individuellem Leitfähigkeitskoeffizienten und Konzentration der Ionen genutzt. Die ungefähre Abschätzung erfolgte anhand der Tab. A 1.3.

Eine 1-M-$ZnCl_2$ und eine 0,1-M-$ZnCl_2$-Lösung haben das folgende Diffusionspotenzial:

$$\Delta u_{\text{DiffKA}} = -0{,}058 \cdot (0{,}41/2) \cdot \log(1 \cdot 0{,}20) + 0{,}058 \cdot (0{,}41/2) \cdot \log(0{,}1 \cdot 0{,}56)$$
$$= -0{,}007\,\text{V}\,,$$
$$\Delta u_{\text{DiffAN}} = -0{,}058 \cdot (0{,}59/1) \cdot \log(1 \cdot 0{,}66) + 0{,}058 \cdot (0{,}59/1) \cdot \log(1 \cdot 0{,}86)$$
$$= -0{,}030\,\text{V}\,,$$
$$\Delta u_{\text{Diff}} = -0{,}037\,\text{V}\,.$$

Für eine 2-M-1/2-H_2SO_4-Lösung und eine 1-M-$ZnCl_2$-Lösung ist das geschätzte Diffusionspotenzial:

$$\Delta u_{\text{DiffKA}} = -0{,}058 \cdot (0{,}81/1) \cdot \log(2 \cdot 0{,}20) + 0{,}058 \cdot (0{,}41/2) \cdot \log(1 \cdot 0{,}20)$$
$$= +0{,}011\,\text{V}\,,$$
$$\Delta u_{\text{DiffAN}} = -0{,}058 \cdot (0{,}18/2) \cdot \log(2 \cdot 0{,}20) + 0{,}058 \cdot (0{,}59/1) \cdot \log(1 \cdot 0{,}70)$$
$$= -0{,}003\,\text{V}\,,$$
$$\Delta u_{\text{Diff}} = -0{,}008\,\text{V}\,.$$

Für genaue EMK-Messungen muss das Diffusionspotenzial zwischen Lösung und Redoxelektroden beachtet werden.

Versuch 3

Es werden etwa 5 mL 0,1-M-1/5-$KMnO_4$ mit 5 mL 1-M-CH_3CO_2H vermischt und mit beiden Elektroden die Potenziale ermittelt. Bei beiden Ag/AgCl-Redoxelektroden muss lange Zeit gewartet werden, bis sich die abgelesenen Werte stabilisieren (15 min R1 = 1046 mV, 5 min R3 = 1521 mV).

Die EMK dieser Lösung ergibt:

$$\text{Ag/AgCl: EMK} = 1046 + 235 = +1281\,\text{mV}\,;$$
$$\text{Pb/PbSO}_4\text{: EMK} = 1521 - 276 = +1245\,\text{mV}\,.$$

Der theoretische pH-Wert einer 0,5-M-Essigsäure ist:

$$\text{pH} = \frac{\text{p}K_s - \log C}{2} = \frac{4{,}80 - \log 0{,}5}{2} = 2{,}55\,.$$

Der gemessene pH-Wert der Lösung lag nur bei pH = 2,45.

Die Berechnung der theoretischen EMK einer 0,1-M-1/5-Kaliumpermanganatlösung mit einem pH-Wert von etwa 2,45 ergibt nach der Nernstschen Gleichung und bei Berücksichtigung der Tatsache, dass das Verhältnis $[MnO_4^-]/[Mn^{2+}] \approx 100$:

$$E = E^0 + (0,059/5)\log([MnO_4^-] \cdot [H^+]^8/[Mn^{2+}]) = 1,507 - 2 \cdot 0,012 - 0,012 \cdot 8 \cdot pH$$
$$= +1,248\,V\,.$$

Die Berechnung der EMK zeigt eine gute Übereinstimmung mit dem Messwert.

Versuch 4

Es werden 5,0 mL 0,1-M-1/5-KMnO$_4$ mit 5,0 mL 2-M-1/2-H$_2$SO$_4$ vermischt und die Redoxpotenziale mit den Elektroden R1 und R3 bei 17 °C bestimmt. R1(Ag/AgCl): 1202 + 235 = +1437 mV; R3(Pb/PbSO$_4$): 1736 − 276 = +1460 mV.

Falls in diesem Falle das Verhältnis $[MnO_4^-]/[Mn^{2+}] \approx 10.000$, so ergibt sich:

$$E = E^0 + (0,059/5)\log([MnO_4^-] \cdot [H^+]^8/[Mn^{2+}]) = 1,507 - 0,012 \cdot 4 - 0 = 1,459\,V\,.$$

In diesem Fall sollte die Mn^{2+}-Konzentration deutlich geringer sein als bei der Essigsäure. Lösungen aus verdünnter Schwefelsäure und Kaliumpermanganat scheinen etwas stabiler zu sein als Lösungen von Kaliumpermanganat und Essigsäure. Die Ursache liegt wohl darin, dass die Essigsäure zum sehr geringen Anteil zu Peroxyessigsäure oxidiert wird, wobei möglicherweise einige Mn^{2+}-Ionen gebildet werden.

Schlussfolgerungen

Die hergestellten Haber-Luggin-Kapillaren weisen eine leichte Abweichung zur käuflichen Redoxelektrode auf.

Zwischen der Pb/PbSO$_4$-Elektrode und der Ag/AgCl-Elektrode kommt es besonders in Lösungen von Kaliumpermanganat zu Abweichungen. Vermutlich wird das Chlorid zu Chlor oxidiert.

Es fällt auf, dass die Pb/PbSO$_4$-Redoxelektrode beim Eintauchen in Kaliumpermanganatlösung schon sehr bald ein konstantes Redoxpotenzial zeigt – bei der Ag/AgCl-Elektrode ist dies nicht der Fall.

Es kann hilfreich sein, auch andere Redoxelektroden zur Verfügung zu haben. Käufliche Redoxelektroden lassen sich mit gutem Erfolg für einfache Messungen nutzen.

Durch konstante Potenzialabweichung zu entsprechenden Literaturwerten kann eine Redoxelektrode normiert werden.

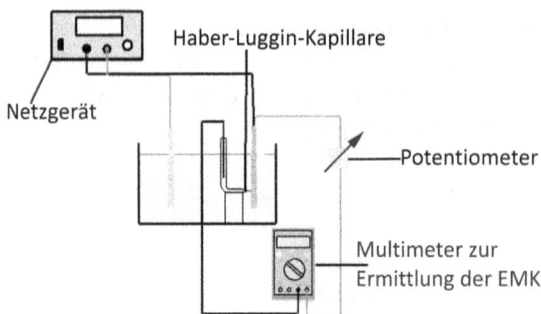

Abb. 15.4: Messung der EMK an Elektroden.

15.3 Bestimmung von Elektrodenpotenzialen

Zur Bestimmung der EMK an Elektroden lässt sich die Haber-Luggin-Kapillare entsprechend der Abb. 15.4 verwenden.

Für eine exakte Bestimmung der EMK an einer Elektrode muss die Ag/AgCl-Haber-Luggin-Kapillare direkt an die Elektrodenoberfläche gebracht werden. Durch eine Halterung nach Abb. 15.4 gestaltet sich ein derartiger Vorgang recht einfach.

Versuch zur Bestimmung der EMK an Elektroden

Nach Abb. 15.3 und Abb. 15.4 wird eine Elektrolyseapparatur zusammengebaut. Der Draht mit Platinblech wird von der Abgreifklemme abgenommen und an den Draht der kathodischen Zuleitung einer Elektrolysezelle mit Potenziometer angeschlossen.

In den kleinen Behälter nach Abb. 15.3 wird als Kathode ein Platinblech eingehängt. Als Anode wird ein etwa $1,5\,cm^2$-Goldblech mit Drahtanschluss zu einem Amperemeter und dem Pluspol des Netzgerätes verwendet.

Als Elektrolytlösung dient $1\text{-}M\text{-}H_2SO_4$.

Mit dem Netzgerät wird eine Spannung von 2,29 V eingestellt. Es bilden sich kleine Gasblasen an den Elektroden und das Amperemeter zeigt eine konstante Stromstärke von $I = 1\,mA$. Das Multimeter zur Bestimmung des Redoxpotenzials zeigt eine Spannung von $U = -0,473\,V$ an.

Nach Addition des Bezugspunktes von $E = +235\,mV$ ergibt sich eine kathodisches Potenzial von $E_K = -238\,mV$ (Literatur unplatiniertes Platin: $E_K = -250\,mV$).

Durch den Austausch der Platinkathode durch eine Bleikathode muss eine Spannung von 2,75 V angelegt werden, um eine gleichbleibende Stromstärke von $1\,mA$ zu erzielen. Das Multimeter gibt einen Spannungswert von $U = -990\,mV$ an. Dies entspricht einem Kathodenpotenzial von etwa $E_K = -750\,mV$ (Literatur: $-910\,mV$).

Schlussfolgerung

Die EMK der kathodischen Wasserstoffbildung ist abhängig vom Elektrodenmaterial. Platin besitzt eine geringere Überspannung als Blei.

15.4 Zusammenhang von chemischer Arbeit und EMK

Galvanische Zellen und Batterien erzeugen Spannungen und liefern elektrischen Strom.

Bei der Trennung einer 1-M-1/2-Zinksulfatlösung und einer 1-M-1/2-Kupfersulfatlösung in einer Zellkammer durch ein Diaphragma (eine Anionenaustauschermembran) können die Kationen nicht in den anderen Teil der Kammer wandern. Tauchen ein Kupferblech in eine Kupfersulfatlösung und ein Zinkblech in eine Zinksulfatlösung, so bleiben die Bleche und die Lösungen unverändert (Abb. 15.5a).

Durch die Verbindung der beiden Bleche mit einem stromleitenden Kabel baut sich eine Spannung von etwa 1,1 V auf, und Zinkionen gehen vom Zinkblech in Lösung, und Kupferionen scheiden sich als elementares Kupfer ab (Abb. 15.5b).

Ähnlich dem Gasdruck über einer Flüssigkeit oder der Auflösung von Zucker in Wasser gibt es auch bei Metallen mit den wässrigen Lösungen Wechselwirkungen, die zu einem Gleichgewicht streben. Wird ein Metall in eine wässrige Lösung getaucht,

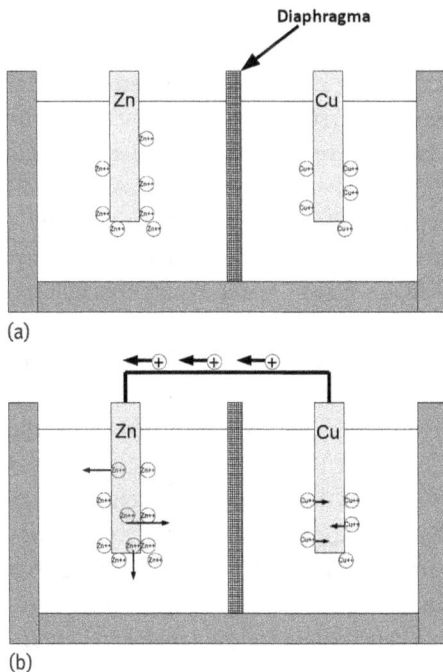

(a)

(b)

Abb. 15.5: (a) Zink in Zinksalzlösung, Kupfer in Kupfersalzlösung ohne leitende Verbindung. (b) Identische Lösungen wie in (a), jedoch mit leitender Verbindung und Stromfluss (Daniell-Element). Die Stromrichtung der Ladungsträger entspricht dem Gedankenmodell – jedoch nicht der Wirklichkeit.

können je nach Beschaffenheit des Metalls einzelne Metallatome das Metallgitter verlassen und als Kationen mit dem negativ aufgeladenen Metall eine Doppelschicht bilden. Diese Doppelschicht bildet eine Potenzialdifferenz. Der Lösungsdruck p des Metalls möchte immer weitere Ladungsträger in die Lösung treiben – die elektrostatische Anziehung oder die mit Metallionen gesättigte Lösung verhindert dieses Bestreben. Es kommt dann zu einem Gleichgewicht. Metalle mit hohem Lösungsdruck und stark negativer EMK – wie beispielsweise Zink – besitzen ein hohes Bestreben, Metallkationen aus dem Metallgitter zu entlassen. Bei edlen Metallen mit positiver EMK ist dieser Effekt nur noch in geringem Maße vorhanden. Befinden sich die edlen Metalle in einer Lösung von gleichen Metallkationen, so nehmen die edlen Metallkationen Elektronen vom Metallgitter auf und laden dadurch das Metallgitter positiv auf.

Werden das Zink und das Kupferblech in den oben angegebenen entsprechenden Sulfatlösungen durch ein stromleitendes Kabel verbunden, so verlassen Zinkionen das Metallgitter und gehen in Lösung, Kupferionen der Kupfersulfatlösung scheiden sich als Metalle auf der Metalloberfläche ab. Dieser Vorgang setzt sich längere Zeit fort, dabei sinkt das Potenzial laufend. Schließlich wird die Konzentration der Kupferionen in der Lösung sehr gering, die Zinkionenkonzentration sehr hoch sein, sodass die Lösungstension und die Spannung zwischen den Elektroden auf null gesunken sind.

Allein durch die Verwendung der positiven Ladungsträger könnte der Vorgang hypothetisch gedeutet werden. Die positiven Kupferionen geben ihre positiven Ladungsträger an das Kupfer ab, dadurch werden sie zu Kupfermetall umgewandelt. Die positiven Ladungsträger wandern durch das Kabel zum Zinkblech. Das Zinkblech entlässt die positiv geladenen Zinkionen in die Lösung. Mit dieser Beschreibung kann der stromliefernde Vorgang nur mit einem Ladungsträger klar verstanden werden. In der Darstellung wäre auch das Vorzeichen bei der EMK verständlich. Kupfer ist die Quelle der positiven Ladungsträger; es hat daher eine positive EMK. Das Zinkblech gibt die positiven Zinkionen in die Lösung ab, die EMK erhält ein negatives Vorzeichen. Mit dieser eindeutigen Bilanz kann die Richtung jedes Redoxpaares bestimmt werden.

Bis zum heutigen Tage werden aus historischen Gründen die Strompfeile in physikalischen und elektronischen Schalttafeln in der Richtung der hypothetischen positiven Ladungsträger angegeben. Als Elektronen noch nicht bekannt waren, hatten Poggendorf und Du Bois-Reymond eine Bestimmungsmethode der Stromrichtung entwickelt, die sich später als unrichtig darstellte [6]. Erst durch die Untersuchung von Kathodenstrahlen wurde zunehmend die Vermutung geäußert, dass tatsächlich die Elektronen die wandernden Ladungsträger bei einer Elektrolyse sein könnten. Aus dem Lehrbuch von Walther Nernst im Jahre 1907 wird diese Vermutung schon formuliert. Nernst hat die grundlegenden Gesetze zur EMK, der Diffusion und der elektrochemischen Spannungsreihe, der Vorzeichenreglung bei EMK vor der Kenntnis vom Elektron entwickelt. Einfachheit und Klarheit mit nur einem Ladungsträger ein gedankliches Modell zu entwickeln, hatte für das Verständnis von galvanischen Vorgängen und in der Elektronik große Vorteile.

Den Bezugspunkt der EMK bildete auch das Verhalten von Metallen gegenüber Säuren. Lösen sich Metalle in Säuren auf, so haben sie ein negatives Normalpotenzial, lösen sie sich in Säuren nicht auf, so ist das Normalpotenzial positiv. Die Normalwasserstoffelektrode war daher lange Zeit der (willkürliche) Bezugspunkt für die Messung von Redoxpotenzialen.

Unter Reduktionsmitteln verstehen wir heute Stoffsysteme, die Elektronen abgeben – beispielsweise Zink und Salzsäure; dieses Stoffpaar hat eine negative EMK und kann andere Stoffgruppen mit Elektronenmangel wie Cu^{2+}, I_2, Fe^{3+}reduzieren. Den Grad der Reduktionkraft gibt das Normalpotenzial nach Einordnung der entsprechenden EMK an. Oxidationsmittel – wie Kaliumpermanganat – sind Stoffgruppen, die Elektronen aufnehmen; sie besitzen eine positives Normalpotenzial.

Nernst hat die elektromotorische Kraft E, die ein Spannungspotenzial zwischen Kupfer und Zink aufbaut, mit der Arbeit der Lösungstension des Metalls (A_L) gleichgesetzt [7]. Der Lösungsdruck p des Metalls, dass als Metallion in die Lösung mit dem Volumen v dringt, muss dem Produkt aus elektromotorischer Spannung und der Ladungsmenge entsprechen.

$$A_L = E \cdot n \cdot F \tag{15.2}$$

Betrachtet wird eine minimale Änderung der Lösungstension $A_L + dA_L$, diese muss

$$(F \cdot n) \cdot (E + dE)$$

entsprechen.

Folglich ist:

$$n \cdot F \cdot dE = dA_L = p \cdot dv = -(RT) \cdot dp/p \tag{15.3}$$

oder integriert

$$n \cdot F \cdot E = -RT \cdot \ln p + C = RT \cdot \ln(P/p) . \tag{15.4}$$

Die elektromotorische Kraft ist $E = 0$, wenn die Lösungstension $P = p$.

Bei 25 °C oder 298 K vereinfacht sich die Gleichung zu:

$$E = -(0{,}059/n) \cdot \log(P/p) . \tag{15.5}$$

Nun wird $(-0{,}059/n) \cdot \log P = E^0$, daher folgt:

$$E = E^0 + (0{,}059/n) \cdot \log(p) . \tag{15.6}$$

Normiert wird E^0 auf 1 mol/L (genauer Aktivität in mol/L) Ladungsträger gelöst in 1 L Flüssigkeit (Wasser) bei 25 °C.

Der Lösungsdruck p einer Halbzelle ist proportional zur Gleichgewichtskonstante K oder dem Verhältnis der Konzentrationen von oxidierten Stoffen (Ox) zu reduzierten Stoffen (Red) von entsprechenden Redoxpaaren, z. B. $[Me^{n+}]/[Me]$. Da die Konzentration des Metalls konstant bleibt, ist $[Me] = 1$. Die Nernstsche Gleichung vereinfacht sich häufig zu

$$E = E^0 + (0{,}059/n) \cdot \log(c) \tag{15.7}$$

oder nach Gl. (1.6) zu

$$E = E^0 + (0{,}059/n) \cdot \log(\text{Ox/Red}) \,.$$

Zur Ermittlung der Gesamtspannung von zwei Redoxpaaren, beispielsweise bei galvanischen Elementen (wie dem Daniellschen Element) oder bei Elektrolysen, muss das niedrigere Potenzial vom höheren Potenzial abgezogen werden, um die Gesamtspannung der Redoxpaare zu erhalten.

$$E1 - E2 = E1^0 + (0{,}059/n) \cdot \log(\text{Ox1/Red1}) - E2^0 - (0{,}059/n) \cdot \log(\text{Ox1/Red1}) \,. \quad (15.8)$$

Im Falle des Daniell-Elementes liegen in beiden Halbzellen 1-M-Lösungen der Salzionen vor, folglich fällt der logarithmische Term bei der Berechnung weg; es ergibt sich:

$$E = E^0_{\text{Cu/Cu}^{++}} - E^0_{\text{Zn/Zn}^{++}} = 0{,}35\,\text{V} - (-0{,}76\,\text{V}) = 1{,}11\,\text{V} \,.$$

Literatur

[1] Hamann C, Vielstich W. *Elektrochemie*. Weinheim: Wiley-VCH Verlag GmbH & Co. KG, 2005. S. 97. ISBN-13: 978-3-527-31068-5.
[2] Greisinger electronic. PH-, Redoxelektrode, Modell GPHR 1400.
[3] Kunze UR. *Grundlagen der quantitativen Analyse*. Stuttgart: Georg Thieme Verlag, 1980. S. 215. ISBN 3-13-585801-4.
[4] Nernst W. *Theoretische Chemie vom Standpunkte der Avogadroschen Regel und der Thermodynamik*. 5. Auflage. Stuttgart: Verlag von Ferdinand Enke, 1907. S. 736.
[5] Bjerrum N. *Zeitschrift für physikal. Chemie*. 1905, Bd. 53, S. 428.
[6] Ferchland P. *Grundriss der reinen und angewandten Elektrochemie*. Halle a. d. Saale: Verlag von Wilhelm Knapp, 1903. S. 116–122.
[7] Nernst W. *Theoretische Chemie*. Stuttgart: Verlag von Ferdinand Enke, 1907. S. 734–736.

16 Die Druckelektrolyse

16.1 Vorteile der Druckelektrolyse —— **226**

16.2 Besonderheiten von Druckelektrolysezellen —— **226**

16.3 Versuch zur Druckelektrolyse mit Schwefelsäure —— **229**
    16.3.1 Versuchsvorbereitung und Durchführung —— **229**
    16.3.2 Auswertung der Messergebnisse —— **230**

16.4 Versuch zur Druckelektrolyse von Essigsäure —— **231**
    16.4.1 Versuchsvorbereitung und Durchführung —— **231**
    16.4.2 Auswertung der Druckelektrolyse —— **232**

16.5 Druckelektrolyse mit Kohlendioxid —— **233**
    16.5.1 Versuchsvorbereitung und Durchführung —— **233**
    16.5.2 Ergebnisse und Deutungen —— **235**

16.6 Ausblick —— **237**

https://doi.org/10.1515/9783110425666-017

16.1 Vorteile der Druckelektrolyse

Schon in früherer Zeit wurden Versuche unternommen, elektrochemische Umsetzungen unter höherem Druck auszuführen. Da ein Gas, z. B. Kohlendioxid, mit steigendem Druck erheblich besser gelöst wird, können Stoffumsetzungen gegenüber Reaktionen unter Normaldruck deutlich verbessert werden. Der zweite sehr wichtige Grund für die Ausführung von Druckelektrolysen liegt in der verbesserten wirtschaftlichen Nutzung des zugeführten Gases. Ein Gas muss nicht mehr kontinuierlich in eine Elektrolysekammer eingeleitet werden, wobei es zum großen Teil auch wieder entweicht. Das Gas verbleibt in der Druckkammer, und aus der Verringerung des Gasdruckes in der Halbkammer kann mitunter der theoretische Stoffumsatz errechnet werden. Ein dritter Grund für das Ausführen von Druckelektrolysen liegt in der abgeleiteten Nernstschen Gleichung. Durch die Druckerhöhung wird das Elektrodenpotenzial an der Elektrode leicht verändert (wenige Zehntel Millivolt), sodass an Elektroden mit hoher Überspannung (z. B. Bleielektroden als Kathoden) andere Stoffumsetzungen einsetzen könnten [1]. Ferner wird durch den zunehmenden Druck auch die Dissoziation von Elektrolyten leicht erhöht [2]. F. Fischer und O. Prziza untersuchten die Umsetzung von Kohlendioxid unter Druck [3]. In späterer Zeit wurden Druckelektrolysen auch von japanischen Arbeitsgruppen unternommen [4]. Druckelektrolysen sind in ihrer Ausführung erheblich komplizierter als normale Elektrolysen. Daher werden trotz der besseren Umsätze weiterhin Versuche unter Normaldruck vorgenommen [5]. Die verwendeten Elektrolysezellen müssen einige sicherheitsrelevante und formale Kriterien erfüllen.

16.2 Besonderheiten von Druckelektrolysezellen

Bei Elektrolysen entstehen im Normalfall Wasserstoff und Sauerstoff. Werden die Zellhalbkammern nicht voneinander getrennt, so bildet sich ein Knallgasgemisch, das durch Reibungskräfte explodieren kann. Eine Teilung der Halbkammern mit einer stabilen Trennwand und einer Ionenaustauschmembran im unteren Teil der Trennwand ist daher notwendig. In Abb. 16.1 ist ein Querschnitt durch eine Druckelektrolysezelle dargestellt.

Noch sicherer im Gebrauch sind Elektrolysekammern, die eingelassene Rohre über den Halbzellen besitzen. Die bei der Elektrolyse entstehenden Gase gelangen dann in die Rohre der jeweiligen Halbkammer. Dadurch nimmt die Gefahr des Gasübertritts oder des Berstens der Zwischenwand unter Druckeinfluss ab. In Abb. 16.3 ist eine derartige Druckelektrolysekammer abgebildet.

In früherer Zeit bestanden Druckelektrolysezellen aus Metall, da nur Metall erhebliche Drücke von 10–100 bar standhält. Die Vorgänge in Elektrolysezellen aus Metall können aber nicht mehr verfolgt werden. Wichtige Vorgänge in der Elektrolysezelle

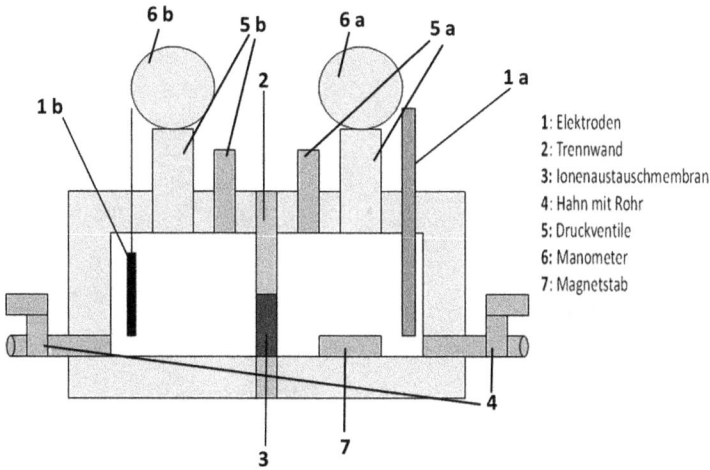

1: Elektroden
2: Trennwand
3: Ionenaustauschmembran
4: Hahn mit Rohr
5: Druckventile
6: Manometer
7: Magnetstab

Abb. 16.1: Seitenansicht auf eine Druckelektrolysezelle mit Trennwand und Ionenaustauschermembran.

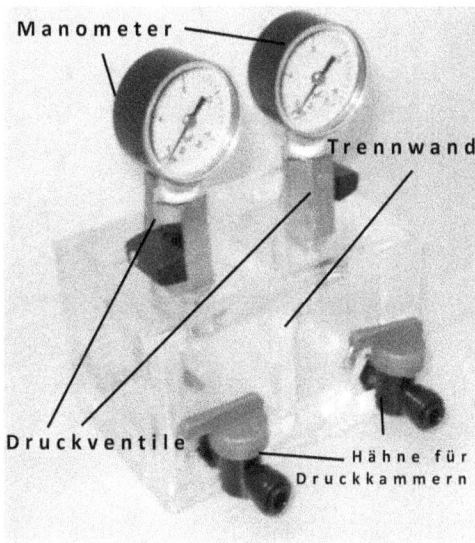

Abb. 16.2: Kleine Druckelektrolysezelle mit getrennten Halbzellen.

sind die Verfolgung der Gasbildung an Elektroden, die Änderung der Flüssigkeitssäule in den Halbkammern, Trübungsvorgänge an der Phasengrenze Gas/Flüssigkeit.

Nach der Entwicklung sehr stabiler, transparenter Kunststoffe ist es möglich geworden, Druckelektrolysezellen für geringe Gasdrücke (bis 5 bar) für die letzteren Einsatzfelder herzustellen. Abb. 16.2 zeigt eine transparente Druckelektrolysezelle für einfache Anwendungen.

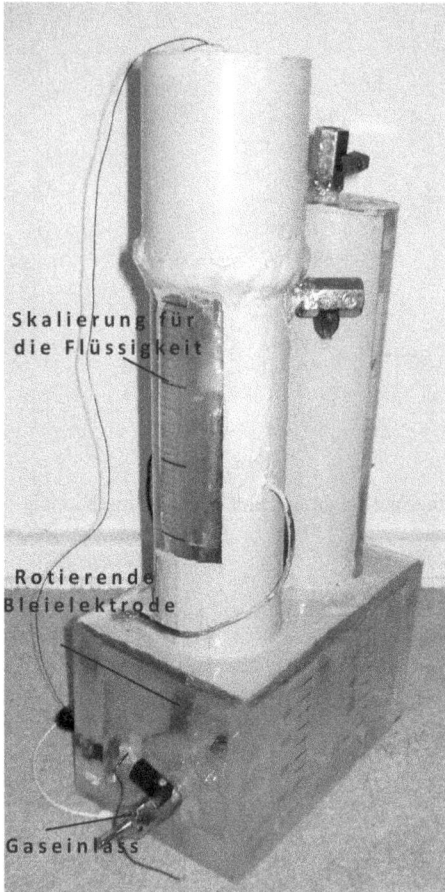
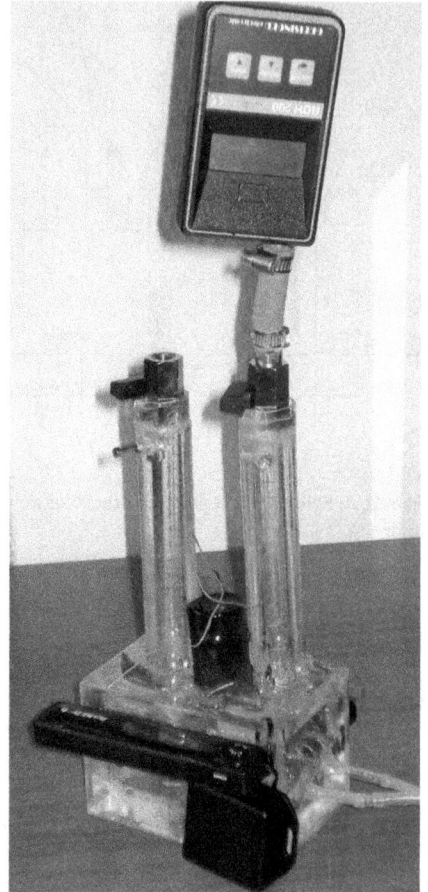

(a) (b)

Abb. 16.3: a) Druckelektrolysezelle mit Rührmotor und Gaszufuhr. b) Druckelektrolysezelle zur Einstellung der Innentemperatur durch ein Rohr zur Temperierung bei gleichzeitiger Ausstattung mit einem Rührmotor.

Jede Halbkammer benötigt mindestens einen Auslaufhahn zum Ablassen der Elektrolytflüssigkeit und ein Druckventil zur Bestimmung des Gasdruckes während einer Elektrolyse.

Zur Messung des Innendruckes können für einfache Anwendungen herkömmliche Manometer zur Messung des Luftdruckes verwendet werden. Für exakte Bestimmungen der Druckänderung sind digitale Manometer mit einer Auflösung von 1 mbar unabdingbar. Bei steigendem Innendruck können ab einem bestimmten Gasdruck andere elektrochemische Prozesse auftreten. Bei konstanter Stromstärke und gleichbleibenden Zeitintervallen kann der Anstieg des Innendruckes im späteren Verlauf der

Elektrolyse geringer ausfallen, sodass dies ein Indiz für eine geänderte elektrochemische Reaktion sein kann.

In größeren Druckelektrolysezellen sollte auch ein Rührmotor für die Elektrode angebracht sein, da eine Magnetrührung aufgrund der dicken Gefäßwandung kaum sinnvoll ist. Die Abb. 16.3a zeigt eine derartige Druckelektrolysezelle.

Zur Einleitung von Gasen in die Elektrolysezelle muss ein weiteres Ventil in der Halbkammer vorhanden sein. Die Einleitung kann über eine Glasfritte oder einen Sprudelstein erfolgen. Sinnvoll sind derartige Vorrichtungen vornehmlich für Elektrolysezellen mit einem Rauminhalt ab 1 L. Die Anbringung von Rührmotoren und Gaseintrittsventilen ist für kleine Elektrolysezellen mit Kammervolumina von 100 mL wenig sinnvoll.

Die durch den Gasdruck veränderte Kompression in den Halbkammern kann durch eine Kalibrierung an den Kammerwänden oder den Röhren gut verfolgt werden. Zum Schutz vor möglichen Explosionen sollten Druckelektrolysekammern immer in einen Sicherheitskasten gestellt werden.

Für noch präzisere Untersuchungen können in die Zellkammer ein Temperatursensor und ein Rohr für die Temperierung der Lösung eingebaut werden. Damit werden gut reproduzierbare Temperaturen bei der Druckelektrolyse möglich. Mit einem kleinen Rührmotor kann die Reaktionslösung zusätzlich noch durchmischt werden. Die Abb. 16.3b zeigt eine derartige Druckelektrolysezelle.

16.3 Versuch zur Druckelektrolyse mit Schwefelsäure

16.3.1 Versuchsvorbereitung und Durchführung

Warnung: Alle Druckelektrolysen sollten in einem Sicherheitskasten durchgeführt werden!

Als erster Vorversuch wird eine Lösung einer 2-M-Schwefelsäure in eine Druckelektrolysekammer mit Kammervolumina von jeweils 90 mL und einer Kationenaustauschermembran (fumasep®FKE, fumatech) entsprechend der Abb. 16.2 überführt. Es werden Bleielektroden für die Anoden- und Kathodenkammer verwendet, die im Kunstharz der Elektrolysezelle eingegossen sind. Zur Verfolgung des Druckanstiegs in der Kathodenkammer wird ein digitales Druckmanometer [6] verwendet. Nach bestimmten Zeitintervallen wird die Druckänderung in der Elektrolysekammer durch das kurzzeitige Öffnen des Ventils bestimmt. Die Einzelwerte für die Druckmessungen von sehr kurzen Zeitabständen können leichten Schwankungen unterliegen, da das Umlegen des Hahns und die nachfolgende Druckeinstellung nicht absolut exakt eingehalten werden konnten. Bei längerfristigen Messungen weisen die Druckanstiege pro Zeiteinheit sehr exakte Werte auf. Die Stromstärke liegt zu Beginn der Elektrolyse bei etwa 200 mA. Im späteren Elektrolyseverlauf steigert sich die Stromstärke durch Erwärmung der Lösung auf etwa 250 mA. Die angelegte Spannung liegt bei 5,0 V.

16.3.2 Auswertung der Messergebnisse

Aus der Stromstärke lässt sich nach dem Faradayschen Gesetz die gebildete Molmenge Wasserstoff je Zeiteinheit (Minute) bestimmen.

In der Anfangsphase ist:

$$\Delta n_i = I \cdot \Delta t / F \cdot z = 0{,}210 \cdot 60/(96.485 \cdot 2) = 6{,}5 \cdot 10^{-5} mol\,.$$

Der durchschnittliche Druckanstieg beträgt in dieser Phase nach der Tab. 16.1 etwa $\Delta p = 27\ \text{mbar/min}$.

Nach 5 min Elektrolysezeit ist:

$$\Delta n_i = I \cdot \Delta t / F \cdot z = 0{,}223 \cdot 60/(96.485 \cdot 2) = 6{,}9 \cdot 10^{-5} mol\,.$$

Der durchschnittliche Druckanstieg beträgt nun $\Delta p = 30\ \text{mbar/min}$.
Nach 42 min Elektrolysezeit ist:

$$\Delta n_i = I \cdot \Delta t / F \cdot z = 0{,}253 \cdot 60/(96.485 \cdot 2) = 7{,}9 \cdot 10^{-5} mol\,.$$

Tab. 16.1: Druckelektrolyse einer verdünnten Schwefelsäure in Abhängigkeit von Zeit und Stromstärke.

Zeit (min)	Druck (mbar)	Stromstärke (A)	Zeit (min)	Druck (mbar)	Stromstärke (A)
0	1114	0,200	26	1911	–
2	1171	0,200	27	1944	–
3	1201	0,215	28	1980	0,244
4	1230	–	29	2012	0,241
5	1260	0,223	30	2048	–
6	1290	–	31	2082	–
7	1320	0,224	32	2116	–
8	1350	–	33	2150	0,246
9	1379	0,217	34	2185	0,248
10	1408	–	35	2219	–
11	1439	–	36	2254	–
12	1469	–	37	2290	0,250
13	1498	0,224	38	2324	–
14	1529	0,224	39	2360	0,248
15	1559	–	40	2394	–
16	1592	–	41	2431	–
17	1622	0,224	42	2466	0,253
18	1653	–	43	2502	–
19	1683	–	44	2539	0,257
20	1713	–			
21	1746	0,229	81	3492	0,256
22	1778	0,237	82	3527	–
23	1811	–	91	3842	–
24	1844	–	92	3912	–
25	1878	0,237	93	3984	–

Der durchschnittliche Druckanstieg beträgt etwa $\Delta p = 34$ mbar/min. Die Gastemperatur könnte durch Erwärmung der Lösung auf etwa $T = 295$ K angestiegen sein. Nach dem allgemeinen Gasgesetz gilt:

$$p \cdot V = n \cdot R \cdot T \ .$$

Setzt man die Differenziale dp und dn in die Gleichung ein und löst nach dn auf, so ergibt sich:

$$dn = dp \cdot V / (R \cdot T) \ .$$

Dabei sind $R = 0{,}0804$ L $\cdot$ bar/K $\cdot$ mol und $T = 289$ K.

Setzt man für $V = 55$ mL (0,055 L) und für das Druckdifferenzial die Druckdifferenz in die Gasgleichung ein, so erhält man

$$\text{zu Beginn:} \quad \Delta n_i = 6{,}4 \cdot 10^{-5} \text{mol} \ ;$$
$$\text{nach 5 min:} \quad \Delta n_i = 7{,}1 \cdot 10^{-5} \text{mol} \ ;$$
$$\text{nach 42 min (T=295 K):} \quad \Delta n_i = 7{,}9 \cdot 10^{-5} \text{mol} \ .$$

Die Werte nach der allgemeinen Gasgleichung sind in guter Übereinstimmung mit dem Faradayschen Gesetz. Wenn sich die Druckdifferenzen und die Stromstärken während der Druckelektrolyse ändern, muss Gl. (16.1) konstant bleiben, oder eine andere Stoffumsetzung tritt ein.

$$\Delta p / \Delta t \cdot (I_0 / I) = C_{\text{DE}} \ . \tag{16.1}$$

I_0: Stromstärke zu Beginn der Elektrolyse;
I: Stromstärke zum späteren Zeitpunkt.

Der Druckanstieg zeigt also stets gleiche Werte im gesamten Druckbereich in einem bestimmten Zeitintervall, wenn die Stromstärke in der Elektrolysezelle und die Temperatur konstant bleiben würden.

16.4 Versuch zur Druckelektrolyse von Essigsäure

16.4.1 Versuchsvorbereitung und Durchführung

Eine kleine Druckelektrolysezelle, die der Ausführung nach Abb. 16.2 ähnelt, mit einem Fassungsinhalt von 90 mL je Halbkammer wird mit 70 mL 20 %iger Schwefelsäure und 9 g Essigsäure im Kathodenraum befüllt. In den Anodenraum wird 80 mL 20 %ige H_2SO_4 eingebracht. Bleielektroden sind im Kunststoffharz der Elektrolysezelle befestigt. Das Gasvolumen im Kathodenraum beträgt etwa 10 mL. Am Druckventil des Kathodenraumes ist ein Digitalmanometer angebracht.

Bei einer Spannung von etwa 5,0 V und einer anfänglichen Stromstärke von $I = 0{,}130$ A werden die Lösung bei geschlossenen Druckventilen elektrolysiert und nach

Tab. 16.2: Druckelektrolyse einer Essigsäurelösung in Abhängigkeit von Zeitdifferenz, Druck und Stromstärke im Kathodenraum.

Δt (min)	p (mbar)	Stromstärke (A)	Δp (mbar/min)	C_{DE}
0		0,130		
5	1029	0,132	–	–
14	1161	0,136	14,6 (?)	–
18	1215	0,137	13,5	98,5
22	1272	0,139	14,2	102,1
26	1324	0,140	13,0	92,8
30,25	1380	0,142	13,1	92,2
34	1431	0,143	13,6	95,1
38	1482	0,143	12,8	89,5
50	1657	0,144	14,6	101,4
58	1761	0,146	13	89,0
74	1989	0,145	14,3	98,6
106	2440	0,145	14,1	97,2
158	3176	0,146	14,2	97,2
Durchschnitt	–	–	13,7	95,8
182	3443	0,144	11,1 (?)	77,1

längeren Zeitperioden die Druckänderung und Stromstärke ermittelt. Die Innentemperatur der Kathodenflüssigkeit steigt von 18,0 °C (Beginn) auf 19,5 °C (nach 2 h). Entsprechend Gl. (16.1) wird der Druckanstieg pro Zeiteinheit mit dem Stromstärkefaktor berechnet.

Nach Abschluss der Elektrolyse wird die Flüssigkeit des Kathodenraumes herausgenommen und mit 0,01-M-1/5-$KMnO_4$ bis zur Entfärbung titriert. Der Verbrauch an Permanganatlösung beträgt 2,1 mL. Dies entspricht nur einem Faraday-Umsatz von FE = 0,02 %. Bezogen auf die letzten 22 min der Druckelektrolyse ergibt sich ein FE von 0,15 %.

16.4.2 Auswertung der Druckelektrolyse

In dieser Druckelektrolyse waren die Druckänderungen pro Zeiteinheit wenig exakt reproduzierbar. Ungenauigkeiten stellten sich sehr deutlich ein, wenn die Zeitperioden zu kurz gewählt wurden. Bei längeren Zeitperioden sind die Druckänderungen pro Zeiteinheit zuverlässiger. Die drei Messwerte ab der 74. Minute sind recht einheitlich (Tab. 16.2). Die Analyse der Druckelektrolyse versagt in diesem Fall, weil der Umsatz zu gering ist und mit dieser Methode nicht gemessen werden kann. Es hat sich nur ein kleiner Anteil Ethanol gebildet. Die nachgewiesene Menge Ethanol über die $KMnO_4$-Oxidation entspricht $2 \cdot 10^{-5}$ mol Reduktionsäquivalenten. Dies entspricht nur einem Faraday-Umsatz von FE = 0,02 %. Bezogen auf die letzten 22 min der Druckelektrolyse ergibt sich ein FE von 0,15 %. Möglicherweise kann durch einen noch höheren Druck der Umsatz gesteigert werden.

Bei einem Vergleichsversuch einer Elektrolyse unter Normaldruck konnten keine Spuren von Reduktionsprodukten nachgewiesen werden. Ameisensäure kann durch die Druckelektrolyse bis 5 bar nicht reduziert werden.

16.5 Druckelektrolyse mit Kohlendioxid

16.5.1 Versuchsvorbereitung und Durchführung

In diesem Versuch wird eine Druckelektrolysezelle wie in Abb. 16.3 verwendet. Als Elektroden dienen eine Bleianode (ca. $F = 6\,cm^2$) und eine mit Quecksilber beschichtete Bleikathode (die Beschichtung erfolgte elektrolytisch [kathodisch] in einer wässrigen $HgCl_2$-Lösung mit K_2SO_4 als Leitsalz bei einer Stromstärke von 40 mA, 30 min; ca. $F = 8\,cm^2$).

Hinweis: Wässrige Proben, die ein Schwermetall enthalten, müssen mit Ammoniumsulfidlösung versetzt werden. Das unlösliche Schwermetallsulfid wird von der Lösung abgetrennt. Das Schwermetallsalz wird in einem Abfallbehälter gelagert und später entsorgt.

Jede Halbkammer der Elektrolysezelle hat einen Rauminhalt von 900 mL, zusätzlich noch 400 mL im Rohr. Die Halbkammern sind durch eine Kationenaustauschermembran (fumasep®FKE, fumatech) voneinander getrennt. In der Kathodenkammer befindet sich ein Ventil mit Schlauch und Sprudelstein mit dem eine Einleitung von Kohlendioxid möglich ist. Eine gesättigte K_2SO_4-Lösung (etwa 2,4 L) mit 50 g $NaHCO_3$ dient als Elektrolytlösung für die Druckelektrolyse.

Nun wird Kohlendioxidgas über eine Druckflasche in den Kathodenraum eingeleitet und die überschüssige Luft über das obere Ventil herausgelassen. Nach dem kurzen Durchspülen wird das Ventil geschlossen, und es baut sich kathodenseitig ein Überdruck von 1,5 bar auf. Dann wird das Ventil der Kohlendioxidzuleitung geschlossen.

a) Erster Versuch bei Gassättigung

Bei einer Spannung von $U = 3,59\,V$ liegt die Stromstärke bei $I = 0,099\,A$. Es ist keine Gasentwicklung an der Kathode sichtbar. Nach etwa 3 min Elektrolysezeit setzt die Gasentwicklung an der Kathode ein. Nun ist die Spannung auf etwa $U = 4,49\,V$ angestiegen, die Stromstärke liegt bei $I = 105\,mA$. Beim Abschalten der Spannung und erneutem Einschalten setzt wieder eine Gasentwicklung an der Kathode ein. Auch bei erneuter Gaszugabe und Einschalten der Spannung nach 20 min auf etwa $U = 4,0\,V$ wird die Gasentwicklung an der Kathode wieder sichtbar. Wartet man vor dem erneuten Einschalten jedoch 20 h, so bleibt die Gasentwicklung wieder mehrere Minuten bei einer Stromstärke von 100 mA an der Kathode aus.

Tab. 16.3: Abhängigkeit des Elektrolysestroms von der angelegten Spannung der Elektrolysezelle.

U (V)	I (A)
1,40–2,31	0,001
2,55	0,004
2,80	0,014
3,08	0,032
3,32	0,048
3,60	0,070
3,96	0,102

b) Versuch mit geringem Überdruck

Wendet man auf der Kathodenseite nur einen schwachen Kohlendioxidüberdruck von 0,5–1,0 bar an, so nimmt die Lösung über der Kathode bald ein trübes Aussehen an. Bei einem CO_2-Überdruck von 2 bar verschwindet die Trübung vollständig.

c) Abhängigkeit des Elektrolysestroms von der Spannung

Unter Normaldruck wird die Strom-Spannungs-Abhängigkeit der Elektrolysezelle ohne Kohlendioxid ermittelt (Tab. 16.3).

d) Bilanz der Gase in den Halbkammern

In dem Rohr der anodischen Druckelektrolysekammer steigt die Gasmenge (Sauerstoffentwicklung!), die Gasmenge im kathodischen Rohr verringert sich (Verbrauch von Kohlendioxid!).

Die Änderung des Flüssigkeitsstandes in den Rohren pro Zeitintervall wird bei einem Gasdruck des Kohlendioxids bei etwa 2,5 bar notiert. An der Kathode ist eine leichte Gasentwicklung sichtbar. Der Innenrohrradius beträgt $r = 2,7$ cm, die Stromstärke im gesamten Zeitraum liegt bei $I = 0,110$ A. Während einer Elektrolysezeit von 140 min sinkt die Gassäule im Kathodenraum um 2,0 cm. Die anodische Gassäule steigt um 1,1 cm. Bei weiterer Fortführung (insgesamt ca. 5 h) der Elektrolyse sinkt die kathodische Gassäule um 3,0 cm, die anodische Gassäule steigt um 3,0 cm.

Die Gasfüllungen der Druckzelle werden noch zweimal wiederholt, es wird jeweils bei einer Stromstärke von $I = 0,110$ A etwa 4 h elektrolysiert.

e) Nachweis von Formiat in der Lösung

Dann werden 80 g Kathodenflüssigkeit (von einer Gesamtmenge von ca. 1300 g) abgenommen, mit etwa 300 mg $NaHCO_3$ und 10,62 g 0,1-M-1/5-$KMnO_4$ versetzt und auf dem Wasserbad 15 min erwärmt. Nach Erkalten wird mit 1-M-H_2SO_4 angesäuert und 9,34 g 0,1-M-1/2-Oxalsäure werden zur Entfärbung hinzugegeben. Weitere 0,6 g 0,1-M-1/5-$KMnO_4$ waren erforderlich, bis sich die erste Rosafärbung zeigte. Der überschüssige Verbrauch an 0,1-M-1/5-KMnO$_4$ zur Oxidation von Ameisensäure in der vorgelegten Lösung liegt somit bei 1,9 mL.

16.5.2 Ergebnisse und Deutungen

a) Erster Versuch bei Gassättigung, mögliche Deutung

Nur in der Anfangsphase der Elektrolyse bleibt eine Gasentwicklung an der Elektrode aus. Da zu Beginn der Elektrolyse viel Kohlendioxid in der Lösung vorhanden ist, wird dieses zu Formiat reduziert. Die Bleikathode hat vermutlich nach dem Einschalten in der Helmholtz-Schicht Kaliumionen. Die Elektronenübertragung auf das Kohlendioxid gelingt über diese Schicht. Nach kurzer Zeit bilden sich Kaliumformiatkomplexe in der Helmholtz-Schicht, und die Schicht verbreitert sich. Schließlich können kaum noch Kohlendioxidmoleküle in diese Schicht vordringen, und nur Wassermoleküle erreichen diese Schicht, und es bildet sich nun Wasserstoff.

Die angelegte Spannung steigt durch die Ausbildung dieser Doppelschicht von $U = 3,59$ V auf $4,49$ V.

b) Versuch mit geringem Überdruck, mögliche Deutung

Die Eintrübung bei geringem Überdruck könnte aus einer Wechselwirkung zwischen Kohlendioxid und Wasserstoff in der Flüssigkeit ihre Ursache haben. Kohlendioxidmoleküle möchten von der Gasphase in die Flüssigkeit eintreten.Da aber von der Kathode Wasserstoffmoleküle gebildet werden und die flüssige Phase durch den hohen Gehalt von gelöstem Wasserstoff den Zutritt von Kohlendioxid aus der Gasphase erschwert, bildet sich eine Trübung. Durch eine Druckerhöhung auf über 2 bar wird die Trübung aufgehoben, da die Kohlendioxidmoleküle die gelösten Wasserstoffmoleküle aus der flüssigen Phase herauspressen.

c) Abhängigkeit des Elektrolysestroms von der Spannung

Der Zellwiderstand beträgt nach Gl. (1.2) etwa $R_z = 16\,\Omega$ bei einer Zersetzungsspannung von etwa $U_z = 2,42$ V.

Die EMK für die Sauerstoffbildung aus Wasser beträgt nach Gl. (1.8):

$$E = 1,23\,V - 0,059 \cdot pH = 1,23 - 0,059 \cdot 8 = 0,758\,V\,.$$

Nach Berücksichtigung der anodischen Überspannung ($\eta = 0,80$ V) für die Sauerstoffbildung an Bleielektroden, entsprechend Tab. 1.1, ergibt sich:

$$E_{Anode} = 0,758\,V + 0,80\,V = 1,558\,V\,.$$

Für das Kathodenpotenzial ergibt sich nach Gl. (1.7) und Tab. 1.2:

$$E_{Kathode} = -0,059 \cdot pH + \eta = -0,472\,V - 0,91\,V = -1,38\,V\,.$$

Die Gesamtspannung wäre somit:

$$\Delta U = E_{Anode} - E_{Kathode} = 1,558 - (-1,38) = 2,94\,V\,.$$

Der Zellwiderstand beträgt bei 100 mA etwa: $U_z = 16\Omega \cdot 0,1\,A = 1,6\,V$.

Demnach könnte eine tatsächliche Elektrolysespannung von etwa 4,5 V bei der Sauerstoff- und Wasserstoffentwicklung bei 100 mA Elektrolysestrom in Experiment a) erwartet werden. Die gemessene Elektrolysespannung lag anfänglich (im Zeitraum ohne die Gasblasenbildung) bei $U = 3,59$ V. Erst nach einigen Minuten stieg die Spannung auf $U = 4,49$ V.

Wenn das Kathodenpotenzial der Wasserstoffüberspannung aufgrund der Kohlendioxidumsetzung minimiert wird, sollte die Gesamtspannung tatsächlich geringer sein.

Das Normalpotenzial der Kathodenreaktion zur Reduktion von Kohlendioxid ist:

$$CO_2 + 2\,H^+ + 2\,e^- \rightarrow HCO_2H\ /\!/\ E^0 = -0,12\,V\,.$$

Daher ergibt sich für das hypothetische Gesamtpotenzial der Kohlendioxidreduktion bei 100 mA:

$$\Delta U = U_{Anode} - U_{Kathode} + R_z \cdot I_z = 1,56\,V - (-0,12\,V) + 1,6 = 3,26\,V\,.$$

Die Abweichung zu dem gemessenen Wert von $\Delta U = 3,59$ V beträgt nur 0,3 V.

Eine leichte Überspannung der Kohlendioxidreduktion von $\eta_{Kathode} = +0,3$ V bei 100 mA ist daher wahrscheinlich.

d) Bilanz der Gase in den Halbkammern

Entsprechend den Angaben in Abschnitt 16.4.1, d) werden der Flächeninhalt und das Rohrvolumen des verdrängten Gases bestimmt.

Der Rohrradius beträgt $r = 2,7$ cm, d. h., die Säulenfläche beträgt:

$$A = (2,7\,cm)^2 \cdot 3,14 = 22,9\,cm^2\,.$$

Die Gassäule ist um 2,0 cm gesunken, d. h., das Volumen des verdrängten Kohlendioxidgases beträgt:

$$\Delta V = 2,0\,cm \cdot 22,9\,cm^2 = 45,8\,mL\,.$$

Da das Gas unter einem Druck von $p = 2,5$ bar steht, würde die Volumenmenge nach dem idealen Gasgesetz etwa

$$p \cdot \Delta V = 2,5 \cdot 45,8\,mL = 114\,mL \quad \text{Kohlendioxid betragen}\,.$$

Dieser Verbrauch entspricht einer Molmenge von:

$$n = 114\,mL/23.400\,mL = 0,0049\,mol \quad \text{Kohlendioxid}\,.$$

Nach dem Faradayschen Gesetz sollten in einem Zeitraum von 140 min und bei einer Stromstärke von $I = 0,110$ A

$$n_i = 0,110 \text{ A} \cdot 60 \cdot 140 \text{ s}/(96.485 \text{ (As/mol)} \cdot 2) = 0,0048 \text{ mol} \quad \text{Kohlendioxid}$$

umgewandelt werden.

Auf zwei kathodische Elektronen wird ein Molekül Kohlendioxid zu Formiat reduziert.

Denkbar ist ebenfalls, dass zwei kathodische Elektronen ein Wassermolekül zu einem Molekül Wasserstoff und zwei Hydroxidionen reduzieren. Nachfolgend werden die Hydroxidionen zwei Kohlendioxidmoleküle aufnehmen und Hydrogenkarbonat bilden, sodass sich formal eine ähnliche Bilanz wie bei der Formiatreduktion ergeben könnte.

Daher ist es notwendig, den Gehalt an Formiat in der Lösung zu bestimmen.

e) Nachweis von Formiat in der Lösung

Der Verbrauch von 1,9 mL 0,1-M-1/5-$KMnO_4$-Lösung entspricht einem Gehalt von 0,095 mmol Formiat. Bezogen auf die Gesamtmenge der Lösung (1200 mL/80 mL = 15) sind $15 \cdot 0,095 = 1,42$ mmol Formiat in der Reaktionszeit entstanden.

Dies entspricht einem Faraday-Umsatz zu Formiat von etwa FE = 5,3 %.

Die Wasserstoffbildung war die Hauptreaktion an der Kathode mit nahezu 95 %.

16.6 Ausblick

In transparenten Druckelektrolysezellen können viele wichtige Vorgänge der Elektrolyse beobachtet werden, die bislang noch nicht in der wissenschaftlichen Literatur beschrieben worden sind.

Im Bereich der Druckelektrolyse sind die Gasentwicklung an Elektroden, Trübungsvorgänge in der Lösung, Veränderungen der Gassäule besonders wichtig.

Aufgrund der Änderungen im Verhalten von Elektroden sollte für Untersuchungen immer ein längerer Zeitraum gewählt werden, damit nicht anfängliche Vorgänge an den Elektroden in einen weiten Zeitraum extrapoliert werden.

Bei Drucken ab 5 bar dürfte die Umsetzung von Kohlendioxd zu Ameisensäure wenig wirtschaftlich sein. Die Druckerzeugung erfordert viel Energie und kann vermutlich kaum wirtschaftlich betrieben werden, da am Ende des Prozesses auch Ameisensäure aus der Lösung gewonnen werden muss.

Interessant ist die anfängliche Phase, in der keine Gasentwicklung an den Elektroden sichtbar ist. Möglicherweise lässt sich durch eine gepulste Elektrolyse die Helmholtz-Schicht beeinflussen.

Literatur

[1] Le Blanc M. *Lehrbuch der Elektrochemie*. Leipzig: Oskar Leiner, 1922. S. 204.

[2] Le Blanc M. *Lehrbuch der Elektrochemie*. Leipzig: Oskar Leiner, 1922. S. 127–128.

[3] Fischer F, Prziza O. Über die elektrolytische Reduktion von unter Druck gelöstem Kohlendioxid und Kohlenoxid. *Ber. Dtsch. Chem. Ges.* 1914, Bd. 47, S. 256–260.

[4] Todoroki M, Hara K, Kudo A, Sakata T. Electrochemical Reduction of high pressure CO_2 at Pb, Hg and In-electrodes in an aqueous $KHCO_3$-solution. *Journal of Electroanalytical Chemistry*. 1995, Bd. 394, S. 199–203.

[5] Köleli F, Atilan T, Palamut N, Gizir AM, Aydin R, Hamann CH. Electrochemical reduction of CO_2 at Pb- and Sn-electrodes in a fixed-bed reaktor in aqueous $K2CO_3$ and $KHCO_3$ media. *Journal of Applied Electrochemistry*. 2003, Bd. 33, S. 1–3.

[6] Greisinger electronic GmbH. Manometer GDH 200–14.

17 Redoxspeicher

17.1   Das Chrom-Eisen-Redoxsystem —— **240**

17.2   Versuch mit dem Chrom-Eisen-Redoxsystem —— **242**

17.3   Versuchsauswertungen —— **243**

17.4   Bestimmung des Sauerstoffgehaltes einer Gasprobe —— **245**

17.5   Schlussfolgerungen —— **246**

https://doi.org/10.1515/9783110425666-018

17.1 Das Chrom-Eisen-Redoxsystem

Durch eine Elektrolyse lassen sich Redoxreaktionen von Ionen bewirken. In einer Elektrolysezelle werden zwei Salzlösungen – getrennt durch eine Ionenaustauschermembran – vorgelegt. Durch Anlegen einer Spannung werden die Kationen in der ersten Kammer oxidiert, die Kationen in der zweiten Kammer reduziert. Nach Abschluss der Elektrolyse zeigt sich eine Spannung zwischen den beiden Elektroden der Redoxkammern. Verbindet man die Elektroden mit einem Amperemeter, so kann ein anhaltender Strom zwischen den beiden Elektroden gemessen werden. Die Elektrolysekammer ist nun ein Speicher von elektrischer Energie.

Das erste Salz ist $FeCl_2$ in wässriger Salzsäure. Durch die Elektrolyse werden die Fe(II)-Ionen in Fe(III)-Ionen umgewandelt. Fe(III)-Ionen haben ein Normalpotenzial von $E^0_{Fe(II)/Fe(III)} = +0,771\,V$.

Das zweite Salz ist $CrCl_3$ in wässriger Salzsäure. Während der Elektrolyse wird das Cr(III) in Cr(II) umgewandelt. Das Normalpotenzial von Cr(II) ist $E^0_{Cr(II)/Cr(III)} = -0,410\,V$.

Die beiden Teilreaktionen der Elektrolysekammer können in die Kathoden- und die Anodenreaktion der Elektrolysezelle unterteilt werden:

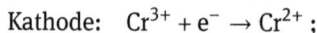

$$\text{Kathode:} \quad Cr^{3+} + e^- \rightarrow Cr^{2+} \,;$$

$$\text{Anode:} \quad Fe^{2+} \rightarrow Fe^{3+} + e^- \,.$$

Ist der Energiespeicher aufgeladen, so wirken die Elektroden in den Halbzellen wie die Batteriepole. Dabei fungieren die Elektrode in der Cr^{2+}-Lösung als Kathode, die Elektrode der Fe^{3+}-Lösung als Anode. Beim Entladungsprozess laufen die entgegengesetzten Teilreaktionen ab.

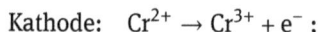

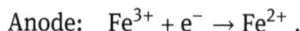

$$\text{Kathode:} \quad Cr^{2+} \rightarrow Cr^{3+} + e^- \,;$$

$$\text{Anode:} \quad Fe^{3+} + e^- \rightarrow Fe^{2+} \,.$$

Die angelegte Mindestspannung zur Elektrolyse muss entsprechend der Normalpotenziale um $U_z = 1,20\,V$ liegen.

Chrom(II)-chlorid ist in wässriger Salzsäure nur unter Ausschluss von Sauerstoff längere Zeit stabil. Bei Anwesenheit von Luftsauerstoff wird es zu Cr(III) oxidiert. Um eine Beeinträchtigung durch den Luftsauerstoff zu verhindern, muss eine spezielle Elektrolysekammer verwendet werden.

Damit die Kationen nicht in die andere Halbzelle wandern, müssen beide Halbzellen durch eine Ionenaustauschermembran voneinander getrennt sein. Anionenaustauschermembranen haben positive Ladungsträger, wandernde Kationen können diese Membran durch die elektrostatische Abstoßung kaum passieren.

Nach Abb. 17.1 wird über die Rohröffnung über einen Silikonschlauch die $CrCl_3$-Lösung mit einer Plastikspritze in die verschließbare Kammer eingefüllt. Das Rohr reicht fast bis zum Boden der Kammer. Durch ein zweites Rohr kann die Luft während

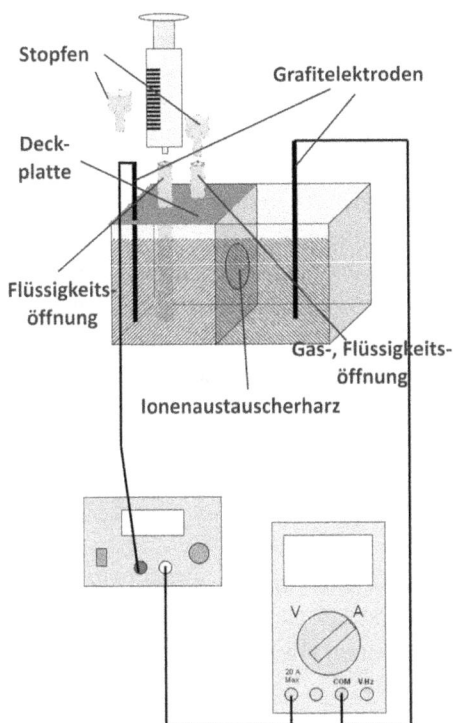

Abb. 17.1: Elektrolysezelle für die Herstellung von Redoxspeichern.

der Befüllung entweichen. Die untere Rohröffnung sollte mit der unteren Deckplatte auf einer Ebene liegen. Um eine Reaktion mit Luftsauerstoff zu vermeiden, sollte die verschließbare Kammer bis nahe unter die Deckplatte mit Lösungsmittel aufgefüllt werden. Eine weitere Möglichkeit zur Vermeidung von Sauerstoffoxidationen in der Kammer besteht in der Zugabe eines Inertgases (z. B. Kohlendioxid) durch die Flüssigkeitsöffnung.

Nach Beendigung der Umsetzung lässt sich die Lösung wahlweise über das lange Rohr aus der Kammer herausnehmen. Die Herausnahme der Lösung aus der Kammer ist sinnvoll für eine Bestimmung des Redoxpotenzials oder für analytische Nachweise.

Die zweite Rohröffnung lässt sich bei Bedarf mit einem Silikonschlauch und einem digitalen Druckmessgerät verbinden. Falls die Elektrode in der abschließbaren Kammer nicht ausschließlich Metallkationen reduziert, so kann sich auch Wasserstoffgas bei der Elektrolyse bilden. Die Gasbildung kann durch einen Druckanstieg in der Elektrolysezelle verfolgt werden. Nach dem Faradayschen Gesetz kann der Umsatzanteil der Wasserstoffbildung aus der Druckzunahme abgeschätzt werden.

Die beschriebene Zellkammer lässt sich in abgewandelter Form, d. h. mit anderen Elektroden (z. B. Blei oder platiniertem Titan), zur elektrolytischen Darstellung von Kationen mit besonderen Oxidationszahlen (V^{3+}, Ti^{3+}, Nb^{3+}) verwenden.

17.2 Versuch mit dem Chrom-Eisen-Redoxsystem

Es wird eine Elektrolyseapparatur entsprechend Abb. 17.1 verwendet. Die Inhalte der Kammervolumina betragen jeweils ungefähr 95 mL. Die Kathoden- und Anodenkammern enthalten jeweils eine Grafitelektrode [1] (Durchmesser 2 mm, Länge 40 mm). Die Anionenaustauschermembran (fumasep®FAA-3, fumatech) trennt die beiden Halbzellen.

Etwa 19,8 g (0,1 mol) $FeCl_2 \cdot 6 H_2O$ werden in ca. 70 mL 0,1-M-HCl gelöst und in die offene Elektrolysekammer nach Abb. 17.1 gefüllt. 26,5 g $CrCl_3 \cdot 6H_2O$ (0,1 mol) gelöst in 70 mL 0,1-M-HCl-Lösung werden in die verschließbare Elektrodenkammer gefüllt. Ein digitales Druckmessgerät [2] wird über der Gasaustrittsöffnung der Elektrolysezelle befestigt.

A1) Untersuchung des Druckanstiegs

Die Elektrolyse wird bei einer Spannung von etwa 4,8 V und einer Stromstärke von $I = 0,042$ A ausgeführt. In 25 min stieg der Innendruck von $p = 1021$ mbar auf $p = 1041$ mbar an. Das Gasvolumen in der Kammer beträgt etwa 29 mL.

B1) Laden der Redoxzelle

Nach ca. 40 min ist die Stromstärke auf $I = 0,032$ A abgesunken. Etwa 11 h wird bei gleicher Spannung und einer Stromstärke von $I = 0,032 - 0,030$ A elektrolysiert. Von den Redoxflüssigkeiten im Anoden- und Kathodenraum werden anschließend die Redoxpotenziale mit einer Ag/AgCl-Redoxelektrode bestimmt.

$$\text{Kathodenpotenzial:} \quad E = -538 + 236 = -302 \text{ mV}$$
$$\text{(sehr langsame Potenzialeinstellung) ;}$$
$$\text{Anodenpotenzial:} \quad E = +457 + 236 = +693 \text{ mV}$$
$$\text{(schnelle Potenzialeinstellung) .}$$

Die Kathodenflüssigkeit hat eine blaue Farbe angenommen.

A2) Abhängigkeit der Stromstärke von der Spannung

Durch das Anlegen einer Elektrolysespannung von $U = 1,70$ V stellt sich eine Stromstärke von $I = 0,001$ A ein. Bei 1,85 V liegt die Stromstärke um 0,002 A, bei 1,89 V um 0,003 A, bei 1,95 V um 0,004 A, bei 2,04 V um 0,005 A.

B2) Stromerzeugung der Redoxzelle

Die beiden Elektroden der Redoxzelle werden mit einem Multimeter in der Einstellung der Stromstärkemessung verbunden. Kurz nach dem Anlegen des Amperemeters zeigt sich eine Stromstärke von $I = 0,005$ A ($U = 1,25$ V), nach weniger als 1 s $I = 0,003$ A, nach 2 s $I = 0,002$ A ($U = 1,65$ V). Dieser Wert der Stromstärke bleibt etwa 1 h stabil, sinkt dann auf $I = 0,001$ A. Über 24 h blieb die Stromstärke bei $I = 0,001$ A stabil.

Das Anodenpotenzial liegt immer noch bei $E = 693$ mV, das Kathodenpotenzial ist auf $E = -240$ mV gesunken. Die Spannungsmessung zeigt zu Beginn einen Messwert von $U = 1,10$ V.

17.3 Versuchsauswertungen

A1) Druckanstieg

Nach dem idealen Gasgesetz gilt:

$$p \cdot V = n \cdot R \cdot T \, .$$

Durch das Entstehen eines zweiten Gases (z. B. Wasserstoff) können sich beide Seiten der Gleichung verändern. Nimmt man an, dass sich nur die Stoffmenge ändert und die Temperatur des Gases konstant bleibt, so gilt:

$$dp \cdot V = dn \cdot R \cdot T \, .$$

Nach Umwandlung der Differenziale in Differenzbeträge ergibt sich

$$\Delta p \cdot V = \Delta n_G \cdot R \cdot T \, .$$

Da $\Delta p = 0,020$ bar, $V = 0,025$ L, $R = 0,083$ (L $\cdot$ bar)/(K $\cdot$ mol), $T = 290$ K, ergibt sich

$$\Delta n_G = 0,020 \cdot 0,025/(0,083 \cdot 290) = 2,0 \cdot 10^{-5} \text{mol} \, .$$

Würde im Kathodenraum bei der Elektrolyse nur Wasserstoffgas entstehen, so lässt sich die Gesamtmenge nach dem Faradayschen Gesetz berechnen.

In diesem Falle wäre:

$$\Delta n_F = I \cdot t/(96.485 \cdot 2) = 0,042 \cdot 60 \cdot 25/(96.485 \cdot 2) = 3,2 \cdot 10^{-4} \text{ mol} \, .$$

Der relative Anteil der Gasteilchen aus Druckzunahme dividiert durch die maximale Stoffmenge nach dem Faradayschen Gesetz ist folglich:

$$\text{Prozent Wasserstoffentwicklung} = \Delta n_G/\Delta n_F = 6,2\% \, .$$

Etwa 6,2% der Stromarbeit wird unter diesen Bedingungen zur Wasserstoffbildung statt der Cr(III)-Reduktion verwendet.

B1) Laden der Redoxzelle

Nach dem Faradayschen Gesetz ist der Stoffumsatz:

$$n = I \cdot t/F = 0,031 \cdot 60 \cdot 60 \cdot 11/96.485 = 0,013 \, \text{mol} \, .$$

Entsprechend der Nernstschen Gleichung werden die folgenden Redoxpotenziale in der Lösung erwartet:

$$E_{Cr(II)/Cr(III)} = -0,41 + 0,059 \cdot \log(1/0,12) = -0,41 - 0,059 \cdot \log(0,12) = -0,355 \, \text{V} \, ,$$

$$E_{Fe(II)/Fe(III)} = +0,75 + 0,059 \cdot \log(0,13) = +0,698 \, \text{V} \, .$$

Das Redoxpotenzial der Chromlösung zeigt eine weniger gute Übereinstimmung mit der Berechnung.

A2) Stromstärkeabhängigkeit von der Spannung

Nach Gl. (1.2) erhält man für die Elektrolyse der beiden Redoxlösungen im Anfangsbereich die folgende Gleichung:

$$U = \Delta E + \eta + Rz \cdot I = 1,1 + 0,45 \, \text{V} + 90\Omega \cdot I \, .$$

Die Überspannungen an den Elektroden werden wahrscheinlich durch Diffusionsprozesse verursacht.

B2) Stromerzeugung der Redoxzelle

Nach Anlegen des Amperemeters an die Elektroden fließt kurzzeitig ein Strom von etwa 5 mA bei einer Spannung von 1,25 V. Die zu Beginn gemessene Spannung entspricht fast der theoretisch ermittelten Redoxspannung von $\Delta E = 1,05$ V. Durch die Diffusion erhöht sich die Spannung, gleichzeitig sinkt die Stromstärke. Bald erreicht die Spannung einen Wert von 1,65 V. Durch kurzzeitiges Verrühren steigt die Stromstärke an. Spannung und Stromstärke sind beim Entladungsprozess fast identisch mit den Werten bei der Elektrolyse. Die Redoxreaktion ist fast reversibel, Diffusionsprozesse der Ionen zu den Elektroden behindern einen reversiblen Prozess. Auch die Membran stellt einen Widerstand dar.

Eine Verminderung des Redoxpotenzials der chromhaltigen Lösung von $E_1 = -302$ mV auf $E_2 = -240$ mV entspricht nach der Nernstschen Gleichung einer Konzentrationsänderung von etwa 1/10:

$$E_1 = -0,35 - 0,059 \cdot \log(0,13) = -0,298 \, \text{V} \, ,$$

$$E_2 = -0,35 - 0,059 \cdot \log(0,013) = -0,240 \, \text{V} \, .$$

Nach 24 h hat sich die gespeicherte chemische Energie bereits kräftig vermindert.

17.4 Bestimmung des Sauerstoffgehaltes einer Gasprobe

Die Chrom(II)-Lösung kann zur Bestimmung des Sauerstoffgehaltes einer Gasprobe verwendet werden. Péligot hat als erster das Cr(+II)-Ion synthetisch dargestellt und auch auf das Absorptionsverhalten zu Sauerstoff hingewiesen. Im Jahr 1884 nutzte Otto Freiherr von der Pfordten dieses Verfahren zur quantitiven Bestimmung von Sauerstoff in einer Gasprobe [3]. Es ist wesentlich selektiver gegenüber Sauerstoff als andere chemische Nachweise. Weder Schwefelwasserstoff noch Kohlendioxid reagieren mit gelösten Cr(+II)-Ionen. Auch entsteht kein Kohlenmonoxid oder Kohlendioxid wie mit Pyrogallol.

Benötigtes Versuchsmaterial

Kalibriertes Glasrohr (oben zugeschmolzen, Kalibrierung mit Genauigkeit von 0,05 mL, Volumeninhalt Glasrohr 32 mL), 10 mL-Präparategläschen, 1 mol/L Chrom(II)-Lösung, etwas Knete. Die Chrom(II)-Lösung sollte entweder frisch hergestellt oder in einer gut verschließbaren Braunglasflasche (die nahezu bis zum Rand mit Lösung gefüllt ist) gelagert worden sein, da die Lösung durch Einfluss von Luft ihre Reduktionswirkung verliert.

Bestimmung des Sauerstoffgehaltes der Raumluft

Das Glasrohr wird in das Präparategläschen mit Cr(II)Cl$_2$-Lösung eingestellt, sodass das Glasrohr mindestens 2–3 cm in die Lösung eintaucht. Da Luft zwischen Glasrohr und Öffnung des Präparateglases eindringen kann, muss dieser Bereich mit etwas Knete bedeckt werden. Es werden Temperatur (17 °C) und Außendruck (1014 mbar) bestimmt. Nach vier Tagen ist die Flüssigkeitssäule der Chrom(II)-Lösung auf 5,75 mL gestiegen. Die Temperatur beträgt 17,5 °C, der Außendruck 1012 mbar.

In diesem Fall lag der Sauerstoffgehalt bei etwa $5,75/32 \approx 18\%$.

Falls Temperatur oder Druck abweichend sind, muss in jedem Falle nach dem idealen Gasgesetz eine Korrektur vorgenommen werden. Im vorliegenden Falle beträgt das verbleibende Restvolumen 82 %, sodass etwa 26,2 mL Gas vorhanden sind.

Zur Korrektur verwendet man die folgende Formel:

$$\Delta V/V = \frac{\frac{n1 \cdot R \cdot T1}{p1} - \frac{n2 \cdot R \cdot T2}{p2}}{\frac{n1 \cdot R \cdot T1}{p1}} \; . \tag{17.1}$$

17.5 Schlussfolgerungen

Mit einfachen Messmethoden können die Vorgänge einer Redoxzelle untersucht werden.

Bei den Redox-Flow-Zellen sind die verwendeten Membranen und die Elektroden von entscheidender Bedeutung. Gelangen Ionen bei der Elektrolyse über die Membran in die andere Kammer, wird das Redoxpotenzial der Zelle schnell vermindert. Herkömmliche Anionenaustauschermembranen sind für Redoxspeicher nicht immer geeignet.

Bei einer leichten Vermischung von Anoden- und Kathodenraum wird das Potenzial zurückgehen. Die Reinigung der vermischten Lösungen ist mit erheblichem Aufwand verbunden. Besser wäre es, wenn bei Redoxspeichern ein chemischer Stoff mit sehr unterschiedlichen Oxidationsstufen vorliegen würde, beispielsweise Cr^{2+} und Cr^{6+}. Im letzteren Fall sind das Cr(II) ein Kation, das Chromat ein Anion. Probleme würden folglich bei der Membran entstehen.

Auch die verwendeten Elektroden sind von Bedeutung. Grafit ist beispielsweise in einer sauren Lösung bei Elektrolysen sehr instabil. Je stärker die Konzentration der Salzsäure, desto schlechter die Stabilität der Grafitelektrode. Für wässrige Redoxsysteme müssen daher geeignete Elektroden gefunden werden.

Im Gegensatz zur Wasserstoffelektrolyse, die erhebliche Überspannungen und Probleme mit der räumlichen Lagerung von Wasserstoff aufweist, könnten sich Redoxspeicher – ähnlich wie Batterien – zu wertvollen Speicherquellen von elektrischer Energie entwickeln.

Literatur

[1] Grafitmine (Faber-Castell TK 9071).
[2] Druckmanometer der Firma Greisinger electronic, GDH 200.
[3] Freiherr von der Pforten O. *Neues Absorptionsmittel für Sauerstoff*. Liebigs Annalen der Chemie, 1885. S. 112.

18 Der Hochspannungsfunke

18.1   Versuchsmaterialien für die Experimente —— **248**

18.2   Hochspannungsfunken auf Gase —— **250**
        18.2.1 Versuchsdurchführung —— **250**
        18.2.2 Versuchsergebnis —— **251**

18.3   Die Gasanalyse mit einem Eudiometer —— **252**

https://doi.org/10.1515/9783110425666-019

Dieses Kapitel handelt nicht von elektrochemischen Vorgängen in Lösung.

Es handelt vom Hochspannungsfunken, der bei einer sehr hohen Spannung Gase zur Reaktion bringt. In der Frühzeit der Chemie wurde die Erzeugung von Hochspannungsfunken in der Experimentiertechnik und zur Herstellung von Gasen oft genutzt. Viele erste exakte Gasanalysen (z. B. Kohlenwasserstoffe) der frühen Chemiker (Bunsen, Kolbe) wurden durch den Funkenblitz mit einer Hochspannungsquelle ermöglicht. Die Herstellung von Stickstoffmonoxid aus dem Stickstoff und dem Sauerstoff der Luft hatte größere Bedeutung. Unter dem Namen Birkeland-Eyde-Verfahren war die Umwandlung von Stickstoffmonoxid mit Sauerstoff und Wasser zu Salpetersäure bekannt.

Die Carbidherstellung aus gebranntem Kalk und Koks gelingt in einem Lichtbogenofen. Im Jahre 1892 entwickelte Willson den Carbidofen. Schon bei 40–50 V Spannung gibt es zwischen zwei angespitzten Grafitstäben in sehr geringem Abstand einen Lichtbogen. Nach einem ähnlichen Prinzip arbeiteten die ersten Carbidöfen. Der Behälter bestand meist aus Kohle, die eine Ausschachtung – in die der gebrannte Kalk eingeführt werden konnte – hatte und als Elektrode diente. Die andere Elektrode war stabförmig und reichte mit der Spitze bis nahe auf den Kohleboden. Der Behälter wurde dann mit gebranntem Kalk befüllt und der Lichtbogen durch das Anlegen einer Spannung in Gang gesetzt.

Neben dem Lichtbogen wurde auch die Hochspannung für elektrochemische Reaktionen zur Herstellung von verschiedenen Gasen genutzt. W. Muthmann und A. Schaidhauf untersuchten das Verhalten von Kohlendioxid in der Hochspannungsflamme [1]. Bei ihren Versuchen testeten sie Wechselspannungen von 50 Hz mit über 500–2000 V zwischen 50 bis 200 mA an verschiedenen Elektroden in einem abgeschlossenen Glasgefäß (1500 mL), das Kohlendioxid enthielt. An Platinelektroden, die im Abstand von 2 mm angebracht waren, konnten nur sehr geringe Mengen an Kohlenmonoxid und Sauerstoff aufgefunden werden. Die Kohlenmonoxidbildung lag bei etwa 2 %. Anders verhielten sich Silber- und Goldelektroden.

Bei einem Abstand von etwa 2 mm entstehen an Goldelektroden schon nach etwa 15 min bei 580 V und 120 mA etwa 21 % Kohlenmonoxid und 10,5 % Sauerstoff.

An Silberelektroden konnte bei gleichem Elektrodenabstand, gleicher Reaktionszeit und ähnlicher Spannung und Stromstärke 19,5 % Kohlenmonoxid und 9,8 % Sauerstoff nachgewiesen werden.

Diese Erkenntnis, dass sich Silber- und Goldelektroden deutlich abweichend gegenüber Platinelektroden bei der Umsetzung von Kohlendioxid im Hochspannungsfunken verhalten, war der Ausgangspunkt für die folgenden Untersuchungen.

18.1 Versuchsmaterialien für die Experimente

Zur Herstellung eines Hochspannungszylinders für einführende Experimente von Gasreaktionen wird ein Plexiglaszylinder benötigt, der sich leicht aus einem Ple-

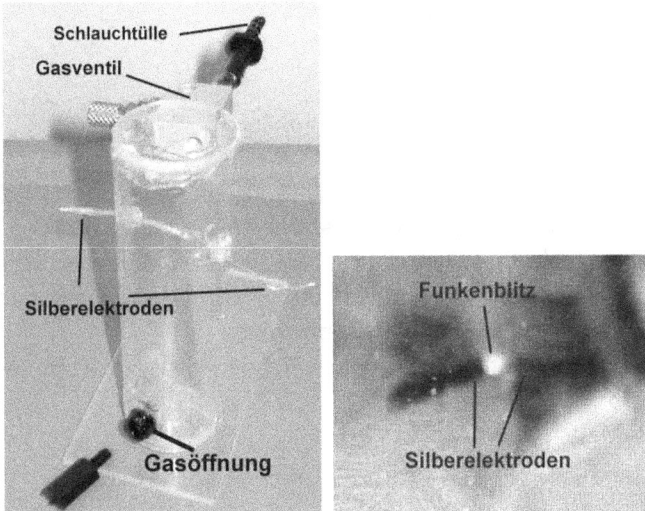

Abb. 18.1: a) Hochspannungskammer für Funkenspannungen. b) Vergrößerung eines Funkenblitzes.

'xiglasrohr und aufgeklebten Plexiglasscheiben herstellen lässt. Zum Gaseinlass und Gasauslass werden zwei verschließbare Ventile benötigt, damit der Zylinder dicht verschlossen werden kann. An ein Ventil wird ein Schlauch zur Gasbefüllung oder zum Anschluss eines digitalen Druckmanometers angeschlossen. Der Hochspannungszylinder ist in Abb. 18.1 dargestellt.

Als Hochspannungsgenerator dient das Modell Kemo MO62. Das Gerät erzeugt nach Angaben des Herstellers in der Sekunde einen Hochspannungsimpuls von 1000 V bei einer Stromstärke unter 2 mA (1 mA – geschätzt).

Die Energieabgabe liegt bei 0,5 J. Das Gerät erzeugt keine lebensgefährliche Energiemenge, da die Stromstärke sehr gering ist. *Trotzdem können diese Spannungen für kranke Personen eine Gefahr darstellen!*

Die schwierigste Aufgabe stellt das Einsetzen von Elektroden in den Hochspannungszylinder dar. Der Abstand der Elektroden muss derart gering sein, dass bei einer kurzzeitigen Spannung von 1000 V ein Funkenschlag zwischen den Elektroden auftritt. Dies ist nur bei Abständen unter 1 mm zwischen den Elektroden der Fall. In die gegenüberliegenden Seitenwände des Zylinders werden zwei Löcher gebohrt, sodass sich die eingeführten Elektroden fast berühren können. Aus einem Silberblech werden zwei sehr dünne Streifen herausgeschnitten und in den Zylinder eingesetzt. Mit einem Epoxidharzkleber werden die Lochbohrungen verklebt und die Stellungen der Elektroden fixiert. Beim Erhärten des Klebers muss darauf geachtet werden, dass der Abstand zwischen den Elektroden minimal bleibt. Der gewünschte Abstand kann durch Anschluss des Hochspannungsgenerators überprüft werden.

18.2 Hochspannungsfunken auf Gase

18.2.1 Versuchsdurchführung

a) Versuch mit Luft

Der verwendete Zylinder hat einen Rauminhalt für etwa 18 mL Luft.

Mit einem Silikonschlauch wird ein Rohranschluss des Zylinders mit einem Gasdruckmanometer (GDH200-12, Messbereich 0–1300 mbar, Greisinger electronic) verbunden. Mit einer Schlauchklemme kann die Gaszuführung zwischen Zylinder und Manometer während der Funkenschläge unterbrochen werden.

Der Funkenschlag wird nun gestartet. Nach gewissen Zeitperioden wird der Druck im Zylinder gemessen (Tab. 18.1).

Tab. 18.1: Zeitabhängigkeit der Druckänderung von Luft durch einen Hochspannungsfunken.

Zeit (min)	Druck (mbar)
0	1025
5	1022
8	1020
12	1018
16	1017

b) Versuch mit Kohlendioxid

Der Gasbehälter aus Versuch a) wird mit Kohlendioxid gefüllt. Dann wird unter gleichen Bedingungen wie in a) der Funkenschlag gestartet, und nach gewissen Zeitperioden wird der Gasdruck bestimmt (Tab. 18.2).

Tab. 18.2: Zeitabhängigkeit der Druckänderung von Kohlendioxid durch einen Hochspannungsfunken.

Zeit (min)	Druck (mbar)
0	1036
1	1033
2	1033
5	1022
7	1017
81	876
236	673
413	526
414	525
530	462

18.2.2 Versuchsergebnis

Zum Versuch mit Luft

Da der Gasdruck im Behälter abnimmt, kann vermutet werden, dass aus den Gasmolekülen der Luft größere Moleküle mit mehr Atomen entstehen. Sauerstoff und Stickstoff sind zweiatomige Gase. Auch dreiatomige Gase wie Ozon, Distickstoffmonoxid oder Stickstoffdioxid könnten durch die Funkenspannung gebildet werden, sodass sich die Zahl der Moleküle im Gefäß verringert.

Zum Versuch mit Kohlendioxid

Aufgrund der Versuche von Muthmann und Schaidhauf lag die Vermutung nahe, dass sich aus Kohlendioxid Kohlenmonoxid und Sauerstoff bilden sollten. Dies hätte aber einen Druckanstieg und keinen Druckabfall während der Funkenspannung bedeutet. Die Zahl der Gasmoleküle von Kohlendioxid muss während der Funkenspannung abnehmen.

Eine Möglichkeit des Rückgangs von Kohlendioxidteilchen könnte in folgender Reaktionsfolge begründet sein:

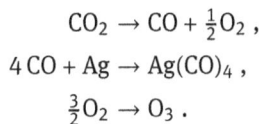

$$CO_2 \rightarrow CO + \tfrac{1}{2}O_2 \,,$$
$$4\,CO + Ag \rightarrow Ag(CO)_4 \,,$$
$$\tfrac{3}{2}O_2 \rightarrow O_3 \,.$$

Für sehr viele Metalle sind die entsprechenden Metallcarbonyle bekannt. Das Metallcarbonyl von Palladium, das nur ein Elektron weniger als das Silber besitzt, ist bekannt [2]. Möglicherweise sind die Metallcarbonyle von Silber sehr temperaturempfindlich und zersetzen sich sofort, wenn die Temperatur einen Zersetzungswert überschreitet. Da bei diesem Experiment bei sehr geringer Energie (1 mA) ein Hochspannungsfunke erzeugt wurde, könnte das Silbercarbonyl stabil bleiben.

Der überschüssige Sauerstoff wird in der Folge zu Ozon umgewandelt, sodass der Gasdruck weiter abnimmt.

Die Reaktionsgeschwindigkeit von Kohlendioxid im Hochspannungsfunken ist um den Faktor 6 höher als die von Luft.

Muthmann und Schaidhauf erkannten die hohe Bildungsgeschwindigkeit von Kohlenmonoxid an Silberelektroden im Hochspannungsfunken. Durch die höhere Stromstärke 50–120 mA haben sich die Metallcarbonyle bei ihrem Experiment sofort wieder zersetzt.

18.3 Die Gasanalyse mit einem Eudiometer

R. Bunsen nutzte in früherer Zeit ein Eudiometer zur Bestimmung der quantitiven Zusammensetzung von Gasproben [3]. In moderner Zeit werden Gasproben durch Wärmeleitfähigkeit, Gaschromatografie oder IR-Spektroskopie bestimmt.

Die letztgenannten Geräte benötigen für absolut genaue Konzentrationsbestimmungen eine sehr genaue Eichung und bei der Spektroskopie und Chromatografie ist eine spektrale Aufzeichnung nötig. Diese Vorgänge sind mit zeitlichem Aufwand verbunden, der bis zu 1 h Arbeitszeit benötigt.

Benötigte Materialien für ein Eudiometer:
- Ein leeres Marmeladenglas;
- Epoxidharz (langsam aushärtend);
- eine Bohrmaschine mit Bohrersatz;
- ein Plexiglasrohr;
- passende Schläuche für das Plexiglasrohr;
- zwei Quetschhähne
- ein stabförmiges Piezofeuerzeug;
- ein Digitalthermometer;
- Luftballons;
- ein passender Silikonschlauch.

Herstellung des Eudiometers
Etwa 20–30 g Epoxidharz werden durch Verrühren von Harz und Härter hergestellt und in das Marmeladenglas überführt. Der Schraubverschluss wird fest zugedreht und das Glas mit der Deckelseite auf einen Tisch gestellt (Abb. 18.2a). Nach 10 h ist die Masse fest geworden. Mit der Bohrmaschine werden passende Löcher für das Rohr des Feuerzeugs und die Plexiglasröhrchen in das Harz gebohrt (Abb. 18.2b). Das Piezofeuerzeug mit stabförmigem Aufsatz für die Gasflamme wurde für Pfeifenraucher entwickelt und eignet sich recht gut zur Erzeugung eines Zündfunkens. Zunächst wird der gesamte Gasinhalt des Feuerzeugs verbrannt. Dann wird das Feuerzeug mit Epoxidharz im ausgebohrten Loch verklebt, sodass die Gasöffnung in das Gefäß hineinragt (Abb. 18.2c). Das Gehäuse des Feuerzeugs ist aber nicht luftdicht verschlossen. Die Beweglichkeit der Drucktaste zur Erzeugung eines Zündfunkens muss erhalten bleiben. Falls Klebstoff in den Zwischenraum der Drucktaste gelangt, kann kein Zündfunken mehr erzeugt werden. Daher muss das Feuerzeug mit einem Luftballon (zwei Luftballons ergeben eine noch bessere Abdichtung!) vollständig abgedeckt werden, die Ränder der Öffnung des Ballons werden mit Epoxidharz verklebt (Abb. 18.2d). Die Drucktaste lässt sich weiterhin gut bewegen. Die zwei Plexiglasrohre werden mit Epoxidharz in die vorgesehenen Löcher geklebt. Dann werden die passenden Schläuche an den

Abb. 18.2: Herstellung eines Eudiometers. a) Aushärten von Epoxidharz; b) Bohrung von passenden Löchern; c) Einsetzen von Plexiglasröhrchen und dem Piezofeuerzeug; d) Einfügung von Silikon-schläuchen, Abdeckung des Piezofeuerzeugs mit einem Luftballon.

Rohren befestigt. Zur besseren Stabilität werden die Rohrstücke und die Schlauch-
ansätze mit Epoxidharz bestrichen. Ein weiteres Loch kann wahlweise im Harz für
einen Temperaturfühler angebracht werden. Der Temperaturfühler wird eingesteckt
und ebenfalls verklebt.

Die Herstellung eines unten offenen Eudiometers erfolgt aus einer Plexiglasröhre.
An diese wird ein transparentes Lineal angeklebt. Als Flüssigkeit kann Silikonöl ge-
nutzt werden. Vor der Analyse wird das Gas mit einer Plastikspritze hochgesaugt. Die
Probleme mit einer exakten Gasbefüllung werden vermieden.

Gasbefüllung

Für die Befüllung eines Eudiometers kann ein Gasometer oder eine Plastikspritze verwendet werden. Das Gasometer kann beispielsweise mit Natriumkarbonatlösung oder
Natriumhydroxidlösung befüllt werden. Bei der Gasbefüllung des Gasometers wird
das Kohlendioxid abgetrennt. Für eine nachfolgende Bestimmung von Kohlenwasserstoffen ist diese Methode sehr günstig.

Bei einer Gasbefüllung des unten geschlossenen Eudiometers werden ein Teil der
Luft und ein Teil des einströmenden Gases entweichen. Bei einer Gasbefüllung sollte
an der Austrittsöffnung des Eudiometers eine kleine Waschflasche angeschlossen werden. Gas kann durch einen Überdruck beim Einfüllen daher nur austreten und nicht
eintreten. Dadurch wird der Fehler durch die Luft vermindert. Das zugefügte Gasvolumen lässt sich entsprechend den Ausführungen nach Abschnitt 9.2 recht genau bestimmen. Eine weitere Methode besteht in der Evakuierung des Gasbehälters kurz vor
der Gasbefüllung. Sowohl das zugesetzte Knallgasvolumen wie auch das Probevolumen sollten notiert werden.

Probe mit Knallgas

Zur Erzeugung einer Explosion der Gasprobe müssen in der Regel 25–35 % Knallgas zugesetzt werden. Mit einem Elektrodenhalter nach Abb. 2.8 wird ein Knallgasgemisch
(bestehend aus Wasserstoff und Sauerstoff) in einer 20 %igen Natriumkarbonatlösung
hergestellt. Etwa 100 mL Knallgas werden in das Eudiometer über eine Plastikspritze
eingeführt. Nach Betätigung der Drucktaste entsteht durch den Zündfunken sofort eine Explosion. Dabei beschlagen die Glaswände des Eudiometers. Durch Wägung des
Eudiometers vor und nach der Explosion lässt sich die gebildete Wassermenge bestimmen. Das entstandene Wasser erhöht das Gewicht des Eudiometers, das sich mit einer
guten Waage bestimmen lässt.

Sind andere Gase zugegen (beispielsweise Methan, Kohlenmonoxid), werden diese zu Kohlendioxid verbrannt. Neben Knallgas setzt man zur Gasprobe daher meist
Sauerstoff zu.

Anwendungen

a) Sauerstoff

Wird zu einer sauerstoffhaltigen Gasprobe nur Wasserstoff gegeben, lässt sich mit einem Eudiometer der Sauerstoffgehalt einer Probe bestimmen. Für diese Versuche wird das kalibrierte, röhrenförmige Eudiometer benötigt, das im unteren Bereich offen ist. In diesem Falle wird Wasserstoff zugesetzt. Aus dem zugesetzten Wasserstoffvolumen und dem Probevolumen lässt sich nach der Explosion durch den Zündfunken die Volumendifferenz (Wasserbildung!) bestimmen. Bei sehr sorgfältiger Arbeit mit speziellen Vorrichtungen konnte Bunsen den Sauerstoffgehalt von Gasproben auf etwa 0,01 % Genauigkeit bestimmen. Diese Genauigkeit war größer als bei den chemischen Absorptionsuntersuchungen.

Aus einem Volumenteil Sauerstoff und zwei Volumenteilen Wasserstoff im Gas bildet sich Wasser, das aus dem vorhandenen Gas bei der Explosion verschwindet.

b) Kohlenwasserstoffe

Zur Untersuchung von Kohlenwasserstoffen werden dem Probegas Sauerstoff und Knallgas zugesetzt, dann wird das Gemisch mit dem Zündfunken zur Explosion gebracht. Dabei bildet sich bei Anwesenheit von Kohlenwasserstoffen Kohlendioxid. Früher wurde das gebildete Kohlendioxid durch recht zeitaufwendige Methoden bestimmt. Nach Tab. A 4.3 im Anhang ist eine Kohlendioxidbestimmung durch Einleitung in eine NaOH-Lösung und eine anschließende konduktometrische Bestimmung leicht möglich.

Aus einem Volumenteil Methan und zwei Volumenteilen Sauerstoff bilden sich ein Volumenteil Kohlendioxid (gasförmig) und zwei Äquivalente H_2O (flüssig). Bei Ethan bilden sich aus einem Volumenteil Ethan und fünf Volumenteilen Sauerstoff zwei Volumenteile Kohlendioxid (gasförmig) und drei Äquivalente Wasser. Aus dem Volumenverhältnis von Probegas und zugesetztem Sauerstoff lässt sich die Art der Kohlenwasserstoffe bestimmen.

c) Stickstoff-, Schwefelverbindungen

Aus diesen Verbindungen können bei Anwesenheit von Sauerstoff Salpetersäure oder schweflige Säure entstehen. Auch aus dem Luftstickstoff kann etwas Salpetersäure gebildet werden! Bei Bestimmung des Luftstickstoffs muss die vier- bis fünffache Volumenmenge Knallgas gegenüber Stickstoff eingesetzt werden. Die Umsetzung ist nicht quantitativ. Diese Gase lösen sich in destilliertem Wasser. Durch die konduktometrische Analyse können die Gase bestimmt werden.

d) Eudiometrische Schnellanalyse

Entsprechend der Darstellung in Kapitel 13, Abb. 13.2 können mehrere Waschflaschen sehr gut für die eudiometrische Schnellanalyse genutzt werden. Statt dem U-Rohr mit Kaliumpermanganat wird das Eudiometer eingesetzt. Vor der Explosion bleibt die Kammer durch Quetschhähne verschlossen. In die Kammer werden das Probegas, Knallgas und zusätzlich etwas Sauerstoff mit einem Gasometer gegeben. Mit dem Zündfunken wird das Gas zur Explosion gebracht. Sofort nach der Explosion wird die Aquariumluftpumpe angestellt. Nach 3–5 min wird die Pumpe abgestellt und die Waschflasche 5 (gefüllt mit 0,02-M-NaOH) wird auf Leitfähigkeit geprüft. Dann wird anhand von Berechnungen entsprechend Tab. A 4.3 im Anhang der Gehalt an Kohlenwasserstoff bestimmt. Ferner lässt sich in der Waschflasche mit destilliertem Wasser hinter dem Eudiometer die Leitfähigkeit prüfen. Eine erhebliche Änderung deutet auf Salpetersäure oder schweflige Säure hin.

Die Versuchsdurchführung ist in 10–15 min abgeschlossen.

e) Temperaturbestimmung

Auch die Verbrennungstemperatur kann Hinweise auf die Art der Gase geben. Enthält die Gasprobe Kohlenwasserstoffe, so werden nur wenig Knallgas und ein höherer Anteil Sauerstoff zugegeben. Aufgrund der unterschiedlichen Verbrennungsenthalpien von Gasen lässt sich der Gehalt an Kohlenwasserstoffen bestimmen. Zu diesem Zweck sind Eichmessungen mit bekanntem Kohlenwasserstoffgehalt nötig.

f) Der Wassergehalt

Mit einem vollständig geschlossenen Eudiometer kann der Wassergehalt nach der Verbrennung durch Wägung bestimmt werden. Dies setzt eine gute Waage für derartige Versuche voraus. Auch im unten offenen Eudiometer kann der Wassergehalt bestimmt werden, wenn die eingesetzte Flüssigkeit keine Spuren von Wasser enthält. Dazu wird die Flüssigkeit im Eudiometer auf über 120 °C erhitzt, das Wasser geht in die Gasphase über, der gebildete Wassergehalt kann am skalierten Eudiometer abgelesen werden.

Für genaue Gasbestimmungen ist die Kenntnis des gebildeten Wassers erforderlich.

Literatur

[1] Muthmann W, Schaidhauf A. Über das Verhalten des Kohlendioxids sowie einiger Gasgemenge in der Hochspannungsflamme. *Zeitschrift für Elektrochemie.* 13, 1911, Bd. 17, S. 497–503.
[2] Wiberg E. *Lehrbuch der anorganischen Chemie.* Berlin: Walter de Gruyter & Co., 1976. S. 944. ISBN 3-11-005962-2.
[3] Bunsen RW, Roscoe EH. *Gasometrische Methoden.* Braunschweig: Friedrich Vieweg und Sohn, 1857.

19 Elektrochemische Synthesen

19.1   Literatur für elektrolytische Synthesen —— 258

19.2   Elektrochemische Präparate —— 259
        19.2.1 Kaliumperoxodisulfat —— 259
        19.2.2 Peroxokarbonat —— 260
        19.2.3 Kaliumchlorat —— 261
        19.2.4 Kaliumperchlorat —— 262
        19.2.5 Titan(III)-sulfat —— 263
        19.2.6 Nitratbestimmung durch eine Elektrolyse —— 265
        19.2.7 Benzylakohol —— 266
        19.2.8 Anilin —— 266
        19.2.9 Piperidin —— 267

19.3   Die Schmelzflusselektrolyse —— 267
        19.3.1 Hinweise für die Durchführung von Experimenten —— 267
        19.3.2 Über Metallsalze —— 269
        19.3.3 Wichtige Metalle der Schmelzflusselektrolyse —— 270

19.4   Elektrosynthese von anorganischen Stoffen —— 271

19.5   Organische Elektrosynthesen —— 275

19.6   Nachtrag: Vertrauen zur Wissenschaft —— 281

https://doi.org/10.1515/9783110425666-020

19.1 Literatur für elektrolytische Synthesen

Die Elektrolyse ermöglicht die synthetische Darstellung von vielen Stoffen der anorganischen und organischen Chemie. Bei einigen Stoffumsetzungen ist sie die ausschließliche Methode der Chemie. Wichtige Beispiele sind die Darstellungen von Natronlauge, Natrium, Aluminium, Peroxydisulfat, Chlorat, Perchlorat.

Die Zahl der Verbindungen, die elektrochemisch hergestellt wurden, ist erheblich. In diesem Buch können unmöglich die Darstellungen aller dieser Verbindungen beschrieben werden. Es wird nur eine kleine Auswahl von wichtigen elektrochemischen Umsetzungen beschrieben.

Weitere Darstellungsmöglichkeiten von Verbindungen können im mehrbändigen Werk von Allen Bard, *Encyclopedia of Electrochemistry of the Elements* [1] aufgefunden werden. In jedem Einzelband wird eine Gruppe von chemischen Elementen oder im Bereich der organischen Chemie von funktionellen Gruppen beschrieben. Für organische Stoffumsetzungen sind die Bücher *Elektroorganische Chemie* [2] von Fritz Beck und das Buch *Synthetic Organic Electrochemistry* [3] von Albert J. Fry bedeutsam. Im Buch von Beck erhält der Leser eine sehr gründliche Einführung über die wichtigsten Stoffumsetzungen in der organischen Chemie. Auch wichtige großtechnische Verfahren werden beschrieben. Im Buch von A. J. Fry werden elektroorganische Stoffumsetzungen, z. B. Spaltungen von chemischen Bindungen, Reduktionen von Mehrfachbindungen, Stoffumsetzungen mit polyfunktionalen Gruppen, Oxidationen, aufgezeigt. Im schon sehr alten Buch von Friedrich Fichter, *Organische Elektrochemie* [4] werden alle Erkenntnisse aus der Zeit vor 1940 sorgfältig zusammengefasst. Das Buch enthält Angaben über fast alle wichtigen Einzelreaktionen der organischen Elektrochemie mit Angaben zu den Reaktionsbedingungen und Ausbeuten. Anweisungen zur Ausführung von elektrochemischen Experimenten sind in *Übungsbeispiele für die elektrolytische Darstellung chemischer Präparate* [5] von K. Elbs enthalten. Das sehr alte Werk enthält einige sehr gute und ausführliche Beschreibungen von elektrochemischen Stoffumwandlungen. Elbs hat viele angegebene organische Stoffe erstmalig dargestellt. Daneben gibt es noch von Franz Fischer *Praktikum der Elektrochemie* und von Müller Reuther *Elektrochemisches Praktikum.* [6] Ein modernes Lehrbuch für elektrochemische Experimente ist *Experimental Electrochemistry* [7] von R. Holze. Im *Lehrbuch der analytischen und präparativen anorganischen Chemie* [8] von Jander/Blasius und im *Handbuch der experimentellen Chemie – Sekundarbereich II*, Band 6: Elektrochemie [9] sind weitere elektrolytische Stoffumwandlungen beschrieben.

Sehr wichtige Zeitschriften zur Elektrochemie sind das *Journal of Electrochemical Society*, *Electrochimica Acta* und ältere Ausgaben der *Zeitschrift für Elektrochemie*. Auch in anderen Fachzeitschriften befinden sich Arbeiten zur Elektrochemie, z. B. im *Journal of American Chemical Society* oder im *Journal of Organic Chemistry*.

Gute einführende Beschreibungen zur Elektrolyse sind in Kirk-Othmers *Encyklopedia of Chemical Technolgy* [10] und in *Ullmann's Encyclopedia of Industrial Chemis-*

try [11] unter dem Stichwort *Electrochemistry* enthalten. Diese Artikel geben auch Aufschluss über den modernen Kenntnisstand im industriellen Synthesebereich.

Wichtige Lehrbücher zur Elektrochemie sind *Elektrochemie* [12] von C. Hamann, W. Vielstich und *Lehrbuch der Elektrochemie* [13] von Gustav Kortüm. Auch ältere Werke, beispielsweise *Elektrochemie in wässrigen Lösungen* von Fritz Förster, geben wertvolles Hintergrundwissen zur Elektrochemie.

19.2 Elektrochemische Präparate

19.2.1 Kaliumperoxodisulfat

Peroxodisulfate wurden von M. Berthelot im Jahr 1878 durch die Elektrolyse entdeckt. [14]

Bei der Herstellung von Kaliumperoxodisulfat wird die Löslichkeit des Salzes in wässriger Lösung genutzt. Im Gegensatz zu Kaliumsulfat und Kaliumhydrogensulfat ist das Kaliumperoxodisulfat sehr schlecht in der Kälte löslich (1,7 g pro 100 mL Wasser bei 0 °C) und scheidet sich daher während der Elektrolyse ab.

Die Elektrolyse benötigt kein Diaphragma, da das anodische Produkt ausfällt.

Bei der anodischen Oxidation können zwei Reaktionen erfolgen:

$$4\,HSO_4^- + 2\,H_2O \rightarrow 4\,H_2SO_4 + O_2 + 4\,e^- \tag{19.1}$$

oder

$$2\,HSO_4^- \rightarrow S_2O_8^{2-} + 2\,H^+ + 2\,e^- \,. \tag{19.2}$$

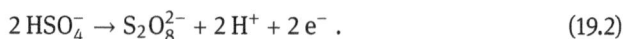

Durch eine hohe Spannung und eine hohe Stromdichte wird die Reaktion (19.2) wahrscheinlicher, da die Wanderungsgeschwindigkeit der Ladungsträger im elektrischen Feld bei einer höheren Spannung ebenfalls höher ist. Dadurch sammeln sich sehr viele Anionen an der Anode und verdrängen die Wasserteilchen.

Versuchsdurchführung [15]

Es werden 25 g KHSO₄ in einem Becherglas mit destilliertem Wasser auf 100 mL Lösung bei 10 °C gelöst. Als Anode dient ein vorher ausgeglühter Platindraht (d = 0,03 cm, Länge = 10 cm), der in ein Glasrohr eingetaucht ist. Diese Vorrichtung ist wichtig, damit die Sauerstoffblasen nicht in Richtung Kathode entweichen, wodurch sie auch das umgebende Lösungsmittel mitziehen. Entsprechend Abb. 19.1 ist die Platinkathode (gleiche Länge und Durchmesser wie die Anode; möglich ist auch die Verwendung eines Bleiblechs) neben dem Glasrohr angebracht. Zur Kühlung der Lösung, die durch die hohe Stromstärke auch eine erhebliche Wärmemenge abgibt, dient ein Silikonschlauch, der von einem mit Eiswasser gefüllten Becherglas mit einer kleinen Pumpe (Aquariumpumpe) in das Becherglas mit der Reaktionslösung geleitet

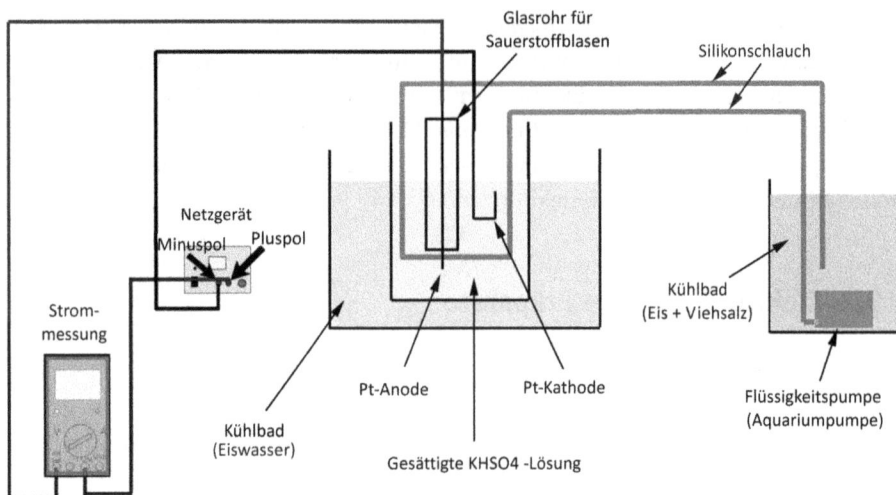

Abb. 19.1: Schematische Darstellung des Aufbaus einer Elektrolyseanordnung zur Herstellung von Peroxodisulfat.

wird. Nach Anlegen einer Spannung mit einem Netzgerät sollte die Stromstärke etwa 1 A betragen. Zur Steigerung der Ausbeute kann zur Lösung noch 300 mg K_2CrO_4 zugefügt werden. Das Salz wird an der Kathode zu $Cr(OH)_3$ reduziert und verhindert dadurch die Reduktion von $S_2O_8^{2-}$.

Nach 2 h Elektrolyse sollten etwa 6–7 g (ca. 0,024 mol) $K_2S_2O_8$ entstanden sein. Während der Elektrolyse bildet sich auch Wasserstoffperoxid:

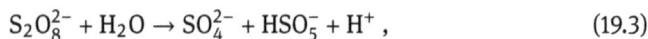

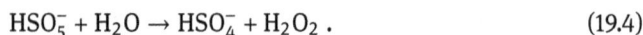

$$S_2O_8^{2-} + H_2O \rightarrow SO_4^{2-} + HSO_5^- + H^+ \,, \tag{19.3}$$

$$HSO_5^- + H_2O \rightarrow HSO_4^- + H_2O_2 \,. \tag{19.4}$$

Die Gehalte von Wasserstoffperoxid und Peroxodisulfat in der Lösung lassen sich durch Titration mit eingestellten Maßlösungen $KMnO_4$-Lösung (H_2O_2-Gehalt) und dann durch Reduktion mit $(NH_4)_2Fe(SO_4)_2$ (Reduktion von $S_2O_8^{2-}$) bestimmen.

19.2.2 Peroxokarbonat

Die Salze der Peroxokohlensäure wurden erstmalig von E. J. Constam und J. von Hansen isoliert. [16] Die Darstellung von Peroxokarbonaten ist ebenfalls durch eine stark unterschiedliche Löslichkeit zwischen Edukt und Produkt möglich.

Die elektrolytische Bildung von Peroxokohlensäure oder Wasserstoffperoxid ist in hochkonzentrierten Karbonat- oder Hydrogenkarbonatlösungen in der Kälte möglich. Diese Nebenreaktion muss bei anodischen Stoffumsetzungen mit Karbonat und Hydrogenkarbonat beachtet werden.

Zur Bildung von Peroxokarbonaten werden ebenfalls sehr hohe Stromdichten benötigt. Die elektrolytischen Oxidationen von Sulfat zu Peroxodisulfat, von Sulfit zu Dithionaten, Karbonat zu Peroxokarbonat erfolgen unter analogen Bedingungen.
Die Reaktionsgleichung ist:

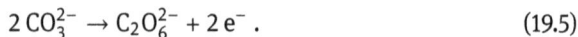

$$2\,CO_3^{2-} \rightarrow C_2O_6^{2-} + 2\,e^- \,. \tag{19.5}$$

Versuchsdurchführung [17]
Es werden 50 g $K_2CO_3 \cdot 1\,1/2\,H_2O$ in einem Becherglas mit destilliertem Wasser (etwa 50 g) gelöst, sodass sich ein Volumen von 100 mL ergibt. Die Lösung wird in einer Eis-Viehsalz-Mischung auf –10 °C abgekühlt. Dabei darf kein K_2CO_3 ausgefallen sein.

Als Anode dient ein vorher ausgeglühter Platindraht (d = 0,03 cm, Länge = 10 cm), der in ein Glasrohr eingetaucht ist. Die Kathode kann aus einem Nickel- oder Bleiblech bestehen. Die Apparatur gleicht Abb. 19.1. Dabei muss statt dem Eisbad eine Eismischung aus Eis und Viehsalz (–10 °C) verwendet werden. Wird eine Elektrolysezelle mit zwei Halbkammern, die durch eine Kationenaustauschermembran getrennt sind, verwendet, so sollte die Kathodenflüssigkeit eine etwas geringere K_2CO_3-Konzentration (40 g/100 mL Lösung) besitzen. Bei der Versuchsdurchführung muss darauf geachtet werden, dass die Temperaturen in den Bechergläsern nicht über –10 °C steigen, da sonst die Bildung von $KHCO_3$ zunehmen würde.

Bei einer Stromstärke von I = 0,7–1,0 A und einer Spannung von 8,0–8,6 V wird 2 h und 30 min elektrolysiert. Dabei kristallisiert ein hellblaues Salz aus. Das Salz wird durch das Absaugen mit einem Büchner-Trichter auf einer Saugflasche isoliert. Dann wird es im Exsikkator über Silikagel getrocknet. Etwa 6,5 g Salz sind entstanden. Zur weiteren Reinigung kann man das Salz zerkleinern (Mörser) und mit wenig eisgekühltem destilliertem Wasser versetzen, absaugen und erneut über Silikagel trocknen.

Zur Gehaltsbestimmung wird eine Probemenge mit stark verdünnter Schwefelsäure angesäuert und mit einer Maßlösung von $KMnO_4$ titriert.

19.2.3 Kaliumchlorat

Bei der Elektrolyse einer wässrigen KCl-Lösung in einer Elektrolysekammer mit zwei Halbkammern, die durch ein Kationenaustauscherharz getrennt sind, entstehen in der Kathodenhalbkammer KOH-Lösung, in der Anodenkammer Cl_2 oder HOCl.

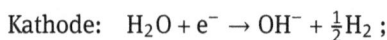

$$\text{Kathode:} \quad H_2O + e^- \rightarrow OH^- + \tfrac{1}{2}H_2 \,;$$
$$\text{Anode:} \quad Cl^- \rightarrow \tfrac{1}{2}Cl_2 + e^- \,.$$

Mit Wasser reagiert das anodische Chlor weiter zu Hypochlorit und Salzsäure:

$$Cl_2 + H_2O \rightarrow HOCl + HCl \,. \tag{19.6}$$

Falls keine Trennung der Halbkammern stattfindet, so wird die Salzsäure sofort neutralisiert und aus HOCl das ClO^--Anion gebildet.

An der Anode ist das ClO^--Anion nicht sehr stabil und wandelt sich bei höherer Temperatur unter Sauerstoffabspaltung in Chlorat um:

$$6\,ClO^- + 3\,H_2O \rightarrow 6\,H^+ + 2\,ClO_3^- + 4\,Cl^- + 1\tfrac{1}{2}O_2 + 6\,e^- \,. \tag{19.7}$$

Die Chloratbildung lässt sich bei tiefen Temperaturen unterdrücken. Bei Zunahme der OCl^--Konzentration wird Gl. (19.7) zur Hauptreaktion.

Versuchsdurchführung [18]
50 g KCl und 0,5 g K_2CrO_4 werden in etwa 200 mL destilliertem Wasser in einem Becherglas gelöst, sodass eine gesättigte Lösung entsteht. Als Anode verwendet man einen Platindraht, der eine Gesamtfläche von etwa $1\,cm^2$ besitzen sollte, als Kathode kann ein Nickelblech verwendet werden. Der Elektrodenabstand sollte etwa 1–2 cm betragen. Das Becherglas wird in ein Wasserbad von etwa 60 °C eingestellt und bei dieser Temperatur elektrolysiert. Die Stromstärke sollte etwa $I = 0{,}200$ A betragen. Die Zeitdauer der Elektrolyse beträgt 24–48 h (in 5 h werden nur 750 mg $KClO_3$ gebildet!).

Die Lösung wird auf 0 °C abgekühlt. Dabei fallen Kristalle des in Kälte schlecht löslichen $KClO_3$ (3,0 g/100 mL Lösung bei 0 °C) aus.

Durch Zugabe einer exakt ausgewogenen Menge von Fe(II)SO_4 und verdünnter Schwefelsäure sowie der Rücktitration mit einer $KMnO_4$-Maßlösung lässt sich der Gehalt des gebildeten Chlorats bestimmen. Derartige Gehaltsbestimmungen können auch während der Elektrolyse durchgeführt werden.

19.2.4 Kaliumperchlorat

Kaliumperchlorat kann aus der elektrochemischen Umwandlung bei tiefen Temperaturen von Kaliumchlorat an der Anode gewonnen werden:

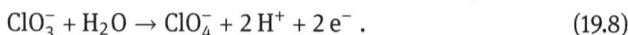

$$ClO_3^- + H_2O \rightarrow ClO_4^- + 2\,H^+ + 2\,e^- \,. \tag{19.8}$$

Bei höheren Temperaturen (um 50 °C) wird kein Perchlorat gebildet, es kommt zu einer Sauerstoffbildung.

Das Kaliumperchlorat hat eine sehr geringe Wasserlöslichkeit (1,1 g auf 100 mL Lösung). Da aber auch die Vorstufe, das Kaliumchlorat, sehr schlecht wasserlöslich ist, ist die Reaktionsverfolgung durch Ausfällung problematisch. Zur Sättigung der Lösung mit Chlorat legt man einen offenen Plastikbeutel mit Kaliumchlorat in die Elektrolytlösung.

Versuchsdurchführung [19]

Es werden 9,2 g Kaliumchlorat in einem Becherglas mit 200 mL destilliertem Wasser gelöst. Die Lösung wird mit einigen Tropfen 0,2-M-1/2-H_2SO_4 angesäuert. Das Becherglas wird in ein Kühlbad mit etwas Eis gebracht. Die Temperatur im Becherglas sollte etwa 10 °C betragen. Zur Erhaltung einer gleichmäßigen Temperatur im Becherglas kann eine sehr langsame Magnetrührung vorteilhaft sein. Es ist auch möglich, die Lösung gelegentlich zu verrühren oder eine Kühlvorrichtung entsprechend Abb. 19.1 zu verwenden. Zur Sättigung der Lösung mit Chlorat legt man einen offenen Plastikbeutel mit 10 g Kaliumchlorat in die Elektrolytlösung. Als Anode dient ein Platindraht (d = 0,03 cm, Länge = 10 cm), als Kathode ein Platinblech (F = 2 cm^2). Bei einer Stromstärke von I = 0,10 A (Stromdichte: 0,1 A/cm^2) wird 60 h bei etwa 10 °C elektrolysiert. Die Ausbeute liegt bei etwa 12 g (ca. 80 % der Stromarbeit).

Das Kaliumperchlorat ist noch mit ca. 5 % Kaliumchlorat verunreinigt. Durch Umkristallisation in destilliertem Wasser ist die Reinigung möglich. Die Abtrennung von Chlorat ist auch durch Kristallisation als $Ba(ClO_4)_2$ möglich. $Ba(ClO_3)_2$ ist in 90 %igem Alkohol bei 70 °C kaum löslich, $Ba(ClO_4)_2$ hingegen ist sehr gut löslich.

19.2.5 Titan(III)-sulfat

Zur Reduktion von Kationen zu niederen Oxidationsstufen findet die Elektrolyse vielfältige Verwendung. Die elektrolytischen Darstellungen von Ti(III)-, Ti(II)-, V(III)-, V(II)-, Mo(III)-Salzen sind recht bedeutsam. Durch die Abscheidung von Kristallen, die Farbänderung während der Elektrolyse können die Oxidationsstufen von Salzen erkannt werden.

Die genaue Bestimmung der Oxidationsstufe eines Salzes erfordert Trocknung, sorgfältige Wägung, die Befreiung von Kristallwasser (Trockenschrank bei 100 °C oder Lagerung im Exsikkator über Silikagel), erneute Wägung, Zusatz einer anderen Säure, Reinigung des neuen Salzes, Trocknung, erneute Wägung, Befreiung von Kristallwasser, Wägung, Vergleich der theoretischen Berechnungen mit den Messergebnissen.

Die Reduktionen werden in Elektrolysekammern vorgenommen, die der Redoxkammer in Kapitel 17, Abb. 17.1 gleichen und eine Anionenaustauschermembran besitzen. Dadurch können positive Ladungsträger nicht in die andere Zellkammer gelangen. Die Kathodenkammer ist völlig abgeschlossen, sodass der Sauerstoff der Luft nicht in die Halbkammer gelangen kann. Durch die Wahl der Spannung, der Elektrolytlösung, der Kathoden kann das Reduktionsergebnis gelenkt werden. In der Regel werden Kathoden mit einer hohen Wasserstoffüberspannung (Blei, Amalgam) verwendet.

Die Reaktionsgleichung lautet:

$$2\,TiO^{2+}2\,H_2SO_4 + 2\,e^- \rightarrow Ti_2(SO_4)_3 + 2\,H_2O\,. \tag{19.9}$$

Versuchsdurchführung [20]

10 g TiO_2 werden portionsweise unter Kühlung und unter Magnetrührung zu 160 g konzentrierter Schwefelsäure in einem 250 mL Rundkolben gegeben. Die Mischung wird 20 h stehen gelassen. Dann wird mit einer Apparatur entsprechend Abb. 19.2 die Lösung langsam im Ölbad bei Magnetrührung auf 150–170 °C erwärmt. Die Schlauchklemme 2 (S2) ist dabei geschlossen, die Schlauchklemme 1 (S1) geöffnet. Die entstehenden Gase gelangen dabei in das Wasserbad. Nach 1 h wird das Heizbad abgestellt. Gleichzeitig wird die Schlauchklemme S2 geöffnet, damit kein Wasser im Schlauch zum Wasserbad hochsteigt. Die Suspension wird stehen gelassen, bis sie nahezu Raumtemperatur erreicht hat. Mit 300 mL destilliertem Wasser wird die Mischung versetzt und kurz umgerührt. Nach 20 h wird die Lösung vom ungelösten Titandioxid abdekantiert.

Unter den angegebenen Reaktionsbedingungen liegt die Konzentration in der Regel zwischen 0,16–0,20 mol/L TiO^{2+}. Leicht höhere Konzentrationen lassen sich nach 2–3 h Erwärmung erreichen. Längere Reaktionszeiten ergeben jedoch keine weitere Verbesserung des Umsatzes.

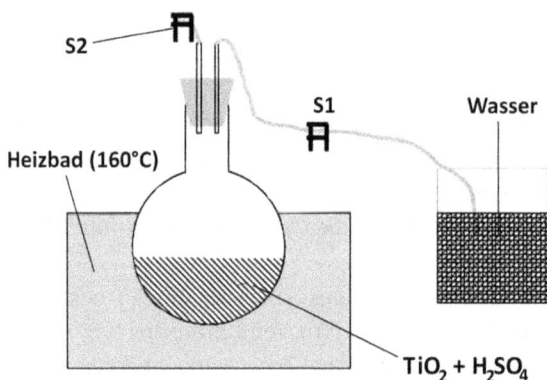

Abb. 19.2: Darstellung von TiO^{2+}.

3,89 g Lösung von TiO^{2+} werden mit 5 mL 20 %ige NaOH versetzt. Es bildet sich sofort eine Fällung von $TiO_2 \cdot H_2O$. Nach Zentrifugation, Versetzen mit 10 mL destilliertem Wasser, Umrühren, Zentrifugation, Abdekantierung von Wasser, Versetzen mit 10 mL destilliertem Wasser, Zentrifugation, Abdekantierung von Wasser, Trocknung unter Wärme wurden etwa 73 mg (0,73 mmol) $TiO_2 \cdot H_2O$ erhalten.

12,2 g TiO^{2+}-Lösung (ca. 2,3 mmol Ti^{4+}, 0,19 mmol Ti^{4+}/mL) werden mit 1 mL 1 %iger H_2O_2-Lösung versetzt. Es entsteht sofort eine rotorange Lösung. Mit einem Spektralfotometer wurden die Extinktionskoeffizienten einzelner Wellenlängen bestimmt. $\lambda_{340\,nm} \rightarrow E = 3{,}290$, $\lambda_{440\,nm} \rightarrow E = 3{,}384$, $\lambda_{480\,nm} \rightarrow E = 3{,}048$, $\lambda_{535\,nm} \rightarrow E = 0{,}435$, $\lambda_{605\,nm} \rightarrow E = -0{,}193$, $\lambda_{695\,nm} \rightarrow E = +0{,}183$.

Bei der Wellenlänge $\lambda_{440\,nm}$ ist nach 1/10-Verdünnung die Extinktion $E = 0{,}535$, nach 1/100-Verdünnung $E = 0{,}101$.

Zur Herstellung des Ti(+III)-Salzes kann die schwefelsaure Lösung von TiO^{2+} eingesetzt werden. Für die Elektrolyse wird eine Apparatur nach Abb. 2.6 und Abb. 17.1 zusammengestellt. Großflächige Bleielektroden ($10-50\,cm^2$) sind bei dieser Elektrolyse notwendig. Bei einer Stromstärke von 0,4–1 A wird elektrolysiert. Während der Elektrolyse färbt sich die Lösung rotbraun, rotviolett und schließlich blauviolett. Der Stoffumsatz während der Elektrolyse kann durch die Abnahme von Proben verfolgt werden. Die Titration erfolgt mit 0,1-M-1/5-$KMnO_4$-Lösung und Rücktitration mit Oxalsäure. Für 2,52 g Ti^{3+}-Lösung lag der Verbrauch von 0,1-M-1/5-$KMnO_4$ bei 4,1 mL. Die Lösung hatte einen Gehalt von 0,16 mol Ti(+III)/L.

Durch die Spektralfotometrie kann der Gehalt von Ti(+III)-Ionen in der Lösung bestimmt werden. Bei einzelnen Wellenlängen wurden die Extinktionen bestimmt: $\lambda_{340\,nm} \rightarrow E = 3{,}472$, $\lambda_{440\,nm} \rightarrow E = 3{,}430$, $\lambda_{588\,nm} \rightarrow E = 3{,}490$, $\lambda_{695\,nm} \rightarrow E = +2{,}425$, $\lambda_{800\,nm} \rightarrow E = +0{,}827$.

Messungen bei $\lambda_{440\,nm}$ ergaben bei unterschiedlichen Konzentrationen die folgenden Extinktionen: 0,1 mol Ti(+III)/L $\rightarrow E = 2{,}695$, 0,05 mol Ti(+III)/L $\rightarrow E = 0{,}659$, 0,01 mol Ti(+III)/L $\rightarrow E = 0{,}016$.

Arthur Stähler hat im Jahre 1905 erstmalig eine Vielzahl von Ti(III)-Salzen auf elektrolytischem Wege dargestellt. [21] Darunter auch das Titansesquisulfat. Das Salz stellt ein violettes Pulver dar, das sich in Wasser mit violetter Farbe löst. In Essigsäure, Ethanol, 60 %iger Schwefelsäure ist es unlöslich. Bei Erhitzen spaltet es Wasser ab und nimmt eine grüne Färbung an. Neben dem Titansesquisulfat ist auch das Titan(II)-sulfat bekannt.

19.2.6 Nitratbestimmung durch eine Elektrolyse

Nitrate werden in schwefelsaurer Lösung an Kupferdraht zu Ammoniumsulfaten reduziert:

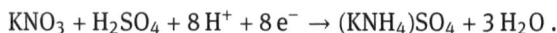

$$KNO_3 + H_2SO_4 + 8\,H^+ + 8\,e^- \rightarrow (KNH_4)SO_4 + 3\,H_2O\,.$$

Versuchsdurchführung [22]
Ein 1 m langer Kupferdraht (Durchmesser 1 mm) wird auf einem Bleistift zu einer Spirale aufgewickelt und an einer Bunsenbrennerflamme kurz erhitzt. Als Anode dient ein kleines Platinblech. Der Grundaufbau für die Elektrolyse gleicht Abb. 2.4, es ist aber keine Trennwand mit Ionenaustauschermembran nötig. Es werden 202 mg Kaliumnitrat in eine Lösung aus 60 mL Wasser und 20,0 mL 2-M-1/2-Schwefelsäure gegeben. Bei einer Stromstärke von $I = 0{,}5$ A wird 80 min bei Raumtemperatur elektrolysiert.

Die Lösung wird mit 1-M-NaOH mit einer pH-Elektrode bis zu pH = 7 titriert. Ein Äquivalent neutralisierte Schwefelsäure entspricht 0,5 Äquivalenten Kaliumammoniumsulfat.

Bemerkung: An platinierten Platinkathoden bildet sich hauptsächlich Wasserstoff. Das Nitrat wird nur zu einem Bruchteil reduziert. Durch die höhere Wasserstoffüberspannung bildet sich an Kupferelektroden vorzugsweise Ammoniak.

19.2.7 Benzylakohol

$$R\text{--}CO_2H \rightarrow R\text{--}CH_2OH .$$

Die Reduktion von aromatischen Carboxylgruppen ist durch elektrochemische Verfahren möglich. Aliphatische Carboxylgruppen lassen sich auf elektrochemischem Wege hingegen kaum reduzieren. Nur bei der Oxalsäure gelingt die Reduktion einer Carboxylgruppe.

Versuchsdurchführung [23]
In einer Elektrolyseapparatur nach Abb. 2.6 – jedoch ohne die Trennwand mit Ionenaustauschermembran – wird 20 g Benzoesäure in 70 mL Ethanol gelöst. Man gibt 10 mL konzentrierte Schwefelsäure zu dieser Lösung und elektrolysiert bei 5–10 A. Die Innentemperatur der Lösung darf nicht über 30 °C steigen, sodass es ratsam ist, das Becherglas mit dem Reaktionsansatz in ein leicht gekühltes Wasserbad zu stellen. Während der Elektrolyse gibt man nochmals 20 g Benzoesäure zur Lösung. Nach 80 A · h wird die Elektrolyse beendet. Die Schwefelsäure wird neutralisiert und der enthaltene Alkohol bei maximal 120 °C abdestilliert. Unter leichtem Vakuum wird dann der Benzylalkohol überdestilliert (Siedepunkt: 95 °C/16 mbar); Ausbeute > 80 %.
Benzylalkohol lässt sich auch durch anodische Oxidation von Toluol darstellen.

19.2.8 Anilin

$$R\text{--}NO_2 \rightarrow R\text{--}NH_2 .$$

Versuchsdurchführung [24]
In einer Elektrolyseapparatur nach Abb. 2.6 (Anionenaustauscherharzmembran) mit Bleielektroden ($F = 100\ cm^2$) wird in die Anodenkammer 200 mL 10 %ige Schwefelsäure eingeführt. In die Kathodenkammer werden 20 mL Nitrobenzol, 150 mL Ethanol und 120 mL 20 %ige Schwefelsäure gegeben. Bei 15–20 A wird die Lösung elektrolysiert. Nach 10 h ist die Elektrolyse beendet. Der Alkohol wird abdestilliert, die Lösung wird dann in ein Becherglas überführt und bei Raumtemperatur stehen gelassen. Dabei scheidet sich bald Anilinsulfat ab. Die Ausbeute liegt um 86 %.

19.2.9 Piperidin

Versuchsdurchführung [25]

Es werden 20 g Pyridin mit 200 mL 10 %iger Schwefelsäure vermischt und in eine Elektrolysezelle entsprechend Abb. 2.6 eingefüllt. Die Fläche von Bleikathode und Bleioxidanode sollte jeweils 100 cm^2 betragen. Auf die Anionenaustauscher-Membran kann verzichtet werden. Bei einer Stromstärke von etwa 12 A wird etwa 24 h elektrolysiert. Bei vorzeitig beginnender Wasserstoffentwicklung muss die Bleikathode durch eine neue neue Elektrode ersetzt werden. Bei der Elektrolyse steigt die Temperatur bis auf 55 °C. Die Ausbeute an Piperidin beträgt etwa 95 %.

In gleicher Weise lassen sich auch Pyrrolidin aus Pyrrol und Tetrahydrochinolin aus Chinolin gewinnen.

19.3 Die Schmelzflusselektrolyse

Viele Metalle können über die Schmelzflusselektrolyse hergestellt werden. Großtechnisch wichtige Bedeutung haben die Metalle Aluminium, Natrium, Lithium, Magnesium. In kleinerer Menge werden die Elemente Kalzium, Beryllium, Barium, Caesium, Rubidium, Strontium, Metalle der seltenen Erden, Niob, Tantal, Titan hergestellt.

Auch Cadmium, Zinn, Zink, Kupfer, Silber können auf diese Weise dargestellt werden. Bei den letzteren Elementen ist die elektrolytische Raffination und Elektrolyse aus wässrigen Lösungen bedeutsamer.

19.3.1 Hinweise für die Durchführung von Experimenten

Zur Durchführung von Schmelzflusselektrolysen werden Apparaturen entsprechend Abb. 19.3 benötigt. [26]

Ein schwer schmelzbares Glasrohr (beispielsweise Pyrexglas) sollte in leicht gewinkelter Form vorliegen. Auf dieser Grundlage machte bereits Faraday Experimente mit Salzschmelzen. Neben Glas fanden auch Porzellanrohre Verwendung, die Vorgänge an den Elektroden können dort aber nicht beobachtet werden. In das gewinkelte Glasrohr wird das entsprechende Metallsalz eingebracht. Grafitelektroden mit einem Durchmesser von ca. 5 mm eignen sich für viele Metallabscheidungen sehr gut. Mitunter werden auch Nickel- oder Eisenstäbe genutzt. Wichtig ist es, dass der Elektrodenabstand nicht zu gering ist. Bei einem Elektrodenabstand unter 2 cm sinkt der Stoffumsatz erheblich. [27]

Zur Halterung des Glasrohres dient ein Stahlständer, der mit Sand oder einem schmelzbaren Salz gefüllt werden kann. Dies ist zur Erhaltung einer gleichmäßigen Temperatur vorteilhaft. Unter den Stahlständer wird ein Bunsenbrenner gestellt.

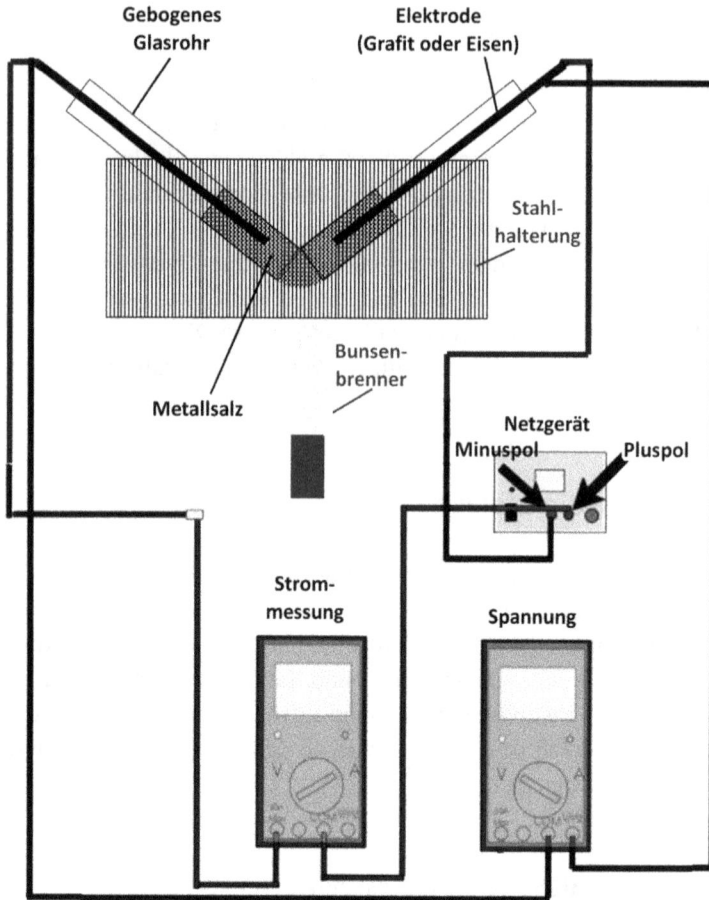

Abb. 19.3: Apparatur für Schmelzflusselektrolysen. Statt der digitalen Messinstrumente sind Dreh-spulinstrumente zu verwenden!

Bessere Ergebnisse werden erzielt, wenn ein Elektroofen verwendet wird. Mit einem Elektroofen lassen sich die Temperaturen exakt einstellen. Dies ist sehr wichtig, da durch eine Temperaturabweichung der Siedepunkt von Metallen überschritten werden kann. [28]

Bei einer Schmelzflusselektrolyse können an der Anode oft sehr giftige Gase entstehen. Die Schmelzflusselektrolyse sollte im Laborbereich daher nur unter einem Abzug ausgeführt werden.

Bei Elektrolysen hat sich zwischen Anoden- und Kathodenraum ein Diaphragma (z. B. aus Ton, Stahlnetz) bewährt.

Tab. 19.1: Schmelz- und Siedepunkte von Metallsalzen.

Substanz	Schmelzpunkt (°C)	Siedepunkt Salz (°C)	Schmelzpunkt/ Siedepunkt Metall (°C)	
Lithiumhydroxid	450	924[d]	180	/ 1317
Lithiumchlorid	606	1325	180	/ 1317
Natriumchlorid	804	1413	97,8	/ 882,9
Natriumbromid	747	1390	97,8	/ 882,9
Natriumiodid	661	1304	97,8	/ 882,9
NaOH	318	1390	97,8	/ 882,9
Natriumnitrat	307	380	97,8	/ 882,9
Natriumsulfat	884	–	97,8	/ 882,9
Kalziumchlorid	782	> 1600	839	/ 1484
Kalziumbromid	730[d]	806	839	/ 1484
Magnesiumchlorid	714	1412	649	/ 1107

[d]: Zersetzung des Stoffes

19.3.2 Über Metallsalze

Wichtigstes Kriterium für die Schmelzflusselektrolyse ist, dass das verwendete Metallsalz bei einer nicht zu hohen Temperatur schmilzt. Das Metallsalz und das entstehende Metall sollten keinen zu geringen Siedepunkt besitzen. Jedenfalls sollten die Siedepunkte bekannt sein, damit das Metall nicht bei einer zu hohen Temperatur in die Gasphase übergeht.

Wie aus Tab. 19.1 ersichtlich, ist die Schmelztemperatur von NaCl derart hoch, dass fast der Siedepunkt des Natriums erreicht wird. Lange Zeit wurde die Herstellung der Alkalimetalle aus den entsprechenden Hydroxiden betrieben. Die Entdeckung der Elemente von Natrium und Kalium aus den Hydroxiden durch Schmelzflusselektrolyse erfolgte bereits im Jahr 1807 durch Humphrey Davy.

Wird das Natriumchlorid mit etwas Kalziumchlorid versetzt, so sinkt der Schmelzpunkt auf etwa 600 °C. Matthiessen entdeckte diese Methode bereits um 1855. [29] Da der Energieverbrauch bei der Natriumchloridelektrolyse geringer ist, setzte sich das Verfahren auf Basis einer NaCl/CaCl$_2$-Mischung durch.

Im späteren Verlauf wurden auch andere Darstellungsweisen von Natrium untersucht. Beispielsweise die Darstellung aus dem Natriumnitrat. Diese Versuche scheiterten, da das Natrium an der Kathode sofort wieder oxidiert wird. Auch Versuche mit Sulfaten, Karbonaten, Phosphaten, Boraten blieben erfolglos. [30]

Ein weiteres wichtiges Kriterium für erfolgreiche Schmelzflusselektrolysen ist eine sehr hohe Leitfähigkeit des geschmolzenen Salzes. Eine hohe Leitfähigkeit wird meist bei Halogeniden und Hydroxiden beobachtet, daher eignen sich diese Anionen für die Schmelzflusselektrolyse.

Auch die Temperatur von geschmolzenen Salzen hat große Auswirkungen auf die Elektrolyse. Liegt die Temperatur einer Salzschmelze deutlich über dem Schmelzpunkt des Metalls, so vermindert sich die Ausbeute erheblich. [31] Durch eine hohe Temperatur tritt eine Nebelbildung von Metallen in der Salzschmelze auf. Durch verstärkte Diffusion und Konvektion von Metallen und Metallionen in Richtung des Anodenraumes geht die Ausbeute zurück.

Schließlich hat auch die Stromdichte einen erheblichen Einfluss. Eine sehr geringe Stromdichte ermöglicht eine stärkere Diffusion und fördert die Auflösung des Metalls an der Kathode. Die Schmelzflusselektrolyse muss bei sehr hohen Stromdichten betrieben werden.

Metallsalze müssen wasserfrei zur Reaktion eingesetzt werden. Gemische aus Sauerstoff und Chlor greifen die Kohleanoden stark an. Durch eine Bildung von basischen Salzen kann während der Elektrolyse Sauerstoff entstehen, der das kathodische Metall oxidiert.

19.3.3 Wichtige Metalle der Schmelzflusselektrolyse

Natrium

Natrium wird aus einer Mischung von $NaCl/CaCl_2$ bei einer Schmelztemperatur von 570–590 °C in einer sogenannten Downs-Zelle gewonnen. [32] Die Downs-Zelle besteht aus mehreren Grafitanoden, die von Stahlkathoden umgeben sind. Ein Metalldiaphragma trennt Kathoden und Anoden während der Elektrolyse, sodass das Chlor aus einer trichterförmigen Öffnung aus der Schmelze entweichen kann. In der Regel beträgt die Elektrolysespannung etwa 5,7–7 V, die Stromdichte liegt bei 1 A/cm^2, der Energieverbrauch bei etwa 10 kWh/kg. Die produzierte Menge aller Alkalimetalle in Deutschland beträgt etwa 428 t pro Jahr. [33]

Aluminium

Aus Bauxit, einem durch Eisenbeimengungen rötlich gefärbten Mineral aus Aluminiumoxid (55–65 %), wird das reine Aluminiumoxid gewonnen. Die Schmelztemperatur des Aluminiumoxids liegt bei 2050 °C. Für eine elektrolytische Darstellung ist die Schmelztemperatur zu hoch.

Bunsen hatte um 1854 erstmals sehr kleine Mengen an Aluminium aus dem Doppelsalz von $AlCl_3 NaCl$ elektrolytisch erzeugt. [34] Die erhaltene Menge war bescheiden. Etwa zeitgleich entwickelte auch Saint-Claire-Deville ein ebenfalls aufwendiges Verfahren zur Aluminiumproduktion.

Paul Hérault konstruierte um 1886 einen besonderen Ofen, der aus Aluminiumoxid die elektrolytische Herstellung einer Aluminium-Kupfer-Legierung ermöglichte. Mit Kiliani von der AEG in Berlin, der die Zugabe von Kryolith (Na_3AlF_6) zur Absenkung der Schmelztemperatur des Aluminiumoxids entdeckt hatte, entwickelte Hérault weitere Verbesserungen der Ofenkonstruktion, sodass reines Aluminium hergestellt werden konnte. Im Jahr 1907 lag die Weltproduktion von Aluminium um 20.000 t.

Kryolith bildet mit 12,5–22,5 % Aluminiumoxid ein bei 935 °C schmelzendes eutektisches Gemisch. Da die Zersetzungsspannung von Kryolith größer als von Aluminiumoxid ist, wird das Aluminiumoxid in Sauerstoff und Aluminium zerlegt. An den Kohleanoden entsteht Kohlenmonoxid. Das geschmolzene Aluminium bildet eine flüssige Kathode, die weiteres Aluminium aus dem geschmolzenen Aluminiumoxid entwickelt.

In letzter Zeit gewinnt der Alcoa-Prozess bei einer Arbeitstemperatur von 700 °C mit einer Schmelze aus 10–15 % Aluminiumchlorid in NaCl/LiCl mit bipolaren Grafitelektroden an Bedeutung. [35]

Bei einer Spannung von 4,2 V und einer Stromdichte von $0,7–0,8 \, A/cm^2$ kann 1,9 kg Aluminium mit einer elektrischen Energie von 12–15 kWh hergestellt werden. Das hergestellte Aluminium enthält noch 0,1 % Eisen und 0,1 % Silizium als Verunreinigungen.

Durch die technischen Verbesserungen seit 1907 ist der Energieverbrauch je erzeugtes Kilogramm Aluminium um über 70 % gesunken. Heute werden allein in Deutschland 310.700 t Aluminium pro Jahr hergestellt, in der EU beträgt die jährliche Produktionsmenge 1,16 Mio. t [36, 37].

Magnesium

Die Schmelzflusselektrolyse von Magnesium kann in Downs-Zellen erfolgen. Die von oben eingesenkten Grafitanoden senken sich in die kathodischen Stahlwannen. Das Chlorgas wird wie bei der Natriumherstellung über die Downs-Zellen abgeleitet. Es wird wasserfreies Magnesiumchlorid benötigt. Zuschläge von $CaCl_2$ und NaCl können den Schmelzpunkt des Salzes auf etwa 720 °C senken. [38] Bei einer Spannung von 6,3 V und einem Energieverbrauch von 18,5 kWh kann 1 kg Magnesium gewonnen werden. Die produzierte Menge an Magnesium in Deutschland liegt bei 16.460 t pro Jahr. [39]

Silicium

Wissenschaftler aus Nottingham (Großbritannien) und Wuhan (China) haben im Jahr 2004 ein elektrolytisches Verfahren zur Gewinnung von Silicium aus Siliciumdioxid entwickelt. [40] Dabei wird Siliciumdioxid als Kathode vorgelegt, in der Salzschmelze befinden sich erhebliche Mengen Kalziumchlorid, das für eine gute Stromleitung sorgt.

19.4 Elektrosynthese von anorganischen Stoffen

Sehr wichtige anorganische Stoffe, die durch die Elektrolyse hergestellt werden, sind Hypochlorit, Chlorat, Perchlorat, Braunstein, Kaliumpermanganat, Fluor, Wasserstoffperoxid, Natronlauge, Wasserstoff, Chlor, Kaliumhydroxid, Chlorstickstoff (NCl_3).

Der letztere Stoff wird aus der Elektrolyse von Ammoniumchlorid gewonnen. Er ist sehr explosiv.

Elektrolytisch können viele verunreinigte Metalle in ein sehr reines Metall überführt werden, das Verfahren heißt Raffination. Die Raffination wird für Kupfer, Zink, Nickel, Blei genutzt.

Überdies können viele weitere anorganische Stoffe mit elektrolytischen Verfahren hergestellt werden; beispielsweise die Anionen, z. B. Nitrit, Dithionat.

Metallraffination

Bei der Metallraffination wird das verunreinigte Metall als Anode in einem Elektrolysebad geschaltet. Für die Herstellung von hochreinem Kupfer kann das aus der Röstung von sulfidischen Erzen gewonnene Kupfer in ein Schwefelsäurebad getaucht werden. Als Anode löst sich das verunreinigte Kupfer bei diesem Prozess auf, und das reine Kupfer schlägt sich an der Kupferkathode nieder. Dabei bleiben die unedlen Metallionen wie Nickel, Zink, Eisen gelöst. Die edleren Elemente – beispielsweise Silber, Gold, Platin – fallen als Anodenschlamm aus. Bei der Raffination darf keine zu hohe Spannung angewandt werden, da sonst auch unerwünschte Metalle auf der Kathode abgeschieden werden. Bei der der Kupferraffination arbeitet man in der Regel nur mit Spannungen von $280\,mV$ und Stromdichten von $0,21\,A/cm^2$.

Reines Nickel wird entweder aus Rohnickel oder Nickelsulfid gewonnen. Für die Nickelraffination sind spezielle Elektrolysezellen konstruiert worden. Der Kathodenraum wird durch ein Diaphragma umschlossen und trennt den Anodenbereich. Die Rohelektrolytlösung wird in den Kathodenbereich kontinuierlich eingelassen, durch das Diaphragma wandern die nicht abgeschiedenen Ionen durch den Anodenbereich in Richtung Auslass. Die angelegte Spannung beträgt $1,9\,V$ bei einer Rohnickelanode und bis $3,70\,V$ bei einer Nickelsulfidanode. [40]

Bei der Gewinnung von Zink wird eine Spannung von $3,5\,V$ benötigt.

Durch Metallraffination werden in der EU sehr große Mengen an hochreinen Metallen hergestellt. Jährlich werden 2,926 Mio. t Kupfer, 1,795 Mio. t Zink und 1,108 Mio. t Blei in Europa erzeugt. [41]

Wasserstoffperoxid

In früherer Zeit wurde ein Großteil des Wasserstoffperoxids über das Peroxodisulfat gewonnen. Um 1956 stammten etwa 80 % des Wasserstoffperoxids aus diesem Vorprodukt. Seit 1983 gibt es keine Anlage in Westeuropa und den USA zur Herstellung von Wasserstoffperoxid auf Basis von Peroxodisulfaten. Die Herstellung von Wasserstoffperoxid erfolgte in späteren Jahren zunehmend auf der elektrolytischen Basis von Alkylanthrachinon, eine andere Syntheselinie folgt der Basis auf konzentrierten NaOH-Lösungen. [42]

In Deutschland werden jährlich etwa 218.700 t Wasserstoffperoxidlösung erzeugt. [43]

Braunstein, Kaliumpermanganat

Braunstein wird aus der Elektrolyse von $MnSO_4$ an der Anode erhalten. In verdünnter Schwefelsäure wird in der Regel Braunstein an der Anode abgeschieden. Bei höherer Konzentration der Schwefelsäure und in der Kälte können sich bei nicht sehr langer Elektrolyse auch rote Kristalle von $H_2Mn_2(SO_4)_2$ oder schwarze Kristalle aus $Mn(SO_4)_2$ abscheiden.

Zur Herstellung des Permanganats muss aus Braunstein das grüne Manganat(VI) hergestellt werden.

Diese Umsetzung gelingt durch Erhitzen des Braunsteins mit Kaliumhydroxid unter Sauerstoffzutritt. [44]

$$MnO_2 + \tfrac{1}{2}O_2 + 2\,KOH \rightarrow K_2MnO_4 + H_2O\,.$$

Das grüne Kaliummanganat wird abfiltriert und in 2–3-molarer Kaliumhydroxidlösung elektrolysiert. Dabei entsteht Kaliumpermanganat.

Die Gesamtproduktion an Manganaten, Permanganaten, Molybdaten, Wolframaten beläuft sich in Deutschland auf etwa 2100 t (2014) jährlich. In den USA lag die jährliche Produktion von Kaliumpermanganat im Jahr 1991 bei 21.000 t.

Chloralkalielektrolyse

Die Chloralkalielektrolyse ermöglicht die Herstellung von Natriumhydroxid, Kaliumhydroxid, Chlor und Wasserstoff. Für die Gewinnung von Natriumhydroxidlösung und Chlor aus einer Natriumchloridlösung ist die Reaktionsgleichung:

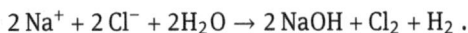

$$2\,Na^+ + 2\,Cl^- + 2H_2O \rightarrow 2\,NaOH + Cl_2 + H_2\,.$$

Schon um 1890 wurde durch J. Stroof und die Gebrüder Lang in Griesheim das Diaphragmaverfahren zur Elektrolyse von NaCl-Lösungen eingeführt. Das Diaphragma trennt Kathoden- und Anodenraum. An der Anode wird das Chlorid zu Chlor oxidiert, an der Kathode wird das Wasser zu Wasserstoff und Hydroxid umgewandelt. Das Chlor löst sich sehr gut in basischen wässrigen Lösungen zu Hypochlorit, daher muss der Kathodenraum vom Anodenraum durch ein Diaphragma getrennt bleiben. Lange Zeit wurde Grafit als Anode verwendet. Da das Chlor das Grafit durch Chlorierung chemisch verändert, musste die Anode häufig ersetzt werden. In neuerer Zeit verwendet man mit Rutheniumoxid beschichtete Titananoden (dimensionsstabilisierte DSA-Anoden). Diese Anode ist sehr beständig gegenüber Chlor. Aus Chlor und Wasserstoff lässt sich Salzsäure gewinnen.

Im Kathodenraum reichern sich im Diaphragma- und Membranverfahren stark konzentrierte NaOH-Lösungen (bis 12%) vermischt mit NaCl-Lösung an. Durch Abdampfen von weiterem Wasser fällt das NaCl aus, während das NaOH gelöst bleibt. Die 50 %igen Lösungen aus NaOH enthalten in der Regel noch 1 % NaCl. [45]

Im Membranverfahren, das seit 1971 betrieben wird, trennt Anoden- und Kathodenkammer eine Kationenaustauschermembran (Perfluorsulfonatmembran). Die Natriumionen können durch die Membran von der Anodenseite in die Kathodenkammer einwandern, für die Chloridionen bleibt der Weg versperrt. Die Hydroxidlösungen im Membranververfahren können Konzentrationen bis maximal 30 % aufweisen, bei noch höheren Konzentrationen kann die Stabilität der Membran beeinflusst werden.

Im Amalgamverfahren kann eine Lauge erhalten werden, die völlig frei von Chlorid ist. Die abfließende Flüssigkeit kann aber noch Spuren an Quecksilber aufweisen (1 g Quecksilber auf 1 t freigesetztes Chlor).

In Europa wurden im Jahr 2012 300.000 t festes NaOH und 7,5 Mio. Tonnen NaOH-Lösung erzeugt. [46] Damit ist Natriumhydroxid eine der mengenmäßig wichtigsten Chemikalien der chemischen Industrie. Ferner werden 4,8 Mio. Tonnen Salzsäure in Europa gewonnen.

Wasserelektrolyse

Die Wasserelektrolyse wird an Standorten genutzt, an denen sehr viel elektrische Energie erzeugt werden kann. Die Wasserelektrolyse zur Speicherung von elektrischer Energie wird von einigen Autoren als Brücke in eine moderne Energieversorgung gesehen. Durch Solarzellen, Windenergie, geothermische Energie und Wasserkraft sollte es möglich sein, genügend Wasserstoff für eine neue Energieinfrastruktur zu erzeugen. Jeremy Rifkin sieht im Wasserstoff den idealen Energieträger der Zukunft, möglicherweise auch für den Verkehr. [47] Auch im Buch von George A. Olah, Alain Goeppert und C. K. S. Prakash *The Methanol Economy: Beyond Oil and Gas* werden die Möglichkeiten der Wasserstofftechnologie beschrieben. [48] Wasserstoff hat Nachteile gegenüber den Energieträgern aus Erdöl, Erdgas und Kohle. Die Energiedichte pro Volumeneinheit ist sehr unvorteilhaft. Wasserstoff hat pro Kubikmeter nur einen Heizwert von 13 MJ. Methan hat bereits einen Heizwert von 36 MJ/m^3 und Benzin von 42 MJ/kg oder 27.500 MJ/m^3. Für die Komprimierung von Wasserstoff zu einer Flüssigkeit werden 30–40 % des Energieinhaltes des Gases benötigt. Im flüssigen Zustand entweicht der Wasserstoff selbst aus Metallbehältern.

Einige Wissenschaftler sahen im Wasserstoff große Vorteile. Mit Luftschiffen konnten in früherer Zeit Menschen und Material auch an Orte gebracht werden, die keinerlei Verkehrsanbindung besaßen. Der Auftrieb des Wasserstoffgases könnte sicherlich für viele Transportprozesse besser genutzt werden. Die dezentrale Speicherung von Wasserstoff über den Strom aus Solaranlagen, Windräder ermöglicht eine autarke Energieversorgung.

Vorteilhaft könnte der Wasserstoff in Form von Metallhydriden oder Kohlenstoffverbindungen gebunden werden, sodass der Transport leichter möglich wäre. Das MgH_2 ist ein leichter Stoff (MG: 26,3 g/mol), aus dem sich der Wasserstoff durch Erwärmung auf 280–300 °C abspalten lässt. Methanol kann aus Wasserstoff und Kohlenmonoxid in Natriummethanolat am Kupferkatalysator bei 80–100 °C und Drücken zwischen 10–50 bar erzeugt werden. [49]

Die klassische Wasserelektrolyse zur Erzeugung von Wasserstoff und Sauerstoff nutzt netzförmige Nickel- und Eisenelektroden in einer 6–8-M-Kalilauge. Bei modernen Elektrolyseanlagen werden Drücke von etwa 30 bar und Temperaturen von 80 °C benötigt. Es werden Diaphragmen aus Ionenaustauschermembranen und bipolare Elektroden genutzt.

Um eine möglichst große Elektrodenfläche zu erreichen, liegen in technischen Anlagen die Elektroden mitunter als Partikel (kugelförmig, zylinderförmig o. ä. in Tausenden von Teilchen) in einem rohrförmigen Behälter vor. Haben die Partikel nur Kontakt zu einer Zuführungselektrode (kathodisch oder anodisch), so bezeichnet man sie als monopolare Partikelelektrode. Bei der bipolaren Elektrode können einzelne Partikel (auch durch den leitenden Kontakt mit anderen Teilchen) eine elektrische Verbindung zur anders geladenen Zuführungselektrode herstellen. Die einzelnen Teilchen besitzen also einen Spannungsgradienten. Diese Elektroden nennt man bipolare Partikelelektroden.

Wasserstoff und Sauerstoff können unter Druck gespeichert werden und durch Brennstoffzellen bei Bedarf die chemische Energie wieder als elektrische Energie abgeben.

Neben der Gewinnung von Wasserstoff und Sauerstoff wird in Elektrolyseanlagen auch schweres Wasser (D_2O) erzeugt. Im gewöhnlichen Wasser sind 0,015 Mol-% Deuteriumoxid enthalten. Urey hat im Jahr 1933 das Deuterium durch die Elektrolyse nachgewiesen. Bei der Elektrolyse von Wasser bildet sich sehr viel leichter Wasserstoff als Deuteriumgas. Daher reichert sich Deuteriumoxid während der Wasserelektrolyse an. Deuteriumoxid wird bei kerntechnischen Anlagen als Moderator verwendet. Bei Forschern der kalten Fusion ist es ebenfalls sehr beliebt.

In der EU wurden im Jahr 2014 18,5 Mio. m^3 Wasserstoff und 29,9 Mio. m^3 Sauerstoff gewonnen. [50] Die Art der Gewinnung ist nicht näher bezeichnet.

19.5 Organische Elektrosynthesen

In organischen Elektrosynthesen werden keine sehr hohen Leitfähigkeiten wie bei anorganischen Elektrosynthesen benötigt. In der Regel sind Leitfähigkeiten zwischen 5–50 mS/cm ausreichend. [51] Die entstandenen Produkte müssen nach der Umsetzung zunächst mit physikalischen Methoden getrennt und analysiert werden. Die Analyse von Stoffen der elektroorganischen Chemie wurde durch die Kernresonanzspektroskopie und die Gaschromatografie seit 1960 erheblich verbessert.

Eine sehr wichtige Chemikalie der organischen Elektrosynthese ist Adipinsäuredinitril. Aus Adipinsäuredinitril lassen sich Hexamethylendiamin und Adipinsäure durch Reduktion bzw. Oxidation gewinnen. Die beiden letztgenannten Chemikalien sind das Vorprodukt für Nylon 6,6. Das Verfahren wurde von Baizer entwickelt und die Firma Monsanto baute in den 60er-Jahren eine erste Großanlage mit einer Jahreskapazität von 30.000 t. Als Leitsalz für die Reaktion dienen Tetraalkylammoniumsulfonate. Später entwickelte die Firma Ashai Chemical ein Verfahren mit einer Kationenaustauschermembran und einem deutlich geringeren Wassergehalt (2 %) [51]. Anfang der 90er-Jahre lag die Jahresproduktion von Adipinsäuredinitril nach elektroorganischen Verfahren bereits bei über 200.000 t. In der EU wurden im Jahr 2014 jährlich 690.000 t Adipinsäure und 937.000 t Hexamethylendiamin produziert. Adipinsäure kann synthetisch auch über die Oxidation von Cyclohexan dargestellt werden. Hexamethylendiamin lässt sich auch aus Butadien, einer Chloranlagerung, der Umsetzung mit Cyanidsalzen zu der Nitrilverbindung und einer nachfolgenden katalytischen Hydrierung gewinnen.

In Abb. 19.4 ist das Reaktionsschema der elektrochemischen Darstellung von Adipinsäuredinitril aufgezeigt. An der Kathode wird das Acrylnitril in ein Radikalanion umgewandelt. Das Anion reagiert durch eine Michael-Addition mit einem zweiten Molekül Acrylnitril.

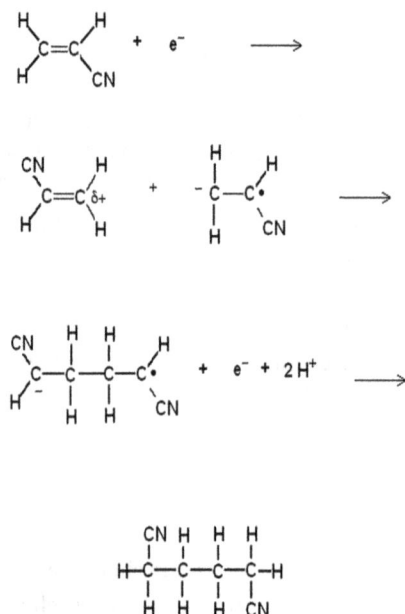

Abb. 19.4: Reaktionsschema zur Bildung von Adipinsäuredinitril aus Acrylnitril.

Die Kolbe-Elektrolyse zur Synthese von Ethan wurde in Kapitel 11 behandelt. Unter Abspaltung der Carboxylgruppen können aus zwei gleichförmigen Alkansäuren die entsprechenden Alkane aus den Alkylresten entstehen. Das Verfahren der Kolbe-Elektrolyse wird im synthetischen Bereich auch zur Verknüpfung von verschiedenartigen Alkylresten genutzt. Dabei werden jedoch Mischungen von drei oder mehr Stoffen erhalten. Mitunter lassen sich die Stoffe durch Kristallisation trennen.

Ein wichtiges Verfahren zur Darstellung von gemischten Estern haben A. C. Brown und J. Walker im Jahr 1891 entwickelt. Es dient der Herstellung von industriell wichtigen Estern, beispielsweise von Sebacinsäureestern [52]. In Abb. 19.5 wird das Reaktionsschema für einen anderen Ester dargestellt.

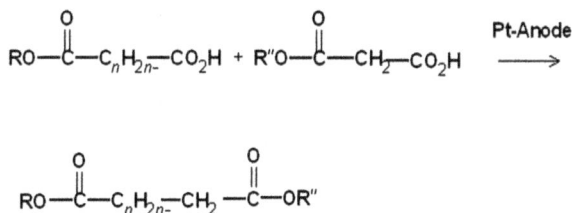

Abb. 19.5: Reaktionsschema zur Darstellung von gemischten Estern.

Benzochinon kann elektrosynthetisch direkt aus Benzol gewonnen werden. Die Abb. 19.6 zeigt das Reaktionsschema der anodischen Stoffumsetzung auf. Etwa 8000 t verschiedener Chinone werden pro Jahr im Euroraum produziert.

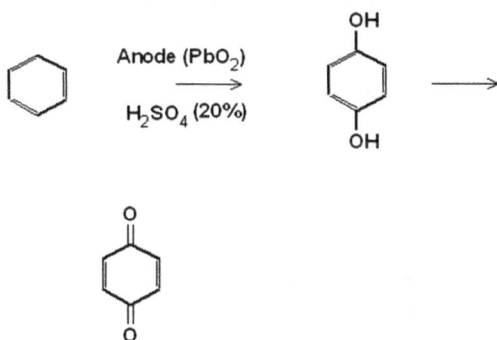

Abb. 19.6: Reaktionsschema der Darstellung von Benzochinon aus Benzol.

Propylenoxid ist eine Chemikalie von sehr großer wirtschaftlicher Bedeutung. Pro Jahr werden etwa 2 Mio. t produziert. Wichtige Produkte aus dieser Gruppe sind Polyetheralkohole. Auch für diesen Stoff wurde ein Gewinnungsverfahren durch elektrochemische Verfahren ausgearbeitet [53]. Die Abb. 19.7 zeigt das Reaktionsschema.

An der Anode wird aus Chlorid Chlor erzeugt. Chlor verbindet sich mit Wasser zu Hypochlorit. Das Hypochlorit lagert sich an Propen an. An der Kathode werden Hydroxidionen gebildet, diese deprotonieren das 2-Chlorpropan-1-ol. Unter Abspaltung von Chlorid kommt es zum Ringschluss.

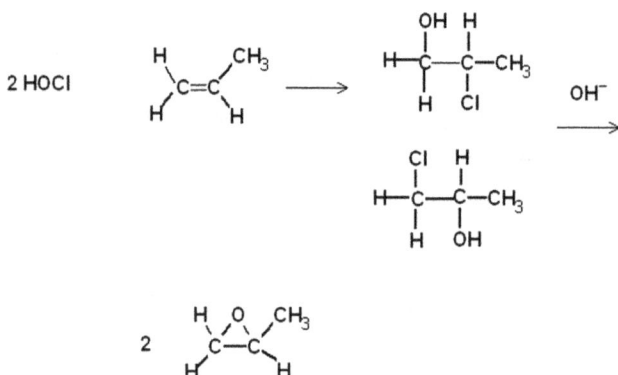

Abb. 19.7: Reaktionsschema zur elektrolytischen Darstellung von Propylenoxid.

Dimethylsulfoxid (Abb. 19.8) ist ein bekanntes Lösungsmittel in der organischen Chemie. Um 1912 wurden elektroorganische Synthesevorschriften zur Oxidation von Dialkylsulfiden von Fichter und Wenk erstellt [54].

Abb. 19.8: Elektrosynthese von Dimethylsulfoxid.

Die BASF hat in der Vergangenheit eine elektrochemische Anlage zur Hydrierung von Phthalsäure zur 3,5-Cyclohexadiendicarbonsäure (Abb. 19.9) betrieben. Auch diese Darstellung gelingt nur auf elektrochemischer Basis [55].

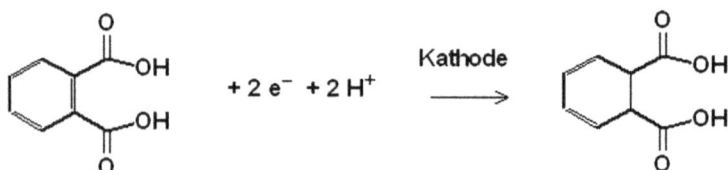

Abb. 19.9: Darstellung von 3,5-Cyclohexadiendicarbonsäure.

Ein weiteres Verfahren, das ebenfalls von der BASF entwickelt worden ist, nutzt Anode und Kathode zur Gewinnung von zwei unterschiedlichen organischen Stoffen (Abb. 19.10) [56].

Anode:

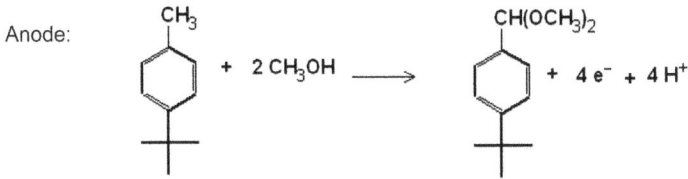

Kathode:

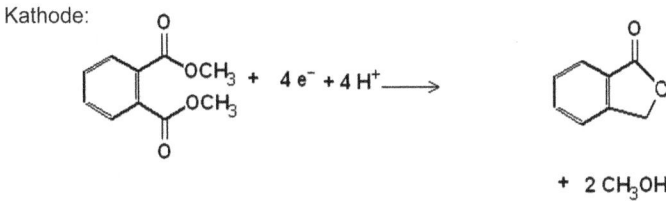

Abb. 19.10: Darstellung von Phtahalid und 4-t-Butylbenzaldehyddimethylacetal.

In der früheren Zeit wurden halogenierte organische Lösungsmittel in der präparativen organischen Chemie genutzt. Einige dieser Lösungsmittel wurden elektrochemisch hergestellt.

Aus Ethanol oder Aceton bilden sich in alkalischer Lösung bei Elektrolysen unter Zugabe von Iod oder Brom Iodoform oder Bromoform. Die Darstellung von Chloral erfolgt aus Ethanol und Kaliumchlorid durch die anodische Chlorbildung. Dabei muss ein Diaphragma verwendet werden.

Carbonylgruppen können an der Kathode zum Alkohol reduziert werden, sie können jedoch auch ein Pinakol bilden. An Bleielektroden besteht zusätzlich noch die Möglichkeit, dass Bleialkyle gebildet werden. Dieser Stoff ist sehr giftig. Sehr ausgiebig ist die elektrolytische Reduktion von Aceton an Blei- und Quecksilberkathoden von Elbs und Tafel im Jahr 1902 untersucht worden. In Abb. 19.11 sind die Reduktionsprodukte von Aceton dargestellt.

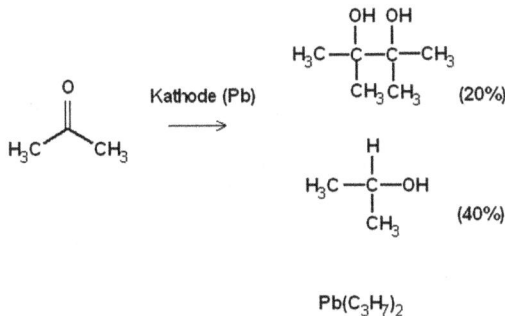

Abb. 19.11: Elektroreduktion von Aceton.

Einige Carbonylgruppen lassen sich mitunter vollständig zur Methylengruppe reduzieren. Die Umwandlung von Succinimid zu Pyrrolidon nach Abb. 19.12 wurde durch Tafel im Jahr 1900 aufgefunden.

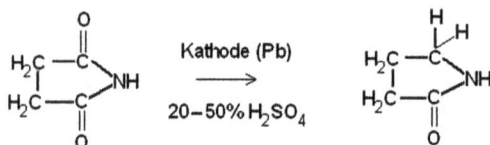

Abb. 19.12: Elektroreduktion zu Pyrrolidon.

Aldehyde können in ammoniakhaltigen Lösungen auch Amidine bilden. Mitunter wird der entsprechende Alkohol zum Aldehyd oxidiert und setzt sich mit Ammoniak zum Amidin um.

Das Reaktionsschema in Abb. 19.13 zeigt die Umsetzung von Ethanol zum Acetamidin.

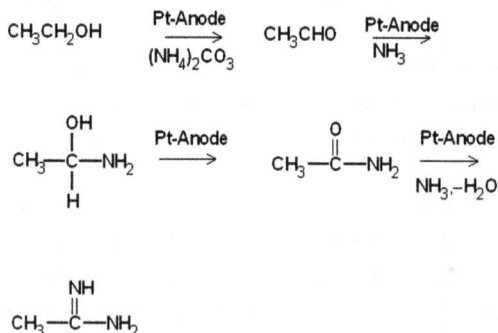

Abb. 19.13: Bildung von Acetamidin aus Ethanol.

Aromatische Carboxylgruppen lassen sich in der Regel mit guten Ausbeuten elektrochemisch zu den Benzylalkoholen reduzieren. Die Reduktion von aliphatischen Alkoholen gelingt nur in Ausnahmefällen mit den herkömmlichen elektrolytischen Reduktionsverfahren. Eine Ausnahme bildet noch Oxalsäure. Bei der Oxalsäure lässt sich eine Carboxylgruppe gut zum entsprechenden Aldehyd oder primären Alkohol reduzieren. Die entsprechende Glyoxylsäure wird im Bereich der chemischen Industrie (beispielsweise zur Herstellung von Glycin) benötigt, sodass die Elektroreduktion von Oxalsäure auch wirtschaftliche Bedeutung hat.

19.6 Nachtrag: Vertrauen zur Wissenschaft

Wissenschaftler machten in der Vergangenheit hin und wieder einzelne fehlerhafte Untersuchungen. Ist eine Erkenntnis jedoch in einem Fachjournal oder einer Patentschrift, so wird der Artikel von anderen Wissenschaftlern gelesen. Aufgrund des Artikels wird der Inhalt der Veröffentlichung als wahr angenommen. Buchautoren beschreiben später oft ungeprüft die neue Erkenntnis in ihren Büchern. Was passiert, wenn der Inhalt einer wissenschaftlichen Aussage nicht stimmt?

In Fritz Försters Buch *Elektrochemie wässriger Lösungen* (1915) steht der Satz: „Während sonst von gesättigten und aliphatischen Mono- und Dicarbonsäuren sich bisher nur die Ameisensäure in schwefelsaurer Lösung an Blei wie auch an platiniertem Platin zu Formaldehyd und Methylalkohol reduzierbar erwiesen hat, [...]"

Förster hatte eine Patentschrift (1907) aus den USA als Quelle angegeben.

In einem sehr viel späteren Artikel [58] vom September 1977 wird das besagte Patent von 1907 beschrieben. Die Autoren dieses Artikels haben den wissenschaftlichen Fehler im Patent leider nicht klar erkannt und benannt. Nur in einem sehr kleinen Potenzialfenster von 100 mV erhielten die Autoren gute Reduktionsergebnisse. Praktisch dürfte die Elektroreduktion von Ameisensäure unter diesen Voraussetzungen auf einem wissenschaftlichen Fehler basieren.

Leider wird auch in neueren Artikeln auf die US-Patentschrift von 1907 verwiesen.

In Friedrich Fichters Buch *Organische Elektrochemie* befindet sich der Vermerk, dass die Angaben über die Reduktion von Ameisensäure nach der Patentschrift von 1907 nicht haltbar sind [59].

Patentinhaber müssen die gefundenen Tatsachen nachvollziehbar offenlegen. Manche Tatsachen werden in der Patentschrift mitunter weniger genau angegeben, sodass im Inhalt für mögliche Wettbewerber doch noch ein Geheimnis verborgen ist. In diesem Fall dürfte es jedoch ein vergebliches Bemühen sein, verborgene Geheimnisse zu ergründen.

Es besteht die Gefahr, dass Wissenschaftler, die einer falschen Fährte nachgehen, in der Fachwelt nur noch eingeschränkt akzeptiert werden. Daher müssten Artikel und Literaturstellen mit fehlerhaftem Inhalt theoretisch von der wissenschaftlichen Gemeinde entfernt werden. Wenn jedoch keine Sicherheit über den Wahrheitsgehalt besteht, ist es deutlich schwieriger einen Artikel zu entfernen. Jedenfalls sollten Wissenschaftler moderne Lehrbücher besitzen, die auf Fehlerquellen in der alten Literatur aufmerksam machen.

Ein großes Interesse fanden die Forschungen von japanischen Arbeitsgruppen zur Elektrochemie. Im Jahr 1993 erkannten Hori und Mitarbeiter die Möglichkeit der Elektroreduktion von Kohlendioxid an Kupferelektroden [60]. In einem bestimmten Potenzialfenster entstehen aus Kohlendioxid, dass in eine wässrige Hydrogenkarbonatlösung geleitet wird, Methan und Ethan an der Kupferkathode. Das Experiment wurde aber bei einer Stromdichte von nur $I_F = 5\ mA/cm^2$ ausgeführt.

Unter erhöhtem Kohlendioxiddruck bei 20 bar lassen sich an Kupferkathoden bei Stromdichten von $160\,mA/cm^2$ sogar Faraday-Umsätze bis zu 50 % erzielen [61]. Leider sind die Zeitperioden der Experimente nicht sehr lang, sodass auch in diesem Fall eine mögliche nutzbare Anwendung recht kompliziert sein wird.

Die Ergebnisse der Forschung wurden durch eine Veröffentlichung anderen Wissenschaftlern zugänglich gemacht. Das ist Aufgabe und Sinn der Wissenschaft. Dadurch erhalten die publizierenden Wissenschaftler öffentliche Anerkennung. Schon um 1900 gab es eine Phase, in der Wissenschaftler von Unternehmen und Wissenschaftler an öffentlichen Universitäten getrennte Wege gingen. Gefährlich wäre eine Entwicklung, bei der Universitäten geistig verkümmern, weil Veröffentlichungen unternehmerische Interessen berühren. Die industrielle Forschung wurde durch Patente abgesichert, damit nicht unbefugte Personengruppen eine wirtschaftlich wichtige Erfindung nutzen können. Wissenschaftliche Veröffentlichungen und deren Verbreitung können explosive Wirkungen haben – die Erfindung des Dynamits oder die Entdeckung der Kernspaltung belegen dies.

Im Jahr 1989 veröffentlichten Pons und Fleischmann ein Patent zur kalten Fusion. Zunächst wurden die veröffentlichten Ergebnisse von der Fachwelt mit sehr großer Begeisterung aufgenommen. Doch bald gab es einige Forscher, die die Ergebnisse nicht reproduzieren konnten [62]. Diese Forschung hat ebenfalls einen elektrochemischen Hintergrund.

Die drei zuletzt beschriebenen Forschungsprojekte der Elektrochemie sind vom Versuchsaufwand deutlich komplizierter als die im vorliegenden Buch dargestellten Experimente. Bei wirtschaftlich sehr wichtigen Erfindungen wird der Weg eines Patentes eingeschlagen. Dies dient dem Schutz des Eigentümers.

Literatur

[1] Bard AJ. *Encyclopedia of Electrochemistry of the Elements*. New York: Marcel Dekker Inc., 1973–1990. ISBN: 0-8247-2513-1.

[2] Beck F. *Elektroorganische Chemie*. Weinheim: Verlag Chemie, 1974.

[3] Fry AJ. *Synthetic Organic Electrochemistry*. New York: John Wiley & Sons Inc., 1989.

[4] Fichter F. *Organische Elektrochemie*. Dresden: Verlag von Theodor Steinkopf, 1942.

[5] Elbs K. *Elektrolytische Darstellung chemischer Präparate*. Halle: Verlag von Wilhelm Knapp, 1911.

[6] Müller E. *Elektrochemisches Praktikum*. Dresden und Leipzig: Verlag von Theodor Steinkopf, 1953.

[7] Holze R. *Experimental Electrochemistry*. Weinheim: Wiley-VCH Verlag GmbH & Co. KGaA, 2009. ISBN: 978-3-527-31098-2.

[8] Jander G, Blasius E. *Lehrbuch der analytischen und präparativen Chemie*. Stuttgart: S. Hirzel Verlag, 1976. ISBN: 3-7776-0246-9.

[9] Glöckner W, Jansen W. *Handbuch der experimentellen Chemie – Sekundarbereich II, Band 6: Elektrochemie*. Köln: Aulis Verlag Deubner & Co. KG, 1994. ISBN: 3-7614-1630-X.

[10] Kirk-Othmer. *Encyclopedia of Chemical Technology*. New Jersey: John Wiley & Sons, Inc., 2004. Bd. 9. ISBN: 0-471-48494-6.

[11] Gerhartz W. *Ullmann's Encyclopedia of Industrial Chemistry*. Weinheim: VCH Verlagsgesellschaft mbH, 1987. Bd. Vol. 9. ISBN: 3-527-20109-2.

[12] Hamann CH, Vielstich W. *Elektrochemie*. Weinheim: Wiley-VCH Verlag GmbH & Co. KGaA, 2005. ISBN: 3-527-31068-1.

[13] Kortüm G. *Lehrbuch der Elektrochemie*. Weinheim: Verlag Chemie GmbH, 1972. ISBN: 3-527-25393-9.

[14] Berthelot M. *Compt. rend.* 1878, Bd. 86, S. 20,71, 277.

[15] Jander G., Blasius E. *Lehrbuch der analytischen und präparativen Chemie*. Stuttgart: S. Hirzel Verlag, 1976. S. 451.

[16] Constam EJ, Berthelot M. Elektrolytische Darstellung einer neuen Klasse oxydierender Substanzen. *Zeitschrift für Elektrochemie*. 1896, Bd. Heft 7, S. 137–144.

[17] Hansen AV. Elektrolytische Darstellung einer neuen Klasse oxydierender Substanzen. [Hrsg.] W. Borchers W. Nernst. *Zeitschrift für Elektrochemie*. 5. 10 1896, Bd. 3, S. 137–144.

[18] Jander G, Blasius E. *Lehrbuch der analytischen und präparativen Chemie*. Stuttgart: S. Hirzel Verlag, 1976. S. 461.

[19] Jander G, Blasius E. *Lehrbuch der analytischen und präparativen Chemie*. Stuttgart: S. Hirzel Verlag, 1976. S. 462.

[20] Elbs K. *Elektrolytische Darstellung chemischer Präparate*. Halle: Verlag von Wilhelm Knapp, 1911. S. 23–25.

[21] Stähler A. Zur Kenntnis des Titans. *Berichte der deutschen chemischen Gesellschaft*. 1905, S. 2633.

[22] Elbs K. *Elektrolytische Darstellung chemischer Präparate*. Halle: Verlag von Wilhelm Knapp, 1911. S. 25–26.

[23] Elbs K. *Elektrolytische Darstellung chemischer Präparate*. Halle: Verlag von Wilhelm Knapp, 1911. S. 126, 127.

[24] Elbs K. *Elektrolytische Darstellung chemischer Präparate*. Halle: Verlag von Wilhelm Knapp, 1911. S. 83.

[25] Ahrens FB. Zeitschrift für Elektrochemie. *Reduktion von Pyridin und Homologen*. März 1896, Bd. 3, S. 577–578.

[26] Lorenz R. *Elektrochemie geschmolzener Salze*. Leipzig: Verlag von Johann Ambrosius Barth, 1909. S. 29.

[27] Lorenz R. *Elektrochemie geschmolzener Salze*. Leipzig: Verlag von Johann Ambrosius Barth, 1909. S. 33.

[28] Lorenz R. *Elektrochemie geschmolzener Salze*. Leipzig: Verlag von Johann Ambrosius Barth, 1909. S. 26.

[29] Lorenz R. *Elektrochemie geschmolzener Salze*. Leipzig: Verlag von Johann Ambrosius Barth, 1909. S. 63.

[30] Lorenz R. *Elektrochemie geschmolzener Salze*. Leipzig: Verlag von Johann Ambrosius Barth, 1909. S. 66.

[31] Lorenz R. *Elektrochemie geschmolzener Salze*. Leipzig: Verlag von Johann Ambrosius Barth, 1909. S. 34.

[32] Kirk-Othmer. *Encyclopedia of Chemical Technology*. New Jersey: John Wiley & Sons, Inc., 2004. Bd. 9. S. 640.

[33] Statistisches Bundesamt. *Produzierendes Gewerbe. Fachserie 4, Reihe 3.1*. Wiesbaden, 2014.

[34] Lorenz R. *Elektrochemie geschmolzener Salze*. Leipzig: Verlag von Johann Ambrosius Barth, 1909. S. 74.

[35] Hamann CH, Wolf Vielstich. *Elektrochemie*. Weinheim: Wiley-VCH Verlag GmbH & Co. KGaA, 2005. S. 453–455.

[36] Statistisches Bundesamt. *Produzierendes Gewerbe.Fachserie 4, Reihe 3.1*. Wiesbaden, 2014, S. 244211300.

[37] Eurostat. Produktion von Waren (Prodcom). [Online] 13. 11 2015. [Zitat vom: 24. 11 2015.] ec.europa.eu/eurostat/web/prodcom/data/excel-files-nace-rev.2.

[38] Kirk-Othmer. *Encyclopedia of Chemical Technology*. New Jersey: John Wiley & Sons, Inc., 2004. Bd. 9. S. 640–641.

[39] Statistisches Bundesamt. *Produzierendes Gewerbe. Fachserie 4, Reihe 3.1*. Wiesbaden, 2014.

[40] Gerhartz W. *Ullmann's Encyclopedia of Industrial Chemistry*. Weinheim: VCH Verlagsgesell-schaft mbH, 1987. Bd. Vol. 9. S. 219.

[41] Eurostat. Produktion von Waren (Prodcom). [Online] 13. 11 2015. [Zitat vom: 24. 11 2015.] ec.europa.eu/eurostat/web/prodcom/data/excel-files-nace-rev.2. 27441330, 27431130, 27431230.

[42] Kirk-Othmer. *Encyclopedia of Chemical Technology*. New Jersey: John Wiley & Sons, Inc., 2004. Bd. 9. S. 637.

[43] Statistisches Bundesamt. *Produzierendes Gewerbe. Fachserie 4, Reihe 3.1*. Wiesbaden, 2015.

[44] Kirk-Othmer. *Encyclopedia of Chemical Technology*. New Jersey: John Wiley & Sons, Inc., 2004. Bd. 9. S. 636.

[45] Kirk-Othmer. *Encyclopedia of Chemical Technology*. New Jersey: John Wiley & Sons, Inc., 2004. Bd. 9. S. 628.

[46] Eurostat. Produktion von Waren (Prodcom). [Online] Eurostat, 13. 11 2015. [Zitat vom: 24. 11 2015.] ec.europa.eu/eurostat/web/prodcom/data/excel-files-nace-rev.2. 24131525, 24131527.

[47] Rifkin J. *Die H_2-Revolution*. Frankfurt am Main: S. Fischer Verlag GmbH, 2005. ISBN 3-596-16029-4.

[48] Olah GA, Goeppert A, Prakash GKS. *Beyond Oil and Gas: The Methanol Economy*. Weinheim: Wiley VCH Verlag GmbH & Co. KG, 2006. ISBN-10: 3-527-31275-7.

[49] Olah GA, Goeppert A, Prakash GKS. *Beyond Oil and Gas: The Methanol Economy*. Weinheim: Wiley VCH Verlag GmbH & Co. KG, 2006. S. 219.

[50] Eurostat. Produktion von Waren (Prodcom). [Online] Eurostat, 13. 11 2015. [Zitat vom: 24. 11 2015.] ec.europa.eu/eurostat/web/prodcom/data/excel-files-nace-rev.2. 20111150, 20111170.

[51] Gerhartz W. *Ullmann's Encyclopedia of Industrial Chemistry*. Weinheim: VCH Verlagsgesell-schaft mbH, 1987. Bd. Vol. 9. S. 235.

[52] Kirk-Othmer. *Encyclopedia of Chemical Technology*. New Jersey: John Wiley & Sons, Inc., 2004. Bd. 9. S. 676.

[53] Kirk-Othmer. *Encyclopedia of Chemical Technology*. New Jersey: John Wiley & Sons, Inc., 2004. Bd. 9. S. 679.

[54] Kirk-Othmer. *Encyclopedia of Chemical Technology*. New Jersey: John Wiley & Sons, Inc., 2004. Bd. 9. S. 674–675.

[55] Beck F. *Elektroorganische Chemie*. Weinheim: Verlag Chemie, 1974. S. 207.

[56] Beck F. *Elektroorganische Chemie*. Weinheim: Verlag Chemie, 1974. S. 254.

[57] Kirk-Othmer. *Encyclopedia of Chemical Technology*. New Jersey: John Wiley & Sons, Inc., 2004. Bd. 9. S. 680–681.

[58] Russel PG, Kovac N, Srinivasan S, Steinberg M. The Electrochemical Reduction of Carbon Dioxi-de, Formic Acid, and Formaldehyde. *Journal of Electrochemical Society*. Vol. 124, 1977, Bd. No. 9, S. 1329–1338.

[59] Fichter F. *Organische Elektrochemie*. Dresden, Leipzig: Verlag von Theodor Steinkopf, 1942. S. 251.

[60] Hori Y, Wakebe H, Tsukamoto T, Koga O. Electrocatalytic Process of coselectivity in Electroche-
      mical Reduction of CO_2 at Metal Electrodes in aqueous media. *Electrochimica Acta.* 1994, Bd.
      Vol. 39, S. 1833.
[61] Hara K, Tsuneto A, Kudo A, Sakata T. Electrochemical Reduction of CO_2 on a Cu Electrode under
      high Pressure. *Journal of Electrochemical Society.* 1994, Bd. Vol. 141, S. 2097.
[62] Wikipedia. *Wikipedia/Cold_fusion.* [Online] Wikipedia.org, 2.12.2015. [Zitat vom: 2.12.2015.]
      https://en.wikipedia.org/wiki/Cold_fusion.

A1 Tabellen zur Berechnung der Äquivalentleitfähigkeiten

Die Einwaage aller Substanzen erfolgte mit einer Waage der Firma Kern & Sohn, Kern PFB 300-3, 72336 Ballingen. Messbereich 300 g, Genauigkeit 1 mg.

Die Messungen der Leitfähigkeit wurden mit den Konduktometern GMH 3410 und GLF 100 (beide von der Firma Greisinger electronic GmbH) durchgeführt. Es wurde destilliertes Wasser mit einer Eigenleitfähigkeit von 1,3 µS/cm verwendet. Nach Eichungen mit KCl-Lösungen, HCl-Lösungen wurden die Messungen vorgenommen. Die Einwaagen der Salze erfolgten mit einem 1000 mL-Messkolben der Firma Vagra (1000 mL ± 0,8, Klasse B) zu jeweils 1 oder 0,5 Äquivalent/mol. Der Messkolben ist auf Genauigkeit durch Einwaage von destilliertem Wasser überprüft worden. Die Salze $MgCl_2 \cdot 6H_2O$, $CaCl_2$ (Reinheit > 99%) wurden von der Firma AppliChem, 64291 Darmstadt, $ZnCl_2$ von der Firma Sigma-Aldrich, $(NH_4)_2SO_4$, K_2SO_4, Na_2SO_4, KCl, K_2CO_3 von der Firma S3 Chemicals, 32549 Bad Oeynhausen, $NaHCO_3$, NaOH und HCl, H_2SO_4 (Letztere als 25%ige bzw. 98%ige Lösungen) von der Firma Merck, Darmstadt erhalten.

Die Lösungen von Salzsäure, Schwefelsäure wurden durch Dichteberechnung voreingestellt. Durch Einwaage von getrocknetem Na_2CO_3 wurden die Lösungen titrimetrisch durch Konduktometrie und pH-Messung exakt eingestellt. Die Einstellung der NaOH-Lösung erfolgte durch exakte Einwaage und titrimetrische Bestimmung mit 0,1-M-Salzsäure.

Die Messungen von Na_2CO_3, NaCl, $La(NO_3)_3$ basieren auf etwas weniger exakt eingestellten Lösungen.

Die Dichtebestimmungen der Lösungen wurden mit einer Bürette bei etwa 17 °C ausgeführt. Die Bürette wurde zuvor mit 50,0 mL destilliertem Wasser auf Genauigkeit getestet. Fehlerbereich der Dichte ± 0,1%. Die Äquivalentleitfähigkeiten in der Tabelle besitzen die Dimension 10^{-4} m^{2}Smol^{-1}. Die Leitfähigkeit in Tab. A 1.15 besitzt die Dimension mS/cm.

https://doi.org/10.1515/9783110425666-021

Tab. A1.1: Äquivalentleitfähigkeiten von HCl-Lösungen.

Salzsäurelösungen, berechnete und gemessene Äquivalentleitfähigkeiten, $T = 17{,}2\,^\circ C$
Formel $\Lambda^{eq}(HCl) = (350 + 76{,}4) - 98 \cdot C^{0{,}50}$

Konzentration (mol/L)	$\sqrt{C}$	Λ^{eq} (Cl⁻), berechnet	Λ^{eq} (H⁺), berechnet	Λ^{eq} (HCl), berechnet	Λ^{eq} (HCl), gemessen	Prozentualer Fehler (%)
0,5	0,71	62,2	294,8	357,0	358,0	−0,3
0,33	0,58	64,8	305,0	369,8	366,9	0,8
0,25	0,5	66,3	311,0	377,3	377,4	0,0
0,2	0,45	67,4	315,1	382,5	382,5	0,0
0,1	0,32	70,0	325,3	395,3	394,1	0,3
0,05	0,22	71,9	332,6	404,4	401,6	0,7
0,025	0,16	73,2	337,7	410,8	411,2	−0,1

Bei der Verdünnung von 0,5-M-HCl zu 0,333-M-HCl trat eine Erwärmung von 0,3 °C auf.

Tab. A1.2: Äquivalentleitfähigkeiten von NaOH-Lösungen.

Natriumhydroxidlösungen, berechnete und gemessene Äquivalentleitfähigkeiten
Formel $\Lambda^{eq}(NaOH) = (50{,}1 + 198) - 76 \cdot C^{0{,}5}$

Konzentration (mol/L), C	$\sqrt{C}$	Λ^{eq} (Na⁺), berechnet	Λ^{eq}(OH⁻), berechnet	Λ^{eq}(NaOH), berechnet	Λ^{eq}(NaOH), gemessen	Prozentualer Fehler (%)
1	1	32,1	140	172,1	172	0,17
0,5	0,71	37,37	156,99	194,36	196	0,84
0,25	0,5	41,1	169	210,1	210	0,02
0,1	0,32	44,41	179,66	224,07	222	−1,00
0,01	0,1	48,3	192,2	240,5	238	−1,05
0,001	0,03	49,53	196,17	245,7	244	−0,70

Tab. A1.3: Äquivalentleitfähigkeiten von KCl-Lösungen.

Kaliumchloridlösungen, berechnete und gemessene Äquivalentleitfähigkeiten
Formel $\Lambda^{eq}(KCl) = (73{,}5 + 76{,}3) - 37 \cdot C^{0{,}25}$
Dichte (1-M-KCl-Lösung, 17 °C): 1,0443 g/cm³

Konzentration (mol/L), C	$C^{0{,}25}$	Λ^{eq}(K⁺), berechnet	Λ^{eq}(Cl⁻), berechnet	Λ^{eq}(KCl), berechnet	Λ^{eq}(KCl), gemessen	Prozentualer Fehler (%)
1	1	56,5	56,3	112,8	112,9	−0,05
0,9	0,97	56,94	56,82	113,76	113,3	0,37
0,5	0,84	59,2	59,48	118,69	117,6	0,90
0,25	0,71	61,48	62,16	123,64	122,9	0,60
0,1	0,56	63,94	65,05	128,99	129,1	−0,07
0,01	0,32	68,12	69,98	138,1	141,8	−2,60
0,001	0,18	70,48	72,74	143,22	146,7	−2,37

Tab. A1.4: Äquivalentleitfähigkeiten von $CaCl_2$-Lösungen.

Kalziumchloridlösungen, berechnete und gemessene Äquivalentleitfähigkeiten
Formel $\Lambda^{eq}(CaCl_2) = (59,5 + 76,3) - 65 \cdot C^{0,22}$
Dichte (1-M-1/2-$CaCl_2$-Lösung, 17 °C): 1,0446 g/cm³

Äquivalent-konzentration (1/2 $CaCl_2$ mol/L)	$C^{0,22}$	$\Lambda^{eq}(Ca^{2+})$, berechnet	$\Lambda^{eq}(Cl^-)$, berechnet	$\Lambda^{eq}(CaCl_2)$, berechnet	$\Lambda^{eq}(CaCl_2)$, gemessen	Prozentua-ler Fehler (%)
1	1	20,0	56,3	76,3	76,41	0,14
0,67	0,91	23,4	58,0	81,4	81,19	−0,24
0,5	0,86	25,6	59,1	84,7	84,83	0,14
0,25	0,74	30,4	61,6	91,9	92,02	0,09
0,1	0,6	35,7	64,2	99,9	102,24	2,24
0,05	0,52	39,1	66,0	105,0	107,28	2,11
0,01	0,36	45,2	69,0	114,6	120,36	4,81

Tab. A1.5: Äquivalentleitfähigkeiten von $MgCl_2$-Lösungen.

Magnesiumchloridlösungen, berechnete und gemessene Äquivalentleitfähigkeiten
Formel $\Lambda^{eq}(MgCl_2) = (53,1 + 76,3) - 64 \cdot C^{0,23}$
Dichte (1-M-1/2-$MgCl_2$-Lösung, 17 °C): 1,0381 g/cm³

Äquivalent-konzentration (1/2 $MgCl_2$ mol/L)	$C^{0,23}$	$\Lambda^{eq}(Mg^{2+})$, berechnet	$\Lambda^{eq}(Cl^-)$, berechnet	$\Lambda^{eq}(MgCl_2)$, berechnet	$\Lambda^{eq}(MgCl_2)$, gemessen	Prozentua-ler Fehler (%)
1	1	11,1	56,3	69,4	68,5	−1,31
0,67	0,91	14,8	58,1	74,5	74,79	0,37
0,5	0,85	17,3	59,2	77,9	79,08	1,50
0,25	0,73	22,6	61,8	85,3	85,86	0,64
0,1	0,59	28,4	64,5	93,6	95,94	2,46
0,05	0,5	32,0	66,3	98,8	101,4	2,54

Tab. A1.6: Äquivalentleitfähigkeiten von $ZnCl_2$-Lösungen.

Zinkchloridlösungen, berechnete und gemessene Äquivalentleitfähigkeiten
Formel $\Lambda^{eq}(1/2\,ZnCl_2) = (52,8 + 76,3) - 68,5 \cdot C^{0,28}$
Dichte (1-M-1/2-$ZnCl_2$-Lösung, 17 °C): 1,0582 g/cm³

Äquivalent-konzentration (1/2 $ZnCl_2$ mol/L)	$C^{0,28}$	$\Lambda^{eq}(Zn^{2+})$, berechnet	$\Lambda^{eq}(Cl^-)$, berechnet	$\Lambda^{eq}(ZnCl_2)$, berechnet	$\Lambda^{eq}(ZnCl_2)$, gemessen	Prozentua-ler Fehler (%)
1	1	6,3	56,3	62,6	61,9	−1,08
0,5	0,82	14,5	59,8	74,3	75,6	1,67
0,25	0,68	21,3	62,7	84,0	84,6	0,76
0,1	0,52	28,4	65,8	94,2	94,1	−0,14
0,05	0,43	32,7	67,7	100,4	102,1	1,70
0,025	0,36	36,2	69,2	105,4	104,4	−0,97
0,01	0,28	40,0	70,8	110,8	112,1	1,14
0,005	0,2	43,3	72,2	115,5	116,8	1,07

Tab. A 1.7: Äquivalentleitfähigkeiten von H_2SO_4-Lösungen.

Schwefelsäurelösungen, berechnete und gemessene Äquivalentleitfähigkeiten
Formel $\Lambda^{eq}(H_2SO_4) = (430) - 222 \cdot C^{0,14}$; $C = C_1 \cdot 1 - (K_s \cdot C_1)^{0,5}$, für $C_1 > 0,1$ mol/L wird $K_s = 0$, sonst $K_s = 0,012$
Dichte (2-M-1/2-H_2SO_4-Lösung, 17 °C): 1,0656 g/cm^3

Äquivalent-konzentration (1/2 H_2SO_4 mol/L), C_1	C (mol/L)	$\Lambda^{eq}(H^+)$, berechnet	$\Lambda^{eq}(HSO_4^-)$, berechnet	$\Lambda^{eq}(H_2SO_4)$, berechnet	$\Lambda^{eq}(H_2SO_4)$, gemessen	Prozentua-ler Fehler (%)
0,8	0,80	146,46	36,38	214,8	219,3	−2,0
0,65	0,65	152,29	37,63	221,0	218,5	1,2
0,5	0,50	159,42	39,16	228,5	226,5	0,9
0,4	0,40	165,28	40,42	234,7	231,13	1,6
0,33	0,33	169,96	41,42	239,7	244,74	−2,1
0,25	0,25	177,05	47,06	247,2	248,8	−0,7
0,2	0,20	182,37	48,07	252,8	254,5	−0,7
0,1	0,10	197,87	51,02	269,2	270,68	−0,6
0,05	0,03	224,37	56,07	297,2	295,14	0,7
0,025	0,01	243,82	59,77	317,8	323,61	−1,8

Tab. A 1.8: Äquivalentleitfähigkeiten von Na_2SO_4-Lösungen.

Natriumsulfatlösungen, berechnete und gemessene Äquivalentleitfähigkeiten
Formel $\Lambda^{eq}(Na_2SO_4) = (50,1 + 79) - 73 \cdot C^{0,25}$
Dichte (2-M-1/2-Na_2SO_4-Lösung, 17 °C): 1,116 g/cm^3

Äquivalent-konzentration (1/2 Na_2SO_4 mol/L), C	$C^{0,25}$	$\Lambda^{eq}(SO_4^{--})$, berechnet	$\Lambda^{eq}(Na^+)$, berechnet	$\Lambda^{eq}(Na_2SO_4)$, berechnet	$\Lambda^{eq}(Na_2SO_4)$, gemessen	Prozentua-ler Fehler (%)
2	1,19	23,11	20,37	43,5	44,9	−3,2
1,33	1,07	28,5	23,24	51,7	52,5	−1,4
1	1	32	25,1	57,1	57,2	−0,1
0,8	0,95	34,55	26,46	61,0	60,7	0,5
0,67	0,9	36,54	27,52	64,1	63,7	0,6
0,57	0,87	38,14	28,37	66,5	65,9	0,9
0,5	0,84	39,48	29,08	68,6	67,6	1,4
0,3	0,74	44,22	31,6	75,8	74,2	2,2
0,2	0,67	47,57	33,38	81,0	79,9	1,3
0,1	0,56	52,57	36,04	88,6	88,6	0,1
0,050	0,47	56,78	38,28	95,1	96,2	−1,2
0,025	0,4	60,31	40,16	100,5	102,8	−2,3

Tab. A 1.9: Äquivalentleitfähigkeiten von K_2SO_4-Lösungen.

Kaliumsulfatlösungen, berechnete und gemessene Äquivalentleitfähigkeiten
Formel $\Lambda^{eq}(K_2SO_4) = (73,5 + 81) - 80 \cdot C^{0,23}$
Dichte (0,5-M-1/2-K_2SO_4-Lösung, 17 °C): 1,0316 g/cm³

Äquivalent-konzentration (1/2 K_2SO_4 mol/L), C	$C^{0,23}$	$\Lambda^{eq}(SO_4^{--})$, berechnet	$\Lambda^{eq}(K^+)$, berechnet	$\Lambda^{eq}(K_2SO_4)$, berechnet	$\Lambda^{eq}(K_2SO_4)$, gemessen	Prozentualer Fehler (%)
1	1	56	17,5	73,5	–	
0,5	0,85	60,54	25,75	86,3	87,3	−1,1
0,33	0,78	62,36	30,01	92,4	92,5	−0,2
0,25	0,73	63,55	32,79	96,3	96,0	0,4
0,167	0,66	65,11	36,42	101,5	100,8	0,7
0,1	0,59	66,87	40,52	107,4	107,3	0,1
0,05	0,5	69,15	45,38	114,5	114,6	0,0
0,0250	0,43	71,13	49,53	120,7	126,9	−4,9
0,0100	0,36	72,69	53,17	126,2	134,9	−6,5

Tab. A 1.10: Äquivalentleitfähigkeiten von $(NH_4)_2SO_4$-Lösungen.

Ammoniumsulfatlösungen, berechnete und gemessene Äquivalentleitfähigkeiten
Formel $\Lambda^{eq}((NH_4)_2SO_4) = (73,4 + 80) - 82 \cdot C^{0,16}$
Dichte (1-M-1/2-$(NH_4)_2SO_4$-Lösung, 17 °C): 1,0346 g/cm³

Äquivalent-konzentration (1/2 $(NH_4)_2SO_4$ mol/L), C	$C^{0,16}$	$\Lambda^{eq}(SO_4^{--})$, berechnet	$\Lambda^{eq}(NH_4^+)$, berechnet	$\Lambda^{eq}((NH_4)_2SO_4)$, berechnet	$\Lambda^{eq}((NH_4)_2SO_4)$, gemessen	Prozentualer Fehler (%)
1	1	56	15,4	71,4	72,2	−1,1
0,67	0,94	57,51	19,05	76,6	77,0	−0,6
0,5	0,9	59,52	21,49	81,0	80,9	0,1
0,25	0,8	61,77	26,94	88,7	88,7	0,0
0,1	0,69	64,4	33,27	97,7	100,8	−3,1
0,05	0,62	66,34	37,49	103,8	109,3	−5,0
0,0100	0,48	69,91	45,64	116,0	125,6	−7,6

Tab. A 1.11: Äquivalentleitfähigkeiten von NaCl-Lösungen.

Natriumchloridlösungen, berechnete und gemessene Äquivalentleitfähigkeiten
Formel $\Lambda^{eq}(NaCl) = (50,1 + 76,3) - 42 \cdot C^{0,30}$

Konzentration (mol/L), C	$C^{0,30}$	$\Lambda^{eq}(Na^+)$, berechnet	$\Lambda^{eq}(Cl^-)$, berechnet	$\Lambda^{eq}(NaCl)$, berechnet	$\Lambda^{eq}(NaCl)$, gemessen	Prozentualer Fehler (%)
1	1	28,1	56,3	84,4	84,6	−0,26
0,5	0,81	32,23	60,05	92,29	93,2	−1,00
0,25	0,66	35,59	63,1	98,69	99,0	−0,36
0,1	0,5	39,07	66,28	105,35	106	−0,94
0,01	0,25	44,57	71,28	115,85	120	−3,47

Tab. A 1.12: Äquivalentleitfähigkeiten von NaHCO$_3$-Lösungen.

Natriumhydrogenkarbonatlösungen, berechnete und gemessene Äquivalentleitfähigkeiten
Formel $\Lambda^{eq}(NaHCO_3) = (50,1 + 44,5) - 47 \cdot C^{0,38}$

Konzentration (mol/L), C	$C^{0,38}$	$\Lambda^{eq}(Na^+)$, berechnet	$\Lambda^{eq}(HCO_3^-)$, berechnet	$\Lambda^{eq}(NaHCO_3)$, berechnet	$\Lambda^{eq}(NaHCO_3)$, gemessen	Prozentualer Fehler (%)
0,5000	0,77	34,7	23,8	59,8	60,3	−1,0
0,1000	0,42	41,8	33,2	75,5		
0,0500	0,32	43,7	35,9	79,9	79,2	0,9
0,0250	0,25	45,2	37,9	83,3	82,6	0,9
0,0050	0,13	47,4	40,9	88,5	90,5	−2,3
0,0025	0,1	48,0	41,7	89,9	93,7	−4,1

Tab. A 1.13: Äquivalentleitfähigkeiten von Na$_2$CO$_3$- und K$_2$CO$_3$-Lösungen.

Natriumkarbonatlösungen, berechnete und gemessene Äquivalentleitfähigkeiten
Formel $\Lambda^{eq}(Na_2CO_3) = (50,1 + 70) - 68 \cdot C^{0,25}$
Aufgrund des Massenwirkungsgesetzes keine ionische Zuordnung möglich

Konzentration (mol/L), C	$C^{0,25}$	$\Lambda^{eq}(Na_2CO_3)$, berechnet	$\Lambda^{eq}(Na_2CO_3)$, gemessen	Prozentualer Fehler (%)
1,000	1	52,0	52,8	−1,5
0,500	0,84	62,8	63,0	−0,2
0,250	0,71	71,9	72,2	−0,4
0,100	0,56	81,8	83,6	−2,2
0,020	0,38	94,4	100,8	−6,3
0,010	0,32	98,5	108,6	−9,3

Kaliumkarbonatlösungen, berechnete und gemessene Äquivalentleitfähigkeiten
Formel $\Lambda^{eq}(K_2CO_3) = (143,5) - 99 \cdot C^{0,085}$
Aufgrund des Massenwirkungsgesetzes keine ionische Zuordnung möglich
Dichte 2-M-1/2-K$_2$CO$_3$-Lösung: 1,0564 g/cm^3

Äquivalentkonzentration (mol/L), C	$C^{0,09}$	$\Lambda^{eq}(K_2CO_3)$, berechnet	$\Lambda^{eq}(K_2CO_3)$, gemessen	Prozentualer Fehler (%)
2,000	1,06	38,5	37,9	1,6
1,333	1,02	42,1	42,7	−1,4
1,000	1	44,5	44,3	0,4
0,666	0,97	47,9	47,0	1,9
0,500	0,94	50,2	48,4	3,7
0,400	0,93	51,9	49,7	4,5
0,350	0,91	53,0	50,5	4,8
0,300	0,9	54,1	51,8	4,5
0,250	0,89	55,5	52,3	6,2
0,100	0,82	62,1	63,1	−1,6
0,067	0,79	64,9	65,5	−1,0
0,05	0,78	66,8	67,1	−0,6

Tab. A1.14: Äquivalentleitfähigkeiten von La(NO$_3$)$_3$-Lösungen.

Lanthannitratlösungen, berechnete und gemessene Äquivalentleitfähigkeiten
Formel $\Lambda^{eq}(La(NO_3)_3) = (73,7 + 80) - 79,2 \cdot C^{0,23}$

Äquivalent-konzentration (1/3 La(NO$_3$)$_3$ mol/L)	$C^{0,23}$	Λ^{eq}(La^{3+}), berechnet	Λ^{eq}(NO$_3^-$), berechnet	Λ^{eq}(La(NO$_3$)$_3$), berechnet	Λ^{eq}(La(NO$_3$)$_3$), gemessen	Prozentua-ler Fehler (%)
1,5	1,1	8,8	38,8	50,2	49,4	−1,62
1	1	14,4	41,5	57,9	57,9	−0,01
0,5	0,85	22,8	45,6	69,8	70,1	0,47
0,25	0,73	30,0	49,1	80,1	79,4	−0,81
0,1	0,59	37,8	53,0	91,5	89,6	−2,20
0,01	0,35	51,6	59,8	111,8	112,4	0,55

Tab. A1.15: Äquivalentleitfähigkeiten von HCO$_2$H-Lösungen.

Ameisensäurelösungen, berechnete und gemessene Leitfähigkeiten
Formel $\kappa(HCO_2H) = 6,14 \cdot C^{0,53}$ (Konzentration: 0–1 mol/L)
Dichte (1-M-HCO$_2$H-Lösung, 17 °C): 1,0086 g/cm^3

Äquivalent-konzentration (HCO$_2$H mol/L), C	$C^{0,53}$	κ(HCO$_2$H), berechnet	κ(HCO$_2$H), gemessen	Prozen-tualer Fehler (%)	Ks	pKs	pH ge-messen	pH berechnet ((3,68 − log C)/2)
1	1	6,14	6,14	0,0	$2,32 \cdot 10^{-4}$	−3,63	1,84	1,84
0,5	0,69	4,25	4,22	0,8	$2,18 \cdot 10^{-4}$	−3,66	2,00	1,99
0,33	0,56	3,43	3,42	0,3	$2,15 \cdot 10^{-4}$	−3,67	–	2,08
0,25	0,48	2,94	2,97	−0,8	$2,16 \cdot 10^{-4}$	−3,67	2,13	2,14
0,125	0,33	2,04	2,06	−1,0	$2,07 \cdot 10^{-4}$	−3,68	2,27	2,29
0,1	0,3	1,81	1,82	−0,4	$2,02 \cdot 10^{-4}$	−3,69	2,33	2,34
0,05	0,2	1,25	1,26	−0,4	$1,93 \cdot 10^{-4}$	−3,71	2,46	2,49
0,025	0,14	0,87	0,88	−1,0	$1,87 \cdot 10^{-4}$	−3,73	2,60	2,64
0,0125	0,1	0,60	0,61	−1,1	$1,80 \cdot 10^{-4}$	−3,74	2,76	2,79
0,0100	0,09	0,53	0,54	−0,6	$1,76 \cdot 10^{-4}$	−3,75	2,80	2,84
0,0050	0,06	0,37	0,37	−0,7	$1,69 \cdot 10^{-4}$	−3,77	2,94	2,99

A 2 Ausgewählte Normalpotenziale [1, 2]

A	Redoxgleichung	E^0 (V)	Redoxgleichung	E^0 (V)
Ag	$Ag^+ + e^- \leftrightarrow Ag(f)$	+0,80	$AgCl + e^- \leftrightarrow Ag(f) + Cl^-$	+0,222
Ag	$Ag^{2+} + e^- \leftrightarrow Ag^+$	+1,98	$Ag_2S + 2\,e^- \leftrightarrow 2\,Ag + S^{2-}$	−0,691
Al	$Al^{3+} + 3\,e^- \leftrightarrow Al(f)$	−1,67	$Al(OH)_4 + 3\,e^- \leftrightarrow Al(f) + 4\,OH^-$	−2,35
Au	$Au^+ + e^- \leftrightarrow Au(f)$	+1,69	$Au(OH)_3 + 3\,H^+ + 3\,e^- \leftrightarrow$ $Au(f) + 3\,H_2O$	−1,24
B	$H_2BO_3^- + 5\,H_2O \leftrightarrow BH_4^- + 8\,OH^-$	−1,24	$H_2BO_3^- + H_2O + 3\,e^- \leftrightarrow B + 4\,OH^-$	−1,79
Ba	$Ba^{2+} + 2\,e^- \leftrightarrow Ba(f)$	−2,91	$Ba(OH)_2 + 2\,e^- \leftrightarrow Ba + 2\,OH^-$	−2,99
Bi	$Bi^+ + e^- \leftrightarrow Bi$	+0,50	$Bi^{3+} + 2\,e^- \leftrightarrow Bi^+$	+0,20
Br	$Br_2 + 2\,e^- \leftrightarrow 2\,Br^-$	+1,087	$BrO_3^- + 6\,H^+ + 6\,e^- \leftrightarrow Br^- + 3\,H_2O$	+1,44
Br	$OBr^- + H_2O + 2\,e^- \leftrightarrow Br^- + 2\,OH^-$	+0,761		
C	$CO_2 + 2\,H^+ + 2\,e^- \leftrightarrow HCO_2H$	−0,20	$2\,CO_2 + 2\,H^+ + 2\,e^- \leftrightarrow H_2C_2O_2$	−0,47
C	$C + 4\,H^+ + 4\,e^- \leftrightarrow CH_4(g)$	−0,13	$CH_3OH(aq) + 2\,H^+ + 2\,e^- \leftrightarrow$ $CH_4 + H_2O$	−0,59
C	$CH_2O(aq) + 2\,H^+ + 2\,e^- \leftrightarrow CH_3OH$	−0,19	$HCO_2H + 2\,H^+ + 2\,e^- \leftrightarrow CH_2O$	−0,06
C	$(CNS)_2 + 2\,e^- \leftrightarrow 2\,CNS^-$	+0,77		
Ca	$Ca^{2+} + 2\,e^- \leftrightarrow Ca(f)$	−2,87	$Ca(OH)_2 + 2\,e^- \leftrightarrow Ca(f) + 2\,OH^-$	−3,02
Cd	$Cd^{2+} + 2\,e^- \leftrightarrow Cd(f)$	−0,402	$Cd(OH)_4^{2-} + 2\,e^- \leftrightarrow Cd(f) + 4\,OH^-$	−0,658
Ce	$Ce^{4+} + e^- \leftrightarrow Ce^{3+}$	+1,72		
Cl	$Cl_2 + 2\,e^- \leftrightarrow 2\,Cl^-$	+1,39	$ClO_3^- + 6\,H^+ + 8\,e^- \leftrightarrow Cl^- + 3\,H_2O$	+1,45
	$ClO^- + H_2O \leftrightarrow Cl^- + 2\,OH^-$	+0,81	$ClO_4^- + 2\,H^+ \leftrightarrow ClO_3^- + H_2O$	+1,189
	$ClO_2^- + H_2O \leftrightarrow ClO^- + 2\,OH^-$	+0,66	$ClO_4^- + H_2O \leftrightarrow ClO_3^- + 2\,OH^-$	+0,36
Co	$Co^{2+} + 2\,e^- \leftrightarrow Co(f)$	−0,277	$Co^{3+} + e^- \leftrightarrow Co^{2+}$	+1,84
	$Co(OH)_2 + 2\,e^- \leftrightarrow Co + 2\,OH^-$	−0,73		
Cr	$Cr^{2+} + 2\,e^- \leftrightarrow Cr(f)$	−0,91	$Cr^{3+} + e^- \leftrightarrow Cr^{2+}$	−0,407
	$Cr_2O_7^{2-} + 14\,H^+ + 6\,e^- \leftrightarrow$ $2\,Cr^{3+} + 7\,H_2O$	+1,36	$Cr(OH)_3 + 3\,e^- \leftrightarrow Cr + 3\,OH^-$	−1,48
Cu	$Cu^{2+} + 2\,e^- \leftrightarrow Cu(f)$	+0,345	$Cu^{2+} + e^- \leftrightarrow Cu^+$	+0,167
Cu	$Cu(OH)_2 + 2\,e^- \leftrightarrow Cu + 2\,OH^-$	−0,222	$2\,Cu(OH)_2 + 2\,e^- \leftrightarrow$ $Cu_2O + 2\,OH^- + H_2O$	−0,080
F	$F_2(g) + 2\,e^- \leftrightarrow 2\,F^-$	+2,85	$F_2(g) + 2\,H^+ 2\,e^- \leftrightarrow 2\,HF$	+3,03
Fe	$Fe^{2+} + 2\,e^- \leftrightarrow Fe(f)$	−0,447	$Fe^{3+} + e^- \leftrightarrow Fe^{2+}$	+0,771
Fe	$[Fe(CN)_6]^{3-} + e^- \leftrightarrow [Fe(CN)_6]^{4-}$	+0,358	$Fe(OH)_3 + e^- \leftrightarrow Fe(OH)_2 + OH^-$	−0,56
H	$H_2(g) + 2\,e^- \leftrightarrow 2\,H^-$	−2,24	$2\,H^+ + 2\,e^- \leftrightarrow H_2(g)$	+0,0
Hg	$2\,Hg^{2+} + 2\,e^- \leftrightarrow Hg_2^{2+}$	+0,91	$Hg^{2+} + 2\,e^- \leftrightarrow Hg(fl)$	+0,854
Hg	$Hg_2Cl_2 + 2\,e^- \leftrightarrow Hg(fl) + 2\,Cl^-$	+0,268	Kalomel-Elektrode, 1-M-KCl	+0,280
I	$I_2(f) + 2\,e^- \leftrightarrow 2\,I^-$	+0,535	$IO_3^- + 6\,H^+ + 8\,e^- \leftrightarrow I^- + 3\,H_2O$	+1,085
K	$K^+ + e^- \leftrightarrow K$	−2,92		
Li	$Li^+ + e^- \leftrightarrow Li$	−3,02		
Mg	$Mg^{2+} + 2\,e^- \leftrightarrow Mg(f)$	−2,34	$Mg(OH)_2 + 2\,e^- \leftrightarrow Mg(f) + 2\,e^-$	−2,69
Mn	$Mn^{2+} + e^- \leftrightarrow Mn$	−1,05	$Mn^{3+} + e^- \leftrightarrow Mn^{2+}$	+1,51
Mn	$MnO_4^- + 8\,H^+ + 5\,e^- \leftrightarrow Mn^{2+}$	+1,52	$MnO_4^- + 4\,H^+ + 3\,e^- \leftrightarrow MnO_2$	+1,68
Mn	$MnO_4^- + e^- \leftrightarrow MnO_4^{2-}$	+0,54		

https://doi.org/10.1515/9783110425666-022

A	Redoxgleichung	E^0 (V)	Redoxgleichung	E^0 (V)
N	$NO_3^- + 4H^+ + 3e^- \leftrightarrow NO + 2H_2O$	+0,95	$NO_3^- + 2H^+ + 2e^- \leftrightarrow NO_2^- + H_2O$	+0,94
N	$N_2H_4 + 2H_2O + 2e^- \leftrightarrow$ $2NH_3(aq) + 2OH^-$	+0,1	$N_2 + 5H^+ + 4e^- \leftrightarrow N_2H_5^+$	−0,23
N	$1/2\,N_2 + 4H^+ + 3e^- \leftrightarrow NH_4^+$	+0,27	$NO_3^- + 5H_2O + 6e^- \leftrightarrow$ $NH_2OH + 7OH^-$	−0,30
Na	$Na^+ + e^- \leftrightarrow Na$	−2,71		
Ni	$Ni^{2+} + 2e^- \leftrightarrow Ni(f)$	−0,250	$Ni(OH)_2 + 2e^- \leftrightarrow Ni + 2OH^-$	−0,72
O	$H_2O_2 + 2H^+ + 2e^- \leftrightarrow 2H_2O$	+1,78	$O_2 + 4H^+ + 4e^- \leftrightarrow 2H_2O$	+1,23
P	$H_3PO_4 + 2H^+ + 2e^- \leftrightarrow H_3PO_3$	−0,20	$H_3PO_3 + 2H^+ + 2e^- \leftrightarrow HPO_2 + H_2O$	−0,50
Pb	$Pb^{2+} + 2e^- \leftrightarrow Pb$	−0,126	$Pb^{4+} + 2e^- \leftrightarrow Pb^{2+}$	+1,75
Pb	$PbO_2 + 4H^+ + 2e^- \leftrightarrow Pb^{2+} + 2H_2O$	+1,46	$PbSO_4 + 2e^- \leftrightarrow Pb + SO_4^{2-}$	−0,359
Pb	$PbO_2 + SO_4^{2-} + 4H^+ + 2e^- \leftrightarrow$ $PbSO_4 + 2H_2O$	+1,691		
S	$SO_4^{2-} + 4H^+ + 2e^- \leftrightarrow SO_2 + 2H_2O$	+0,12	$S_4O_6^{2-} + 2e^- \leftrightarrow 2S_2O_3^{2-}$	+0,17
S	$S_2O_8^{2-} + 2e^- \leftrightarrow 2SO_4^{2-}$	+2,06	$2SO_3^{2-} + 3H_2O \leftrightarrow S_2O_3^{2-} + 6OH^-$	−0,571
S	$SO_4^{2-} + H_2O + 2e^- \leftrightarrow SO_3^{2-} + 2OH^-$	−0,93	$S + 2e^- \leftrightarrow S^{2-}$	−0,478
Sn	$Sn^{2+} + 2e^- \leftrightarrow Sn(f)$	−0,136	$Sn^{4+} + 2e^- \leftrightarrow Sn^{2+}$	+0,15
Sn	$SnO_2 + 4H^+ + 2e^- \leftrightarrow Sn^{2+} + 2H_2O$	−0,094	$Sn(OH)_6^{2-} + 2e^- \leftrightarrow$ $HSnO_3^- + 3OH^- + H_2O$	−0,93
Ti	$TiO^{2+} + 2H^+ + 4e^- \leftrightarrow Ti(f)$	−0,95	$Ti^{3+} + e^- \leftrightarrow Ti^{2+}$	−0,369
Tl	$Tl^+ + e^- \leftrightarrow Tl(f)$	−0,34		
V	$VO^{2+} + 2H^+ + e^- \leftrightarrow V^{3+} + H_2O$	+0,314	$VO_2^+ + 2H^+ + e^- \leftrightarrow VO^{2+} + H_2O$	+1,00
Zn	$Zn^{2+} + 2e^- \leftrightarrow Zn(f)$	−0,762	$Zn(OH)_4^{2-} + 2e^- \leftrightarrow Zn(f) + 4OH^-$	−1,199

Literatur

[1] Kunze UR. *Grundlagen der quantitativen Analyse*, Georg Thieme Verlag, Stuttgart 1980, ISBN 3-13-585801-4, S. 213–215.
[2] Haynes WM. *Handbook of Chemistry and Physics*. 94th. Boca Raton: CRC Press, 2013. S. 5–80. 978-1-4665-7114-3

A 3 Physikalische Einheiten, Konstanten (Entnommen aus [1])

Tab. A 3.1: SI-Basiseinheiten.

Basisgröße	Formelzeichen	Einheitenname	Einheitszeichen
Länge	l	Meter	m
Masse	M	Kilogramm	kg
Zeit	t	Sekunde	s
Elektrische Stromstärke	I	Ampere	A
Thermodynamische Temperatur	T	Kelvin	K
Stoffmenge	n	Mol	mol
Lichtstärke	I_V	Candela	cd

Tab. A 3.2: Abgeleitete SI-Einheiten.

Größe	Formelzeichen	Einheitenname	Einheitenzeichen	Definition
Kraft	F	Newton	N	$kg \cdot m \cdot s^{-2}$
Druck	p	Pascal	Pa	$N \cdot m^{-2}$
Energie	E	Joule	J	$N \cdot m = kg \cdot m^2 \cdot s^{-2}$
Leistung	P	Watt	W	$J \cdot s^{-1} = kg \cdot m^2 \cdot s^{-3}$
Elektrische Ladung	Q	Coulomb	C	$A \cdot s$
Elektrische Spannung	U	Volt	V	$J \cdot A^{-1} \cdot s^{-1}$
Elektrischer Widerstand	R	Ohm	Ω	$V \cdot A^{-1}$
Elektrischer Leitwert	L	Siemens	S	Ω^{-1}
Beleuchtungsstärke	E	Lux	Lx	$m^{-2} \cdot cd \cdot sr$[a]
Frequenz	v	Hertz	Hz	s^{-1}

[a] Steradian (Raumwinkel, Einheit 1)

https://doi.org/10.1515/9783110425666-023

Tab. A 3.3: SI-Dezimalvorsätze.

Multiplikator	Vorsatz	Vorsatzzeichen	Multiplikator	Vorsatz	Vorsatzzeichen
10^{-1}	Dezi	d	10	Deka	da
10^{-2}	Zenti	c	10^2	Hekto	h
10^{-3}	Milli	m	10^3	Kilo	k
10^{-6}	Mikro	μ	10^6	Mega	M
10^{-9}	Nano	n	10^9	Giga	G
10^{-12}	Piko	p	10^{12}	Tera	T
10^{-15}	Femto	F	10^{15}	Peta	P
10^{-18}	Atto	a	10^{18}	Exa	E

Literatur

[1] Kunze U. *Grundlagen der quantitativen Analyse*, Georg Thieme Verlag, Stuttgart 1980, S. 207–209.

A 4 Tabellen für die Elektrolyse und Konduktometrie

Tab. A 4.1: Theoretische Abscheidungen von Stoffen an Elektroden bei einer Stromstärke von 50 mA innerhalb 30 min bei 22 °C an Platinelektroden

Wässrige Lösung	Stoffabscheidung Anode	Stoffabscheidung Kathode
$NaHCO_3$, Na_2SO_4	22,8 mL CO_2	11,4 mL H_2
Na_2SO_4	5,7 mL O_2	11,4 mL H_2
$AgNO_3$, HNO_3	5,7 mL O_2	100,6 mg Ag
$CuSO_4$, H_2SO_4	5,7 mL O_2	29,6 mg Cu
$NiSO_4$, NaOH	5,7 mL O_2	27,4 mg Ni
$ZnSO_4$, NaOH	5,7 mL O_2	30,5 mg Zn
$CdSO_4$, 0,03-M-H_2SO_4	5,7 mL O_2	52,4 mg Cd
$HgCl_2$, Na_2SO_4	5,7 mL O_2	95,6 mg Hg
$SnSO_4$, $C_2O_4^{2-}$	22,8 mL CO_2	55,3 mg Sn
$Pb(NO_3)_2$, HNO_3	111,6 mg PbO_2	11,4 mL H_2
$MnSO_4$, NH_4Ac	40,5 mg MnO_2	11,4 mL H_2

Tab. A 4.2: Äquivalentleitfähigkeiten von wichtigen Ionen und Salzen in Abhängigkeit von der Konzentration.

Konzentration C (mol/L)	H^+-Ion H^+ mit $[Cl^-]$	H^+ mit $[SO_4^{2-}]$	OH^--Ion OH^- mit $[Na^+]$	Salz Na_2SO_4	KCl
1,0000	×	×	140	57,2	112,9
0,5000	295	159	157	67,6	117,6
0,3330	305	170	×	×	×
0,2500	311	177	169	×	122,9
0,2000	315	182	×	79,9	×
0,1000	325	198	180	88,6	129,1
0,0500	332	224	×	96,2	×
0,0250	338	244	×	102,8	×
0,0100	×	×	192	×	141,8

https://doi.org/10.1515/9783110425666-024

Tab. A 4.3: Die Änderungen der Leitfähigkeiten von Gaswaschflaschen (gefüllt mit 0,02-M-NaOH-Lösung – 800 mg NaOH auf 1000 g destilliertes Wasser) durch die Einleitung von kohlendioxidhaltigem Gas entsprechen den nachfolgenden Gehalten. Je nach Art der Gaswaschflasche kann der Gehalt im Gas etwas höher sein.

Gemessene Leitfähigkeit (mS/cm) in Waschflasche	500 mL Waschflasche mit 0,02-M-NaOH	500 mL Waschflasche mit 0,02-M-NaOH	50 mL Waschflasche mit 0,02-M-NaOH	50 mL Waschflasche mit 0,02-M-NaOH
	mmol CO_2	mL CO_2 bei 20 °C	µmol CO_2	mL CO_2 bei 20 °C
4,66	0,00	0	0	0,0
4,6	0,13	3	13	0,3
4,50	0,36	9	36	0,9
4,40	0,59	14	59	1,4
4,30	0,82	20	82	2,0
4,20	1,04	25	104	2,5
4,10	1,27	30	127	3,0
4,00	1,49	36	149	3,6
3,90	1,72	41	172	4,1
3,80	1,95	47	195	4,7
3,70	2,18	52	218	5,2
3,60	2,39	57	239	5,7
3,50	2,62	63	262	6,3
3,40	2,84	68	284	6,8
3,30	3,06	74	306	7,4
3,20	3,28	79	328	7,9
3,10	3,50	84	350	8,4
3,00	3,71	89	371	8,9
2,90	3,92	94	392	9,4

A5 Materialien und Computerprogramme

Wichtige verwendete Geräte und Materialien für Elektrolyse

- Netzgerät: Power Supply PS 152 A (Firma Conrad)
- Leitfähigkeitsbestimmungen: GMH 3410, GLF 100 (Greisinger electronic GmbH)
- Digitalmultimeter VC 840 für Strom-/Spannungsmessungen (Voltcraft, Firma Conrad)
- Luftmembranpumpe (Versuch Kohlendioxidbestimmung): Firma seliger
- Unterdruckmessung: GDH 200-14 (Greisinger electronic GmbH)
- pH-, Redoxmessungen: GPHR 1400 (Greisinger electronic GmbH)
- Waage: Kern PFB 300-3
- 50 mL-Bürette (Firma Brand, ETERNA)
- 1000 mL-Messkolben (Firma Vagra)

Verwendete Computerprogramme

- Microsoft® Office Word 2007: Anfertigung des Manuskriptes
- StarOffice 9.2.0, Sun Microsystems, Copyright 2005–2009: Anfertigung aller Tabellen, die Mehrzahl der verwendeten Abbildungen
- Adobe®Photoshop® 5.0 LE: Nahezu alle Abbildungen wurden mit diesem Programm überarbeitet
- Corel® Draw – Select Edition (07.98)
- Punch! Via CAD 3D v8D (3-D Grafik Abb. 6.3)
- WinDrawChem 1.6.2, Bryan Herge

https://doi.org/10.1515/9783110425666-025

Sachregister

A

Acetamidin 280
Adipinsäure 276
Ag/AgCl-Elektrode 10
Ag/AgCl-Redoxelektrode 214
Aktivierungsenergie 195
Aktivität 10
Aktivitätskoeffizient 29
– mittlerer 187
Alkalifehler 42
Alkalimetall 79
Aluminium 270
Aluminiumoxid 270
Amalgamverfahren 274
Amidine 280
Ammoniumsulfat 66
Amperemeter 4
Anionenaustauscherharz 52
Anode 4
Aquariumpumpe 94
Äquivalentkonzentration 23
Äquivalentleitfähigkeit 23
– bei unendlicher Verdünnung 24
Äquivalentmenge 180
Arrhenius 195
Atomgewichte 65
Auflösung 111

B

Basenkonstante 28
Bauxit 270
Beer 61
Benzochinon 277
Benzylalkohol 280
Beryllium 267
Bezugspotenzial 214
Birkeland-Eyde-Verfahren 248
Bleialkyl 279
Bleidihydroxidsulfat 154
Bleioxid 66, 154
Bleioxidanode 18, 154
Braunstein 189, 273
Brechungsindex 35
Brennstoffzelle 275
Bürette
– geeichte 50
Butler-Volmer-Gleichung 12

C

Carbid 248
Chlor 86
Chloralkalielektrolyse 273
Chlorstickstoff 271
Chrom 79
Chromhydroxid 66
Clausius-Mosotti-Gesetz 35
Coulomb-Gesetz 34
Coulometer 9, 57

D

Debye-Hückel-Onsager-Theorie 24, 25
Deckschicht
– oxidische 19
Depolarisator 16
– anodischer 65
– kathodischer 65
Deuteriumoxid 275
Diacetyldioxim 60
Diaphragma 7
Dielektrizitätskonstante 34
Diffusion 5, 111
Diffusionsgrenzstrom 77
Diffusionskoeffizient 77, 78, 103, 132
Diffusionspotenzial 216
Diffusionsschicht 79
Dimethylsulfoxid 278
Dissoziationsgrad 24
Dithizon 60
Downs-Zelle 270
Durchtrittsfaktor 12
Durchtrittsüberspannung 12

E

Elektrode 4, 52
– hergestellte 53
– röhrenförmig 55
– rotierende 56, 111
– verkupferte 17
Elektrodenabstand 20
Elektrodenfläche 20
Elektrodenhalter 58, 147
Elektrodenhalterung 126
Elektrogravimetrie 56, 65
Elektrolyseaufbau 53
Elektrolysezelle 53

https://doi.org/10.1515/9783110425666-026

Elektrolyt 4
– starker 25
Elektrolytlösung
– konzentrierte 27
elektromotorische Kraft 6
Elektroneutralität 31
EMK 5, 14, 42, 212
Ethanol 199
Eudiometer 252
Extinktionskoeffizient 61

F
Faktor
– gerätespezifischer 46
Faradaysches Gesetz 8
Faraday-Umsatz 9
Ficksches Gesetz 114
– erstes 103
– zweites 103
Formaldehyd 175
Fotometer 60
freie Standardreaktionsenthalpie 6
Fusion
– kalte 275

G
Gasanalysen 248
Gasbestimmung 147
Gasbürette 58, 126, 147
Gasdichte 147
Gasgesetz
– allgemeines 129
Gasgewicht 148
Gasometer 59
Gasprobebehälter 147
Gastheorie
– kinetische 102
Gegendruck 95
Gehaltsbestimmung 60
Gemisch
– eutektisches 271
Geschwindigkeit
– mittlere 102
Geschwindigkeitsverteilung 102
Gewicht
– spezifisches 147
Glaselektrode 42
Gleichgewichtskonstante 99
Glyoxylsäure 280

Gold 7
Grafit 7, 19
Grafitanode 89
Grenzleitfähigkeit 24, 25, 32
Grenzstrom 78
Grenzstrombereich 78

H
Haber-Luggin-Kapillare 42, 212
Hagen-Poiseuillsches Gesetz 122
Halbkammer 111
Hexachloroplatinat 53
Hexamethylendiamin 276
Hochspannungsfunke 248
Hochspannungsgenerator 249
Hofmannscher Zersetzungsapparat 126
hypochlorige Säure 87
Hypochlorit 273

I
Induktivität
– magnetische 134
Ionen 4
Ionenaustauscherharze 52
Ionenprodukt von Wasser 99
Ionenstärke 30, 184
Ionenwanderung 33

K
Kaliumpermanganat 273
Kalzium 267
Kathode 4
Kathodenpotenzial 68
Kationenaustauscherharze 52
Knallgas 254
Kohlendioxid 94, 248
Kohlenmonoxid 248, 275
Kohlrausch 25
Kolbe 173
Komplexbildner 16
Komplexierung 16, 66
Konduktometer 43
Konduktometrie 30
Konzentration 60
Konzentrationsgradient 111
Kryolith 270
Kupfer 272
Kupferhydroxid 70

L
Ladungsausgleich 33
Ladungsneutralität 99
Ladungszahl 30
Lambert-Beersches Gesetz 61
Leitfähigkeit 7
– molare 23
– spezifische 20, 44
– Temperaturabhängigkeit 21
Leitfähigkeitskoeffizient 29, 184
Leitfähigkeitstitration 185
Leitwert 44
Lichtbogen 248
Lichtstrahl 61
Löslichkeit 30
Löslichkeitsprodukt 181
Lösungsdruck 222
Luft 94

M
Magnesium 271
Magnesium(II)-hydroxid 179
Magnesiumchlorid-Hexahydrat 180
Magnesiumhydroxid 180
Manganat(VI) 273
Mangandioxid 66
Massenwirkungsgesetz 28
Maßlösung 50
Membranpumpe 96
Membranverfahren 274
Messkolben
– geeichter 50
Metallcarbonyl 251
Metallhydrid 275
Metallkation 179
Metallraffination 272
Methanol 175, 199, 275
Mineralprobe
– Analyse 65
Molekularrefraktion 35
Molybdänoxid 66
Moment
– kernmagnetisches 135
– magnetisches 134
Multimeter 53

N
Nafion 7
Natrium 270

Natriumhydrogenkarbonat 94
Natriumhydroxid 274
Natriumkarbonat 94
Nernstsche Gleichung 9
Netzgerät 53
Nickel 19
Nickelhydroxid 72
Nitrat 65
Normalpotenzial 6
Nylon 276

O
osmotischer Druck 111
Oxidationszahl 9
Ozon 19, 154

P
Partikelelektrode
– bipolare 275
– monopolare 275
Passivierung 19
Pasteurpipette 212
Pb/PbSO4-Redoxelektrode 214
Perfluorsulfonat 274
Permanganat 189
Peroxodisulfat 272
Peroxokarbonat 261
Peroxokohlensäure 260
Phasengrenzfläche 103
pH-Messgerät 42
Phthalsäure 278
pH-Wert 28
Piezofeuerzeug 252
Pinakol 279
Platin 7, 18
Plexiglaszylinder 248
Propylenoxid 277
Pyrrolidon 280

Q
Quadratwurzelgesetz 25
Quecksilberkathode 79

R
Raumluft 94
Reaktion
– erster Ordnung 192
– unimolekulare 192
– zweiter Ordnung 193

Redoxelektrode 42, 212
Redoxgleichung 9, 189
Redoxpaar 10
Redoxpotenzial 42
Redoxreihe 6
Redoxtitration 189
Refraktion
– atomare 35
– spezifische 35
RGT-Regel 195
Ringelektrode
– rotierende 69
Rücktitration 196

S
Salzsäure 274
Sättigungskonzentration 111
Sauerstoff 126, 275
Sauerstoffdianion 129
Sauerstoffdiradikal 129
Säurekonstante 29
Scheibenelektrode
– rotierende 69
Schmelzflusselektrolyse 267
Schnellanalyse
– eudiometrische 255
Schwächungsfaktor 184
Silber 19
Silber/Silberchlorid-Elektrode 42
Spannungsreihe
– elektrochemische 222
Sprudelstein 94
Standardpuffer 43
Stickstoffmonoxid 248
Stöße 103
Stoßtheorie 196
Streckenkonzentrationsgradient 114
Stromdichte 131
Strommenge 8
Strömung
– laminare 122
Strömungsgeschwindigkeit 122
Sulfidfällung 179
Suszeptibilität
– magnetische 134

T
Tabellenkalkulation 105
Tafel-Überspannung 12
Temperaturkompensation 45
Thiosulfat 89
Titan
– platiniertes 18
Titrant 180
Transmission 61

U
Überführungszahl 33
Überspannung 6, 12
Umdrehungen pro Minute 111

V
Val 23
Vanadiumoxid 66
Van't Hoff 195
Vierkammernsystem 55
Viskosität 96

W
Wahrscheinlichkeitsdichte 102
Waldensche Regel 37
Wanderungsgeschwindigkeit 30
Wärmeenergie 8
Wasser
– schweres 275
Wasserdichte 49
Wasserelektrolyse 126, 275
Wasserstoff 126, 275
Wasserstoffperoxid 19, 60, 272
Wasserstoffüberspannung 17
Wheatstonesche Brückenschaltung 4
Widerstand 4
Wismutoxid 66
Woodsches Metall 79

Z
Zellspannung 4
Zellwiderstand 4, 20
Zersetzungsspannung 6
Zinkhydroxid 72
Zinnhydroxid 66
Zylinderschale 132

www.ingramcontent.com/pod-product-compliance
Lightning Source LLC
Chambersburg PA
CBHW082108220326
41598CB00066BA/5721